U0185179

大学物理实验

◎主　编　钟小丽
◎副主编　叶晓靖　谢汇章　杨日福
◎参　编　高亚妮　梁志强　刘付永红
马佳洪　刘雪梅　梁文耀
毛忠泉　田仁玉　王朝阳

DAXUE WULI SHIYAN

高等教育出版社·北京

内容提要

本书根据大学物理实验标准化会议精神，按照教育部高等学校物理学与天文学教学指导委员会编制的《理工科类大学物理实验课程教学基本要求》(2010年版)编写而成。本书为线上和线下相结合的新形态教材，共分四篇：预备篇，主要包括测量不确定度与实验数据处理方法、物理实验的基本测量方法、实验室安全管理；基础篇，主要包括基础性物理实验，如力学、热学和声学实验，电磁学实验，光学实验；进阶篇，主要包括提高性物理实验，如综合性实验、设计性实验；探索篇，主要包括近代物理实验初步、趣味物理实验。

本书可作为高等学校理工科各专业大学物理实验课程的教材，也可作为学生开展课外科技活动、实验竞赛培训的参考用书，对于相关专业技术人员也具有一定的参考价值。

图书在版编目(CIP)数据

大学物理实验 / 钟小丽主编. -- 北京 : 高等教育出版社, 2020.6 (2024.5 重印)
ISBN 978-7-04-054699-6

Ⅰ. ①大… Ⅱ. ①钟… Ⅲ. ①物理学-实验-高等学校-教材 Ⅳ. ①O4-33

中国版本图书馆CIP数据核字(2020)第137781号

Daxue Wuli Shiyan

策划编辑 吴 荻　责任编辑 程福平　封面设计 张申申　版式设计 杜微言
插图绘制 于 博　责任校对 陈 杨　责任印制 高 峰

出版发行 高等教育出版社　网 址 http://www.hep.edu.cn
社 址 北京市西城区德外大街4号　http://www.hep.com.cn
邮政编码 100120　网上订购 http://www.hepmall.com.cn
印 刷 固安县铭成印刷有限公司　http://www.hepmall.com
开 本 787mm × 1092mm 1/16　http://www.hepmall.cn
印 张 24.5
字 数 510千字　版 次 2020年6月第1版
购书热线 010-58581118　印 次 2024年5月第5次印刷
咨询电话 400-810-0598　定 价 48.00元

本书如有缺页、倒页、脱页等质量问题，请到所购图书销售部门联系调换
版权所有 侵权必究
物 料 号 54699-00

大学物理实验

主　编　钟小丽

副主编　叶晓靖

　　　　谢汇章

　　　　杨日福

1 计算机访问http://abook.hep.com.cn/12520013，或手机扫描二维码、下载并安装Abook应用。

2 注册并登录，进入“我的课程”。

3 输入封底数字课程账号（20位密码，刮开涂层可见），或通过Abook应用扫描封底数字课程账号二维码，完成课程绑定。

4 单击“进入课程”按钮，开始本数字课程的学习。

课程绑定后一年为数字课程使用有效期。受硬件限制，部分内容无法在手机端显示，请按提示通过计算机访问学习。

如有使用问题，请发邮件至abook@hep.com.cn。

http://abook.hep.com.cn/12520013

前　言

高校教材是高等学校教学的基本依据，是解决培养什么人、怎样培养人这一根本问题的重要载体。高校教材建设是高等教育内涵式发展的重要抓手。华南理工大学作为“双一流”建设高校，有责任贯彻执行教育部有关规定(《普通高等学校教材管理办法》，教材〔2019〕3 号)，发挥学科优势，积极组织编写教材。这是我们编写本书的出发点和源动力。

大学物理实验是高等学校对理工科专业学生进行科学实验基本训练的必修基础课程，是本科生接受系统实验方法和实验技能训练的开端。物理实验覆盖面广，蕴含着丰富的人类智慧，包括物理知识、实验思想和方法、科学精神等，因而成为落实立德树人根本任务、培养高素质人才的有效途径。华南理工大学物理与光电学院物理实验公共教学中心(以下简称物理实验中心)是省级物理实验教学示范中心，具有自编教材的优良传统。在新的教学改革发展的形势下，物理实验中心教师继承既往经验，围绕华南理工大学“新工科 F 计划”，积极引入新型教学手段，打造了这本多种媒体综合应用的新形态大学物理实验教材。

本书具有以下三个特点：

(1) 线上和线下相结合。在编写这本新形态大学物理实验教材时，我们尽量将实验相关的物理原理和设计原理等内容结集成书，作为线下教材部分，便于学生研读；同时，将实验相关的具体设备信息以及拓展知识放在互联网上，作为线上教材部分。学生通过扫描线下教材中相应位置的二维码，实现线下向线上的跳转。从信息载体上看，线下教材主要采用文字和图片等形式，线上教材则采用微视频等形式。从知识性质上看，线下教材是“主干”，线上教材是“繁枝茂叶”。

(2) 分层和分类相结合。本书总体按照基础性实验—综合性实验—设计性实验—探索性实验进行分层编排，其中基础性实验部分又采用力学、热学和声学实验—电磁学实验—光学实验的分类编排。这种编排架构清晰、均衡，便于开展不同阶段的分层实验教学以及不同专业的分类实验教学。

(3) “双课”融合。大学物理课程和大学物理实验课程密不可分。通常，大学物理和大学物理实验分别单独开课，存在一定程度上的脱节现象，学生学习体验不佳。为了建立学生完整的物理思维体系，加深学生对物理知识的理解，实现两门课程的有效衔接和有机融合，本书依据知识点的相似度，采用线上教材的方式，引导学生将本课程的知识点和大学物理课程中已学的相关知识点进行关联。在具体的教学实践中，华南理工大学部分教师同时承担了大学物理和大学物理实验两门课程的教学任务，为基于本书的“双课”融合的教学改革提供了实施保障。因此，本书作为“双课”融合的载体之一，必将推进华南理工大学大学物理“一流课程”的整体建设。

钟小丽为本书主编，叶晓靖、谢汇章、杨日福为本书副主编。钟小丽负责全书整理和统稿工作。

参加编写的教师以及分工如下：钟小丽(前言、第 1 章、第 2 章、实验 5.1、附录 3)，杨日福(第 9 章、附录 1、附录 2)，叶晓靖(第 4 章、实验 6.1—6.3、实验 6.5、实验 6.6、实验 7.1A、实验 7.1B、实验

7.2、实验 7.3、实验 7.5、实验 7.7、实验 8.8、实验 8.11—8.15、实验 10.11、第 11 章)，谢汇章(第 3 章、实验 5.3C、实验 5.4、实验 8.5—8.7、实验 10.5、实验 10.6、实验 10.8)，高亚妮(实验 5.5—5.7、实验 10.1、实验 10.2)，马佳洪(实验 7.4、实验 7.6、实验 8.10、实验 10.7)，刘付永红(实验 6.4、实验 8.1—8.3)，王朝阳(实验 7.1C、实验 8.9)，梁志强(实验 5.2、实验 5.8)，田仁玉(实验 10.3、实验 10.4)，梁文耀(实验 10.9、实验 10.10)，刘雪梅(实验 5.3A、实验 5.3B)，毛忠泉(实验 8.4)。

编写教材是一项集体工作。本书亦是集体智慧的结晶:它不仅承载着物理实验中心数代前辈的积累和贡献，同时也凝聚了物理实验中心现任所有任课教师的经验和探索。物理实验中心一直积极探索和践行大学物理实验课程的教研和教改工作，编写高水平的新形态教材是其中的一项重要内容。同时，本书的编写得到了多个教研教改项目的支持(教育部高等学校大学物理课程教学指导委员会高等学校教学研究项目 DJZW201929zn，广东省高等教育教学研究和改革项目“面向‘新工科建设 F 计划’的大学物理‘一流课程’建设”，华南理工大学第九批教育技术“创新应用工程”项目——基于雨课堂的大学物理实验混合式教学)，编者在此一并感谢!

由于编者水平有限，书中难免存在不妥之处，敬请广大读者和同行专家批评指正。

编　者

2020 年 3 月于广州

目 录

第一篇 预 备 篇

第二篇 基 础 篇

第三篇 进 阶 篇

第四篇 探 索 篇

第 一 篇

预 备 篇

第1章 绪论

1.1 大学物理实验课程的重要价值

物理学本质上是一门实验科学。物理规律的发现、物理理论的验证都离不开物理实验。物理学史表明:经典物理学(例如力学)理论往往是通过观察自然现象,反复实验,采用抽象思维的方法总结归纳而出的;近代物理学的发展过程中,物理学家们通常在某些实验基础上提出假设,再经过实验存真去伪,将假设升华为物理理论,例如普朗克根据黑体辐射提出的"能量子假设"。可见,在物理学的发展史上,物理理论和物理实验始终是相得益彰。相应地,大学物理课程和大学物理实验课程关系密切,二者携手反映了物理学全貌。华南理工大学大学物理课程的开设先于大学物理实验课程,大学物理实验课程的学习有助于深入理解已学的物理理论。正如诗人陆游所云:"纸上得来终觉浅,绝知此事要躬行。"

大学物理实验课程在科学素养培养方面具有重要价值。科学素养涵盖三个方面:了解科学知识,了解科学的研究过程和方法,了解科学技术对社会和个人所产生的影响。每一个大学物理实验项目都源自特定的社会需求或个人认知,利用一定的科学手段和方法,通过一系列的实际操作和思考过程,使人得到特定方面的科学知识。因此,大学物理实验自身的特点决定了它是实施科学素养培养的有效途径。

大学物理实验课程在增强理工科专业学生的美感意识方面具有重要价值。物理实验中的美感体现在两个方面:① 实验设计和思维之美。2002年《物理学世界》刊登了排名前十的最美丽物理实验(见附录3),其中大多数是我们耳熟能详的经典之作。这十大物理实验中绝大多数是科学家独立完成的,没有用到大型计算工具。所有实验的共同之处是它们都抓住了物理学家眼中最美丽的科学灵魂,这种美丽是一种经典,用最简单的仪器和设备发现最根本的科学概念。② 物理学家的人格魅力之美。在物理实验的探究中,许多中外著名的物理学家不怕挫折的拼搏精神,勇于探索、实事求是的科学精神,坚持真理、为捍卫真理不怕牺牲的献身精神都是很好的美育教材。

"凡事预则立,不预则废。"希望学生在正式开始大学物理实验课程的学习之前,把握上述的课程价值要点,并在其后的课程学习中思考、体会、践行。

1.2　大学物理实验课程的任务要求

根据我国教育部的相关规定,大学物理实验课程的任务包括:

1. 培养学生的基本科学实验技能,提高学生的科学实验基本素质,使学生初步掌握实验科学的思想和方法。培养学生的科学思维和创新意识,使学生掌握实验研究的基本方法,提高学生的分析能力和创新能力。

2. 提高学生的科学素养,培养学生理论联系实际和实事求是的科学作风,认真严谨的科学态度,积极主动的探索精神,遵守纪律、团结协作、爱护公共财产的优良品德。

教学内容基本要求:

1. 掌握测量误差的基本知识,具有正确处理实验数据的基本能力。
2. 掌握基本物理量的测量方法。
3. 了解常用的物理实验方法,并逐步学会使用。
4. 掌握实验室常用仪器的性能,并能正确使用。
5. 掌握常用的实验操作技术。
6. 适当介绍物理实验史料和物理实验在现代科学技术中的应用。

能力培养基本要求:

1. 独立实验的能力:能够通过阅读实验教材,查询有关资料和思考问题,掌握实验原理及方法,做好实验前的准备;正确使用仪器及辅助设备,独立完成实验内容,撰写合格的实验报告;培养学生独立实验的能力,逐步形成自主实验的基本能力。

2. 分析与研究的能力:能够融合实验原理、设计思想、实验方法及相关的理论知识对实验结果进行分析、判断、归纳与综合。掌握通过实验进行物理现象和物理规律研究的基本方法,具有初步的分析与研究的能力。

3. 理论联系实际的能力:能够在实验中发现问题、分析问题并学习解决问题的科学方法,逐步提高学生综合运用所学知识和技能解决实际问题的能力。

4. 创新能力:能够完成符合规范要求的设计性、综合性内容的实验,进行初步的研究性或创意性内容的实验,激发学生的学习主动性,逐步培养学生的创新能力。

1.3　大学物理实验课程的教学环节

物理实验是学生在教师指导下独立进行实验操作和测量的一项实践活动,要有效地学习、完成一个实验,必须遵循以下三个环节。

1. **课前预习**

课前预习的好坏是实验能否取得主动的关键。实验前,学生应预习实验教材和仪器说明书等有关资料,明确实验目的,基本弄懂实验原理和实验内容,并对测量仪器和测量方法有所了解,在此基础上写出实验预习报告。预习报告内容包括:实验名称、实验目的、实验仪器、实验原理。预习报告是正式的实验报告的一部分,因此预习报告需要在正式的实验报告纸上认真撰写。预习报告的实验原理部分切忌抄书;学生应根据自己的理解,采用简明扼要的语言阐述实验原理,必须出现基本方程、公式和必要的原理图。除了撰写预习报告,学生还应画好实验数据记录表格,便于在实验过程中记录原始数据。设计性实验还要求学生课前自拟实验方案,自拟数据记录表格等。

2. **课堂操作**

操作和测量是实验教学的主要环节。学生进入实验室后应认真听取教师对本实验的要求、重点、难点和注意事项的讲解。开始实验时,应先检查仪器设备并简单练习操作,待基本熟悉仪器性能和使用方法后再进行实验测量。在独立实验过程中,希望学生像一个科学工作者一样严格要求自己:始终保持严肃认真的态度,仔细观察物理现象,实事求是地读取和记录测量数据;如果实验过程中遇到困难,应以积极的态度对待,且视之为学习的良机;对于冷静思考和分析后仍无法自行解决的困难,应及时向教师(或实验管理人员)报告,由教师(或实验管理人员)协助处理。

完成课前预习时准备的实验数据记录表格是课堂操作的主要任务,也是判定学生课堂表现的重要依据。测量的物理量数值、有效数字和单位等原始数据,应如实地记录在实验数据记录表格上。不允许采用铅笔或红色中性笔记录原始数据。若发现记录数据有误,可以在错误的数字上划一条整齐的直线(不要用黑方块涂掉),在旁边写上正确值;如有必要,可以在旁边简单说明错误的原因,以供后续分析测量结果和误差时参考。

独立操作完毕,应将预习报告和实验数据记录表格提交给指导教师审核、签名;对于不合理或者错误的实验结果,教师将指出其原因和改进方法,学生应按照教师的指导补做或重做实验。通过教师的审核、签名后,学生应整理好实验仪器(如关闭电源或光源、复原实验仪器的摆放等),再离开实验室。实验仪器的整理不仅可以方便下一组同学开展实验,也是一个科学工作者的基本素养。

3. **课后处理和总结**

实验后,学生应及时对实验数据进行处理和分析,并写出完整的实验报告。实验报告是实验工作的总结,要求采用统一印刷的实验报告纸书写,字体工整,文理通顺,数据齐全,图表规范,结论明确,纸面整洁。

一份完整的实验报告包括:

(1) 实验名称、实验者姓名、实验日期;

(2) 实验目的;

(3) 实验仪器(注明型号和精度等级);

(4) 实验原理:简要叙述实验原理,给出计算公式、实验电路图或光路图;

(5) 实验内容和主要步骤:简要写出实验内容、步骤和实验注意事项;

(6) 数据记录与处理:将实验数据记录表格中的数据誊写到实验报告上,按照实验要求计算测量结果和绘图。计算要遵循有效数字的运算规则进行,用不确定度评估测量结果的可靠性;

(7) 结果与讨论:该部分要明确给出实验测量结果,并对结果进行讨论(如分析实验中观察到的现象,讨论实验中存在的问题,回答思考题等)。也可以对实验本身的设计思想、实验仪器的改进等提出建设性意见;

(8) 附件:教师签名的实验数据记录表格。

虽然大学物理实验课程是学生在教师的指导下开展的,但是学生应充分发挥主观能动性去思考问题,去观察和分析,去总结和体悟;将教师的要求变成自己的追求,做实验的主人。

思考题

1. 学习大学物理实验课程的目的是什么?

2. 大学物理实验课程包括哪些教学环节?

3. 在大学物理实验课程的学习中,你认为可以在哪些方面发挥自己的主观能动性?

第 2 章 物理实验的基本测量方法

物理实验离不开定量的测量和计算，故物理实验方法包括测量方法和数据处理方法两个方面。它们既有区别又有联系。本章主要介绍基本的测量方法，下一章将重点介绍基本的数据处理方法。

物理测量的内容非常广泛，相应的测量方法也是多种多样，如果按照测量内容区分，可分为电学量测量、力学量测量、热学量测量以及光学量测量等；如果按照测量性质区分，可分为直接测量、间接测量以及组合测量；如果按照待测物理量与时间的关系区分，可分为静态测量和动态测量；如果按照特定的测量方法区分，又可细分为干涉法、电桥法、冷却法、共振法等。

本章主要介绍物理实验的基本测量方法及基本思想方法，而具体的测量过程与方法将在各个实验中介绍。这里的思想方法是一代人甚至几代人智慧的结晶，凝聚了大量科学家的巧妙构思。学生在进行具体实验测量时，应认真思考和体会具体实验所采用的思想方法，有意识地接受物理实验思想方法的熏陶和训练。

2.1 比较法

比较法是最普遍和最常用的测量方法，分为直接比较和间接比较。一个待测物理量（简称待测量）与一个经过校准的、属于同类物理量的量具或量仪（标准量）直接进行比较，进而从测量工具的标度装置上获取待测物理量值的测量方法，称为直接比较，如用米尺测杆的长度、用天平测物质的质量等。有些物理量难于直接比较，这就需要通过某种关系将待测物理量和某种标准量进行间接比较，确定待测物理量的值。通常，间接比较中采用的转换关系需服从一定的单值函数关系，如利用水银的热膨胀与温度之间的线性关系进行测温。

需要指出的是，当待测量和标准量无法进行直接比较时，可以利用它们对某一物理过程的等效作用，而采用标准量替代待测量得到测量结果。这种方法称为替代法。我国《三国志》中记载的曹冲“置象大船之上，而刻其水痕所至，称物以载之，则校可知矣”就是替代法的范例。

上述比较有些要借助于或简或繁的仪器设备，经过或简或繁的操作才能完成，此类仪器设备称为比较系统。天平、电桥（实验 6.5）、电势差计（实验 6.3）等均是常用的比较系统。

2.2 放大法

物理实验涉及多种物理量的测量。当待测量很小而无法被实验者或仪器直接感觉或反应时,需要借助一些方法将待测量放大后再进行测量。放大法就是指将待测量进行放大的原理和方法。常用的放大法有:累积放大法、机械放大法、电学放大法和光学放大法等。

1. 累积放大法

微小物理量(如测量单摆的周期、等厚干涉相邻明条纹的间隔、纸张的厚度等)的单次测量可能会产生较大的误差,此时可将这些物理量累积放大若干倍后再进行测量,以减小测量误差,提高测量精度。例如,采用机械秒表测量单摆摆动周期(见实验5.1A),假设所用机械秒表的仪器误差是0.1 s,而某单摆的周期为2 s,则单次测量的相对误差为$\frac{0.1}{2}=5\%$;而50次测量的相对误差为$\frac{0.1}{2\times50}=0.1\%$。累积放大法的优点是:在不改变测量性质的情况下明显减小测量的相对误差,增加测量结果的有效位数。

2. 机械放大法

利用机械部件之间的几何关系使待测物理量放大的方法称为机械放大法。游标卡尺、螺旋测微器以及机械天平都是利用机械放大法进行精密测量的典型例子。在机械天平的使用过程中,如果靠眼睛判断天平横梁是否水平是比较困难的。实际使用中通过一个固定于横梁且与横梁垂直的长指针,就可以将横梁微小的倾斜放大为较大的距离(或弧长)量。实验5.6采用千分表测量微小长度变化量也是采用类似的机械放大原理。

3. 电学放大法

电信号的放大是物理实验中最常用的技术之一,包括电压放大、电流放大、功率放大等。例如普遍使用的三极管对微小电流进行放大,示波器中也包含了电压放大电路(实验6.2)。由于电信号放大技术成熟且易于实现,所以也常将其他非电学量转换为电学量放大后再进行测量。例如实验8.11中将微弱光信号先转换为电信号,再放大进行测量;实验8.8中接收超声波的压电换能器将声波的压力信号先转换为电信号,再放大进行测量。通常,电信号放大伴随着对噪声的等效放大,因此电信号放大技术通常与信号(信噪比)增强技术结合使用。

4. 光学放大法

常见的光学放大仪器有放大镜、显微镜和望远镜等。光学放大法一般分为两种:一种是通过光学仪器使被测物形成放大的像,以增加物对眼的视角,例如常用的测微目镜、读数显微镜等;另一种是测量放大后的物理量,间接测得较小的物理量。光杠杆就是一种典型的例子,通过光杠杆将微小的长度变化量Δl转换为放大的量$\Delta L=(2D/b)\Delta l$,其中$(2D/b)$为光杠杆的放大倍数,一般为50~100。

2.3 补偿法

补偿是指:系统受某种作用产生 A 效应,受另一种同类作用产生 B 效应,如果由于B 效应的存在而使 A 效应显示不出来,就称 B 对 A 进行了补偿。或者说,补偿法是将因种种原因使测量状态受到的影响尽量加以弥补的一种测量方法。补偿法大多用在补偿法测量和补偿法消除系统误差两个方面。采用补偿法的范例有实验 6.3 中的电势差计、实验 10.4 中迈克耳孙干涉仪的补偿板。

2.4 转换法

有些物理量由于其属性原因,很难进行直接测量;或者直接测量不方便、准确性差。此时可以利用物理量之间的定量关系和各种效应,将不易测量的待测量转换成容易测量的物理量进行测量,然后再反求待测量。这种转换法可以视为一种具体的间接测量方法。多种传感器就是转换法应用的范例,详见实验 8.14。

设计或采用转换法时需要注意:

(1) 首先要确认转换原理以及参量关系式的正确性。

(2) 转换器要有足够的输出量和稳定性。

(3) 在转换过程中是否伴随其他效应;如有,需要采用补偿或者消除措施。

2.5 模拟法

模拟法是指:基于相似理论,人为制造一个类同于被研究对象的物理现象或过程,从而采用模型测试代替实际对象的测试。模拟法分为物理模拟和数学模拟两大类。物理模拟是保持同一物理本质的模拟,例如采用“风洞”中的飞机模型模拟实际飞机在大气中的飞行。数学模拟是指同一数学方程所描述的不同本质的现象或过程之间的模拟,例如采用恒定电流场模拟静电场。

上述五种物理实验测量的思想方法往往是相互渗透、联合应用的。学生在实验中应认真思考、仔细分析、勤于总结,逐步积累丰富的实验经验。

第 3 章 实验数据处理

大学物理实验是一门传统的实验课,它不同于新兴的数学实验等课程。物理实验必然进行物理量的测量,物理现象的观察。在测量或观察过程中,由于测量方法、测量仪器、测量环境和测量人员的观察力等都无法做到绝对精确,使得测量不可避免地伴随有误差。分析测量中可能产生的各种误差,尽可能消除其影响,并对测量结果中未能消除的误差做出估计,对测量结果进行合理定量的评价,这是大学物理实验中必不可少的一个重要环节。没有测量误差的基本知识,就可能无法获得正确的测量值,无法正确评价测量结果的可靠性;不会处理实验数据或者处理数据方法不当,就可能得不到正确的实验结果。本章从实验教学的角度出发,主要介绍测量与误差、测量不确定度的基本知识和常用的实验数据处理方法。

3.1 测量与误差

3.1.1 测量及其分类

物理实验最重要的是将未知的物理量通过实验仪器测量出来。测量是在一定条件下使用具有计量标准单位的计量仪器与待测物理量进行比较,从而确定待测物理量的数值和单位的过程。例如,物体长度的测量,可以用具有标准单位标度的米尺与该物体进行比较而得到其数值和单位。

按测量手段的不同,可将测量分为直接测量和间接测量。直接测量是使用仪器或量具,直接测得待测物理量(简称待测量)的量值的测量。由直接测量所得的物理量,称为直接测量量。例如,用米尺测量物体的长度,用天平测量物体的质量,用秒表测量物体运动的时间等,都是直接测量。间接测量是通过直接测量量,根据某一函数关系把待测量计算出来的测量。由于这些待测量还没有可直接测量的仪器,需要用间接的测量方法获得,所以这类测量称为间接测量。例如,用单摆测量某地的重力加速度 g,是根据直接测得的单摆的摆长 l 和周期 T,再通过单摆公式

$$g=\frac{4\pi^2 l}{T^2} \tag{3-1-1}$$

把重力加速度 g 计算出来,g 称为间接测量量。

按测量条件的异同,测量还可分为等精度测量和不等精度测量。若对同一个物理量的多次测量都是在相同条件(包括测量方法、使用的仪器、外界环境条件和观察者都不变)下进行的,称为等精度测量;否则,称为不等精度测量。

3.1.2 测量误差及其分类

1. 真值、约定真值

任何待测物理量在特定条件下都具有客观存在的确定的真实量值，通常称为该物理量的真值，记作μ。测量的任务就是要确定真值。然而在实际测量过程中，由于受到测量仪器、测量方法、测量条件、实验者等多种因素的影响，所有的测量值都不可能是待测量的真值。从这个意义上讲，真值一般是不知道的，也是无法测得的，但在某种情况下可以找到近似真值和理论真值，称为约定真值。

（1）由国际计量会议约定的值（或公认的值）可以作为近似真值，如基本物理常量、基本单位标准。

（2）由高一级仪器校验过的计量标准器的量值，也可以作为近似真值。这些高级标准器都是经过逐级校对和各级计量检定系统核准的。

（3）理论真值是指由理论计算所得的量值，如三角形三个内角和为 180°、圆周率 π 等。

（4）在理想条件下（无系统误差和无限多次测量），多次测量的算术平均值可作为近似真值，或称为真值的最佳估计值。

2. 误差的定义

设某物理量 X 的测量值为 x，真值为μ，则测量值 x 和真值μ 的差定义为测量误差，记为 Δx，即

$$\Delta x = x-\mu \tag{3-1-2}$$

误差 Δx 有正、负号。Δx 表示测量值与真值之间的偏离大小和方向，以此衡量测量结果的准确程度。Δx 又称为绝对误差。

由于待测量的真值不可知，上述关于误差的定义式只具有理论意义。在实际测量中，可以取待测量多次重复测量的算术平均值 $\bar{x}$ 作为待测量的近似真值。测量值 x 的测量误差（又称偏差或残差）定义为

$$\Delta x = x-\bar{x} \tag{3-1-3}$$

深入分析可发现，误差 Δx 的大小还不能完全地评价测量结果的准确程度。虽然误差绝对值相等，若待测量本身的大小不同，其准确程度显然是不同的。例如，有两个待测物体，其长度分别为 1 000 mm 和 10 mm，如果测量误差均为 0.5 mm，显然前者的测量准确程度远大于后者。为了更好地反映测量的准确程度和评价测量结果的可靠性，引入了相对误差的概念。相对误差定义为绝对误差与真值之比。当误差较小时，相对误差也可以近似表示为绝对误差与测量值之比。由于相对误差 E 是反映测量的准确程度，故常用百分数来表示，即

$$E = \frac{\Delta x}{\mu} \times 100\% \approx \frac{\Delta x}{x} \times 100\% \tag{3-1-4}$$

3. 误差的分类

误差的产生有多方面原因。从误差性质、来源和服从的规律来看，可将误差分为系统误差、随机（偶然）误差和粗大误差。

(1) 系统误差

系统误差是由于实验系统的原因而造成的测量误差。其特点是误差的大小和符号总是保持恒定或按一定规律以可约定的方式变化。系统误差来源大致有:

① 仪器误差:主要源自仪器本身的缺陷、灵敏度和分辨能力的限制。

② 方法误差:主要源自测量方法的不完善以及理论公式的近似性。

③ 个人误差:主要源自测量人员的分辨能力、感觉器官的不完善和生理变化、固有习惯、反应的快慢等因素。例如,有的人在读数时总是偏大或偏小,按动秒表计时总是滞后或提前等。

④ 环境误差:主要源自测量仪器偏离了规定的使用条件,例如受气压、温度、湿度、电磁场等发生变化的影响。

系统误差的处理比较复杂,它要求实验者既要有较好的理论基础,又要有丰富的实践经验。在物理实验中,主要考虑由于仪器准确度所限和实验方法、原理不完善而导致的系统误差的处理。根据系统误差的来源,设法消除或减少其影响,对未能消除的未定系统误差可以作为随机(偶然)误差处理。如何限制或消除系统误差,没有一个普遍通用的方法,只能针对具体情况采取不同的具体措施。

系统误差直接影响测量结果接近真值的程度,因此用"准确度"来表示系统误差的大小。测量结果的准确度高,则表示测量的系统误差小;反之,系统误差大。

(2) 随机(偶然)误差

实验时在同一条件下对某物理量进行多次测量,由于环境的起伏变化和各种不稳定因素的干扰,使每次测量值总会略有差异(即误差)。测量仪器精度越高就越能反映出这种差异。这种误差的绝对值和符号变化不定,即具有偶然性,误差数值在数学上表现为随机性,因此称为随机误差或偶然误差。

随机(偶然)误差的来源是多方面的,主要有:

① 环境和实验条件的无规则变化。如电源电压的微小波动、温度和湿度的变化、气流扰动、振动等等。

② 观测者的生理分辨能力、感官灵敏度的限制,如读电表示值有时偏大有时偏小,按停表有时快有时慢等。

随机(偶然)误差的量值和符号以不可约定的方式变化着,对每次测量值来说,其变化是无规则的,但对大量测量值,其变化则服从确定的统计分布规律,而且在我们现有的实验环境和条件下,随机(偶然)误差服从正态分布规律。因此,在实际测量当中,可以通过多次测量然后取平均值的方式来处理数据,达到减小随机(偶然)误差的目的。

随机(偶然)误差反映了该实验测量结果的重复性和离散性,因此用"精密度"来反映随机误差的大小。测量结果的精密度高,是指对某物理量的多次测量值重复性好,随机(偶然)误差小;反之,是指多次测量值之间分散程度大,即重复性差,随机误差大。

将系统误差和随机(偶然)误差综合考虑,采用"精确度"表示,作为对测量结果的可靠性的总评价。

(3) 粗大误差

粗大误差是由于观测者的粗心大意或测量条件发生突变,导致明显超出规定条件下预期的误差。粗大误差的特点是误差值很大且无规律。实验中凡含有粗大误差的测量数据都应按照一定的规则剔除,不能用含有粗大误差的测量数据计算测量结果。显然,只要观测者细心观测,认真读取、记录和处理数据,这种粗大误差是有很大机会避免的。

3.1.3 系统误差的处理

系统误差的处理要求实验者既要有较好的理论基础,又要有丰富的实践经验。在大学物理实验中,主要考虑由于仪器准确度所限和实验方法、原理不完善而导致的系统误差的处理。根据系统误差的来源,设法消除其影响,对未能消除的未定系统误差可以作为偶然误差处理。下面分别介绍如何发现系统误差以及如何对系统误差进行限制和消除。

发现系统误差的一些常用方法包括:

1. 用对比方法发现系统误差

(1) 实验方法对比。用不同方法测量同一物理量,看结果是否一致。若结果不一致,而它们之间的差别又超出了偶然误差的范围,则可以肯定存在系统误差。

(2) 仪器对比法。例如,在电路中串入两个电表,其中一个高一级的电表作为标准表。若两个电表的读数不一致,就可以找出其修正值。

(3) 改变实验中某些参量的数值。例如,在电学实验中,改变电路中电流的数值。若测量结果单调或规律性变化,则说明存在某种系统误差。

(4) 改变实验条件。例如,在磁测量中将带有磁性的物质移近,在热学实验中将一热源移开,观察对测量是否有影响。

2. 用理论分析的方法发现系统误差

分析实验条件是否已满足实验所依据的理论公式的要求。例如单摆的周期公式 $T=2\pi\sqrt{\frac{l}{g}}$ 所要求的条件是摆角在 $5°$ 以下,若摆角大于 $5°$ 而仍用此式计算,就会引入系统误差。另外,也要考虑仪器所要求的正常使用条件是否已达到,使用条件达不到要求,也会引起系统误差。

3. 分析实验数据发现系统误差

分析实验数据发现系统误差的理论依据是:偶然误差是服从一定的统计分布规律的,如果测量的数据不服从统计规律,则说明存在系统误差。在相同条件下测量大量数据时,就可以用此方法。例如,若测量的数据单向性或周期性地变化,就说明存在着固定的或变化着的系统误差。

上述介绍几种发现系统误差的方法,只是从普遍意义上介绍,在实验中常常会有许多更具体的方法。

应当指出,任何“标准”的仪器也有它的不足之处,因此要绝对消除系统误差是不可能的。如何限制或消除系统误差,没有一个普遍通用的方法,只能针对每一个具体情况采取不同的具体措施。下面简单介绍几种限制或消除系统误差的方法：

1. 采用符合实际的理论公式

例如，单摆测量重力加速度时，利用公式 $T=2\pi\sqrt{\frac{l}{g}}$ 得到的结果是近似的，实际上周期与摆角有关，即

$$T=2\pi\sqrt{\frac{l}{g}}\left(1+\frac{1}{4}\sin^2\frac{\theta}{2}+\cdots\right) \tag{3-1-5}$$

摆角 θ 不同，周期 T 就不同。

2. 保证仪器装置在规定的正常条件下工作

例如，使用电表时必须按规定的方式放置电表，接通电源前必须调整机械零点。

3. 用修正值对测量结果进行修正

用标准仪器对测量仪器进行校准，找出修正值或校准曲线，对测量结果进行修正。

4. 从测量方法上消除系统误差

（1）示零法：在测量时，使待测量的作用效应与已知量（标准值）的作用效应相互抵消（即平衡），以使总的效应减小到零，这种方法就称为示零法，例如，电势差计法和电桥法就是其典型的运用。

（2）代替法：在一定测量条件下，选择一个量值大小适当的可调标准器，使它的量值在测量中代替待测量而不引起测量仪器示值的改变，就可以肯定待测的未知量等于这个可调标准器的量值，这就避免了测量仪器本身不准所引起的误差。此种测量方法称为代替法或称为置换法，是常用的测量方法之一。

（3）异号法（正、负补偿法）：改变测量中的某些条件（如测量方法），使两次测量的误差符号相反，取其平均值。这种方法称为异号法。例如用霍耳效应测磁化曲线时，利用电流反向，可以抵消霍耳元件的某些系统误差。

（4）对称观测法（共轭法）：若有随时间变化的系统误差，可将观测程序对称地再进行一次。例如，测电阻温度系数实验和金属热胀系数实验，在测量参量前记录一次温度，测量读数后再记一次温度，取两次平均值作为该点温度值。对称观测法应用在光学仪器角度盘的读数时，可在对称位置（相距180°两边的角游标）读取两个数，取平均值，以此消除角度盘偏心引起的系统误差。

以上仅仅列举了几种减少、消除某些系统误差的方法和处理系统误差最一般的原则，更重要的是要根据具体情况进行具体分析，并采取不同方法解决。

3.2 测量不确定度

3.2.1 标准误差在误差分析中的应用

本节主要讨论测量的随机（偶然）误差的估算，并且是在粗大数据已经剔除，系

统误差已经消除或系统误差相对于随机(偶然)误差小很多的情况下进行的。

1. 随机(偶然)误差的统计学分布规律

大部分基础实验测量的随机误差服从正态分布(高斯分布)规律,具有以下特点:

(1) 单峰性:绝对值小的误差出现的概率大,而绝对值大的误差出现的概率小。

(2) 对称性:绝对值相等的正、负误差出现的概率大致相等。

(3) 有界性:绝对值非常大的正、负误差出现的概率趋于零。

(4) 抵偿性:随机误差的算术平均值随着测量次数的增加而减少,最后趋于零。

图 3-2-1 所示为正态分布曲线,该分布曲线的横坐标 Δ 为误差,纵坐标 $f(\Delta)$ 为误差的概率密度分布函数。分布曲线的含义是:在误差 Δ 附近的单位误差范围内误差出现的概率,即误差出现在 $\Delta\sim(\Delta+\mathrm{d}\Delta)$ 区间内的概率为 $f(\Delta)\cdot\mathrm{d}\Delta$。

在某一次测量中,随机误差出现在 $a\sim b$ 区间内的概率应为

$$P=\int_a^b f(\Delta)\cdot\mathrm{d}\Delta \tag{3-2-1}$$

给定的区间不同,P 也不同。给定的区间越大,误差越过此范围的可能性就越小。显然,在 $-\infty\sim+\infty$ 内,$P=1$,即有

$$\int_{-\infty}^{+\infty} f(\Delta)\cdot\mathrm{d}\Delta=1 \tag{3-2-2}$$

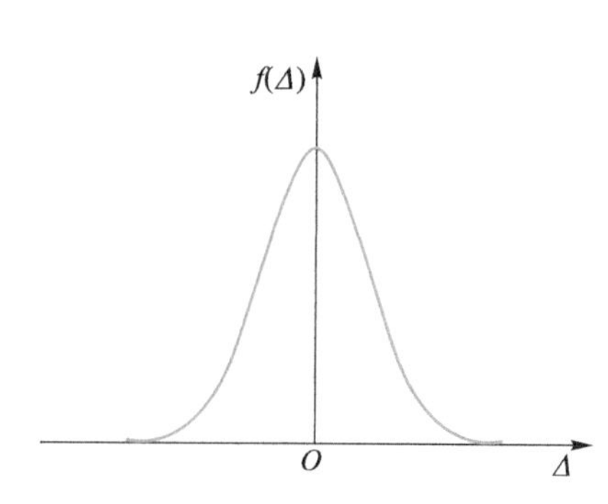

图 3-2-1 误差的概率密度分布(正态分布)

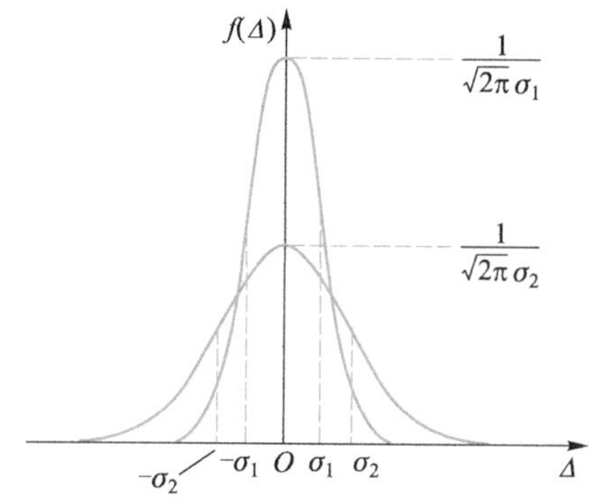

图 3-2-2 标准误差分布

由理论可进一步证明,$\Delta=\pm\sigma$ 是曲线的两个拐点的横坐标值。当 $\Delta\to 0$ 时,$f(0)\to\dfrac{1}{\sqrt{2\pi}\sigma}$。由图 3-2-2 可见,$\sigma$ 越小,必有 $f(0)$ 越大,分布曲线中部上升越高,两边下降越快,表示测量的离散性小;与此相反,σ 越大,必有 $f(0)$ 越小,分布曲线中部下降较多,误差的分布范围就较宽,测量的离散性大。因此,σ 这个量在研究和计算随机误差时是一个很重要的特征量。σ 被称为标准误差。

2. 标准误差的统计意义

理论上,标准误差表示为

$$\sigma=\sqrt{\frac{\sum_{i=1}^{n}(x_i-x_0)^2}{n}} \tag{3-2-3}$$

式中,n 为测量次数,x_i 为第 i 次测量的测量值,x_0 为待测量的真值。该式成立的条件是要求测量次数 $n\to\infty$ 。可以证明,某次测量的随机误差出现在$-\sigma\sim+\sigma$,$-2\sigma\sim+2\sigma$,$-3\sigma\sim+3\sigma$ 内的概率分别为

$$P=\int_{-\sigma}^{+\sigma}f(\Delta)\cdot \mathrm{d}\Delta=0.683 \tag{3-2-4}$$

$$P=\int_{-2\sigma}^{+2\sigma}f(\Delta)\cdot \mathrm{d}\Delta=0.955 \tag{3-2-5}$$

$$P=\int_{-3\sigma}^{+3\sigma}f(\Delta)\cdot \mathrm{d}\Delta=0.997 \tag{3-2-6}$$

由此可见,标准误差 σ 所表示的统计意义为:对待测量 X 进行任意一次测量时,误差落在$-\sigma\sim+\sigma$ 内的可能性为 68.3%,误差落在$-2\sigma\sim+2\sigma$ 内的可能性为95.5%,误差落在$-3\sigma\sim+3\sigma$ 内的可能性为 99.7%。因此,标准误差 σ 可以较为合理地估算测量数据列的离散程度和测量结果的可靠性。

3. 随机(偶然)误差的估算

众所周知,实际测量的次数是不可能达到无穷大的,且待测量的真值也不可能得到,因此标准误差 σ 的计算只有理论上的意义。物理实验中随机(偶然)误差的估算方法如下所述。

设对某一真值为 μ 的物理量 X 进行 n 次等精度测量(无系统误差或系统误差已修正),得一列测量值 $x_1,x_2,\ldots,x_n$,测量列的标准误差 σ_s 定义为各测量值误差平方和的平均值的正平方根,即

$$\sigma_s=\sqrt{\frac{\sum_{i=1}^{n}(x_i-\mu)^2}{n}} \tag{3-2-7}$$

理论上要求上式中 $n\to\infty$ 且已知真值。然而,在实验测量过程中真值 μ 是未知值,只能以测量值的算术平均值 $\bar{x}$ 作为待测量 X 的最佳估计值,而且实验的实际测量次数是有限的,通常为 3~5 次。因此其随机(偶然)误差可以用标准偏差 s_x 来处理,即

$$s_x=\sqrt{\frac{\sum_{i=1}^{n}(x_i-\bar{x})^2}{n-1}}=\sqrt{\frac{\sum_{i=1}^{n}\Delta x_i^2}{n-1}} \tag{3-2-8}$$

式中 $\Delta x_i=x_i-\bar{x}$,称为第 i 次测量的偏差或残差,标准偏差与残差的“方和根”成正比。

s_x 为测量列的标准偏差,其物理意义是表示该测量列中的测量值的离散程度,即测量列中的各个测量值相对于测量值的算术平均值的分布情况。标准偏差 s_x 可以用来对测量列的可靠性进行评估。s_x 值小,测量的随机(偶然)误差小,测量列中

的各个测量值分布比较集中，测量的可靠性就大些。反之，s_x 值大，测量的随机误差大，测量值分散，测量的可靠性就差些。

待测量 X 的有限次测量的算术平均值 $\bar{x}$ 也是一个随机变量。对 X 进行不同组的有限次测量，各组测量结果的算术平均值是不完全相同的，彼此之间存在差异。因此，有限次测量的算术平均值也存在标准偏差。由标准差求和公式可以推得，若算术平均值 $\bar{x}$ 的标准偏差用 $s_{\bar{x}}$表示，则它与测量列的标准偏差 s_x 之间的关系为

$$s_{\bar{x}}=\frac{s_x}{\sqrt{n}}=\sqrt{\frac{\sum_{i=1}^{n}(x_i-\bar{x})^2}{n(n-1)}} \tag{3-2-9}$$

测量列的算术平均值 $\bar{x}$ 的标准偏差 $s_{\bar{x}}$表示该测量列的算术平均值 $\bar{x}$ 以一定概率落在真值附近的范围。同样，算术平均值的标准偏差是对测量结果 $\bar{x}$ 的可靠性的估计。当算术平均值的标准偏差为 $s_{\bar{x}}$时，算术平均值 $\bar{x}$ 的误差 $\Delta\bar{x}$ 落在$[-s_{\bar{x}},+s_{\bar{x}}]$区间内的概率为 68.3%。由于 $s_{\bar{x}}<s_x$，可见算术平均值 $\bar{x}$ 的可靠性大于测量列中任一测量值 x_i，且 $s_{\bar{x}}$值随着测量次数 n 的增大而减少（并非无限减少），而使测量列的算术平均值 $\bar{x}$ 越来越接近待测量的真值。

4. 异常数据的判别和剔除

一个测量列中误差超出极限值的测量数据称为异常数据。它的出现往往是由于某种错误或预测不到的环境突变。这些异常数据会歪曲实验或测量结果。为了使测量数据能真实地反映实际情况，需要利用一个判别异常数据的科学标准将异常数据判别并剔除。判别异常数据的基本思想是以一定置信水平确定一个置信限，凡是超过该限度的误差就认为它不属于随机误差的范围而予以剔除。剔除一次异常数据之后，将余下的数据重新检查，直到测量列的其他数据都在规定的置信限内。

格拉布斯准则是 1960 年以后才提出的，是公认的可靠性较高的一种异常数据判别的准则，简介如下：

设某一服从正态分布的测量列为 $x_1,x_2,\cdots,x_n$。将此测量列按其数值大小由小到大重新排列得：$x'_1\leqslant x'_2\leqslant x'_3\leqslant\cdots\leqslant x'_n$。格拉布斯导出了 $g_i=(x_i-\bar{x})/s_x$ 的分布，选定一显著水平 a（亦称为危险率），a 是判别异常数据的概率，一般取 0.05 或 0.01。对应于某一定的测量次数 n 和显著水平 a，可得一临界值 $g_0(n,a)$，见表 3-2-1。若测量列中某一测量值（通常先取最大值或最小值判断）的 $g_i\geqslant g_0(n,a)$，则认为测量值 x_i 为异常数据。

采用格拉布斯准则判别和剔除异常数据的步骤：

(1) 计算测量列的算术平均值 $\bar{x}$ 和标准偏差 s_x。

(2) 根据测量次数 n 和选定的显著水平 a，选取临界值 $g_0(n,a)$。

(3) 从测量列中选取数值最大（或最小）的测量值按 $g_i=(x_i-\bar{x})/s_x$ 计算 g_i 值，并与 $g_0(n,a)$值进行比较。若 $g_i\geqslant g_0(n,a)$，则 x_i 为异常数据；反之，为正常数据。

表 3-2-1　$g_0(n,a)$的数值

n	4	5	6	7	8	9	10	11	12
$a=0.05$	1.46	1.67	1.82	1.94	2.03	2.11	2.18	2.23	2.28
$a=0.01$	1.49	1.75	1.94	2.10	2.22	2.32	2.41	2.48	2.55

3.2.2　测量误差的不确定度表示

在报告测量结果时,由于不同国家和不同学科误差分析方法的不统一,影响了科学技术成果在国际的交流与发展。因此,国际标准化组织于 1993 年公布了《测量不确定度表示指南》文件,大学物理实验课程推行采用不确定度来评价测量结果的质量。

1. 基本概念和专用术语

(1) 测量不确定度的基本概念

"测量不确定度"是指测量结果不能确定的程度,它是表征测量结果具有离散性的一个参量,即提供测量结果的值的范围(或区间),使待测量的值能以一定的概率位于其中。测量不确定度的大小决定了测量结果的使用价值。测量不确定度越小,测量值的离散性就越小,测量结果与真值越接近,可靠性就越高,使用价值就越大。反之,测量不确定度越大,测量值的离散性就越大,测量结果与真值差别越大,可靠性就越低,使用价值也越小。

测量的目的是确定待测量的值。由于测量的不完善,测量误差总是客观存在。传统上,将误差分为随机(偶然)误差、系统误差和粗大误差。随机(偶然)误差不可避免。根据抵偿性,可适当增加测量次数以减少随机误差。系统误差如已知其来源,可采取技术措施消除,或者通过分析其对测量结果的影响而加以修正。显著的粗大误差可以通过科学的检验方法判别并剔除。剩下尚未认识的误差(包括减少后的随机误差、修正不完善的系统误差、不显著的粗大误差以及其他尚未认识的误差等)仍然对测量结果的不确定度有贡献。

(2)《测量不确定度表示指南》的专用术语

① 标准不确定度:用标准偏差表示测量结果的不确定度,称为标准不确定度,用 u_x 表示。按数值估算方法的不同可以分为两类标准不确定度:A 类和 B 类。

② A 类标准不确定度:同一条件下多次重复测量时,用统计方法对一系列观测结果进行分析评定的标准不确定度,用 u_A 表示。

③ B 类标准不确定度:用其他非统计分析的方法评定的标准不确定度,用 u_B 表示。

④ 合成标准不确定度:总的标准不确定度由各标准不确定度分量合成而来。由各标准不确定度分量合成的标准不确定度称为合成标准不确定度。

2. A 类标准不确定度的评定

设对待测量 X 在相同条件下进行 n 次等精度测量,所得的各次测量值分别为

$x_1, x_2, \ldots, x_n$，x 的最佳估计值为算术平均值 $\bar{x}$，即

$$\bar{x}=\frac{1}{n}\sum_{i=1}^{n} x_i \tag{3-2-10}$$

定义算术平均值的标准偏差为 A 类标准不确定度，即

$$u_{\mathrm{A}}=s_{\bar{x}}=\sqrt{\frac{\sum\limits_{i=1}^{n}(x-\bar{x})^2}{n(n-1)}} \tag{3-2-11}$$

这种评定 A 类标准不确定度的方法也称为贝塞尔法。

在特殊情况下，对待测量 X 只测量一次时，测量结果的 A 类标准不确定度为

$$u_{\mathrm{A}x}=s_x \tag{3-2-12}$$

式中，s_x 是在本次测量的“先前的多次测量”（实验者本人、其他实验人员或生产厂家、检定单位完成）时得到的。当然，本次测量的测量条件需与“先前的多次测量”的测量条件一致。

3. B 类标准不确定度的评定

B 类标准不确定度的评定是标准不确定度评定中的一个难点。B 类分量的评定应考虑到影响测量准确度的各种可能因素。这需要对测量过程进行仔细分析，并根据经验和有关信息来估计。为简化起见，在大学物理实验教学中，我们假定标准不确定度的 B 类分量主要是来自测量仪器的仪器误差 $\Delta_{仪}$。$\Delta_{仪}$ 是指计量器具的示值误差，或者是按仪表准确度等级算得的最大基本误差。在仅考虑仪器误差的情况下，B 类分量的表征值为

$$u_{\mathrm{B}}=\frac{\Delta_{仪}}{c} \tag{3-2-13}$$

式中 c 是一个大于 1 且与误差分布特性有关的系数。若仪器误差的概率密度函数遵从均匀分布规律，即在测量值的某一范围内，测量结果取任意一个可能值的概率相等，则 $c=\sqrt{3}$。在大学物理实验课程教学中，所用计量器具和仪表多属于这种情况。

4. 合成标准不确定度 u

（1）直接测量量合成标准不确定度

在直接测量的情况下，合成标准不确定度的计算比较简单，标准不确定度 u 由上述两类不确定度采用方和根合成而得到，即

$$u=\sqrt{u_{\mathrm{A}}^2+u_{\mathrm{B}}^2} \tag{3-2-14}$$

待测量 x 的测量结果表示为

$$x=\bar{x}\pm u \tag{3-2-15}$$

（2）间接测量量合成标准不确定度

设间接测量量 N 和若干直接测量量 $x_1, x_2, \ldots, x_n$ 的函数关系为 $N=f(x_1, x_2, \cdots, x_n)$，各直接测量量的标准不确定度分别为 $u_{x_1}, u_{x_2}, \cdots, u_{x_n}$。若各直接测量量相互完全独立无关，应用方差传递公式可得 N 的标准不确定度为

$$u_N=\sqrt{\sum_{i=1}^{n}\left(\frac{\partial f}{\partial x_i}\right)^2 u_{x_i}^2} \tag{3-2-16}$$

式中$\frac{\partial f}{\partial x_i}$称为各直接测量量标准不确定度的传递系数，反映了各直接测量量对间接测量量合成标准不确定度的影响程度。由此可见，在间接测量中要特别注意传递系数较大的直接测量量的测量，应当通过合理地选择测量仪器和测量方法，尽量减少其测量误差，以保证间接测量量的测量结果能在允许的误差范围内。

根据间接测量标准不确定度传递公式，求间接测量量标准不确定度的方法和步骤可以归纳为

① 求出给定函数关系式的全微分。

② 合并同类项。

③ 以各测量量标准不确定度代替微分量，并取各项的平方和再开平方，即可得给定函数的标准不确定度传递公式。

④ 将各测量值及其标准不确定度代入公式中各对应项进行运算，即可求得合成标准不确定度 u_N。

当给定的函数关系式只是积或商的形式时，为了简化运算，可以先对函数两边取自然对数，再进行全微分，得到相对标准不确定度的传递公式：

$$\frac{u_N}{N}=\sqrt{\left(\frac{\partial \ln f}{\partial x}\right)^2 u_x^2+\left(\frac{\partial \ln f}{\partial y}\right)^2 u_y^2+\left(\frac{\partial \ln f}{\partial z}\right)^2 u_z^2+\cdots} \tag{3-2-17}$$

最后由测量值 N 和相对标准不确定度求得合成标准不确定度。表 3-2-2 给出常用函数的合成标准不确定度的计算公式。

表 3-2-2 常用函数的合成标准不确定度的计算

函数	合成标准不确定度
$N=x\pm y$	$u_N=\sqrt{u_x^2+u_y^2}$
$N=x\cdot y$ 或 $N=\frac{x}{y}$	$\frac{u_N}{N}=\sqrt{\left(\frac{u_x}{\bar{x}}\right)^2+\left(\frac{u_y}{\bar{y}}\right)^2}$
$N=k\cdot x$	$u_N=ku_x$
$N=x^{\frac{1}{k}}$	$\frac{u_N}{N}=\frac{1}{k}\left(\frac{u_x}{\bar{x}}\right)$
$N=\sin x$	$u_N=\lvert\cos\bar{x}\rvert\cdot u_x$
$N=\ln x$	$u_N=\frac{u_x}{\bar{x}}$
$N=x^k\cdot y^m/z^n$	$\frac{u_N}{N}=\sqrt{\left(k\frac{u_x}{\bar{x}}\right)^2+\left(m\frac{u_y}{\bar{y}}\right)^2+\left(n\frac{u_z}{\bar{z}}\right)^2}$

5. 标准不确定度计算举例

例 3-2-1 对某物体的长度进行 10 次等精度测量，设仪器误差限为 0.05 cm，测量数据见表 3-2-3，求测量结果，并将结果表示为 $x=\bar{x}\pm u$ 的形式。

表 3-2-3 长度测量数据

n	1	2	3	4	5	6	7	8	9	10
x/cm	63.57	63.58	63.55	63.56	63.56	63.65	63.54	63.57	63.57	63.55

解：(1) 计算测量列算术平均值：

$$\bar{x}=\frac{1}{n}\sum_{i=1}^{n}x_i=63.57\ \text{cm}$$

(2) 计算测量列的标准偏差：

$$s_x=\sqrt{\frac{\sum_{i=1}^{n}(x_i-\bar{x})^2}{n-1}}=0.03\ \text{cm}$$

(3) 根据格拉布斯准则判别异常数据：

取显著水平 $a=0.01$，测量次数 $n=10$，对照表 3-2-1 查得临界值 $g_0(10,0.01)=2.41$。取 $\Delta x_{\max}$ 计算 g_i 值，有

$$g_6=\frac{\Delta x_6}{s_x}=\frac{0.08}{0.03}=2.67>2.41$$

由此得 $x_6=63.65$ cm 为异常数据，应剔除。

(4) 用余下的数据重新计算测量结果：

重列数据见表 3-2-4。

表 3-2-4 重新列表数据

n	1	2	3	4	5	6	7	8	9
x/cm	63.57	63.58	63.55	63.56	63.56	63.54	63.57	63.57	63.55

计算得

$$\bar{x}=63.56\ \text{cm},\quad s_x=\sqrt{\frac{\sum_{i=1}^{n}\Delta x_i^2}{n-1}}=0.012\ \text{cm}$$

再经格拉布斯准则判别，所有测量数据都符合要求。

测量的 A 类标准不确定度分量为

$$u_{Ax}=s_{\bar{x}}=\frac{s_x}{\sqrt{n}}=\frac{0.012}{3}\ \text{cm}=0.004\ \text{cm}$$

测量的 B 类标准不确定度分量为

$$u_{Bx}=\frac{\Delta_{仪}}{\sqrt{3}}=0.029\ \text{cm}$$

测量的合成标准不确定度为

$$u_x=\sqrt{u_{Ax}^2+u_{Bx}^2}=0.029\ \text{cm}$$

测量结果表示为

$$x=(63.56\pm0.03)\ \text{cm}$$

例 3-2-2　用单摆公式 $g=\frac{4\pi^2 l}{T^2}$测量重力加速度 g，直接测量量 $T=\overline{T}\pm u_T=(2.009\pm0.002)\ \text{s}$，$l=\overline{l}\pm u_l=(1.000\pm0.001)\ \text{m}$，计算测量结果的不确定度。

解：（1）计算重力加速度 g：

$$g=\frac{4\pi^2 l}{T^2}=\frac{4\times3.14^2\times1.000\ \text{m}}{(2.009\ \text{s})^2}=9.771\ \text{m}\cdot\text{s}^{-2}$$

（2）计算 g 的标准不确定度相对误差：

对函数两边取自然对数得

$$\ln g=\ln 4\pi^2+\ln l-2\ln T$$

求全微分，得

$$\frac{\mathrm{d}g}{g}=\frac{\mathrm{d}l}{l}-2\frac{\mathrm{d}T}{T}$$

以各直接测量量的标准不确定度代替微分量，取各项平方和再开平方，得

$$\frac{u_g}{g}=\sqrt{\left(\frac{u_l}{\overline{l}}\right)^2+\left(\frac{u_T}{\overline{T}}\right)^2}=\sqrt{\left(\frac{0.001\ \text{m}}{1.000\ \text{m}}\right)^2+\left(2\times\frac{0.002\ \text{s}}{2.009\ \text{s}}\right)^2}=2.2\times10^{-3}$$

（3）合成标准不确定度为

$$u_g=g\cdot\left(\frac{u_g}{g}\right)=9.771\ \text{m}\cdot\text{s}^{-2}\times2.2\times10^{-3}=0.03\ \text{m}\cdot\text{s}^{-2}$$

（4）测量结果表示为

$$g=(9.77\pm0.03)\ \text{m}\cdot\text{s}^{-2}$$

3.3　有效数字处理

实验中所测得的物理量数值都含有误差，这些数值的尾数不能任意取舍；其取舍原则应能反映出测量结果的精确度，具有严格的要求。这里所述的测量结果包括直接从测量仪器上读取的记录、多次测量计算的平均值、通过函数关系计算的间接测量值。根据测量结果的有效数字由测量误差决定的原则，首先必须计算测量误差，然后才能正确地确定测量结果的有效数字位数。然而，在测量误差未计算出

之前以及测量数据的运算过程中，也要求我们正确取位和运算，因此提出了有效数字及其运算规则的问题。

3.3.1 有效数字的基本概念

1. 有效数字的定义

任何一个物理量，其测量的结果总是或多或少地存在误差。因此，所有测量结果都由可靠数字和含有误差的可疑数字组成。测量结果中所有可靠数字加上一位（末位）可疑数字统称为测量结果的有效数字。所有有效数字的个数称为有效数字的位数。

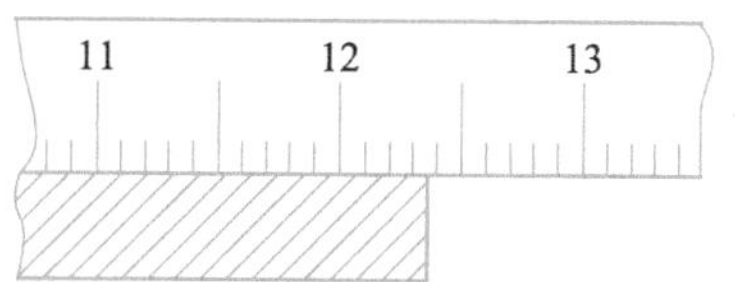

图 3-3-1 米尺测量值的有效数字

例如，用一把最小刻度为毫米的米尺来测量某一长度 L。如图 3-3-1 所示，物体长度 L 大于 12.3 cm 且小于 12.4 cm，其右端点超过 12.3 cm 刻度线，估读为 0.05 cm 或 0.06 cm。前三位数字“12.3”是直接读出的，称为可靠数字，而最后一位数字“5”或“6”是在最小刻度间估读出来的，估读的结果因人而异，存在误差，故称为可疑数字。我们把这些可靠数字和一位可疑数字合称为有效数字，读数 12.35 cm 或 12.36 cm 包含四位有效数字。

2. 有效数字的基本性质

（1）有效数字的位数随着仪器的精度变化而变化

一般来说，测量结果的有效数字位数越多，相对误差越小，代表测量仪器精度越高。例如(2.50±0.05) cm 有效数字有三位，相对误差为 2%；(2.500±0.005) cm 有效数字有四位，相对误差为 0.2%。

（2）有效数字的位数与小数点的位置无关

在十进制单位中，有效数字的位数与单位变换无关，即与小数点的位置无关。例如，物件长度测量结果为 10.20 cm，可以变换为 0.102 0 m，也可以变换为 0.000 102 0 km，它们都有四位有效数字。由此不难看出：凡数值中间和末尾的“0”（包括整数小数点后的“0”）均为有效数字，但数值前的“0”则不属有效数字。

（3）有效数字的科学记数法

为了便于书写，对数量级较大或较小的测量值，常采用科学记数法，即写成$\pm a\times 10^{\pm n}$的幂次形式，其中$1\leqslant |a|<10$，n 为任意整数。例如，地球平均半径是 6 371 km，用科学记数法表示为 6.371×10^6m，乘号前的数字即为有效数字。

（4）常数 π、e 以及常系数 2、$\sqrt{2}$等的有效数字位数在计算中可以任意取位。

3. 有效数字的读取规则

因为有效数字由仪器引入的绝对误差决定，所以在测量前应记录测量仪器的精度、级别、最小分度值（最小刻度值）；若仪器未标明仪器误差，则取仪器最小分度值的一半作为仪器误差。此外，还要注意估计测量仪器的仪器误差，且记录测量数据时要保留有效数字到误差所在位。

例 3-3-1 用300 mm长的毫米分度钢尺测量长度，最小分度值为1 mm，仪器误差取最小分度值的一半，即$\Delta_{仪}=0.5\ \mathrm{mm}$，因此要正确记录测量数据，除了确切读出钢尺上有刻线的位数外，还应估读一位，即读到0.1 mm位。

例 3-3-2 用螺旋测微器测量长度，最小分度值为0.01 mm，仪器误差取最小分度值的一半，即$\Delta_{仪}=0.005\ \mathrm{mm}$，因此记录测量数据时应读到0.001 mm位。

例 3-3-3 伏安法测量电压和电流值，用0.5级的电压表和电流表，量程分别为10 V和10 mA。由公式：$\Delta_{仪}=a\%\times$量程$=0.5\%\times$量程，计算仪器误差$\Delta_V=0.05\ \mathrm{V}$，$\Delta_A=0.05\ \mathrm{mA}$。因此记录电压和电流的测量数据时，应分别记录到0.01 V和0.01 mA位。

有些仪器仪表一般不进行估读或不可能估读。例如，数字显示仪表只能读出其显示器上所显示的数字。当该仪表对某稳定的输入信号表现出不稳定的末位显示时，表明该仪表的不确定度可能大于末位显示的±1，此时可记录一段时间间隔内读数的平均值。

3.3.2 有效数字的运算规则

有效数字的运算规则是一种近似计算法则，用以确定测量结果有效数字的位数。总的要求是运算结果的位数应与测量误差的位数保持一致；若位数不恰当时，则最终由相应误差来确定。有关运算原则如下：

（1）可靠数字与可靠数字运算，结果为可靠数字。

（2）可疑数字与任何数字运算，结果为可疑数字，但进位数为可靠数字。

下面介绍有效数字的运算规则：

1. 加减法运算

各测量量相加或相减时，其和或差在小数点后应保留的有效数字位数与各测量量中小数点后有效数字位数最少的一个相同。例如，$71.3+0.753=72.1$，$71.3-0.753=70.5$。

2. 乘除法运算

一般情况下，积或商结果的有效数字位数和参与乘除运算各量中有效数字位数最少的一个相同，例如，$23.1\times2.2=51$，$237.5\div0.10=2.4\times10^3$。有时也可能多一位或少一位。例如，$23.1\times8.4=194$（2乘8有进位），$76.000\div38.0=2.0$（76.0被38.0整除）。

3. 乘方、开方运算

这一类运算结果的有效数字位数与其底数的有效数字位数相同。例如，$765^2=5.85\times10^5$，$\sqrt{200}=14.1$。

4. 函数运算

一般来说，函数运算的有效数字位数应由误差分析来决定。在大学物理实验

中,常用的对数函数和三角函数的有效数字位数有以下规定:

(1) 对数函数运算后的尾数与真数的位数相同。例如,lg 1.983=0.297 3。

(2) $0°<\theta<90°$时,三角函数 $\sin\theta$ 和 $\cos\theta$ 的值都在 0 和 1 之间,三角函数的取位与角度的有效数字位数相同。例如,$\sin 30°02'=0.5$。

5. 尾数舍入规则

为了使有效数字运算过程更简单或准确,我们需要对不应保留的尾数进行舍入。通常采用"四舍五入"的舍入规则,但这种规则使入的概率大于舍的概率,容易造成较大的舍入误差。为了使"等于五"时的舍入误差产生正负相消的机会,应采用更为合理的"四舍六入五凑偶"舍入规则,即:小于五舍,大于五入,等于五时则把尾数通过进位的方法凑成偶数。例如,将下列数字保留为四位有效数字:

(1) 3.143 46 保留四位有效位数为:3.143。

(2) 3.143 72 保留四位有效位数为:3.144。

(3) 1.264 53 保留四位有效位数为:1.264(舍五不进位)。

(4) 1.263 53 保留四位有效位数为:1.264(舍五进位凑偶)。

3.3.3 测量结果的有效数字

1. 测量不确定度的有效数字位数

由于不确定度是根据概率理论估算得到的,它只是在数量级上对实验结果给予恰当的评价,因此其结果的精确计算是没有意义的。大学物理实验教学中我们规定不确定度只取一位有效数字。计算过程中可以预取二~三位有效数字,直到算出最终的不确定度值时才修约成一位;以不降低置信概率为前提,多余的尾数按"只进不舍"的原则取舍。

2. 间接测量结果的有效数字

通常,由于不确定度的传递和积累,间接测量的不确定度较大,因此测量结果的有效数字的末位要与不确定度所在的位对齐,舍去多余的可疑数字。例如例 3-2-2 重力加速度 g 的测量,按有效数字运算规则算得 $g=9.771\ \mathrm{m\cdot s^{-2}}$,而估算标准不确定度 $u_g=0.03\ \mathrm{m\cdot s^{-2}}$,对齐后测量结果表示为 $g=(9.77\pm0.03)\ \mathrm{m\cdot s^{-2}}$。

3.4 实验数据处理方法

大学物理实验离不开定量的测量和计算,采用专业方法进行数据处理是大学物理实验的一个重要组成部分。这里,常用且要求掌握的实验数据处理方法有列表表示法、图示法、图解法、最小二乘法和逐差法等。本节侧重数据处理方法的原理介绍,在实践中鼓励采用计算机通用软件(例如 Excel、MATLAB、Python)处理实验数据。

1. 列表表示法

在记录和处理数据时，将数据列成表可以使数据有条不紊，减少甚至避免错误，同时也有助于及时发现问题，从中找出规律性的联系，求出经验公式。列表表示法既可以作为独立的数据处理的方法，也可以作为其他方法的组成部分(大部分物理实验的数据处理都是从列表开始的)。表的形式一般来说有三种：定性式(实验记录表格)、函数式(按函数关系列出函数表)、统计式(列出统计表，函数关系形式未知)。一般将实验数据按自变量和因变量逐个对应，依次增加或减少的顺序一一列出，其中包括序号、名称、项目、数据和说明等。且自变量分度要合理(比如：等间距或其他有物理规律的变化)，以便查阅、研究。

列表的要求有：

(1) 要根据具体情况确定所列项目，做到表格简单明了，便于梳理各物理量之间的关系。

(2) 要写明表中各符号代表的物理量并注明单位。单位写在表头栏中，不要重复记在各个数据后面。

(3) 所列数据要正确反映测量结果的有效数字。

(4) 必要时给予附加说明。

列表表示法举例如表 3-4-1 所示。

表 3-4-1 铜丝电阻与温度的关系

T/℃	10.0	20.0	30.0	40.0	50.0	60.0	70.0
R/Ω	10.4	10.7	10.9	11.3	11.8	11.9	12.3

2. 图示法与图解法

图示法是根据几何原理将实验数据用图线来表示，以期简明、直观、准确地揭示出物理量之间的关系的实验数据处理方法。特别地，当无法确定物理量之间合理的函数关系时，只能用实验曲线来表示实验结果，例如绘制校正曲线。根据已绘好的曲线，用解析方法进一步求得曲线所对应的函数关系(或经验公式)以及其他参量值的实验数据处理方法称为图解法。

(1) 图示法规则

为了使图线简明、直观、准确，对作图提出了一定的规范格式和要求。

① 选用坐标纸的类别和大小：按实验参量要求选用毫米方格纸(直角坐标纸)或双对数坐标纸。根据实验数据的有效数字位数和数值范围，确定坐标纸的大小，原则上坐标纸的一小格代表可疑数字前面的一位数。

② 确定坐标和坐标标度：一般横轴代表自变量，纵轴代表因变量。标出坐标轴代表的物理量和单位，在坐标轴上按选下的比例标出若干等距离的整齐的数值标度；其数值位数应与实验数据的有效数字位数一致；其标度通常用 1、2、5，而不用 3、7、9。横轴和纵轴的标度可以不同。如果数据特别大或特别小，可以提出乘积因子(如$\times10^3$或$\times10^{-2}$)写在坐标轴末端。

③ 标出实验点和画出图线：依据实验数据，用铅笔尖在坐标图上以小“+”标出各数据点的坐标，然后用直尺或曲线板将数据点连成直线或光滑曲线。连线时应使多数数据点在连线上，不在连线上的数据点应大致均匀分布在图线的两侧。如果是校准曲线，则要通过校正点连成折线。如果要求在一张坐标图上同时画出几条曲线时，每条曲线的数据点应该采用不同的标记如“×”“△”“•”等，使之区别开来。

④ 写出图线名称：一般在图纸下部位置上写出简洁完整的图名，字形要端正。

（2）图解法求直线的斜率和截距

以 x 为横坐标轴，y 为纵坐标轴，设所作的 $y-x$ 图线为一直线，其函数形式为

$$y=ax+b \tag{3-4-1}$$

则该直线的斜率 a 可用“两点式”求解。方法是：在靠直线的两端处分别选取两点 $A_1(x_1,y_1)$，$A_2(x_2,y_2)$（一般不宜取测量点，因为测量点不一定在图线上），将其坐标值分别代入式(3-4-1)，可得

$$a=\frac{y_2-y_1}{x_2-x_1} \tag{3-4-2}$$

而截距为

$$b=y_3-ax_3 \tag{3-4-3}$$

(x_3,y_3)为直线上选取的某点坐标。当 x_3 为 0 时，则可以从图线上与 y 坐标轴的交点读取该直线的截距 $b=y_3$。

图示法既可以独立存在，也可以与图解法一起得出定量或者更为精确的结果。下面介绍用图解法求两物理量线性关系的实例。

例 3-4-1 按公式 $R_T=R_0(1+\beta T)$ 测定铜丝电阻温度系数 β（R_0 为 0 ℃时的铜丝电阻），测量数据如表 3-4-2 所示。

表 3-4-2 铜丝电阻测量数据

T/℃	10.0	20.0	30.0	40.0	50.0	60.0	70.0
R/Ω	10.4	10.7	10.9	11.3	11.6	11.9	12.2

解：（1）以温度 T 为横坐标，电阻 R 为纵坐标，在直角坐标系中作 $R-T$ 图线。

（2）求直线的斜率和截距，进而求铜丝电阻温度系数 β 和铜丝在 0 ℃时的电阻 R_0。

在图 3-4-1 中直线两端内侧取两个特征点（其坐标最好为整数），A(16.0 ℃，10.6 Ω)，B(67.0 ℃，12.1 Ω)，根据“两点式”得直线的斜率 a 为

$$a=\frac{R_B-R_A}{T_B-T_A}=\frac{12.1\ \Omega-10.6\ \Omega}{67.0\ ℃-16.0\ ℃}=\frac{1.5\ \Omega}{51.0\ ℃}=2.9\times10^{-2}\ \Omega/℃$$

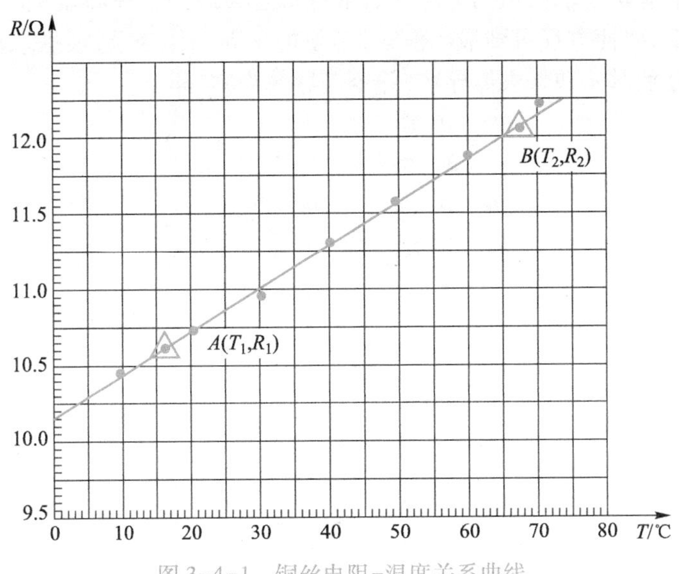

图 3-4-1　铜丝电阻-温度关系曲线

从图上读取直线的截距为 $b=10.1\ \Omega$。从测量公式可知 $R_0=b=10.1\ \Omega$。所以由 $R_0\beta=a$，得

$$\beta=\frac{a}{R_0}=\frac{2.9\times10^{-2}\ \Omega/℃}{10.1\ \Omega}=2.9\times10^{-3}℃$$

3. 最小二乘法拟合直线

在研究物理量 x、y 之间的函数关系时，对它们进行直接测量可记录得到两组数据$(x_1,x_2,\dots,x_n)$和$(y_1,y_2,\dots,y_n)$，使用上述图示法和图解法可比较简便地取得有关物理量的函数曲线和对应的经验公式。如果它们是线性关系，则图为直线，方程式为 $y=ax+b$，并可以从图线上求得斜率 a 和截距 b 的值。从实验数据求得经验方程称为方程的回归问题，又称为曲线拟合。但是，图示法和图解法带来的误差较大，所绘的直线有一定的随意性，即对上述两组数据可以给出多条直线，彼此间的偏差也较大。误差理论指出：在测量误差为近正态分布时，且在 x_i 的测量误差远小于 y_i 的测量误差的条件下，运用最小二乘法可以求得测量数据的最佳拟合直线或相应的最佳近似公式。在 $y-x$ 线性函数关系已知时，可以用最小二乘法求得斜率和截距，从而确定一条最佳的直线；而对于 $y-x$ 函数关系未知的情况，则可以用最小二乘法确定待测量而求得经验公式。

最小二乘法原理是：对于满足 y 与 x 为线性关系条件的一组测量数据$\{x_i,y_i \mid i=1,2,\cdots,n\}$，若存在一条最佳拟合直线 $y=ax+b$，则测量值 y_i 与这条直线相应值之间的偏差的平方和为最小，设 Q 表示测量值 y_i 与拟合直线相应值之间的偏差的平方和，即

$$Q=\sum_{i=1}^{n}[y_i-(ax_i+b)]^2 \tag{3-4-4}$$

可以根据数学分析中求极值的方法求解最佳拟合直线的斜率和截距。式中 y_i 和 x_i 是实验测量值，要使方程得到最小值解，必须把 a、b 当作变量，根据求极值条件，将式(3-4-4)分别对 a 和 b 求偏导数，并令偏导数为零，即

$$\frac{\partial Q}{\partial a}=\frac{\partial}{\partial a}\sum_{i=1}^{n}[y_i-(ax_i+b)]^2=0 \tag{3-4-5}$$

$$\frac{\partial Q}{\partial b}=\frac{\partial}{\partial b}\sum_{i=1}^{n}[y_i-(ax_i+b)]^2=0 \tag{3-4-6}$$

整理得

$$\sum_{i=1}^{n}y_ix_i-a\sum_{i=1}^{n}x_i^2-b\sum_{i=1}^{n}x_i=0 \tag{3-4-7}$$

$$\sum_{i=1}^{n}y_i-a\sum_{i=1}^{n}x_i-nb=0 \tag{3-4-8}$$

消去 b 得

$$a=\frac{n\sum_{i=1}^{n}(x_iy_i)-\sum_{i=1}^{n}x_i\sum_{i=1}^{n}y_i}{n\sum_{i=1}^{n}x_i^2-(\sum_{i=1}^{n}x_i)^2}=\frac{\overline{xy}-\overline{x}\cdot\overline{y}}{\overline{x^2}-\overline{x}^2} \tag{3-4-9}$$

因此

$$b=\overline{y}-a\overline{x} \tag{3-4-10}$$

用最小二乘法求出的 a、b 虽然是最佳值，但从统计学的角度来看，它们也存在偏差，实验处理中也可计算其不确定度。但由于其不确定度计算复杂且更多地应用于专业的计量领域，因此，大学物理实验不再讨论它们的不确定度（有兴趣的同学可以查阅计量学中的有关内容），而更关注最小二乘法拟合直线本身是否合理，是否有意义。

为了检验最小二乘法拟合结果有无意义，在数学上引入相关系数 R，其定义为

$$R=\frac{L_{xy}}{\sqrt{L_{xx}\cdot L_{yy}}} \tag{3-4-11}$$

式中

$$L_{xy}=\overline{xy}-\overline{x}\cdot\overline{y},\quad L_{xx}=\overline{x^2}-\overline{x}^2,\quad L_{yy}=\overline{y^2}-\overline{y}^2$$

R 表示两变量之间的函数关系与线性函数的符合程度。可以证明，$|R|\leqslant 1$。$|R|$ 越接近 1，表示两变量之间的线性关系越好，拟合的结果越合理。若 $|R|$ 接近 0，则可以认为两变量之间不存在线性关系，用线性函数进行拟合不合理。$R>0$，拟合直线的斜率为正，称为正相关；$R<0$，拟合直线的斜率为负，称为负相关。

例 3-4-2 现测得 x、y 两个物理量的数据如表 3-4-3 所示。根据表中数据推测 x、y 的函数关系为 $y=ax+b$，试用最小二乘法进行拟合，求出回归方程。

表 3-4-3　测量数据

编号 i	x_i	y_i	x_i^2	y_i^2	x_iy_i
1	15.0	39.4	225	1 552	591
2	25.8	42.9	666	1 840	1 107
3	30.0	44.4	900	1 971	1 332
4	36.6	46.6	1 340	2 172	1 706
5	44.4	49.2	1 971	2 421	2 184
$\sum$	151.8	222.5	5 102	9 956	6 920
平均值	30.4	44.5	1 020	1 991	1 384

解：（1）根据最小二乘法公式求斜率和截距。

$$a=\frac{\overline{xy}-\overline{x}\cdot\overline{y}}{\overline{x^2}-\overline{x}^2}=\frac{1\ 384-30.4\times44.5}{1\ 020-30.4\times30.4}=\frac{31}{96}=0.32$$

$$b=\overline{y}-a\overline{x}=44.5-0.32\times30.4=34.8$$

（2）求相关系数，检验 y 和 x 的线性关系。

$$L_{xy}=\overline{xy}-\overline{x}\cdot\overline{y}=1\ 384-30.4\times44.5=31$$

$$L_{xx}=\overline{x^2}-\overline{x}^2=1\ 020-30.4^2=96$$

$$L_{yy}=\overline{y^2}-\overline{y}^2=1\ 991-44.5^2=11$$

$$R=\frac{L_{xy}}{\sqrt{L_{xx}\cdot L_{yy}}}=0.95$$

由此可见，变量 y 和 x 之间具有良好的线性关系。

（3）根据所求得的回归直线的斜率和截距，得回归方程为

$$y=0.32x+34.8$$

4. 逐差法

逐差法是物理实验中常用的数据处理方法之一，一般用于等间隔线性变化测量中所得数据的处理。如果对等间隔连续测量值仍按一般常用方法取各次测量值的平均，即测量数据的后项减去前项，逐次相减后再取平均，就会造成所有中间测量值彼此抵消，只剩首尾两个数据起作用，因此未能达到利用多次测量来减少偶然误差的目的。例如，在测量弹簧弹性系数实验中，在弹性限度内先测出弹簧的自然长度 l_0，然后每次增加 0.2 mg 的砝码来改变弹簧的受力状态，弹簧长度依次为 l_1，l_2，…，l_7。每增加 0.2 mg 砝码弹簧相应的伸长为：$\Delta l_1=l_1-l_0$，$\Delta l_2=l_2-l_1$，…，$\Delta l_7=l_7-l_6$，其平均伸长为

$$\overline{\Delta l}=\frac{\Delta l_1+\Delta l_2+\cdots+\Delta l_7}{7}$$

$$=\frac{(l_1-l_0)+(l_2-l_1)+(l_3-l_2)+\cdots+(l_7-l_6)}{7}$$

$$=\frac{l_7-l_0}{7} \tag{3-4-12}$$

由此可见，中间测量值全部抵消了，只剩首尾两个数据。

为了合理利用所有测量数据，保持多次测量的优点，可以采用逐差法。逐差法将一组测量数据前后对半分成两组，用第二组的第一项与第一组的第一项相减，第二项与第二项相减，……，即按顺序逐项相减，然后取平均值求得结果。例如将上述弹簧长度测量值分成两组，一组为(l_0,l_1,l_2,l_3)，另一组为(l_4,l_5,l_6,l_7)，取对应的差值（逐差）：$\Delta l_1=l_4-l_0,\Delta l_2=l_5-l_1,\Delta l_3=l_6-l_2,\Delta l_4=l_7-l_3$，再取平均值：

$$\overline{\Delta l}=\frac{1}{4}\sum_{i=1}^{4}\Delta l_i=\frac{1}{4}[(l_4-l_0)+(l_5-l_1)+(l_6-l_2)+(l_7-l_3)] \tag{3-4-13}$$

这就是利用逐差法计算的每增加 0.8 mg 砝码时弹簧伸长量的平均值。

3.5 练习题

1. 指出下列情况导致的误差属于偶然误差还是系统误差：

（1）读数时视线与刻度尺面不垂直；

（2）将待测物体放在米尺的不同位置测得的长度稍有不同；

（3）天平平衡时指针的停点重复几次都不同；

（4）水银温度计毛细管不均匀。

2. 改正下列测量结果表达式的错误。

（1）（12.001 2±0.000 625）cm

（2）（0.576 361±0.000 5）mm

（3）（9.75±0.062 6）mA

（4）（96 500±500）g

（5）（22±0.5）℃

3. 判断下列各式的正误，并在括号内填写符合有效数字运算规则的正确答案。

（1）1.732×1.56＝2.701 92（　　）；

（2）628.7 ÷7.5＝83.827（　　）；

（3）（30.56−30.12）×5.231＝2.301 64（　　）。

4. 用级别为 0.5，量程为 10 mA 的电流表对某电路的电流进行 10 次等精度测量，测量数据如表 3-5-1 所示。试计算测量结果以及标准偏差，并以测量结果表达式表示。

表 3-5-1　电流测量数据

n	1	2	3	4	5	6	7	8	9	10
I/mA	9.55	9.56	9.50	9.53	9.60	9.40	9.57	9.62	9.59	9.56

5. 用公式 $\rho=\dfrac{4m}{\pi d^2 h}$ 测量某圆柱体铝的密度，测得直径 $d=(2.042\pm0.003)$ cm，高 $h=(4.126\pm0.004)$ cm，质量 $m=(36.488\pm0.006)$ g。计算铝的密度 ρ 和测量的标准偏差 s_ρ，并以测量结果表达式表示。

6. 根据公式 $l_T=l_0(1+\alpha T)$ 测量某金属丝的线膨胀系数 α。l_0 为金属丝在 0 ℃时的长度。实验测得温度 T 与对应的金属丝的长度 l_T 的数据如表 3-5-2 所示。试用图解法求 α 和 l_0 的值。

表 3-5-2　金属丝测量数据

T/℃	23.3	32.0	41.0	53.0	62.0	71.0	87.0	99.0
l_T/mm	71.0	73.0	75.0	78.0	80.0	82.0	86.0	89.1

7. 试根据表 3-5-3 所示的 6 组测量数据：

（1）用最小二乘法求出热敏电阻 R_T 随温度 T 变化的经验公式，并求出 R_T 与 T 的相关系数；

（2）采用 Excel 进行线性回归分析。

表 3-5-3　热敏电阻测量数据

T/℃	17.8	26.9	37.7	48.2	58.8	69.3
R_T/Ω	3.554	3.687	3.827	3.969	4.105	4.246

第 4 章 实验室安全管理

链接：华南理工大学实验室安全管理平台

链接：高等学校实验室工作规程

为了提高我国高等学校实验室的建设和管理能力，保证学校的教育质量和科学研究水平，提高办学效益，教育部于 1992 年 6 月 27 日正式印发了《高等学校实验室工作规程》。文件中对实验室定义、实验室的任务、实验室的建设、实验室体制、实验室管理和实验技术人员提出了较为全面的要求。这标志着我国高校实验室的建设与管理进入了标准化时代，各项工作都能够"有据可循"。

4.1 高等学校实验室的分类与任务

高等学校实验室（包括各种操作室、训练室）是隶属学校或依托学校管理，从事实验教学、科学研究、生产试验或技术开发的教学或科研实体。高等学校实验室必须努力贯彻国家的教育方针，保证完成实验教学任务，不断提高实验教学水平；根据需要与可能，积极开展科学研究、生产试验和技术开发工作，为经济建设与社会发展服务。同时，高等学校实验室要实行科学管理，完善各项管理规章制度，要采用现代化手段对实验室的工作、人员、物资、经费、环境状态等信息进行记录、统计和分析，及时为学校或上级主管部门提供实验室情况的准确数据。

根据用途和服务对象的不同，高等学校实验室主要分为教学为主实验室与科研为主实验室。

1. 教学为主实验室

教学为主实验室是根据各学校教学发展方向与教学实施计划开设的，承担具体实验教学任务的实验室。实验室负责完善实验指导书、实验教材等教学资料，安排实验指导人员，保证完成实验教学任务，努力提高实验教学质量。实验室应当吸收科学和教学的新成果，更新实验内容，改革教学方法，通过实验培养学生理论联系实际的学风，严谨的科学态度和分析问题、解决问题的能力。实验室要求具备对所使用仪器设备进行管理、维修、计量和标定的能力，确保仪器设备完好率高，并结合实际情况自主开展实验室仪器设备（装置）的研究与改造工作。

2. 科研为主实验室

科研为主实验室是根据学校学科发展需求并结合教师实际科研方向开设的，承担具体科研任务，开展科学研究实验，提供科研技术服务的实验室。实验室需要在保证顺利完成自身科研任务的基础上，面向全社会提供相关科学技术服务，开展学术交流与研讨。

4.2 实验室的安全管理

由于实验室教学与科研实验的特殊性，因此实验室承担了用水、用电、用气、危险化学品、核辐射等方面的实验安全防护工作压力。《高等学校实验室工作规程》中明确指出，高等学校各类实验室要严格遵守国务院颁发的《化学危险品安全管理条例》。同时，学校实验室管理与使用部门必须肩负起检查安全隐患、监督整改、加强师生安全实验相关教育等工作。对于在实验过程中产生的有毒有害的废气、废液、固体废弃物等物质，实验室需要进行无害化处理后方能排放，没有处理能力的实验室需要依托具有合法资质的公司进行合法处理。

实验室使用人可以是教师、学生以及任何经批准进入实验室的人员。所有实验室使用人进入实验室的前提是：有明确的学习目的或者研究目的，实验方案安全且可行，已经完成实验室安全教育，并已接受来自指导教师或实验室管理员的仪器使用指导。

文档：华南理工大学废弃化学品回收流程

实验室的开放使用须遵守安全准入制：自带课题的实验室使用人需通过提前填写《实验室开放登记表》并经过指导老师、实验室管理员确认签字，完成预约手续，方可按预约时间进入实验室。

1. 实验室常见伤害类型

在实验室里，伤害可能会来自各个方面：易燃易爆品、化学试剂接触、电击、机械性挤压、放射性暴露、激光辐照、大气污染、超出限值的噪声、窒息、病原微生物接触、生物暴露等。因此，进入实验室进行实验前，需要了解实验类型，以便更好地开展实验以及应对突发事件。特别是，为了避免实验室伤害，必须在完成申报备案并进行安全评估以及建立应急安全处理预案后方可进入实验室。任何实验室使用人员不应私自进行未经申报备案的实验。

文档：易制毒、易制爆化学品购买备案、管理流程图

此外，由于可能会通过食品、饮用水污染导致人员中毒，严格禁止在实验室内饮食。

2. 物理类实验室常见安全隐患

文档：华南理工大学实验室安全手册（2018修订版）

（1）火灾

火灾事故的发生具有普遍性，几乎所有的实验室都可能发生火灾。可能引发火灾的原因包括：

① 忘记关电源，致使设备或用电器具通电时间过长，温度过高，进而着火。

② 操作不慎或使用不当，使火源接触易燃物质。

③ 供电线路老化、超负荷运行，导致线路发热从而着火。

④ 乱扔烟头，使未熄灭的烟头接触易燃物质。

（2）爆炸

爆炸事故多发生在具有易燃易爆物品和压力容器的实验室。可能引发爆炸的原因包括：

① 违反操作规程，引燃易燃物品，进而导致爆炸。

② 设备老化,存在故障或缺陷,造成易燃易爆物品泄漏,遇火花而引起爆炸。

(3) 中毒

中毒事故多发生在储存化学药品,特别是剧毒物质的化学实验室以及需要排放有毒气体的实验室。个别物理类实验室也会因制备或处理实验样品而使用化学药品。可能引发人员中毒的原因包括:

① 违反操作规程,将食物带进储存有毒物质的实验室,造成误食中毒。

② 通风设施老化,存在故障或缺陷,造成有毒物质泄漏或无法排放有毒气体。

③ 管理不善,造成有毒物质散落流失,引起环境污染。

④ 废水排放管路受阻或失修改道,造成有毒废水未经处理而流出,引起环境污染。

⑤ 进行有可能造成中毒的操作时不按要求佩戴相应的防护用具。

⑥ 不按照要求处理实验“三废”(即废气、废液和固体废弃物)。

(4) 触电

可能引发人员触电的原因包括:

① 违反操作规程,乱拉电线等。

② 设备设施因老化而存在故障和缺陷,造成漏电。

(5) 灼伤

灼伤是皮肤由于受强光照射或接触高温物引起的局部外伤。可能引发灼伤的原因包括:

① 皮肤、黏膜组织等在紫外线、强光下长时间暴露。

② 热力作用,使皮肤灼伤。

3. 一般实验安全防护须知

(1) 强电:需留意电击并进行绝缘处理。

(2) 静电:佩戴防静电手环、接地。

(3) 高温/低温:佩戴手套、护目镜,穿着防护服。

(4) 强光:佩戴护目镜。

(5) 微粒/粉尘:佩戴相应过滤级别的口罩或者面罩。

(6) 高声压级噪声:佩戴相应防护级别的耳罩。

(7) 核辐射:穿着防护服,安装辐射报警装置。

(8) 有毒气体:使用通风橱,佩戴防毒面罩、手套,穿着防护服,安装相应有害气体报警装置。

(9) 废弃物:设置专用摆放区,定期回收。

(10) 气瓶:使用气瓶固定链。

4. 一般伤害处理

一旦实验过程中出现事故,导致人身伤害,应尽可能进行现场处理,降低伤害级别;同时拨打急救电话 120、报警电话 119,并告知发生伤害的类型,以便抢救人员组织正确的救治与护理。常用的伤害处理方式如下:

(1) 触电:切断电源,将触电者移到空气新鲜处休息或进行人工呼吸。

(2) 腐蚀性药品接触:使用洗眼器、喷淋器,用大量清水稀释腐蚀性药品。

（3）灼伤：涂抹烫伤膏。

（4）创伤：如伤口有玻璃碴，应用消过毒的镊子取出，再用纱布包扎。伤口过大、流血过多时，应用力捆扎伤口止血，并尽快前往医院。

4.3　实验室的供电与用电安全

1. 三相四线制

三相电源通常由三相同步发电机产生，如图 4-3-1 所示，三相绕组相位彼此差 120°，当转子以均匀角速度转动时，在三相绕组中产生感应电动势，从而形成对称三相电源。由三根相线（分别与 *A*、*B*、*C* 接头相连）和一根中线（与公共接头 *O* 相连）组成的输电方式，称三相四线制，如图 4-3-2 所示。目前，电能的生产、输送和分配几乎都采用三相交流电。三相四线制的供电线路可以送出两种不同的电压——相电压和线电压。

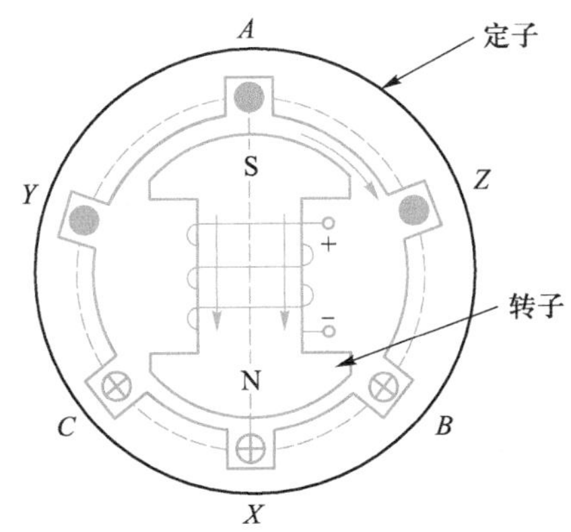

图 4-3-1　三相同步发电机

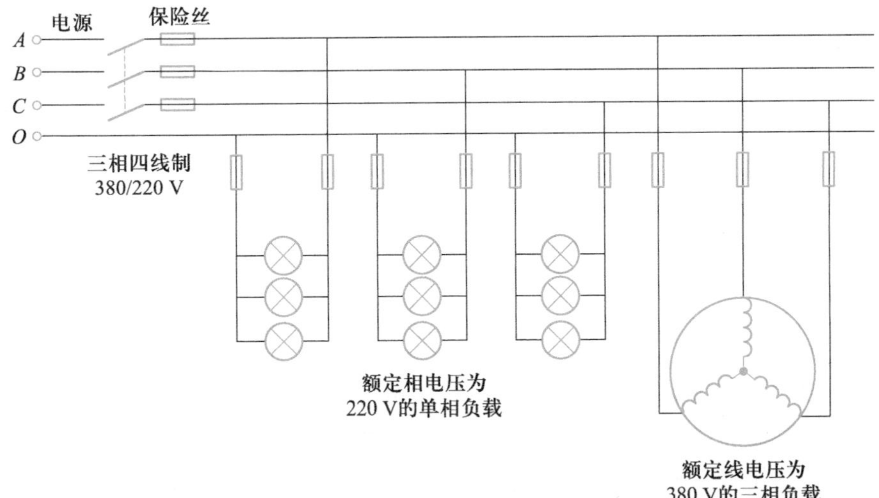

图 4-3-2　三相四线制

(1) 相电压

相线与中线之间的电压就是相电压,常用“$V_{相}$”或者 U_A、U_B、U_C表示。因为发电机三相绕组的内阻很小,所以相电压可以看成各相中的电动势。由于三相电动势是对称的,因此三个相电压也是对称的,相位彼此差 120°。

$$\begin{aligned} U_A &= U_m \sin \omega t \\ U_B &= U_m \sin(\omega t - 120°) \\ U_C &= U_m \sin(\omega t + 120°) \end{aligned} \qquad (4-3-1)$$

(2) 线电压

相线与相线间的电压为线电压。常用“$V_{线}$”或者 U_{AB}、U_{BC}、U_{AC}表示,同样,三个线电压也是三相对称的。

可以推出,线电压有效值是相电压有效值的$\sqrt{3}$倍,即:$V_{线}=\sqrt{3}V_{相}$。以中国大陆为例,交流供电电压 220 V 指相电压,故线电压为 380 V。

(3) 左零右相

按国际标准,对于 220 V 供电插座规定“左零右相”:面向插座时,左边插孔对应零线,右边插孔对应相线(火线),上边插孔对应保护地线,如图 4-3-3 所示。这样设置的目的是尽量减少人的心脏触电的概率:当人右手触电时,电流经过人的右手和身体后,通过左脚形成通路,由于心脏在人体左侧,此时电流不会经过心脏。反过来,若人左手触电,电流经过人的左手和身体,通过右脚形成通路,此时电流经过了心脏,可直接导致触电人休克甚至死亡。

一般而言,人的右手比左手灵活敏捷,万一在作业时触电,脱离危险的可能性要远大于左手。因此插座均遵循“左零右相”的规定,既可保证行业标准统一,也可增加电工作业时的安全性。

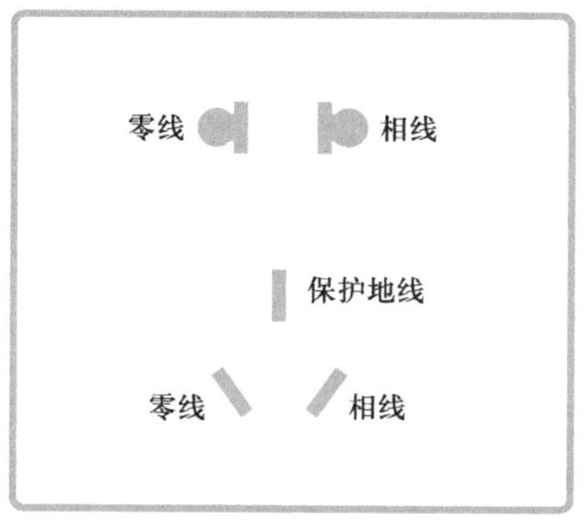

图 4-3-3 插座“左零右相”示意图

2. 触电

触电是电击伤的俗称,通常是指人体直接触及电源,或高压电经过空气或其他导电介质传递电流通过人体时引起的组织损伤和功能障碍,重者发生心跳和呼吸骤停。电流对人体的伤害见表 4-3-1。超过 1 000 V 的高压电还可引起灼伤,闪电损伤(雷击)也属于高压电电击伤范畴。

表 4-3-1 电流对人体的伤害

电流/mA	伤害	
	50 Hz～60 Hz 交流	直流
2～3	手指强烈颤抖	无感觉
5～7	手部痉挛	感觉痒和热
8～10	手指难以摆脱电极	热感觉增强
20～25	手迅速麻痹，不能摆脱电极	热感觉大大增强
50～80	呼吸麻痹，心房开始震颤	热感觉强烈，呼吸困难
90～100	呼吸麻痹，延续 3 秒心脏麻痹	呼吸麻痹
300 以上	作用 0.1 秒，呼吸心脏麻痹，肌体组织破坏	

引起电击伤的原因很多，主要是用电人员缺乏安全用电知识，如在安装和维修电器、电线时不按规程操作，甚至在电线上挂吊衣物等。此外，高温、高湿和出汗使皮肤表面电阻降低，也容易在作业中引起电击伤。意外事故中电线折断接触到人体，雷雨时人在大树下躲雨或用铁柄伞而被闪电击中，同样可引起电击伤。

3. 漏电保护器

漏电保护器是一种保护用户免受漏电、电击危害，以及提供过电流检测的实用性电气产品，如图 4-3-4 所示。常由零序电流互感器、过电流电磁脱扣器和开关装置等组成。

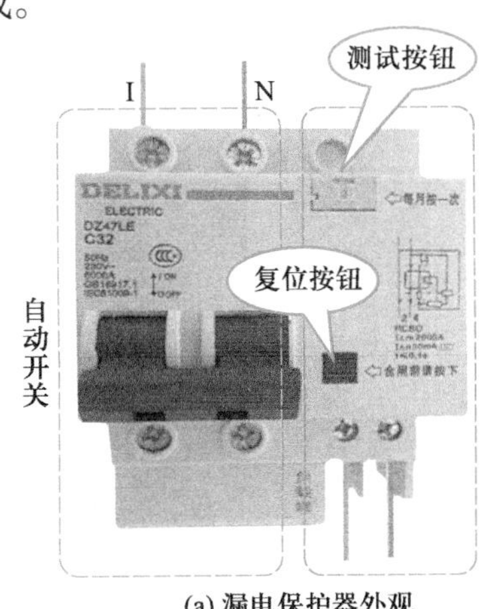

(a) 漏电保护器外观

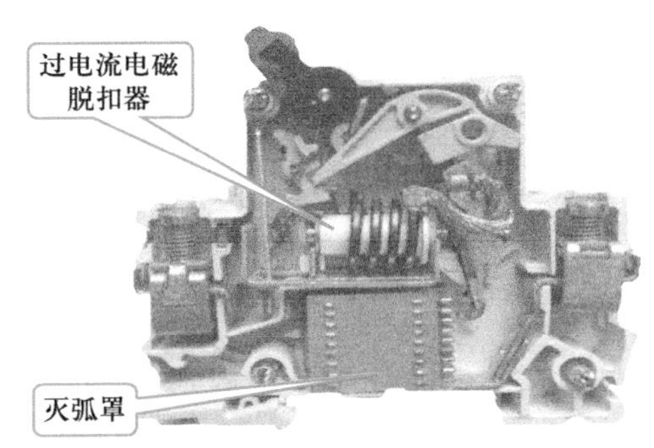

(b) 过电流电磁脱扣器

(c) 互感线圈与开关

图 4-3-4 市售漏电保护器示意图

（1）零序电流互感器:用以检测漏电电流。

（2）过电流电磁脱扣器:将检测到的漏电电流与一个预定基准值比较,从而判断是否动作。

（3）开关装置:控制被保护电路。

在正常情况下(漏电保护器所保护的线路没有发生人体触电、漏电、接地等故障时),相线和零线流过的电流大小相等,方向相反,所以合成电流为零,零序电流互感器的铁芯就没有磁通,它的二次线圈没有感应电动势输出,漏电保护器的开关保持在闭合的状态,线路正常供电。当发生人体触电等故障时,相线中所流过的电流就有一部分(漏电电流)通过人体流到地上,此电流不经零线返回相线而直接流入大地,这样令相线电流大于零线电流,并使合成电流不为零。此电流在零序电流互感器的二次线圈产生感应电动势,加在与之相连的漏电保护器的脱扣线圈上。当触电电流达到某一规定值时过电流电磁脱扣器便会推动主开关迅速切断电源,从而达到漏电保护的目的。

一般居民住宅、办公场所,若以防止触电为主要目的时,应选用漏电动作电流为 30 mA 的漏电保护器,动作时间不大于 0.1 s。

第 二 篇

基 础 篇

第 5 章 力学、热学和声学实验

实验 5.1　摆特性的研究

摆是指一种能够产生摆动的机械装置。摆的发展和研究同钟表计时器的发展有密切的关系。1583 年，意大利科学家伽利略受教堂吊钟摆动的启发，发现了单摆振动的周期性。这不仅开创了机械计时的新纪元，同时也提供了一种简单有效的测量重力加速度的方法。随后，荷兰科学家惠更斯在《摆钟》（1658 年）及《摆式时钟或用于时钟上的摆的运动的几何证明》（1673 年）中提出著名的单摆周期公式，研究了复摆及其振动中心的求法，为摆的力学理论的建立奠定了基础。由于摆的周期性和重力加速度以及物体的转动惯量密切相关，因此可以通过摆动周期特性的测量获取重力加速度以及物体的转动惯量。

实验 5.1A　用单摆测重力加速度

1. 引言

如果忽略空气摩擦的影响，所有自由下落的物体都将以同一加速度下落。这个加速度就是重力加速度。重力加速度是一个重要的物理量，它的准确测定对于计量学、精密物理计量、地球物理学、地震预报、重力探矿和空间科学等都具有重要意义。例如，可以根据重力加速度数值的微变（约 $10^{-6}\ \mathrm{m/s^2}$）在一定程度上预测地震；利用地下岩石和矿体密度的不同而引起的地面重力加速度的相应变化实现重力探矿。本实验采用单摆测量重力加速度，虽然精度未必很高，但是物理图像清晰且简单易行；同时，有助于研究和分析实验误差（见第 3 章）。

2. 实验目的

（1）掌握一种测量重力加速度的方法。

（2）研究单摆的系统误差对实验结果的影响。

（3）掌握不确定度传递公式在数据处理中的应用。

3. 实验原理

单摆是一种理想的物理模型。它由理想化的摆球和摆线组成，其中摆线为质量不计且不可伸缩的细线；摆球密度较大且摆球半径比摆线长度要小得多，即摆球可视为质点。如图 5-1A-1 所示，如果使质量为 m 的摆球略偏离平衡位置，则在重力 mg 的作用下，小球将会在竖直平面内摆动。设摆长（即悬点 O 到摆球质心的距离）为 L，在忽略空气阻力的情况下，摆球受到重力和摆线张

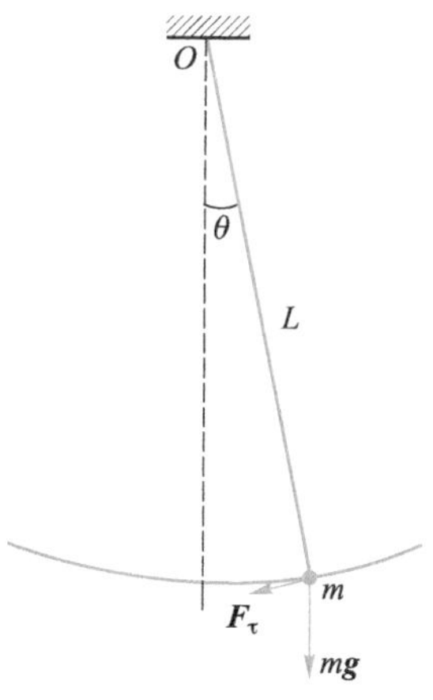

图 5-1A-1　单摆示意图

力的共同作用，其沿运动轨道切线力的大小为 $F_\tau = mg\sin\theta$，方向总是指向平衡位置。

根据牛顿第二定律，有

$$mL\frac{\mathrm{d}^2\theta}{\mathrm{d}t^2} = -mg\sin\theta \tag{5-1A-1}$$

当摆线的角度很小时，满足 $\sin\theta \approx \theta$，上式简化为

$$\frac{\mathrm{d}^2\theta}{\mathrm{d}t^2} + \frac{g}{L}\theta = 0 \tag{5-1A-2}$$

这是一个简谐振动的微分方程，其振动的角频率为

$$\omega = \frac{2\pi}{T} = \sqrt{\frac{g}{L}} \tag{5-1A-3}$$

由此得到重力加速度为

$$g = 4\pi^2\frac{L}{T} \tag{5-1A-4}$$

上述结论是基于小摆角假设的，实际的单摆周期和摆角有关，满足关系：

$$T = 2\pi\sqrt{\frac{L}{g}}\left(1 + \frac{1}{4}\sin^2\frac{\theta}{2} + \cdots\right) \tag{5-1A-5}$$

4. 实验仪器

单摆装置、米尺、游标卡尺、秒表。

5. 实验内容

（1）重力加速度的测量

① 当摆球自然悬垂时，用米尺测量摆线的长度 L'，再用游标卡尺测量摆球的直径 d，则单摆摆长 $L = \frac{d}{2} + L'$。

② 用秒表测量小摆角（θ 不超过 5°）时，单摆连续摆动 30 次的总时间 t_{30}，然后计算单个周期 T。

③ 根据式（5-1A-4）计算重力加速度 g 及其不确定度。

（2）单摆周期与摆角的关系的研究

① 分别测量摆角 $\theta = 10°$ 和 15°时，单摆连续摆动 30 次的总时间 t_{30}，然后计算单个周期 T。

② 将摆角值 θ 和单摆摆长 L 代入式（5-1A-5），计算单摆周期的理论值，并和实验测量值进行比较。

6. 数据处理

（1）摆线的长度 L' = ________ cm。

（2）摆球直径 d 的测量，数据记录于表 5-1A-1：

表 5-1A-1　摆球直径的测量

测量次数	1	2	3	4	5	6
直径/mm						

（3）单摆连续摆动30次的总时间测量，数据记录于表5-1A-2：

表5-1A-2 单摆连续摆动30次的总时间的测量

测量次数	1	2	3	4	5	6
$\theta<5°$						
$\theta=10°$						
$\theta=15°$						

（4）根据实验内容中的提示，计算重力加速度及其不确定度。其中，涉及间接测量量合成标准不确定度的计算，可参考3.2小节中的例3-2-2。

7. 注意事项

（1）摆球摆动时，要使之保持在同一个竖直平面内，不要形成圆锥摆。圆锥摆的摆动周期比相同摆长的单摆周期小，这时测得的重力加速度值将偏大。

（2）计算单摆摆动次数时，以摆通过最低位置时进行计数，且在数“零”的同时按下秒表，开始计数。这样可以减小实验误差。

8. 思考题

（1）理论推导和实验测量过程中，哪些因素会引入系统误差？

（2）在大摆角的情况下，为什么测量周期时摆动次数不宜过多？

（3）如果没有测角仪器，如何确保$\theta=10°$和$\theta=15°$？

实验5.1B 用三线摆测转动惯量

1. 引言

转动惯量是刚体转动时惯性的量度，其量值取决于物体的形状、质量、质量分布及转轴的位置。刚体的转动惯量有着重要的物理意义，在科学实验、工程技术、航天、电力、机械、仪表等工业领域也是一个重要参量，例如正确测定炮弹的转动惯量，对提高炮弹命中率有着不可忽视的作用。对于几何形状简单、质量分布均匀的刚体，可以直接用公式计算出它相对于某一确定转轴的转动惯量；而任意刚体的转动惯量，通常是用实验方法测定的。测定刚体转动惯量的方法很多，有三线摆法、扭摆法、复摆法等。由于三线摆法操作简便，故被广泛采用。

2. 实验目的

（1）掌握测定物体的转动惯量的三线摆法。

（2）测定两个质量相同而质量分布不同的物体的转动惯量，进行比较。

（3）验证转动惯量的平行轴定理。

3. 实验原理

（1）用三线摆测转动惯量的原理

如图5-1B-1所示，一个匀质的大圆盘，以等长的三条细线对称地悬挂在一个水平固定的小圆盘下方；每个圆盘的三个悬点均构成一个等边三角形，这种结构称为三线摆。若使上圆盘A绕中心轴扭转一个不大的角度，则可以带动下圆盘B绕

轴线 O_1O_2 作近似简谐振动的扭转摆动。扭转过程是圆盘的势能和动能相互转化的过程。扭转的周期由下圆盘(包括其上物体)的转动惯量决定。根据下圆盘的扭转周期以及其加上物体后的扭转周期,再结合有关的几何参量,就可以测定下圆盘或其上物体的转动惯量。

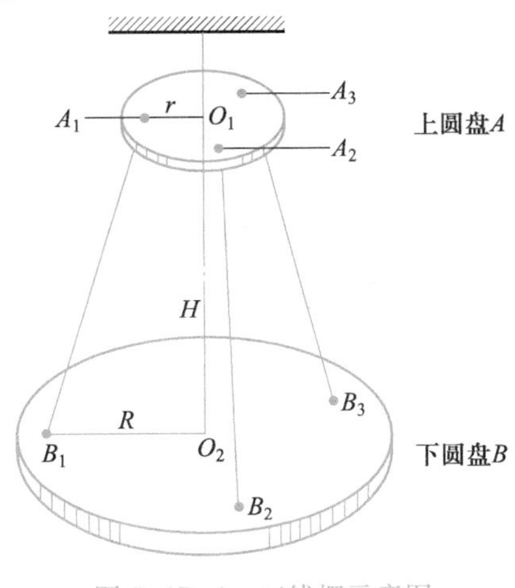

图 5-1B-1　三线摆示意图

设下圆盘的质量为 m_0,以小角度做扭转摆动时沿 O_1O_2 轴线上升的高度为 h,则势能的增量为

$$E_p = m_0 gh \tag{5-1B-1}$$

当下圆盘回到平衡位置时,它具有动能为

$$E_k = \frac{1}{2}J_0\omega_0^2 \tag{5-1B-2}$$

式中 J_0 为下圆盘对 O_1O_2 轴的转动惯量,ω_0 为平衡位置时的角速度。如果略去摩擦力,根据机械能守恒定律有

$$\frac{1}{2}J_0\omega_0^2 = m_0 gh \tag{5-1B-3}$$

如果悬线很长,下圆盘小角度扭转摆动可近似为简谐振动,其角位移 θ、角速度 ω 与时间 t 的关系分别为

$$\theta = \theta_0 \sin\frac{2\pi}{T_0}t,\ \omega = \frac{\mathrm{d}\theta}{\mathrm{d}t} = \frac{2\pi}{T_0}\theta_0\cos\frac{2\pi}{T_0}t \tag{5-1B-4}$$

所以,通过平衡位置时最大角速度 $\omega_0 = \dfrac{2\pi}{T_0}\theta_0$,于是式(5-1B-3)可写为

$$\frac{1}{2}J_0\left(\frac{2\pi}{T_0}\theta_0\right)^2 = m_0 gh \tag{5-1B-5}$$

进一步,根据几何关系可以得到

$$h = \frac{2Rr(1-\cos\theta_0)}{H+(H-h)} = \frac{4Rr\sin^2(\theta_0/2)}{2H-h} \tag{5-1B-6}$$

上式中 r 和 R 分别为上、下圆盘悬点到中心的距离(如图 5-1B-1 所示),H 为两盘

间的距离。由于 θ_0 很小，有

$$\sin^2\frac{\theta_0}{2}\approx\frac{1}{4}\theta_0^2\text{，且 }h\ll 2H \qquad (5-1B-7)$$

上式代入式(5-1B-6)，则得

$$h=\frac{Rr\theta_0^2}{2H} \qquad (5-1B-8)$$

最后，将式(5-1B-8)代入式(5-1B-5)并经整理，得到

$$J_0=\frac{m_0gRr}{4\pi^2H}T_0^2 \qquad (5-1B-9)$$

如果欲测量质量为 m 的待测物体对于 O_1O_2 轴的转动惯量 J，只需将待测物体置于下圆盘上。设此时扭转周期为 T，套用式(5-1B-9)，则下圆盘与待测物体对于 O_1O_2 轴的转动惯量为

$$J_1=J+J_0=\frac{(m+m_0)gRr}{4\pi^2H}T^2 \qquad (5-1B-10)$$

于是得到待测物体 m 对于 O_1O_2 轴的转动惯量为

$$J=\frac{(m+m_0)gRr}{4\pi^2H}T^2-J_0 \qquad (5-1B-11)$$

上式表明，各物体对同一转轴的转动惯量具有相叠加的关系，这是三线摆法测转动惯量的优点。为了比较测量值和理论值，在安置待测物体时，要使其质心与下圆盘 B 的中心重合。

(2) 平行轴定理

转动惯量的平行轴定理指出：若质量为 m 的刚体绕其质心轴的转动惯量为 J，则它对于与质心轴平行且相距为 d 的转轴的转动惯量 $J'=J+md^2$。平行轴定理给出了刚体对任意转轴的转动惯量 J' 和对与此轴平行的质心轴的转动惯量 J 之间的关系。

本实验采用两个质量均为 m 的小圆柱体验证平行轴定理，如图 5-1B-2 所示。设两圆柱体质心离开 O_1O_2 轴的距离均为 d（即两圆柱体的质心间距为 $2d$），每个圆柱体对于 O_1O_2 轴的转动惯量为 J' 可由式(5-1B-11)求得，即

$$2J'=\frac{(2m+m_0)gRr}{4\pi^2H}T^2-J_0 \qquad (5-1B-12)$$

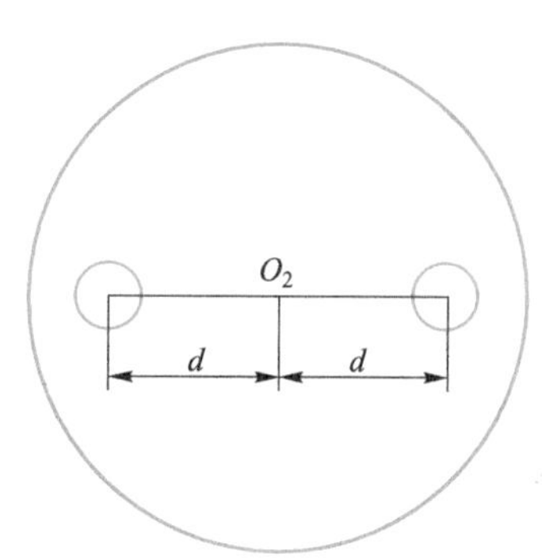

图 5-1B-2 下圆盘上对称放置的两个圆柱体（俯视图）

如果测得圆柱体的直径 $D_{圆柱}$，则可求得圆柱体对于质心轴的转动惯量

$$J=\frac{1}{8}mD_{圆柱}^2 \qquad (5-1B-13)$$

根据平行轴定理，可得圆柱体质心和 O_1O_2 轴的距离

$$d=\sqrt{\frac{J'-J}{m}} \tag{5-1B-14}$$

因此,综合运用式(5-1B-12)、式(5-1B-13)和式(5-1B-14),可以得到 d 的计算值;另一方面,通过直接测量可以得到 d 的测量值。通过比较 d 的计算值和测量值就可以验证平行轴定理。

4. 实验仪器

转动惯量测定仪(图5-1B-3)、米尺、游标卡尺、计数计时仪、水平仪,样品为圆盘、圆环及圆柱体。

文档:三线摆实验装置

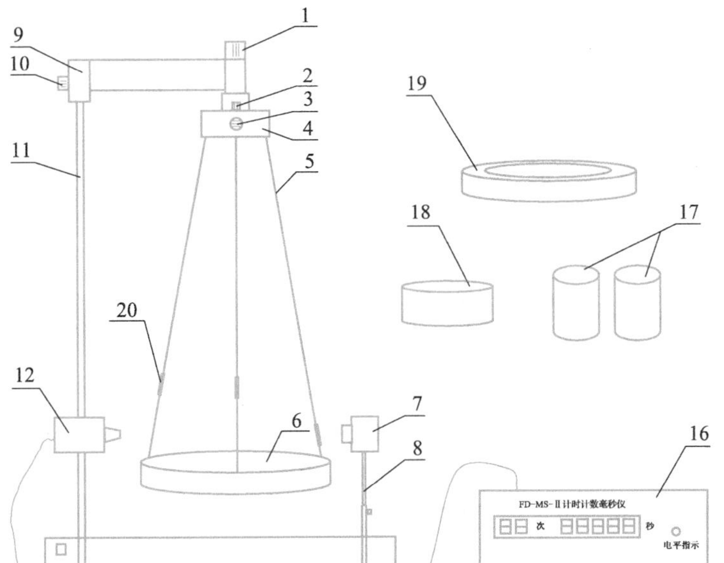

图5-1B-3　转动惯量测定仪结构图

1—启动盘锁紧螺栓;2—摆线锁紧螺栓;3—摆线调节旋钮;4—启动盘;5—摆线;6—悬盘;7—光电接收器;8—接收器支架;9—悬臂;10—悬臂锁紧螺栓;11—支杆;12—半导体激光器;13—调节脚;14—导轨;15—连接线;16—计数计时仪;17—小圆柱样品;18—圆盘样品;19—圆环样品;20—挡光标记

5. 实验内容

(1) 调节三线摆

① 调节上圆盘(启动盘)水平:将圆形水平仪放到旋臂上,调节底板的调节脚,使其水平。

② 调节下圆盘(悬盘)水平:将圆形水平仪放至悬盘中心,调节摆线锁紧螺栓和摆线调节旋钮,使悬盘水平。

(2) 调节激光器和计数计时仪

① 将光电接收器放到一个适当位置,然后调节激光器位置,使其和光电接收器在同一水平线上。此时可打开电源,将激光束调整到最佳位置,即使激光打到光电

接收器的小孔上,计数计时仪右上角的低电平指示灯状态为暗。

② 调整启动盘,使一根摆线靠近激光束。此时也可轻轻旋转启动盘,使其在 5°角内转动起来。

③ 设置计数计时仪的预置次数:20 或者 40,即半周期数。

视频:三线摆实验装置

(3) 测量悬盘的转动惯量 J_0

① 直接测量启动盘和悬盘的悬点到盘心的距离 r 和 R,或者测量相邻两悬点之间的距离,再根据等边三角形的几何关系求得 r 和 R。

② 用游标卡尺测量悬盘的直径 D_1。

③ 用米尺测量启动盘和悬盘之间的距离 H。

④ 测量悬盘的质量 m_0。

⑤ 测量悬盘摆动周期 T_0。为了尽可能消除悬盘的扭转摆动之外的运动,三线摆的启动盘可方便地绕 O_1O_2 轴作水平转动。测量时,先使悬盘静止,然后转动启动盘,通过三条等长悬线的张力使悬盘随着启动盘作单纯的扭转摆动。轻轻旋转启动盘,使悬盘作扭转摆动(摆角<5°),记录 10 或 20 个周期的时间。

⑥ 算出悬盘的转动惯量 J_0。

(4) 测量悬盘加圆环的转动惯量 J_1

① 在悬盘上放上圆环并使它的中心对准悬盘中心。

② 测量悬盘加圆环的扭转摆动周期 T_1。

③ 测量并记录圆环质量 m_1,圆环的内、外直径 $D_{内}$ 和 $D_{外}$。

④ 算出悬盘加圆环的转动惯量 J_1,圆环的转动惯量 J_{m1}。

(5)测量悬盘加圆盘的转动惯量 J_2

① 在悬盘上放上圆盘并使它的中心对准悬盘中心。

② 测量悬盘加圆盘的扭转摆动周期 T_2。

③ 测量并记录圆盘质量 m_2,直径 $D_{圆盘}$。

④ 算出悬盘加圆环的转动惯量 J_2,圆盘的转动惯量 J_{m2}。

(6) 验证平行轴定理

① 将两个相同的圆柱体按照悬盘上的刻线对称地放在悬盘上,相距一定的距离 $2d=D_{槽}-D_{圆柱}$。

② 测量扭转摆动周期 T_3。

③ 测量圆柱体的直径 $D_{圆柱}$,悬盘上刻线距离 $D_{槽}$ 及圆柱体的总质量 $2m_3$。

④ 算出两圆柱体质心离开 O_1O_2 轴距离均为 d(即两圆柱体的质心间距为 $2d$)时,它们对于 O_1O_2 轴的转动惯量 J_3'。

⑤ 由式(5-1B-13)算出单个小圆柱体对于质心轴的转动惯量 J_2。

⑥ 比较由式(5-1B-14)算出的 d 值和用长度测量仪器实测的 d' 值,计算百分误差。

6. 数据处理

测量数据记录于表 5-1B-1、表 5-1B-2 和表 5-1B-3 中。

表 5-1B-1　上、下圆盘几何参量及其间距的测量

测量项目	D_1/cm	H/cm	r/cm	R/cm
1				
2				
3				
平均值				

表 5-1B-2　圆环、圆盘、圆柱体几何参量的测量

测量项目	$D_{内}$/cm	$D_{外}$/cm	$D_{圆盘}$/cm	$D_{圆柱}$/cm	$D_{槽}$/cm	$2d(=D_{槽}-D_{圆柱})$/cm
1						
2						
3						
平均值						

表 5-1B-3　各类周期的测定

测量项目		悬盘质量 m_0 =	圆环质量 m_1 =	圆盘质量 m_2 =	两圆柱体总质量 $2m_3$ =
摆动周期数 n					
总时间 t/s	1				
	2				
	3				
	4				
平均值 $\bar{t}/s$					
平均周期 $T_i(=\bar{t}/n)/s$		T_0 =	T_1 =	T_2 =	T_3 =

按照实验内容中的要求进行计算,进一步的分析包括:

(1) 圆环和圆盘的质量接近,比较它们的转动惯量,得出质量分布与转动惯量的关系。将测得的悬盘、圆环、圆盘的转动惯量值分别与各自的理论值比较,算出百分误差。

(2) 将计算出的 d 值和用长度测量仪器实测的 d' 值比较,说明在误差范围内转动惯量的平行轴定理是否成立。

7. 注意事项

(1) 切勿直视激光光源或将激光束直射人眼。

(2) 实验后需将样品放好,不要划伤样品表面。

(3) 移动光电接收器时，请不要直接扳上面的支杆，要拿住下面的小盒子移动。

(4) 启动盘及悬盘上各有平均分布的三只小孔，实验时用于测量两悬点间距离。

8. 思考题

(1) 三线摆测转动惯量的实验中作了哪些近似？这些近似将造成什么误差？

(2) 加上待测物体后，三线摆的摆动周期是否一定比空盘时的摆动周期大，为什么？

实验 5.2 机械振动特性的研究

机械振动是指被研究对象的某个力学物理变量(位置、速度、加速度等)在一个数值附近的来回往复变化，例如心脏的搏动、汽车行驶时的震动、钟摆的往复摆动等，它是自然界最为普遍的现象之一。本节通过三个实验观察机械振动中的自由振动、受迫振动、阻尼振动、共振等常见而又极其重要的现象，加深学生对机械振动的理解。

实验 5.2A 基于音叉的振动研究

1. 引言

受迫振动、阻尼振动、共振等现象在工程和科学研究中经常用到。如在建筑、机械等工程中，经常需避免共振现象，以保证工程的质量；而共振的原理也常被用于电声、乐器类产品的设计和生产中。本实验采用音叉振动系统作为研究对象，用外力驱动音叉产生振动，并通过改变外力的频率、附加质量块、增加阻尼力等方法，研究音叉的受迫振动、阻尼振动和共振的规律。

2. 实验目的

(1) 研究音叉在周期性外力作用下振幅与驱动力频率的关系，测量及绘制它们的关系曲线，求出共振频率和振动系统的品质因数 Q。

(2) 研究音叉的共振频率 f 与其双臂上的附加质量块 m 的关系，求出关系公式。

(3) 通过测量音叉共振频率的方法，求出一对附在音叉上的物块的质量。

(4) 在给音叉增加阻尼力情况下，测量音叉的共振频率及品质因数，并与小阻尼力的情况进行对比。

3. 实验原理

(1) 弹簧振子模型

一个由轻质弹簧和质量块组成的弹簧振子模型如图 5-2A-1 所示，图中质量块的质量为 m，弹簧的弹性系数为 K，F 为施加在质量块上的周期性外力，β 为质量块所受阻尼力的阻尼系数，并假设质量块所

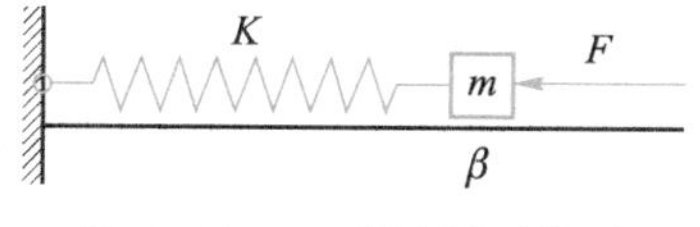

图 5-2A-1 弹簧振子模型

受的阻尼力大小与其速度成正比。

在周期性外力 F 的作用下，弹簧振子发生振动，由牛顿第二定律可知，其振动方程为

$$\frac{d^2x}{dt^2}+2\beta\frac{dx}{dt}+\omega_0^2x=\frac{F}{m}\cos\ \omega \qquad (5-2A-1)$$

式中 x 为质量块的位移，t 为时间，ω 为周期性外力 F 的频率，$\omega_0=\sqrt{K/m}$。由于 ω_0 只取决于弹簧振子系统的内在参量（K 和 m），与外在参量（β 和 F）无关，因此通常将 ω_0 称为系统的固有角频率。

（2）简谐振动与阻尼振动

弹簧振子模型如果没有受到周期性外力的作用，并且阻尼力很小可以忽略，则式（5-2A-1）可以简化为

$$\frac{d^2x}{dt^2}+\omega_0^2x=0 \qquad (5-2A-2)$$

方程的解为

$$x=A_0\cos(\omega_0t+\phi) \qquad (5-2A-3)$$

式中 A_0 和 ϕ 是两个常量，分别是系统振动时的振幅和初相位，取决于初始条件（质量块在初始时刻的位置和速度）。式（5-2A-3）表明系统的位移随时间按余弦或正弦的规律变化，这样的运动称为简谐振动。简谐振动是一种最为简单的振动形式，许多振动系统如弹簧振子的自由振动、钟摆的摆动、扭摆的振动等，在振幅较小而且在空气阻尼可以忽视的情况下，都可作简谐振动处理。

考虑到实际的振动系统存在各种阻尼因素，式（5-2A-2）等号左边需增加阻尼项 $2\beta\frac{dx}{dt}$（在小阻尼情况下，阻尼与速度成正比），因此相应的阻尼振动方程为

$$\frac{d^2x}{dt^2}+2\beta\frac{dx}{dt}+\omega_0^2x=0 \qquad (5-2A-4)$$

$\beta<\omega_0$ 的情况，称为弱阻尼，此时方程的解为

$$x=A_0e^{-\beta t}\cos(\omega_0t+\phi) \qquad (5-2A-5)$$

上式表明在弱阻尼情况下，系统仍然在平衡位置附近进行周期性的往复振动，但振幅会随时间逐步衰减为零。$\beta=\omega_0$ 和 $\beta>\omega_0$ 分别称为临界阻尼和过阻尼，系统在这两种情况下都不进行往复振动。

（3）受迫振动与共振

阻尼振动的振幅随时间会衰减，最后会停止振动。为了使振动持续下去，外界必须给系统一个周期变化的驱动力。一般采用随时间按正弦函数或余弦函数变化的驱动力。在驱动力作用下，系统的运动方程即为式（5-2A-1），其解由两部分组成：衰减项和稳定项。

当 $\beta<\omega_0$ 时，具体解为

$$x=A_0e^{-\beta t}\cos(\omega_0t+\phi)+A\cos(\omega t+\varphi) \qquad (5-2A-6)$$

式（5-2A-6）等号右边的第一项为衰减项，随着时间的推移会衰减为零，第二项是

稳定项。这表明经过足够长的时间后，系统将会达到一个稳定状态，这时候系统的振动频率等于驱动力的频率 ω，而系统的振幅 A 和初相位 φ 则与系统的固有参量和驱动力参量有关，其中振幅 A 为

$$A=\frac{F/m}{\sqrt{(\omega_0^2-\omega^2)^2+4\beta^2\omega^2}} \tag{5-2A-7}$$

上式在 $\omega=\sqrt{\omega_0^2-2\beta^2}$ 时取得最大值。这表明，若阻尼 β 和驱动力振幅 F 保持不变，当驱动力的频率等于某值时，系统位移的振幅取得最大值，这种现象称为系统的位移共振。此时系统的振动频率称为系统的位移共振频率 ω_r，即

$$\omega_r=\sqrt{\omega_0^2-2\beta^2} \tag{5-2A-8}$$

由此可知，系统的位移共振频率 ω_r 不仅与系统的固有频率 ω_0 相关，还与阻尼系数有关。在小阻尼（$\beta \ll \omega_0$）情况下，两个频率值非常接近，如图 5-2A-2 所示。

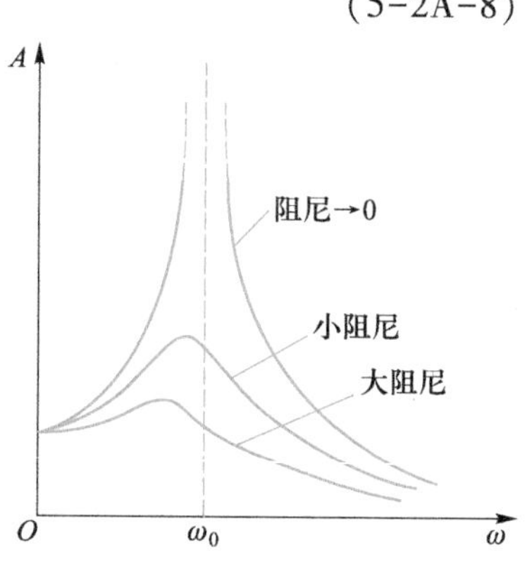

图 5-2A-2 受迫振动的共振

实际上，系统的受迫振动除了有位移共振的现象外，还有速度共振和加速度共振的现象，三者的共振频率并不完全相等。不过在小阻尼情况下，三者的共振频率都与系统的固有频率非常接近。本实验中，如果未特别说明，共振指系统的位移共振。

由图 5-2A-2 可知，阻尼越小（β 越小），曲线的峰值越大，曲线也越陡峭。可使用一个称为品质因数的变量 Q 来衡量曲线的陡峭程度：

$$Q=\frac{\omega_0}{\omega_2-\omega_1} \tag{5-2A-9}$$

式中 ω_2 和 ω_1 是式（5-2A-7）在 $A=0.707A_{max}$ 时对应的角频率值。

（4）音叉的振动

当给音叉施加一个冲击力（相当于给音叉设定一定的初始条件）后，音叉可以产生自由振动，振动的频率为其固有频率。此时可将音叉等效为一个弹簧振子模型，振子的质量取决于音叉臂的等效质量，弹簧的弹性系数取决于音叉的弹性（或劲度），阻尼系数取决于音叉受到的空气阻力和内摩擦力。若要使音叉进行受迫振动，可以使用电磁激振线圈产生的电磁力作为驱动力，强迫音叉振动。

音叉的二臂是对称的，因此二臂的振动完全反向，在任一瞬间对音叉中心杆都有等值反向的作用力。中心杆的净受力为零而不振动，所以紧紧握住它是不会引起振动衰减的。同样的道理，音叉的两臂不能同向运动，因为同向运动会对中心杆产生力，这个力会使振动很快衰减掉。

可以通过将相同质量的物块对称地加在音叉两臂上来减小其基频。附加了物块后音叉的自由振动的角频率为 $\omega_0=\sqrt{K/(m+m')}$，因此振动周期的平方为

$$T_0^2=B(m+m') \tag{5-2A-10}$$

式中 m 为音叉每个臂的等效质量；m'为附加物块的质量；$B=4\pi^2/K$ 为常量，它依赖于音叉的材料的力学性质、大小及形状。由上式可以，如果能得到 T_0^2 和 m'的关系式（或关系曲线），则可以通过测量共振频率的方法，得到一对附在音叉上的物块的质量。

4. 实验仪器

实验采用 FD-VR-B 型受迫振动与共振实验仪，该实验仪由电磁激振线圈、音叉、电磁线圈传感器、阻尼片、加载质量块（成对）、支座、音频信号发生器、液晶显示模块等组成。

文档：FD-VR-B 型受迫振动与共振实验仪

视频：音叉的振动的操作

5. 实验内容

（1）研究音叉在周期外力作用下振幅与驱动力频率的关系

① 仪器接线：用屏蔽信号线将信号源的输出端与激振线圈的输入端连接；用屏蔽信号线将电磁线圈的信号输出端与信号接收放大的输入端相连接。

② 接通电子仪器的电源，使仪器预热 15 分钟。

③ 测定音叉的共振频率和共振时的振幅。

首先将“幅度调节”按钮调节至适中位置，使信号发生器输出适当幅度的信号。然后缓慢调节（参考值约为 250 Hz）信号的频率，仔细观察电磁线圈电压有效值的变化，当读数达最大值时，记录此时音叉的频率和电压有效值，即为音叉的共振频率 f_0 和共振振幅 A_{max}。（也可使用“扫描”键自动扫描共振频率。）

④ 测量音叉的振幅与驱动信号频率 f 的关系。在信号发生器输出信号幅度保持不变的情况下，调节频率使其由低到高变化，记录对应的电磁线圈的电压有效值 A，注意在共振频率附近应多测几组数据。

⑤ 绘制 $A-f$ 关系曲线。求出 $A=0.707A_{max}$对应的频率点 f_2 和 f_1 的值，计算音叉的品质因数 Q。

（2）测量未知质量的物块的质量

① 用电子天平称出不同质量物块的质量 m'，记录测量结果。

② 将不同质量物块分别加到音叉双臂指定的位置上，并用螺丝旋紧。然后测出音叉在附加了物块后的共振频率 f_0。记录 $m'-f_0$ 关系数据。

③ 作周期平方 T^2 与质量 m'的关系曲线，求出直线的斜率 B 和横轴上的截距。

④ 用一对未知质量的物块替代已知质量的物块，测出此时音叉的共振频率，求出未知质量的物块的质量。

（3）测量音叉的共振频率、品质因数和阻尼力的关系（选做）

① 用小磁钢分别将两块不锈钢薄片吸在音叉双臂同样的位置上，用电磁力驱动音叉振动。测量在改变振动结构并增加空气阻尼的情况下，音叉的共振频率和品质因数。

② 将两块阻尼片部分浸入液体（比如水或者油）中，观察音叉共振频率及品质因数的改变。（注意振动幅度不能过大，以免激起水花。）

6. 数据处理

表 5-2A-1 驱动力频率 f 和音叉振幅 A 的关系

f/Hz									
A/mV									

表 5-2A-2 音叉的共振频率 f_0 与其双臂附加质量 m' 的关系

m'/g						
f_0/Hz						
$T_0^2/10^{-5}\ s^2$						

(1) 根据表 5-2A-1 的数据,作出 f 和 A 关系曲线图,并标记出曲线顶点所对应的音叉共振频率 f_0 和共振振幅 A_{max}。

(2) 在 f 和 A 关系曲线图中,标出曲线上 $A=0.707A_{max}$ 的两点,两点的对应频率值即为 f_2 和 f_1,再根据式(5-2A-9)计算出品质因数。

(3) 根据表 5-2A-2 的数据,使用最小二乘法拟合出式(5-2A-10)中的 B 和 m 的值,并用相关系数 R 讨论拟合是否合理,作出 T_0^2 与 m' 的关系直线图。

(4) 音叉附加了未知质量的物块后,根据测量得到的音叉的共振频率,从 T_0^2 与 m' 的直线图中求出物块质量。

7. 注意事项

(1) 请勿随意用工具将固定螺丝拧松,以避免电磁线圈引线断裂。

(2) 传感器部位是敏感部位,外面有保护罩防护,使用者不可以将保护罩拆去,或用工具伸入保护罩,以免损坏电磁线圈传感器及引线。

8. 思考题

(1) 弹簧振子受迫振动的时候,一定会发生位移共振吗?

(2) 在测量驱动力频率与音叉振幅的关系曲线时,为什么要在共振频率点附近额外多测几组数据?

(3) 在音叉双臂附加物块时,为什么要对称放置,如果不对称放置会出现什么现象?

实验 5.2B 基于波尔共振仪的振动研究

1. 引言

振动是物理学中一种重要的运动,是自然界最普遍的运动形式之一。振动可分为自由振动(无阻尼振动)、阻尼振动和受迫振动。在实际的工程技术中,应用最多的是阻尼振动和受迫振动,以及在受迫振动中导致的共振现象。共振一方面具有破坏作用(例如可造成建筑物损坏),另一方面也具有诸多使用价值,例如设计和制作的电声器件、研究物质结构等。在实验 5.2A 中已经对音叉的受迫振动和共振现象进行了研究,得到了音叉的振动振幅与驱动力频率之间的关系,学会了测量音叉共振频率与振幅以及利用音叉的共振现象测量物块的质量的方法。本实验将使用波尔共振仪对受迫振动和共振的原理进行更加深入的研究。

2. 实验目的

（1）研究波尔共振仪中弹性摆轮受迫振动的幅频特性和相频特性。

（2）研究不同阻尼力矩对受迫振动的影响，观察共振现象。

（3）学习用频闪法测定运动物体的相位差。

3. 实验原理

（1）简谐振动与阻尼振动。参考实验 5.2A 实验原理部分以及相关参考文献。

（2）受迫振动与共振。参考实验 5.2A 实验原理部分以及相关参考文献。

（3）波尔共振仪的工作原理

波尔共振仪是可以观察和研究自由振动、阻尼振动和受迫振动的实验仪器；与音叉相比，波尔共振仪使用频闪法测定振动物体运动的相位差，采用电磁线圈产生电磁场以控制阻尼力的大小，因此可以更加方便地研究物体位移与驱动力之间的相位关系，以及物体在不同的阻尼力下的振动情况。

波尔共振仪主要由摆轮转动系统和电机转动系统组成。在涡卷弹簧的弹性力作用下，摆轮可绕轴自由往复摆动。阻尼线圈通入直流电后，产生电磁阻尼力阻碍摆轮摆动，改变阻尼线圈的电流大小可使阻尼大小发生相应的变化。电机转动系统里的电机通过连杆带动摆轮，使摆轮做受迫振动（摆动）。

当摆轮受到周期性外力矩 $M=M_0\cos\omega t$ 的作用，并在有空气阻尼和电磁阻尼的介质中运动时（阻尼力矩为$-b\dfrac{\mathrm{d}\vartheta}{\mathrm{d}t}$），其运动方程为

$$J\frac{\mathrm{d}^2\vartheta}{\mathrm{d}t^2}=-k\vartheta-b\frac{\mathrm{d}\vartheta}{\mathrm{d}t}+M_0\cos\omega t \tag{5-2B-1}$$

式中，ϑ 为摆轮的位移（摆动的角度），J 为摆轮的转动惯量，$-k\vartheta$ 为弹性力矩，$-b\dfrac{\mathrm{d}\vartheta}{\mathrm{d}t}$ 为阻尼力矩，M_0 为驱动力矩的振幅，ω 为驱动力的角频率。令 $\omega_0^2=\dfrac{k}{J}$，$2\beta=\dfrac{b}{J}$，$m=\dfrac{M_0}{J}$，则式（5-2B-1）变为

$$\frac{\mathrm{d}^2\vartheta}{\mathrm{d}t^2}+2\beta\frac{\mathrm{d}\vartheta}{\mathrm{d}t}+\omega_0^2\vartheta=m\cos\omega t \tag{5-2B-2}$$

当 $m\cos\omega t=0$ 时，式（5-2B-2）即为阻尼振动方程；当 β 也等于 0 时，即为无阻尼情况时的简谐振动方程，系统的固有频率为 ω_0。式（5-2B-2）的通解为

$$\vartheta=\theta' \mathrm{e}^{-\beta t}\cos(\omega_f t+\alpha)+\theta\cos(\omega t+\phi) \tag{5-2B-3}$$

由式（5-2B-3）可见，受迫振动可分成两部分：

① 第一部分 $\theta' \mathrm{e}^{-\beta t}\cos(\omega_f t+\alpha)$ 和初始条件有关，经过一定时间后衰减消失。

② 第二部分 $\theta\cos(\omega t+\phi)$ 说明驱动力矩对摆轮做功，向振动系统传送能量，最后达到一个稳定的振动状态。振幅 θ 为

$$\theta=\frac{m}{\sqrt{(\omega_0^2-\omega^2)^2+4\beta^2\omega^2}} \tag{5-2B-4}$$

稳定时摆轮的位移与驱动力矩之间的相位差为

$$\phi=\arctan\frac{2\beta\omega}{\omega_0^2-\omega^2}=\arctan\frac{\beta {T_0}^2 T}{\pi(T^2-{T_0}^2)} \tag{5-2B-5}$$

由式(5-2B-4)和式(5-2B-5)可看出,振幅 θ 与相位差 ϕ 的数值取决于驱动力矩振幅与摆轮转动惯量的比值 m、驱动力的角频率 ω、系统的固有频率 ω_0 和阻尼系数 β 四个因素,而与振动初始状态无关。

由式(5-2B-4)的极值条件 $\frac{\partial}{\partial\omega}[(\omega_0^2-\omega^2)^2+4\beta^2\omega^2]=0$ 可得出,当驱动力的角频率 $\omega=\sqrt{\omega_0^2-2\beta^2}$ 时,θ 有极大值,此时系统产生共振。若共振时角频率和振幅分别用 ω_r 和 θ_r 表示,则

$$\omega_r=\sqrt{\omega_0^2-2\beta^2} \tag{5-2B-6}$$

$$\theta_r=\frac{m}{2\beta\sqrt{\omega_0^2-2\beta^2}} \tag{5-2B-7}$$

式(5-2B-6)和式(5-2B-7)表明,阻尼系数 β 越小,共振时角频率越接近于系统固有频率,振幅 θ_r 也越大,当 $\beta \ll \omega_0$ 时,$\omega_r \approx \omega_0$。振幅 θ 和相位差 ϕ 随角频率 ω 变化的曲线分别称为幅频特性曲线和相频特性曲线,如图 5-2B-1 和图 5-2B-2 所示。

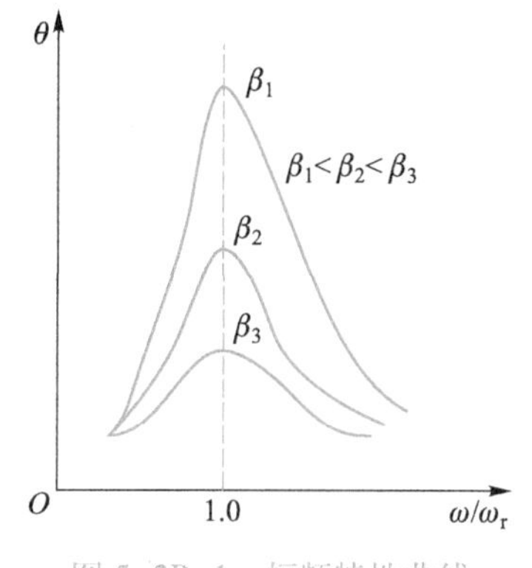

图 5-2B-1 幅频特性曲线

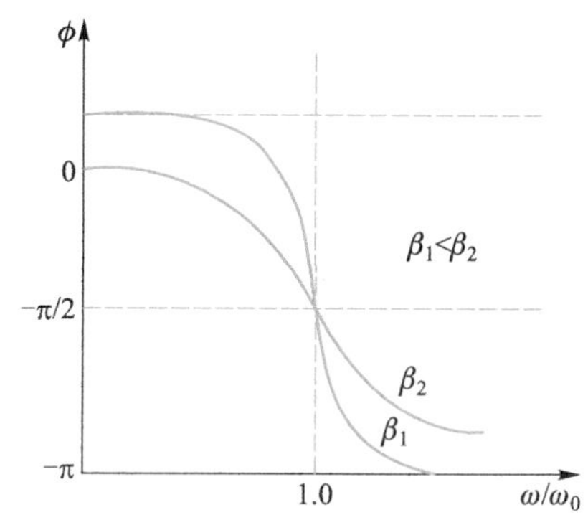

图 5-2B-2 相频特性曲线

阻尼系数 β 的测量:式(5-2B-3)等号右边第一项为摆轮的阻尼振动方程的解,也就是说,当外力矩 $M=0$ 时,式(5-2B-2)的解为

$$\vartheta=\theta' e^{-\beta t}\cos(\omega_f t+\alpha) \tag{5-2B-8}$$

由此可见,在阻尼振动中,摆轮的振幅是服从指数规律衰减的。因此如果能测出摆轮在相距 n 个振动周期的前后两次的振幅 $\theta_i(=\theta' e^{-\beta t})$ 和 $\theta_j(=\theta' e^{-\beta(t+nT)})$,以及摆轮的摆动周期 T,就可以推算出 β,因为

$$\ln\frac{\theta_i}{\theta_j}=\ln\frac{\theta' e^{-\beta t}}{\theta' e^{-\beta(t+nT)}}=n\beta T \tag{5-2B-9}$$

4. 实验仪器

ZKY-BG 型波尔共振仪由机械振动仪与电器控制仪两部分组成，如图 5-2B-3、图 5-2B-4 所示。

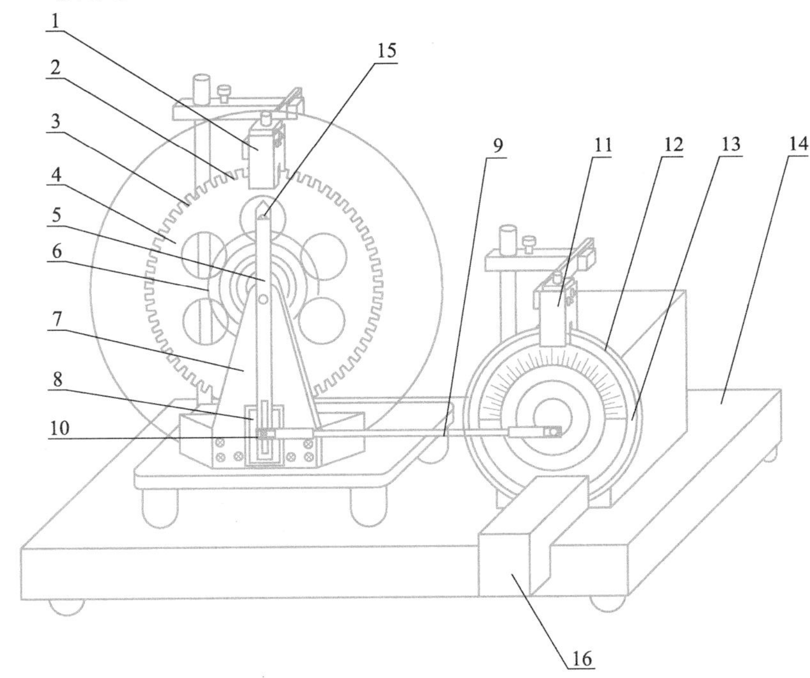

文档：ZKY-BG 型波尔共振仪

图 5-2B-3　波尔共振仪的机械振动仪部分

1—光电门；2—长凹槽；3—短凹槽；4—铜质摆轮；5—摇杆；6—涡卷弹簧；7—承架；8—阻尼线圈；9—连杆；10—摇杆调节螺丝；11—光电门；12—角度盘；13—有机玻璃转盘；14—底座；15—弹簧夹持螺钉；16—闪光灯

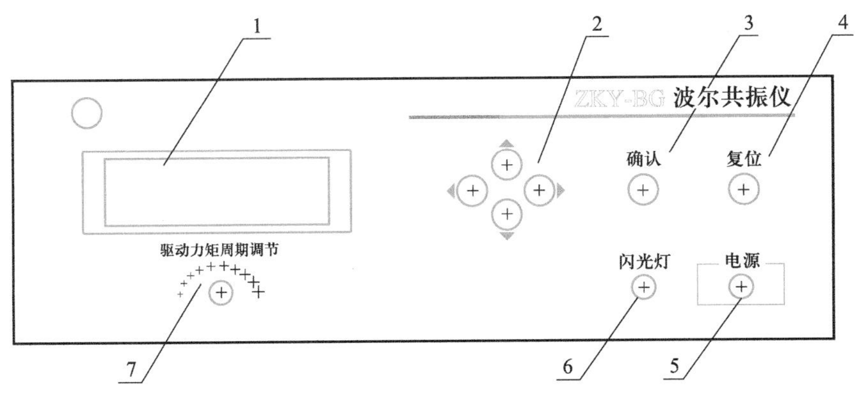

视频：ZKY-BG 型波尔共振仪的操作

图 5-2B-4　波尔共振仪的电器控制仪部分

1—显示屏幕；2—方向控制键；3—确认键；4—复位键；5—电源开关；6—闪光灯开关；7—驱动力矩周期调节旋钮

5. 实验内容

(1) 测量摆轮的振幅与固有周期

① 打开仪器，选择自由振动模式。

② 用手转动摆轮 160°左右，放开手后让摆轮自由摆动。

③ 测量摆轮的振幅和固有周期。

④ 记录数据。

(2) 测量阻尼系数 β

① 设置仪器，选择阻尼振动模式，并根据实验要求选择适当的阻尼挡位。

② 用手转动摆轮 160°左右，放开手后让摆轮自由摆动。

③ 摆动 10 个周期，并依次测量摆轮的振幅和周期。

④记录数据，根据式(5-2B-9)，使用逐差法计算阻尼系数 β。

(3) 测量受迫振动的幅频特性曲线和相频特性曲线

① 设置仪器，选择受迫振动模式，启动电机，摆轮开始摆动。

② 设置好电机的转动周期，然后等待摆轮和电机的周期相同，并且摆轮的振幅保持稳定。此时摆轮达到稳定状态。

③ 测量摆轮的振幅，一般建议连续测量多次，取平均值。

④ 使用频闪法测量摆轮位移与驱动力的相位差。

⑤ 改变电机的转动周期，重复上面②~④的步骤。

⑥ 记录数据，并作出幅频特性曲线和相频特性曲线。

6. 数据处理

(1) 测量摆轮的振幅与固有周期

记录数据于表 5-2B-1 中。

表 5-2B-1 振幅 θ 与 T_0

振幅 θ/(°)	固有周期 T_0/s	振幅 θ/(°)	固有周期 T_0/s	振幅 θ/(°)	固有周期 T_0/s

(2) 测量阻尼系数 β

利用公式 $5\beta\overline{T}=\ln\dfrac{\theta_i}{\theta_{i+5}}$ 对表 5-2B-2 中记录的测量数据按逐差法进行处理，求出 β 值。i 为阻尼振动的周期次数，θ_i 为第 i 次振动时的振幅。

表 5-2B-2　阻尼振动的振幅 θ_i

阻尼挡位：

次数 i	振幅 θ_i/(°)	次数 i	振幅 θ_i/(°)	$\ln\frac{\theta_i}{\theta_{i+5}}$
1		6		
2		7		
3		8		
4		9		
5		10		
$\ln\frac{\theta_i}{\theta_{i+5}}$平均值				

$10T=$________s；　$\overline{T}=$________s；　$\beta=$________。

(3) 测量受迫振动的幅频特性曲线和相频特性曲线

将记录的实验数据(驱动力矩周期 T、相位差 ϕ、振幅 θ 等)填入表 5-2B-3,并根据表 5-2B-1 查询振幅 θ 对应的固有周期 T_0,将 T_0 值也填入表 5-2B-3。

表 5-2B-3　幅频特性曲线和相频特性曲线测量数据记录表

阻尼挡位：

驱动力矩周期 T/s	振幅 θ/(°)	摆轮振幅 θ 对应的固有周期 T_0/s	相位差 ϕ/(°)	圆频率 $\omega=\frac{2\pi}{T}$	共振圆频率 $\omega_r=\sqrt{\omega_0^2-2\beta^2}$	频率比$\frac{\omega}{\omega_r}$

以$\frac{\omega}{\omega_r}$为横轴，振幅θ为纵轴，作幅频特性曲线；以$\frac{\omega}{\omega_r}$为横轴，相位差ϕ为纵轴，作相频特性曲线。

7. 注意事项

（1）在进行受迫振动实验前必须先进行阻尼振动实验。

（2）调节驱动力矩周期调节旋钮，改变电机的转速，即改变电机转动周期。电机转速的调节可根据将相位差ϕ控制在10°左右来定。

（3）每次改变驱动力矩的周期后，都需要等待系统稳定（约需两分钟），即等待摆轮和电机的周期相同且摆轮的振幅基本稳定，然后再进行测量。

（4）在共振点附近幅频特性曲线和相频特性曲线变化较大，因此测量数据相对密集，此时电机转速的极小变化会引起相位差ϕ的很大改变。驱动力矩周期调节旋钮上的读数是参考数值，建议在不同测量点时都记下此值，以便快速找到共振点。

（5）测量相位差时应把闪光灯放在电机转盘前下方，按下闪光灯按钮，根据频闪现象来测量，仔细观察相位位置。

8. 思考题

（1）在无阻尼的自由振动实验中，摆轮的振动周期与振幅有何关系，原因是什么？

（2）实验中如何判断摆轮达到共振？

（3）在受迫振动的实验中，如何判断摆轮的振动达到了稳定状态？

实验 5.2C 基于弦音计的振动研究

1. 引言

在实验 5.2A 和实验 5.2B 中，都假设振动系统的质量集中在一点，这时描述系统性质的一些参量（如质量、弹性系数、阻尼等）都与空间位置无关，这种系统称为集中参量系统。当系统振动频率不高，振动的传播波长远大于系统的尺度时，可以近似为集中参量系统。但是，如果振动的频率较高，振动的传播波长可以与被研究物体的尺度相比拟，这种近似的假设就不成立。这时候需要考虑物体的质量、弹性系数、阻尼等在空间上的分布，具有这种性质的物体称为弹性体，对应的系统称为分布参量系统。

弦是指具有一定质量和长度、性质柔软的细丝。振动时弦上传播的振动波长一般要小于弦的长度，所以在弦上的不同位置就产生不同的振动。这就必须引入空间位置的变量，将弦作为一个弹性体进行研究。相应地，弦的振动情况也比弹簧振子模型要复杂得多。弦音计是研究弦振动的实验仪器，它既可以改变弦的张力、长度，又可以改变弦线的密度，还可以改变振源的频率。其特殊的驱动设计提供了精确的实验结果，以验证弦振动的规律。调整驱动信号频率使弦发生共振，既可以观察弦上形成的驻波，又可以用示波器同时显示驱动信号及接收器接收的信号的波形。

2. **实验目的**

（1）理解驻波产生的原因，观察驻波现象。

（2）研究共振发生时弦长与波长间的关系。

（3）研究弦振动的共振频率与弦长、张力、线密度及波腹数的关系。

3. **实验原理**

（1）驻波

一简单的正弦波在拉紧的弦线（金属线）上传播，可以表示为

$$y_1 = y_m \sin 2\pi\left(\frac{x}{\lambda} - \frac{t}{n}\right) \tag{5-2C-1}$$

若弦一端固定，波到达该端时将被反射回来，反射波为

$$y_2 = y_m \sin 2\pi\left(\frac{x}{\lambda} + \frac{t}{n}\right) \tag{5-2C-2}$$

假设波幅足够小，未超出弦的弹性范围，则叠加后的波形即为两波形之和：

$$\begin{aligned} y &= y_1 + y_2 \\ &= y_m \sin 2\pi\left(\frac{x}{\lambda} - \frac{t}{n}\right) + y_m \sin 2\pi\left(\frac{x}{\lambda} + \frac{t}{n}\right) \\ &= 2y_m \sin\frac{2\pi x}{\lambda}\cos\frac{2\pi t}{n} \end{aligned} \tag{5-2C-3}$$

上式具有如下特点：对于固定时间 t_0，弦的波形为一正弦波，最大波幅为 $2y_m\cos\frac{2\pi t_0}{\lambda}$；对于固定位置$x_0$，弦表现为简谐振动，振幅为 $2y_m\sin\frac{2\pi x_0}{\lambda}$。因此，在$x_0 = \frac{1}{2}\lambda, \lambda, \frac{3}{2}\lambda, 2\lambda, \cdots$的位置上，波的振幅为 0；在 $x_0 = \frac{1}{4}\lambda, \frac{3}{4}\lambda, \frac{5}{4}\lambda, \frac{7}{4}\lambda, \cdots$的位置上，波的振幅最大。这种波形称为驻波，驻波的振幅最大处称为波腹，振幅最小处称为波节；这时弦上并没有波形的传播，其形式如图 5-2C-1 所示。

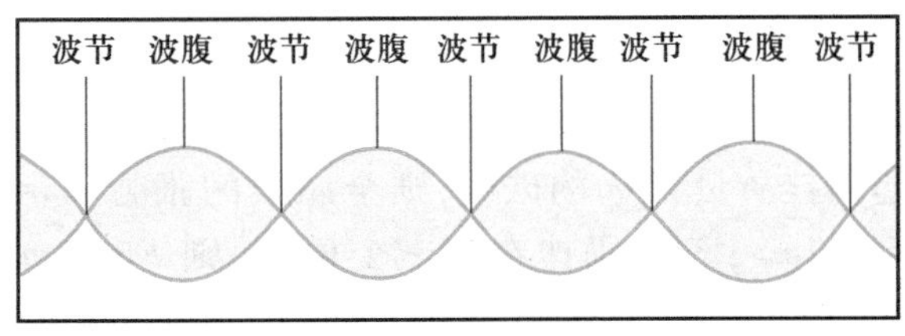

图 5-2C-1　驻波

（2）共振

驻波产生的条件是原始波和反射波能形成稳定的叠加。但事实上，若弦的两端都固定，每个波在到达固定端时都将被反射，各反射波并非都同相，叠加在一起的波幅也很小。但对于某些振动频率，所有反射波都会处于同一相位，因而能叠加产生振幅很高的驻波，这些频率即为共振频率。关于弦振动的理论分析及其共振频率的计算，可以参考相关资料。简而言之，通过对波长与线长的分析，可以得出

这样的结论:在弦共振时,弦长 l 和弦振动的波长 λ 满足

$$l=n\frac{\lambda}{2},n=1,2,3,\cdots \tag{5-2C-4}$$

即弦长是半波长的整数倍,并且弦的两固定端一定是波节。

(3) 波传播速度

对一柔韧有弹性的弦,波在弦上的传播速度 v 由两个变量决定:弦的线密度 ρ_l 和弦所受张力 F_T。其关系式为

$$v=\sqrt{\frac{F_T}{\rho_l}} \tag{5-2C-5}$$

将 $v=\lambda f$ 代入上式,得

$$f=\frac{1}{\lambda}\sqrt{\frac{F_T}{\rho_l}} \tag{5-2C-6}$$

式中 f 为弦振动的频率。当弦共振时,由式(5-2C-1)得 $\lambda=2l/n$ 并代入上式得

$$f=\frac{n}{2l}\sqrt{\frac{F_T}{\rho_l}} \tag{5-2C-7}$$

这里通过简单的分析得到弦共振频率 f 和弦长 l、张力 F_T、线密度 ρ_l 之间的关系。实际上,式(5-2C-7)也可以通过对弦振动方程的求解得到;而本实验将采用实验的方法来验证式(5-2C-7)。

4. 实验仪器

WA-9611 弦音计、砝码及挂钩、WA-9613 驱动/探测器、示波器或计算机、信号发生器、适配器。本实验提供 10 根金属线,每 2 根一组,其线密度为:0.39×10^{-3} kg/m、0.78×10^{-3} kg/m、1.12×10^{-3} kg/m、1.50×10^{-3} kg/m、1.50×10^{-3} kg/m。

5. 实验内容

(1)弦音计的安装与调整

① 将标准的金属线安装在弦音计两端(若弦音计已装好金属线可免去此步),两桥的间距调整至 60 cm,将 1 kg 砝码悬挂于张力杆的第一个槽内,调节线调节旋钮使张力杆水平。张力杆水平是确定金属线的张力的必要条件,如果在张力杆的第一个槽内挂质量为 m 的砝码,则金属线的张力 $F_T=mg$;若砝码挂在第二个槽内,则 $F_T=2mg$;若砝码挂在第三个槽内,则 $F_T=3mg$(g 是重力加速度)。

② 将驱动器安装在距金属线其中一端 5 cm 处,探测器安置在金属线中间,并按照如图 5-2C-2 所示将驱动器、探测器、信号发生器、示波器(或计算机)连接起来。这样,信号发生器输出的信号经驱动器驱动金属线振动,适配器通过探测器对金属线的振动信号进行采集,示波器(或计算机)对信号发生器输出的信号和适配器采集的信号进行实时监控并显示。

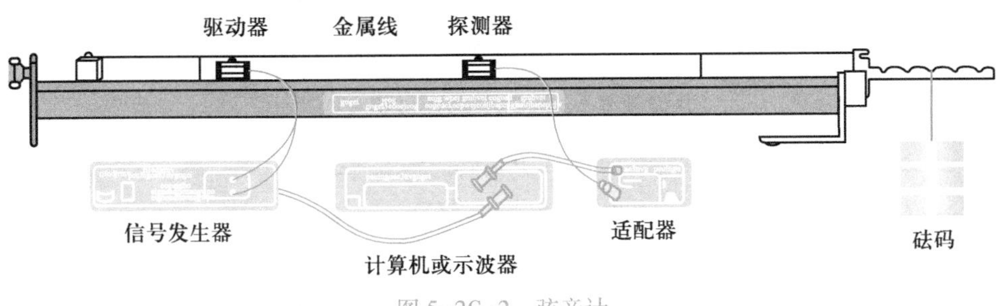

图 5-2C-2　弦音计

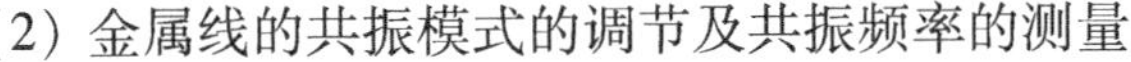

文档：弦音计

视频：弦音计的操作

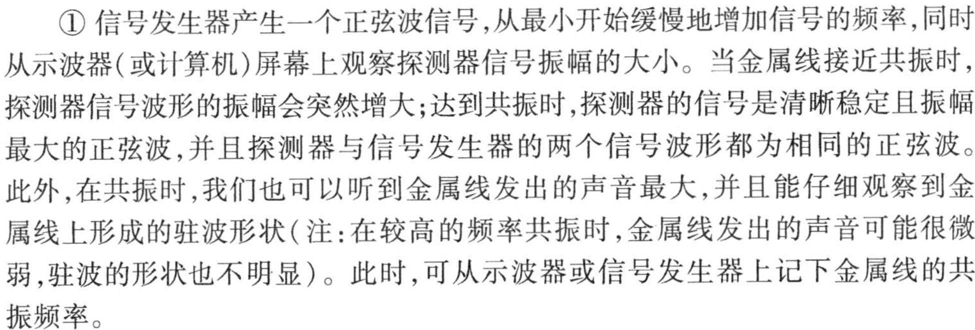

(2) 金属线的共振模式的调节及共振频率的测量

① 信号发生器产生一个正弦波信号，从最小开始缓慢地增加信号的频率，同时从示波器（或计算机）屏幕上观察探测器信号振幅的大小。当金属线接近共振时，探测器信号波形的振幅会突然增大；达到共振时，探测器的信号是清晰稳定且振幅最大的正弦波，并且探测器与信号发生器的两个信号波形都为相同的正弦波。此外，在共振时，我们也可以听到金属线发出的声音最大，并且能仔细观察到金属线上形成的驻波形状（注：在较高的频率共振时，金属线发出的声音可能很微弱，驻波的形状也不明显）。此时，可从示波器或信号发生器上记下金属线的共振频率。

② 将探测器尽可能靠近金属线其中一端，然后缓慢移动探测器，观察示波器上的波形，找出所有波腹和波节的位置（在波腹处探测器的信号幅度极大，波节处探测器的信号幅度极小）并在表 5-2C-1 中记下波腹和波节的数目。

③ 缓慢增加信号发生器的输出信号频率，使金属线在 5 种不同的模式下（$n=1,2,3,4,5$）共振，并在表 5-2C-1 中记下所有共振频率。在每种共振模式下重复步骤②，记下各自的波腹和波节数目。一般地，最小的共振频率称为基频，对应的共振模式 $n=1$。

(3) 金属线的共振频率与长度、张力、线密度的关系

① 保持张力 $F_T=mg$，线密度 ρ_l 不变，金属线长度 l 取 50.0 cm、55.0 cm、60.0 cm、65.0 cm、70.0 cm，分别测定各个长度下 $n=1$（基频）时的共振频率，作 $f-l$（或 $f-1/l$）图线，由此导出 f 和 l 的关系。

② 保持 $l=60.00$ cm，线密度 ρ_l 不变，将 1 kg 的砝码依次挂在第 1、2、3、4、5 槽内（注意：改变砝码位置时需重新调节张力杆水平调节旋钮使张力杆保持水平），分别测出 $n=1$（基频）时的共振频率。计算 $\lg f$ 和 $\lg F_T$，以 $\lg f$ 为纵轴 $\lg F_T$ 为横轴作图，由此导出 $f-F_T$ 的关系。

③ 保持 $l=60.00$ cm，$F_T=mg$ 不变，更换密度不同的金属线，分别测出 $n=1$ 时的各共振频率。计算 $\lg f$ 和 $\lg \rho_l$，以 $\lg f$ 为纵轴 $\lg \rho_l$ 为横轴作图，由此导出 $f-\rho_l$ 的关系。

6. 数据处理

(1) 将金属线的各共振模式的共振频率 f 及其波腹波节数目填入表 5-2C-1。

表 5-2C-1 数据记录

线长:________ 张力:________ 线密度:________

n	共振频率 f	波腹	波节

根据波腹和波节的数目,计算波长和共振频率 f,并画出共振波形。作 f-n 图线,导出 f 和 n 的关系。

(2) 金属线的共振频率与长度、张力、线密度的关系

作 f-$1/l$,$\lg f$-$\lg F_T$,$\lg f$-$\lg \rho_l$ 的图线,由此导出 f-l,f-F_T,f-ρ_l 的关系。

7. 注意事项

(1) 寻找金属线的共振频率时,如果难以将金属线调节到共振状态,可以增加驱动信号的功率或改变驱动器和探测器的位置后(驱动器和探测器相距要大于 10 cm),再进行尝试。若波形失真,可稍微减小驱动信号的振幅。

(2) 通常在金属线共振时,驱动信号的频率即为金属线的振动(共振)频率。但在个别情况下(特别是频率较高时),驱动信号频率可能并不是金属线的振动频率。这时可以结合示波器波形估算出金属线的振动频率,或者根据驻波的波长计算出共振频率。

8. 思考题

(1) 若驻波形状变化不定,有时振幅很大,有时振幅很小,有时呈翻滚状,这时能否认为金属线处于共振状态?为什么?

(2) 为什么达到共振时示波器显示的波形是清晰、稳定、振幅最大的正弦波?

(3) 如果驱动信号可调节的最小频率值大于金属线的基频,这种情况下如何测量出金属线的基频?

实验 5.3 杨氏模量的测量

杨氏模量是固体材料的重要力学参量之一,它表征了在弹性限度内材料抵抗形变的能力,1807 年因英国医生兼物理学家托马斯·杨所得到的结果而命名。杨氏模量越大,材料越不容易形变。杨氏模量是选择机械零件材料的依据之一,是工程技术设计中常用的参量。杨氏模量的测定对研究金属、光纤材料、半导体、纳米材料、陶瓷等各种材料的力学性质具有重要的应用价值。杨氏模量的测量方法有多种,如弯曲法、拉伸法、共振法等,以及利用莫尔条纹、光纤传感器等进行测量的实验技术和方法。

实验 5.3A 用弯曲法测杨氏模量

1. 引言

杨氏模量是固体材料的重要力学性质之一。弯曲法测量杨氏模量的关键是测量微小位移量，本实验采用霍耳位置传感器杨氏模量试验仪。该仪器是在利用弯曲法测量固体材料杨氏模量的仪器的基础上，加装霍耳位置传感器而成的。通过霍耳位置传感器的输出电压与位移量线性关系的定标和微小位移量的测量，将非电量的微小位移量的测量转化为电量的测量。学生通过使用霍耳位置传感器学习和掌握基本长度和微小位移量测量的方法。

2. 实验目的

（1）学习利用弯曲法测量金属的杨氏模量。

（2）了解霍耳位置传感器的结构原理、特性和使用方法。

（3）学习用读数显微镜和霍耳位置传感器测量微小位移量。

（4）掌握用最小二乘法及逐差法处理数据。

3. 实验原理

（1）霍耳位置传感器

霍耳元件置于磁感应强度为 B 的磁场中，如图 5-3A-1 所示，在垂直于磁场方向通以电流 I，则在同时垂直于 I 和 B 的方向上将产生霍耳电势差 U：

$$U=K\cdot I\cdot B \tag{5-3A-1}$$

式(5-3A-1)中 K 为霍耳元件的灵敏度，单位为 $\mathrm{mV\cdot mA^{-1}\cdot T^{-1}}$。如果保持霍耳元件的电流 I 不变，而使其在一个均匀梯度的磁场中移动时，则输出的霍耳电势差变化量为

$$\Delta U=K\cdot I\cdot(\mathrm{d}B/\mathrm{d}h)\cdot\Delta h \tag{5-3A-2}$$

式(5-3A-2)中 Δh 为位移量，$\mathrm{d}B/\mathrm{d}h$ 为磁感应强度 B 沿位移方向的梯度常量。

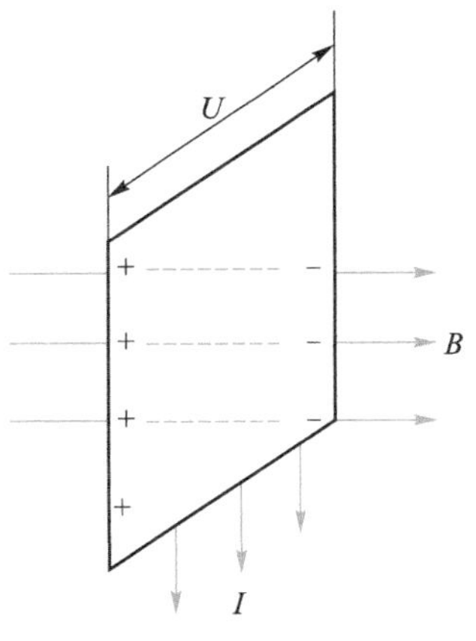

图 5-3A-1 霍耳效应示意图

为实现上述均匀梯度的磁场，如图 5-3A-2 所示，选用两块相同的磁铁相对放置，即 N 极相对放置；将霍耳元件平行于磁铁放在两磁铁之间的中轴上，且与两磁铁的间距相等。若间隙内中心截面处的磁感应强度为零，霍耳元件处于该处时所输出的霍耳电势差也应该为零。当霍耳元件偏离中心沿轴发生位移时，由于磁感应强度不再为零，霍耳元件也就产生相应的电势差输出，其大小可以用数字电压表测量。由此，可以将霍耳电势差为零时元件所处的位置作为位移参考零点。

当位移量较小（<2 mm）时，霍耳电势差与位移量之间存在良好的线性关系。这是霍耳位置传感器的基本工作原理。

（2）用弯曲法测杨氏模量

将厚度为 a、宽度为 b 的横梁放在相距为 L 的两刀口之间，在梁上两刀口的中

间挂一质量为 m 的砝码,这时梁被压弯,梁中心处下降的距离为 Δh,g 为重力加速度,如图 5-3A-3 所示。

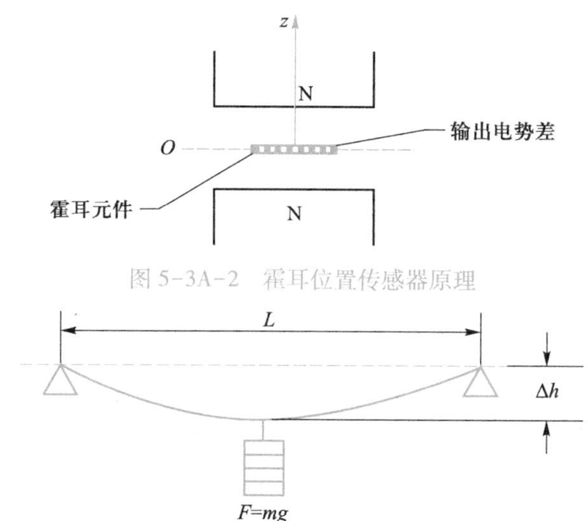

图 5-3A-2　霍耳位置传感器原理

图 5-3A-3　拉伸法测杨氏模量

在横梁弯曲的情况下,杨氏模量 E 为

$$E=\frac{L^3\cdot mg}{4a^3\cdot b\cdot \Delta h} \tag{5-3A-3}$$

Δh 属于微小位移,一般工具很难准确测量,本实验采用霍耳位置传感器进行测量。

4. 实验仪器

测量仪器如图 5-3A-4 所示,包括:霍耳位置传感器、霍耳位置传感器输出信号测量仪、米尺、游标卡尺、螺旋测微器、砝码、待测样品(黄铜板和锻铸铁板)。

文档:用弯曲法测杨氏模量仪器

视频:用弯曲法测杨氏模量仪器的操作

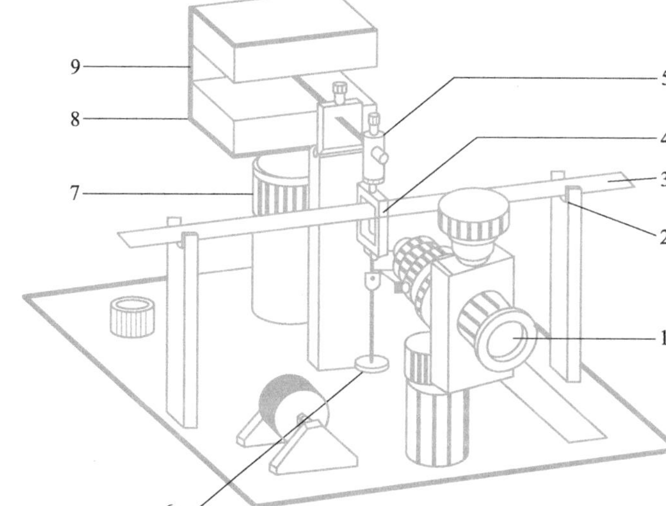

图 5-3A-4　用弯曲法测杨氏模量仪器图

1—读数显微镜;2—刀口;3—横梁;4—铜框上的基线;5—铜杠杆;6—砝码;7—调节架;8—磁铁(N 极相对放置);9—磁铁盒

5. 实验内容

（1）实验仪器的调整

① 将黄铜板穿过铜框，放在两刀口的中央位置，砝码刀口应在两支柱刀口的正中央，将圆柱形托尖放在铜框上的小圆洞内；调节铜杠杆，使其水平；传感器若不在磁铁中间，可松弛固定螺丝使磁铁上下移动，或用调节架上的套筒螺母旋转使磁铁上下移动，再固定调节磁铁的高度，使霍耳位置传感器(在铜杠杆的一端)处于磁场中间位置。

② 调节读数显微镜的高度，在砝码盘上加 20.00 g 砝码后，使镜筒轴线和铜框上的基线等高。

③ 调节目镜，使眼睛在目镜内看清分划板上的数字和准线；前后调节镜筒，直到能清晰地看清铜框上的基线；转动镜筒，使准线的水平线与铜框上的基线平行。

（2）霍耳位置传感器的定标

① 在砝码盘上加 20.00 g 砝码作为初始负载，然后转动显微镜的读数鼓轮，使目镜视场中分划板的水平准线和铜框上的基线重合，记录显微镜上的初始读数h_0。

② 旋转磁铁下面的套筒螺母和测量仪上的调零旋钮，使初始负载的情况下测量仪指示处于零显示，测量仪量程选择选 0.2 V 挡。

③ 在初始负载 20.00 g 的基础上，向砝码盘上逐次加 20.00 g 的砝码(共加 6 次，厚砝码每片 20.00 g，薄砝码每片 10.00 g)，测出相应U_i和h_i。

④ 记录黄铜板的电压 ΔU 和位移量 Δh，用最小二乘法计算霍耳元件的灵敏度 K，即给霍耳位置传感器定标。

$$K=\frac{\Delta U}{\Delta h} \tag{5-3A-4}$$

（3）杨氏模量的测量

① 用直尺测量两立柱刀口间的距离 L 一次，并估算不确定度；用螺旋测微器测量锻铸铁板不同部位的厚度 a 五次，并估算不确定度；用游标卡尺测量锻铸铁板不同位置的宽度 b 五次，并估算不确定度。

② 重复(2)中的步骤②和③，向砝码盘上逐次加 20.00 g 的砝码(共加 8 次)，测出相应的 8 个U_i值。

③ 用逐差法处理数据，计算在 40.00 g 砝码重力作用下的锻铸铁板中心下降的距离 Δh；计算锻铸铁板的杨氏模量 E 及其误差。

6. 数据处理

（1）根据表 5-3A-1 中的数据，运用最小二乘法直线拟合或者作图法得到霍耳位置传感器的灵敏度 K，为测量其他材料的杨氏模量作准备。

表 5-3A-1 黄铜板的弯曲记录

序号	1	2	3	4	5	6
$m/10^{-3}$ kg	20.00	40.00	60.00	80.00	100.00	120.00
$h_i/10^{-3}$ m						
$U_i/10^{-3}$ V						

注：m 为在初始负载基础上增加的砝码质量

$K=$________。

（2）用逐差法由表5-3A-2和表5-3A-3的数据算出锻铸铁板在 $m=40.00$ g 砝码作用下产生的平均位移量 Δh，代入式（5-3A-3），得到锻铸铁板的杨氏模量 E。

表 5-3A-2 锻铸铁板的弯曲记录

i	1	2	3	4	5	6	7	8
$m/10^{-3}$ kg	20.00	30.00	40.00	50.00	60.00	70.00	80.00	90.00
$U_i/10^{-3}$ V								

表 5-3A-3 逐差法处理数据

n	$U_i/10^{-3}$ V	$U_{i+4}/10^{-3}$ V	$\Delta U_i/10^{-3}$ V	$\Delta h_i=\Delta U_i/K$
1				
2				
3				
4				
5				
6				
7				
8				

$$\Delta U=(|U_5-U_1|+|U_6-U_2|+|U_7-U_3|+|U_8-U_4|)/4 \tag{5-3A-5}$$

对测量的结果进行不确定度误差计算

$$\frac{u_E}{E}=\sqrt{9\left(\frac{u_L}{\overline{L}}\right)^2+9\left(\frac{u_a}{\overline{a}}\right)^2+\left(\frac{u_b}{\overline{b}}\right)^2+\left(\frac{\sigma_{\Delta h}}{\overline{h}}\right)^2} \tag{5-3A-6}$$

最后写出结果

$$E=\overline{E}\pm U_E \tag{5-3A-7}$$

7. 注意事项

（1）要防止空回误差，测量时必须使读数显微镜鼓轮向同一个方向旋转。

（2）调好零位置记下读数显微镜的初始读数后，要防止铜杠杆和读数显微镜的位置有任何移动。

（3）实验开始前，必须检查横梁是否有弯曲，如有，应矫正。

8. 思考题

（1）用弯曲法测量杨氏模量的实验的主要测量误差有哪些？

（2）相对于用读数显微镜而言，用霍耳位置传感器测量位移有什么优点？

实验 5.3B　用拉伸法测杨氏模量

1. 引言

杨氏模量是固体材料的重要力学性质之一。杨氏模量的测量方法有多种，如弯曲法、拉伸法、共振法等。前两种方法属于静态法，后一种属于动态法。实验5.3A中介绍了弯曲法，本实验将介绍拉伸法。拉伸法常用于大形变、常温下的杨氏模量测量。

2. 实验目的

（1）学习用拉伸法测量金属丝的杨氏模量。

（2）学习用读数显微镜测定微小伸长量的原理。

（3）学习用逐差法或作图法处理实验数据。

3. 实验原理

用拉伸法测量杨氏模量

设有一根粗细均匀的金属丝长为 L，如图 5-3B-1 所示，金属丝的横截面积为 S，在沿长度方向施加拉力 F 后，钢丝的伸长量为 ΔL，金属丝单位面积上受到的垂直作用力 F/S 称为应力，金属丝的相对伸长量 $\Delta L/L$ 称为应变。根据胡克定律可知，在弹性范围内，材料的应力与应变成正比。即

$$\frac{F}{S}=E\frac{\Delta L}{L} \tag{5-3B-1}$$

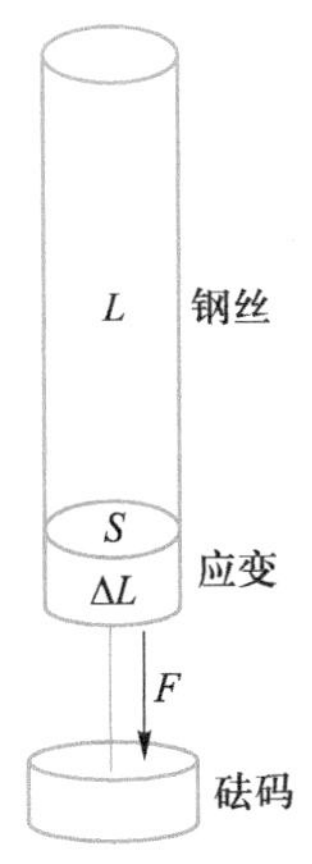

图 5-3B-1　用拉伸法测杨氏模量原理

式(5-3B-1)中的比例系数 E 称为该材料的杨氏模量，也称弹性模量。进一步变形，则

$$E=(F/S)/(\Delta L/L) \tag{5-3B-2}$$

若钢丝的直径为 d，钢丝的截面积为 $S=(\pi d^2)/4$，则

$$E=\frac{FL}{S\Delta L}=\frac{4mgL}{\pi d^2\Delta L} \tag{5-3B-3}$$

只要测出式(5-3B-3)中右边的各量，就可以计算出杨氏模量。式中 L（金属丝原长）可由米尺测量，d（钢丝直径）可由螺旋测微器测量，F（外力）可由实验中钢丝下面悬挂的砝码重力 $F=mg$ 求出。ΔL 是微小形变量（数量级为 10^{-2} mm），无法用一般的长度测量仪器进行测量，本实验采用读数显微镜来测量 ΔL。

4. 实验仪器

杨氏模量测定仪（如图 5-3B-2 所示）、螺旋测微器、米尺、测试样品。图中右侧的圆形区域为读数显微镜的视野区。

文档：杨氏模量测定仪

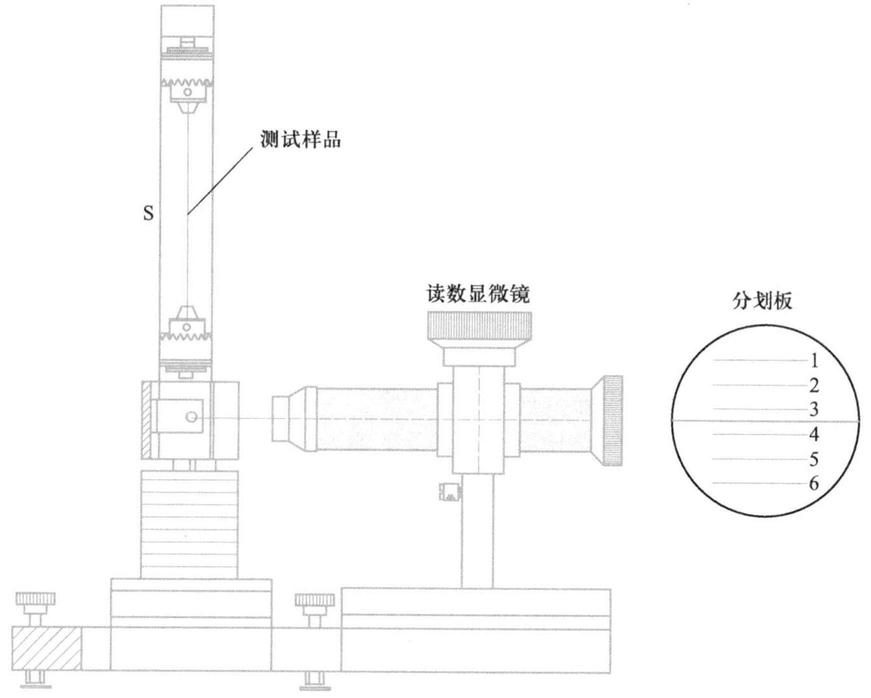

图 5-3B-2 杨氏模量测定仪

5. 实验内容

（1）调节杨氏模量测定仪

① 图 5-3B-2 中，S 为金属丝支架，高约 1.30 m，可置于实验桌上，支架顶端设有金属丝夹持装置，金属丝长度可调，约 0.95 m，金属丝下端的夹持装置连接一小圆柱，圆柱中部有细横线供读数用，小圆柱下端附有砝码盘。支架下方还有一钳形平台，设有限制小圆柱转动的装置（图 5-3B-2 中未画出），支架底脚螺丝可调。

② 用底脚螺丝调节支架 S 竖直，使金属丝下端的小圆柱与钳形平台之间能无摩擦地上下自由移动。调整金属丝下端夹具的夹持位置，使小圆柱两侧凹槽对准钳形平台两侧限制圆柱转动的小螺丝；同时对称地将螺丝旋入两侧凹槽中部，但不能夹死小圆柱，主要目的是防止小圆柱晃动和转动，从而影响读数。

（2）调节读数显微镜

① 用读数显微镜观察金属丝下端小圆柱中部的细横线位置及其变化，目镜前方装有分划板，分划板上有刻度，其刻度范围 0~8 mm，分度值 0.01 mm，每隔 1 mm 刻一数字。

② 先调节显微镜目镜直至眼睛能看到清晰的分划板像，再将物镜对准小圆柱中部，调节显微镜前后距离，然后微调显微镜旁螺丝直到看清小圆柱中部细横线的像，并消除视差。判断无视差的方法是当左右或上下稍微改变视线方向时两个像之间没有相对移动，这是读数显微镜已调节好的标志。只有无视差的调焦，才能保证测量精度。

（3）测定杨氏模量

① 测量伸长变化量 ΔL

为了消除构件间的间隙和金属丝的弯曲带来的实验误差，可在砝码盘上先加一块50 g的初始砝码，此时读数显微镜分划板上显示的小圆柱上的细横线指示的刻度为Y_0，记录其数值；然后在砝码盘上逐次加50 g砝码，对应的读数为Y_i（$i=1,2,\cdots,10$）。再将所加的砝码逐个减去，记下对应的读数为Y'_i（$i=1,2,\cdots,10$），并将两对应读数Y_i与Y'_i求平均，$\overline{Y}_i=\dfrac{Y_i+Y'_i}{2}$。

② 采用米尺和螺旋测微器分别测量钢丝的长度L和钢丝的直径d。

③ 由式（5-3B-3），计算杨氏模量E。将测量结果与公认值进行比较。

6. 数据处理

（1）采用螺旋测微器测量钢丝的直径，用米尺测量钢丝的长度，记录到下表5-3B-1中。

表5-3B-1 钢丝直径和长度的测量

次数	1	2	3	4	5	平均
d/mm						
L/mm						

（2）测量ΔL，数据记录到表5-3B-2中。

表5-3B-2 受力后钢丝伸长量的测量

	砝码质量 m/g	Y_i/mm	Y'_i/mm	$\overline{Y}_i$/mm
1	50.0			
2	100.0			
3	150.0			
4	200.0			
5	250.0			
6	300.0			
7	350.0			
8	400.0			
9	450.0			
10	500.0			

（3）用逐差法计算ΔL平均值：

$$\Delta L=\frac{\sum_{i=1}^{5}(\overline{Y}_{i+5}-\overline{Y}_i)}{5} \tag{5-3B-4}$$

（4）根据公式 $E=\dfrac{4mgL}{\pi d^2\Delta L}$ 计算金属丝的杨氏模量 E。

（5）计算测量结果的不确定度：

$$N=\frac{u_E}{\overline{E}}=\sqrt{\left(\frac{u_F}{F}\right)^2+\left(\frac{u_L}{\overline{L}}\right)^2+\left(\frac{2u_d}{\overline{d}}\right)^2+\left(\frac{u_{\Delta L}}{\Delta L}\right)^2}$$

$$u_E=\overline{E}\times N \tag{5-3B-5}$$

$$E=\overline{E}\pm u_E \tag{5-3B-6}$$

7. 注意事项

（1）加减砝码时，砝码的缺口要相互错开，动作要轻，避免震动，手勿压桌面和在桌面加减东西，保持装置稳定。

（2）加减砝码过程应连贯进行，不能中途回转。

（3）应等待装置基本稳定再读数。

8. 思考题

（1）对微小伸长量的测量，除了用读数显微镜方法外，还有哪些方法？

（2）根据不确定度的估算结果，$\dfrac{u_E}{\overline{E}}$ 表达式中哪些项的影响最大？如何降低其影响？

（3）材料相同但粗细和长度不同的两根钢丝，它们的杨氏模量是否相同？

实验 5.3C 用共振法测杨氏模量

1. 引言

杨氏模量是固体材料的重要力学参量之一。实验 5.3A 和实验 5.3B 分别介绍了测量杨氏模量的弯曲法和拉伸法。拉伸法常用于大形变、常温下的测量。但该方法使用的载荷较大，加载速度慢，有弛豫过程，不能真实地反映材料内部结构的变化，且不适用于对脆性材料的测量和材料在不同温度时的杨氏模量的测量。共振法不仅克服了拉伸法的上述缺陷，而且更具有普遍适用价值。它不仅适用于轴向均匀的杆（管）状金属材料，也适用于脆性材料的杨氏模量与共振参量的检测。因此，共振法成为国家标准所推荐使用的测量方法。

2. 实验目的

（1）掌握用共振法测量材料杨氏模量的原理。

（2）掌握一种近似求值的方法，即作图外推求值法；并用于测量自由梁的基频共振频率。

3. 实验原理

（1）用共振法测杨氏模量的原理

用共振法测杨氏模量是以自由梁的振动分析理论为基础的。两端自由梁振动规律的描述要解决两个基本问题：即固有频率和固有振型函数。本实验只讨论前一个问题，然后以此为基础，导出杨氏模量的计算公式。

当图 5-3C-1 所示的匀质等截面两端自由梁作横向振动时，其振动方程为

$$EI\frac{\partial^4 y}{\partial x^4}+m_0\frac{\partial^2 y}{\partial t^2}=0 \tag{5-3C-1}$$

其中 E 为杨氏模量，I 为惯性矩，m_0 为单位长度质量。

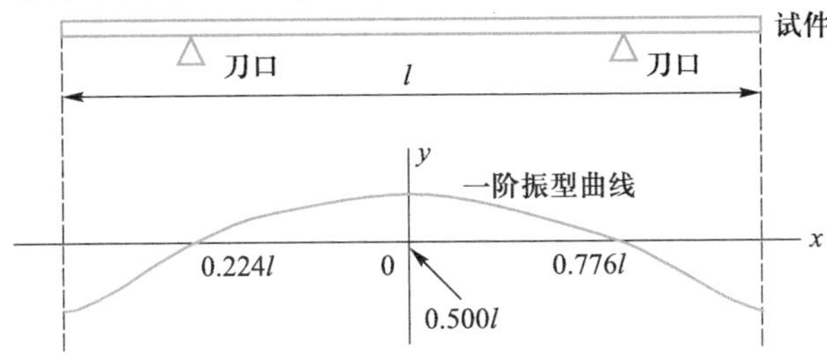

图 5-3C-1　两端自由梁的基频振动

式(5-3C-1)可用分离变量法求解。令

$$y(x,t)=Y(x)T(t) \tag{5-3C-2}$$

代入式(5-3C-1)和考虑 $m_0=\rho S$，并经整理得

$$\frac{1}{Y(x)}\frac{\mathrm{d}^4Y(x)}{\mathrm{d}x^4}=-\frac{\rho S}{EI}\frac{1}{T(t)}\frac{\mathrm{d}^2T(t)}{\mathrm{d}t^2} \tag{5-3C-3}$$

等式两边分别是两个独立变量 x 和 t 的函数，只有在两端都等于同一个常量(称为分离常量)时才能成立，设该常量为 K^4，即

$$\frac{1}{Y(x)}\frac{\mathrm{d}^4Y(x)}{\mathrm{d}x^4}=-\frac{\rho S}{EI}\frac{1}{T(t)}\frac{\mathrm{d}^2T(t)}{\mathrm{d}t^2}=K^4 \tag{5-3C-4}$$

于是由上式可得到两个独立的常微分方程：

$$\frac{\mathrm{d}^2T(t)}{\mathrm{d}t^2}+\frac{K^4EI}{\rho S}T(t)=0 \tag{5-3C-5}$$

$$\frac{\mathrm{d}^4Y(x)}{\mathrm{d}x^4}-K^4Y(x)=0 \tag{5-3C-6}$$

这两个线性常微分方程的解分别为

$$T(t)=A\cos\ (\omega t+\varphi) \tag{5-3C-7}$$

$$Y(x)=C_1\mathrm{ch}Kx+C_2\mathrm{sh}Kx+C_3\cos\ Kx+C_4\sin Kx \tag{5-3C-8}$$

因此，两端自由梁横向振动方程的通解为

$$y(x,t)=(C_1\mathrm{ch}Kx+C_2\mathrm{sh}Kx+C_3\cos Kx+C_4\sin Kx)A\cos(\omega t+\varphi) \tag{5-3C-9}$$

式中

$$\omega=\left(\frac{K^4EI}{\rho S}\right)^{1/2} \tag{5-3C-10}$$

这个公式称为频率公式。它对于任意形状截面和不同边界条件的试件都是成立的。如果搁置试件的两个刀口处在试件的节点附近，则两端自由梁的边界条件如下：

横向作用力为

$$F=-\frac{\partial M}{\partial x}=-EI\frac{\partial^3 Y}{\partial x^3}=0 \tag{5-3C-11}$$

弯矩为

$$M=EI\frac{\partial^2 Y}{\partial x^2}=0 \tag{5-3C-12}$$

即

$$\left.\begin{array}{ll}\left.\dfrac{\mathrm{d}^3 Y}{\mathrm{d}x^3}\right|_{x=0}=0 & \left.\dfrac{\mathrm{d}^3 Y}{\mathrm{d}x^3}\right|_{x=l}=0 \\ \left.\dfrac{\mathrm{d}^2 Y}{\mathrm{d}x^2}\right|_{x=0}=0 & \left.\dfrac{\mathrm{d}^2 Y}{\mathrm{d}x^2}\right|_{x=l}=0\end{array}\right\} \tag{5-3C-13}$$

将通解代入边界条件,可得

$$\cos Kl\mathrm{ch}Kl=1 \tag{5-3C-14}$$

用数值解法得本征值 K 和试件长度 l 的乘积应满足

$$K_n l=0,4.730,7.853,10.996,14.137,\cdots(n=0,1,2,3,4,\cdots)$$

其中 $K_0 l$ 为第一个根,它与试件的静止状态相对应;第二个根 $K_1 l=4.730$ 所对应的频率为基频频率,相应的基频振型曲线如图 5-3C-1 所示。试件在作基频振动时,其上有两个节点,它们的位置在离试件端面的 $0.224l$ 和 $0.776l$ 处。若将第一个本征值 $K_1=4.730/l$ 代入式(5-3C-10),则可得自由振动第一阶固有角频率(基频)为

$$\omega=\left(\frac{(4.730)^4 EI}{\rho l^4 S}\right)^{1/2} \tag{5-3C-15}$$

根据上式可导出杨氏模量的计算公式:

$$E=1.997\ 8\times10^{-3}\frac{\rho l^4 S}{I}\omega^2 \tag{5-3C-16}$$

对于等圆截面试件,应有

$$I=S\left(\frac{d}{4}\right)^2, S=\frac{\pi d^2}{4} \tag{5-3C-17}$$

和

$$\omega=2\pi f_r, \rho=\frac{m}{Sl} \tag{5-3C-18}$$

由式(5-3C-16)、式(5-3C-17)和式(5-3C-18)可得

$$E=1.606\ 7\frac{ml^3}{d^4}f_r^2 \tag{5-3C-19}$$

代入 $K_1 l=4.730$ 得

$$E=170.03\frac{m}{K_1^3 d^4}f_r^2 \tag{5-3C-20}$$

这就是用共振法测杨氏模量的计算公式。其中 l、d 和 m 分别为横截面为圆形的试件的长度、直径和质量,f_r 为试件的基频共振频率。

(2) 振动体共振频率的测量方法

从式(5-3C-19)可知,用共振法测量杨氏模量的实质就是要测量振动体的基频共振频率 f_r,测量装置如图 5-3C-2 所示。试件搁在两个距离可调的刀口上。刀

口之间的距离大致为试件两个节点之间的距离。

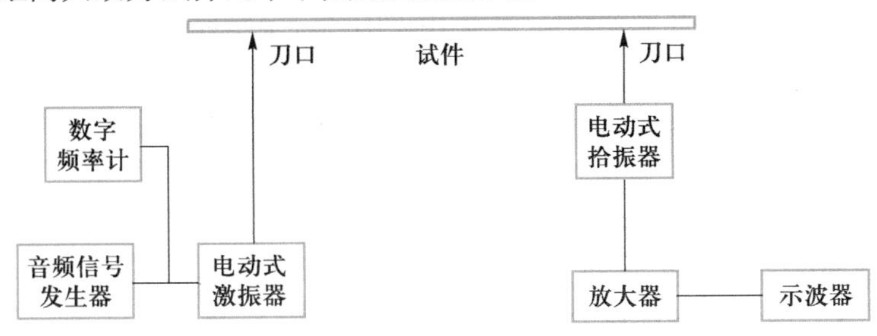

图 5-3C-2　用共振法测杨氏模量的实验装置图

将音频信号发生器输出的等幅电信号加到电动式激振器上，使电信号转换成电动式激振器的机械振动，通过激振器刀口传到试件上，激励试件作受迫振动。在两端自由梁的另一位置设置了一个电动式拾振器，它可将试件的机械振动转换为电信号。该信号经放大后，传输到示波器，用以显示振动波形和振动信号的大小。电动式激振器输入电信号的频率可在音频信号发生器的数字频率计上读出。

试件的共振状态是通过调节电动激振器输入电压信号的频率来实现的。当音频信号发生器的输出信号频率尚未调到试件的固有频率时，试件不发生共振，示波器上几乎看不到电信号波形或波形幅度很小。当音频信号发生器的输出信号频率调到等于试件的固有频率时，试件发生共振。在这种状态下，示波器显示的振动波形幅度骤然增大，这时音频信号发生器频率计上显示的频率是试件上该条件下的共振频率 f_r。

实际上，物体的固有频率 f_0 和物体的共振频率 f_r 并不相同。两者之间的关系为

$$f_0=f_r\sqrt{1+\frac{1}{4Q^2}} \qquad (5\text{-}3C\text{-}21)$$

其中 Q 为试件的机械品质因数。本实验中 $Q>50$，故

$$f_0\approx f_r \qquad (5\text{-}3C\text{-}22)$$

在测出试件的相关参量 m、l、d 和共振频率 f_r 后，便可用式(5-3C-19)计算出试件的杨氏模量 E。但在上述测量中，激振器和拾振器的刀口离试件的节点位置有一定的距离，故测出的共振频率有一定的误差，导致算出的杨氏模量也有一定的误差。为消除这种误差，本实验用作图外推求值法测材料的杨氏模量。

(3) 用作图外推求值法测共振频率的原因

实验时，刀口对试件振动有阻尼作用，所测得的共振频率的数值随刀口相对试件搁置的位置变化而变化。因电动式拾振器感受到的是刀口位置的共振速度信号，而不是振幅信号，故所检测到的共振频率与刀口搁置的位置有关，刀口与试件节点的距离越大，共振频率越偏离基频共振频率。刀口与节点的距离越小，共振频率越接近基频共振频率，故若要测得试件的基频共振频率，则必须将刀口置于节点的位置。但节点处的振幅几乎为零，所以拾振器无信号输出，示波器上也无波形变化或振幅非常小。因此直接将两个刀口搁置在试件的节点位置来测试件的基频共

振频率是不可行的。所以,要比较准确地测得试件的基频共振频率,需要测量出刀口搁置在节点附近时的共振频率值,再采用作图外推求值法得到基频共振频率。

文档:动态杨氏模量测量仪

4. 实验仪器

动态杨氏模量测量仪、音频信号发生器、示波器等。

5. 实验内容

(1) 练习测量试件的共振频率

① 测量前的准备工作

a. 按图 5-3C-2 连接电路,经检查无误后进行实验。

b. 将动态杨氏模量测量仪上的“试件选择”旋钮拨到“棒”上。

c. 将示波器各相关旋钮置于显示波形所需要的位置上。

d. 将音频信号发生器“频率范围”置于 200 Hz~2 kHz 挡,输出信号置于“电压”挡,“衰减”旋钮置于零。

e. 将黄铜棒置于电动式激振器和电动式拾振器的刀口上,两个刀口之间的距离大致调到试件做基频振动时两个节点之间的距离上。两刀口应等高。

② 测量试件的共振频率 f_r

a. 调节音频信号发生器的“输出电压”旋钮,将音频信号发生器的输出电压调到最大。

b. 用“频率粗调”旋钮仔细调节音频信号发生器输出信号的频率,使示波器显示的振动波形幅度增大(一般情况,振动非常剧烈且出现波形的失真),这时信号频率接近试件的共振频率。

c. 减小音频信号发生器的输出电压,使示波器显示较好的正弦波形。利用音频信号发生器的“频率微调”旋钮,使示波器显示的波形幅度继续增大,并达到最大状态。如此反复 b、c 两步骤,直到示波器上显示幅度最大,且不失真的正弦波形。

d. 记下此时音频信号发生器的数字频率计上显示的频率,即为黄铜棒在该位置的共振频率 f_r。

(2) 用作图外推求值法测量杨氏模量 E

① 用相应的量具测出试件的尺寸和质量 l、d、m。

② 计算试件黄铜棒的两个节点位置($0.224l$ 和 $0.776l$),将激振器和拾振器的刀口搁到试件的两个节点处。将此时的激振器和拾振器在标尺上的位置定为坐标原点 O。并设两个坐标:左坐标(30,20,10,0,-10,-20,-30)和右坐标(-30,-20,-10,0,10,20,30),单位为 mm。

③ 将激振器和拾振器的刀口同时依次移到左右坐标的 30、20、10、0、-10、-20、-30 处,按照上述中练习测量试件共振频率的方法,依次测量各坐标位置对应的共振频率 f'_r。

④ 以刀口位置 x 为横坐标,共振频率 f'_r 为纵坐标,作 f'_r-x 曲线(用曲线板作图)。找出曲线与 f'_r 轴的交点坐标,即为激振器和拾振器的刀口在节点时试件的基频共振频率 f_r。

⑤ 根据式(5-3C-19)计算出黄铜棒的杨氏模量 E,计算不确定度 u_E。

（3）测量试件基频共振的本征值

① 按上述方法分别测出五种不同金属棒的共振频率 f_{r1}，f_{r2}，f_{r3}，f_{r4}，f_{r5}。

② 以 mf_r^2 为横坐标，E 为纵坐标，作 $E-mf_r^2$ 曲线。得到曲线的斜率，根据式（5-3C-20）求出本征值 K_1。

（4）观察铝平板的振型

① 将动态杨氏模量测量仪上的“试件选择”旋钮拨到“板”上。

② 将激振器的激振头调到试件的非节线位置（不同的振型，激振头的位置不同），并将激振头与试件之间的距离尽可能地调小。

③ 在铝平板表面上均匀撒上细沙粒。

④ 将音频信号发生器输出电压调到较大水平。

⑤ 调节音频信号发生器输出信号的频率（先粗调，后细调），观察板面上沙粒的移动情况。细调频率，使板面上出现“T”字形沙型，则试件出现“一弯一扭”振型。

视频：用共振法测杨氏模量的操作

6. 数据处理

（1）测量数据记录于表5-3C-1、表5-3C-2和表5-3C-3中。

表5-3C-1　黄铜棒的尺寸和质量

测量序号	1	2	3	4	5	平均
l/mm						
d/mm						
m/g						

表5-3C-2　黄铜棒杨氏模量的测定

刀口位置 x/mm	30	20	10	-10	-20	-30
基频共振频率 f'_r/Hz						

表5-3C-3　本征值的测定

棒长 l=　　mm，　直径 d=　　mm

圆棒材料	碳钢	黄铜	紫铜	铝	不锈钢
质量 m/g					
基频共振频率 f_r/Hz					

（2）数据处理与计算

① 根据表5-3C-2的数据作 f'_r-x 曲线，由 f'_r-x 曲线外推出 $x=0$（即为节点）处的基频共振频率 f_r，根据式（5-3C-19）计算 E。

② 计算 E 的标准不确定度 u_E：

$$\frac{u_E}{E}=\left[\left(3\frac{u_{\bar{l}}}{\bar{l}}\right)^2+\left(4\frac{u_{\bar{d}}}{\bar{d}}\right)^2+\left(\frac{u_{\bar{m}}}{\bar{m}}\right)^2+\left(2\frac{u_f}{f}\right)^2\right]^{\frac{1}{2}} \tag{5-3C-23}$$

③ 列出杨氏模量 E 的结果表达式。

④ 根据表 5-3C-3 的数据计算出相应的数据，作 $E-mf_r^2$ 曲线，得出曲线的斜率。根据式(5-3C-20)计算本征值 K_1。

⑤ 画出铝平板“一弯一扭”振型图。

7. 注意事项

(1) 观察铝平板的振型时，不要调高频振型，否则声音太刺耳。

(2) 观察铝平板的振型时，激振头与试件之间不要接触。

8. 思考题

(1) 如何判断试件的振动处于基频共振状态？如何用二阶共振状态测量杨氏模量？

(2) 在两端自由梁的振动实验中，为什么要将激振器和拾振器刀口放置在偏离试件的节点的位置？为什么要用作图外推求值法得到节点处的基频共振频率？

(3) 试比较共振法和弯曲法两种测量杨氏模量方法的优缺点，分析主要误差来源及提出改进方案。

实验 5.4 用拉脱法测定液体表面张力系数

1. 引言

表面现象广泛存在于我们的日常生活中，也广泛存在于钢铁生产、焊接、纳米材料和复合材料的制备等工业生产及科学研究过程中。液体的表面张力是表征液体特性的重要参量之一。研究表面现象、测定表面张力系数对与之相关的工业生产和科学研究都具有重要的意义。借助液体的表面特性在不同条件下的外在表现，逐步形成了多种不同的表面张力系数的测量方法：如毛细管法、拉脱法、最大压泡法等。本实验利用拉脱法测量液体的表面张力系数。

文档：表面张力现象

2. 实验目的

(1) 学习硅压阻式力敏传感器的定标方法。

(2) 观察拉脱法测定液体表面张力系数的物理过程，并对其进行分析研究，加深对物理规律的认识。

(3) 测定纯水和其他液体的表面张力系数。

(4) 研究表面张力系数与液体浓度的关系。

3. 实验原理

(1) 用拉脱法测定表面张力系数的物理基础

从微观的角度分析，液体内部的分子都会受到来自周围各个方向随机的力的作用，这些随机的力不具有任何偏向性；而液体表面的分子则不同，它相对于内部液体分子就少了一部分能与之相吸引的分子，从而受一个指向液体内部的吸引力的作用，使得这些处于表层的液体具有向液体内部收缩的趋势，宏观上表现为液体的表面张力。

设想在液面上有一长为 l 的线段，则张力的作用表现在：线段两侧的液体以一定的力 $F_{张}$ 相互作用。力的方向与线段垂直，与液面相切，力的大小与线段的长度成正比，即

$$F_{张}=\alpha l \tag{5-4-1}$$

其中 α 称为液体的表面张力系数。它表示单位长度线段两侧液体的相互作用力。表面张力系数的单位为 N/m。

测量一个已知周长的金属环或者金属片从待测液体表面脱离时所需的拉力，从而求得液体表面张力系数的方法为拉脱法。拉脱过程所需的拉力由液体的表面张力与测量仪器拉脱体的形状等因素决定。

本实验采用一个铝合金吊环作为拉脱体。即将铝合金的吊环以水平的方式提拉直至拉脱来测定液体的表面张力系数。实验过程中，将合金环底部浸入液体中，然后使液面渐渐下降（或渐渐拉起合金环）。其结构及提拉过程受力分析如图 5-4-1 所示。由于我们控制液体缓慢匀速地下降（或者控制合金环缓慢匀速上升），所以认为合金环在整个过程中处于平衡状态。因此，整个提拉过程中满足以下关系：

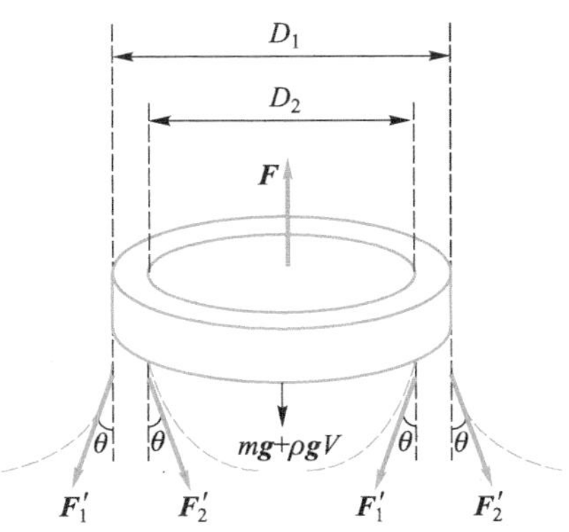

图 5-4-1　合金环结构及其提拉过程中受力图

$$F=(F'_1+F'_2)\cos\theta+mg+\rho gV \tag{5-4-2}$$

其中 F 为提拉过程中的拉力，F'_1，F'_2 分别为外、内表面张力，θ 为液面与合金吊环的接触角，m 为合金环的质量，ρ 为液体密度，V 为提拉过程中合金环与液面之间被提拉起的液体体积，g 为重力加速度。由于合金环内外径相差较小，在本实验的条件下忽略不计液膜的重量。因此上式变为

$$F=(F'_1+F'_2)\cos\theta+mg \tag{5-4-3}$$

根据式（5-4-1）可知内外表面张力 F'_2、F'_1 分别为

$$F'_1=\alpha\pi D_1,F'_2=\alpha\pi D_2 \tag{5-4-4}$$

其中 α 为表面张力系数，D_1、D_2 分别为合金环的外、内直径。合金环临脱离液体界面时有 $\theta=0$。因此，合金环临拉脱时满足

$$F_1=\alpha\pi(D_1+D_2)+mg \tag{5-4-5}$$

合金环脱离液体界面后：

$$F_2=mg \tag{5-4-6}$$

其中 F_1、F_2 分别为合金环临拉脱时和拉脱后的外界拉力。通过式（5-4-5）和式（5-4-6）可以得到液体的表面张力系数满足

$$\alpha=\frac{F_1-F_2}{\pi(D_1+D_2)} \tag{5-4-7}$$

（2）硅压阻式力敏传感器的定标

硅压阻式力敏传感器利用半导体的压阻效应，使应变与感压形成一体（如

图 5-4-2 所示)，达到用电信号表达力学量的目的。传感器主要由四个硅压敏电阻集成为一个非平衡电桥(如图 5-4-3 所示)。当弹性梁负重在外力作用下产生弯曲时，贴在弹性梁上的半导体应变片会由于应变产生一定的应力，从而形成电阻值的变化，使电桥产生一定的非平衡电压输出。据此反映出电压和负重之间的关系，一般设计成线性关系，即

$$U=KF_{\mathrm{T}} \tag{5-4-8}$$

其中 U 为传感器的输出电压，F_{T} 为负重(即外力)，K 为传感器灵敏度，其单位为 V/N。

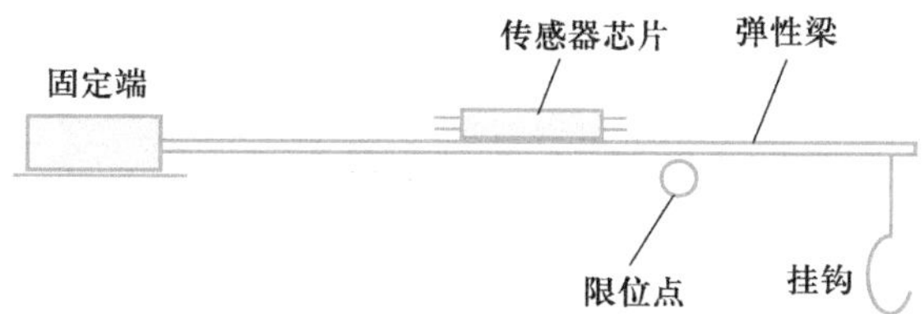

图 5-4-2 硅压阻式力敏传感器示意图

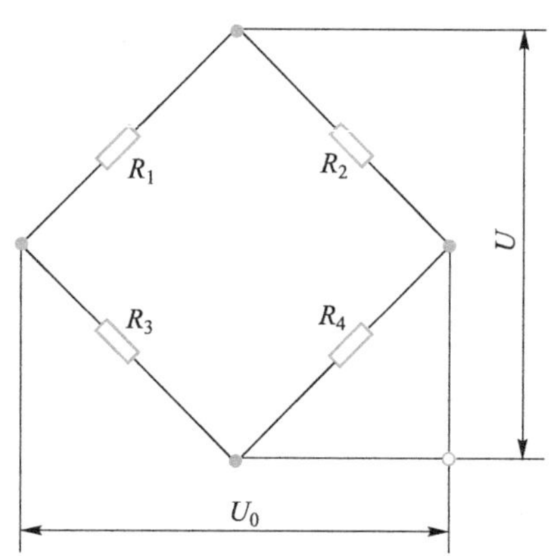

图 5-4-3 传感器芯片原理示意图

传感器的定标的主要目的就是建立传感器的输出电压和负重的一一对应关系曲线或关系式。因此有两种方法：直接作定标曲线和计算传感器的灵敏度。本实验要求用最小二乘法拟合得出传感器的灵敏度 K。

外力在传感器上直接由电压的示值表现出来。由式(5-4-7)和式(5-4-8)可知液体表面张力系数为

$$\alpha=\frac{U_1-U_2}{K\pi(D_1+D_2)} \tag{5-4-9}$$

其中 U_1 和 U_2 分别为合金环临拉脱时和拉脱后数字电压表的电压示值。

文档：FD-NST-I 型液体表面张力系数测定仪

4. 实验仪器

FD-NST-I 型液体表面张力系数测定仪(硅压阻式力敏传感器及其固定支架、升降台、底板及水平调节装置、三位半数字电压表、铝合金吊环、玻璃器皿及砝码一套)。

5. 实验内容

（1）硅压阻式力敏传感器定标

① 准备工作

根据原理要求连接仪器各部件，将升降台底面调水平。

开机预热仪器（约 15 分钟）。

清洗铝合金吊环和玻璃器皿。

将清洗好的玻璃器皿安放于升降台。

视频：液体表面张力系数测定仪的操作

② 定标

在没有悬挂砝码时将数字电压表调零。

依次增加砝码，并记录不同砝码重量时数字电压表的电压示值。

（2）液体表面张力系数的测定

① 拉脱前后现象观察

测量合金环的内、外直径等几何参量。

根据原理及仪器要求悬挂铝合金吊环。

调节升降台的升降调节旋钮控制升降台的高度，并反复观察铝合金吊环在被提拉直至被拉脱液面过程中数字电压表的读数的变化。

② 表面张力系数的测定

通过控制升降台的高度，使合金环相对于液体表面缓慢拉起直至拉脱，记录临拉脱时和拉脱之后数字电压表的电压值。

重复上步的操作，多次测量。

（3）液体表面张力系数与液体浓度的关系研究

① 根据实验室要求配制不同浓度的液体。

② 测量不同浓度液体的表面张力系数。

③ 实验结束后，按照要求整理好仪器。

6. 数据处理

表 5-4-1　硅压阻式力敏传感器定标

砝码质量/g							
输出电压/mV							

表 5-4-2　合金环内外径

测量次数	1	2	3	4	5
外径 D_1/mm					
内径 D_2/mm					

表 5-4-3 液体表面张力系数的测定

温度 $t=$ ℃

测量次数	U_1/mV	U_2/mV	ΔU/mV	$\alpha_i/(10^{-3}\ \mathrm{N\cdot m^{-1}})$
1				
2				
3				
4				
5				
6				

表 5-4-4 液体表面张力系数与液体浓度之间的关系研究

温度 $t=$ ℃

浓度 n/SI	U_1/mV	U_2/mV	$\alpha_i/(10^{-3}\ \mathrm{N\cdot m^{-1}})$

（1）根据表 5-4-1 的数据用最小二乘法拟合传感器的灵敏度 K，并用相关系数 R 讨论拟合是否合理。

（2）根据表 5-4-1、表 5-4-2 的数据处理结果及表 5-4-3 的测量数据计算多次测量的液体表面张力系数 α_i，并求其平均值 α。

（3）用两种不同的方法讨论多次测量最后得到的液体表面张力系数 α 的误差，并选定其中之一判定有无粗大数据。根据第 3 章的要求给出表面张力系数 α 正确表达。

（4）根据表 5-4-4 中的测量数据计算不同浓度(n)下的表面张力系数 α_i，根据结果作 α_i-n 曲线。

7. 注意事项

（1）吊环须严格处理干净。可用氢氧化钠溶液洗净油污或杂质后，用清洁水冲洗干净，并用热吹风烘干。

（2）吊环须调节水平，注意偏差 1°，测量结果中引入相对误差为 0.5%；偏差 2°则引入相对误差 1.6%。

（3）仪器开机需预热 15 分钟。

（4）在旋转升降台时，尽量使液体的波动较小。

（5）实验环境不宜有较大风力，以免吊环摆动致使零点波动，从而导致所测系数不正确。

（6）若液体为纯净水。在实验过程中要防止灰尘、油污及其他杂质污染。特别注意手指不要接触被测液体。

（7）力敏传感器使用时，力不宜大于 0.098 N。过大的拉力容易损坏传感器。

（8）实验结束须将吊环用清洁纸擦干，用清洁纸包好，放入干燥缸内。

8. 思考题

（1）为了使测出的表面张力系数结果具有三位有效数字，所用的硅压阻式力敏传感器对灵敏度有何要求？

（2）仔细观察合金环从液体内上升直到拉脱过程中数字电压表的读数变化（定性），用受力分析的方法分析其原因。

（3）是否可以通过其他方式和仪器进行液体表面张力系数测量？对仪器的参量、指标有什么要求？

实验 5.5　用冷却法测金属比热容

1. 引言

比热容是热力学中常用的一个物理量。它指单位质量的某种物质升高或下降单位温度所吸收或放出的热量。比热容越大，物体的吸热或散热能力越强。不同的物质具有不同的比热容，比热容是物质的一种特性，因此，可以用比热容的不同粗略地鉴别不同的物质。根据牛顿冷却定律，用冷却法测定金属的比热容是量热学中的常用方法之一。

2. 实验目的

（1）理解用冷却法测量比热容的原理。

（2）了解 PT100 温度传感器的测温原理。

（3）分别在强制对流冷却和自然冷却的环境下测量金属样品的比热容。

3. 实验原理

（1）用冷却法测金属比热容的原理

单位质量的物质，其温度升高 1 K（1 ℃）所需的热量称为该物质的比热容，其值随温度而变化。用冷却法测定金属的比热容是量热学中的常用方法之一。若已知标准样品在不同温度的比热容，通过作冷却曲线可测量各种金属在不同温度时的比热容。本实验以铜为标准样品，测定铁、铝样品在 100 ℃时的比热容。

实验时将质量为 m_1 的金属样品加热后，放到较低温度的介质（例如，室温的空气）中，样品将会逐渐冷却。样品单位时间的热量损失 $\frac{\Delta Q_1}{\Delta t_1}$ 与温度下降的速率成正比，即

$$\frac{\Delta Q_1}{\Delta t_1}=c_1 m_1 \frac{\Delta \theta_1}{\Delta t_1} \tag{5-5-1}$$

式中 c_1 为该金属样品在温度 θ_1 时的比热容，$\frac{\Delta\theta_1}{\Delta t_1}$为金属样品在 θ_1 时的温度下降速率。

根据冷却定律有

$$\frac{\Delta Q_1}{\Delta t_1}=a_1S_1(\theta_1-\theta_0)^m \tag{5-5-2}$$

其中 a_1 为热交换系数，S_1 为该样品外表面的面积，m 为常量，θ_1 为金属样品的温度，θ_0 为周围介质的温度。

由式(5-5-1)和式(5-5-2)，可得

$$c_1m_1\frac{\Delta\theta_1}{\Delta t_1}=a_1S_1(\theta_1-\theta_0)^m \tag{5-5-3}$$

同理，对质量为 m_2、比热容为 c_2 的另一种金属样品，可有同样的表达式：

$$c_2m_2\frac{\Delta\theta_2}{\Delta t_2}=a_2S_2(\theta_2-\theta_0)^m \tag{5-5-4}$$

由式(5-5-3)和式(5-5-4)，可得

$$\frac{c_2m_2\dfrac{\Delta\theta_2}{\Delta t_2}}{c_1m_1\dfrac{\Delta\theta_1}{\Delta t_1}}=\frac{a_2S_2(\theta_2-\theta_0)^m}{a_1S_1(\theta_1-\theta_0)^m} \tag{5-5-5}$$

所以

$$c_2=c_1\frac{m_1\dfrac{\Delta\theta_1}{\Delta t_1}a_2S_2(\theta_2-\theta_0)^m}{m_2\dfrac{\Delta\theta_2}{\Delta t_2}a_1S_1(\theta_1-\theta_0)^m} \tag{5-5-6}$$

如果两样品的形状尺寸都相同，即 $S_1=S_2$；两样品的表面状况（如涂层、色泽等）也相同，而周围介质（空气）的性质也一样，则有 $a_1=a_2$；当周围介质温度不变（即样品室内温度恒定），样品处于相同温度 $\theta_1=\theta_2=\theta$，两样品的温度下降范围 $\Delta\theta$ 相同，上式可以简化为

$$c_2=c_1\frac{m_1\dfrac{\Delta\theta}{\Delta t_1}}{m_2\dfrac{\Delta\theta}{\Delta t_2}} \tag{5-5-7}$$

即

$$c_2=c_1\frac{m_1\Delta t_2}{m_2\Delta t_1} \tag{5-5-8}$$

如果已知标准金属样品的比热容 c_1、质量 m_1，待测样品的质量 m_2，测出两样品下降相同温度 $\Delta\theta$ 时的冷却时间，就可以求出待测金属材料的比热容 c_2。

常见金属材料的比热容公认值为：铜 $c_{Cu}=0.39$ J/(g · K)；铁 $c_{Fe}=0.46$ J/(g · K)；

铝 $c_{Al}=0.88\ J/(g\cdot K)$。

（2）PT100 温度传感器的测温原理

导体的电阻随温度的变化而变化，通过测量导体的电阻值可推算出其温度值。PT100 温度传感器就是利用铂电阻的阻值随温度变化的特性来测温的。它具有抗振动、稳定性好、准确度高、耐高压等优点。在 0 ℃时，PT100 的阻值为 100 Ω；它的阻值会随着温度上升而呈近似匀速的增长，但阻值和温度之间的关系并不是简单的线性关系，而更趋近于一条抛物线，通常可通过查表的方式来得到较为准确的温度值。

文档：冷却法金属比热容测量实验仪介绍

4. 实验仪器

FD-JSBR-B 型冷却法金属比热容测量实验仪，由实验主机、加热器、样品室、风扇、PT100 铂电阻等组成，仪器装置如图 5-5-1 所示。图中右侧的金属样品：有一个点的是铜，两个点的是铁，三个点的是铝。

文档：PT100 铂电阻分度表

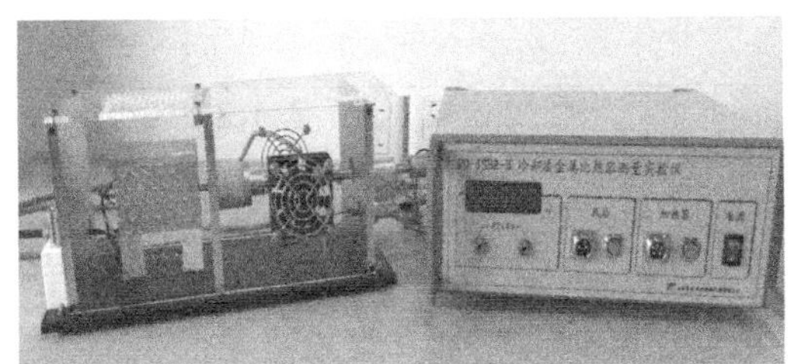

图 5-5-1　FD-JSBR-B 型冷却法金属比热容测量实验仪

视频：金属比热容测量实验仪的操作过程

5. 实验内容

（1）实验前准备工作

① 将实验装置上的加热器和风扇通过电缆线分别接至实验仪面板上的对应接口，PT100 铂电阻滑杆末端的两根引线插入实验仪面板的 PT100 处。

② 打开实验仪电源，将滑杆完全拉出，然后打开加热器电源，预热 20 分钟左右。

③ 用天平称量铜、铁、铝三种金属样品的质量，并记录。可根据相同体积下 $m_{Cu}>m_{Fe}>m_{Al}$ 来区分这三种样品。

（2）测量铁、铝样品在强制对流冷却的环境下 100 ℃时的比热容

① 打开风扇电源，打开样品室上盖，将铜样品套在封装有 PT100 铂电阻的不锈钢圆柱上，并手动旋转几下（注意不必旋得很紧），盖回样品室上盖。

② 将滑杆推到底，使样品进入加热器，观察 PT100 铂电阻的阻值。当铂电阻温度超过某一定值（如 120 ℃，即对应阻值 146.07 Ω）时，立即拉出滑杆，让风扇正对样品进行强制对流冷却（因热传导产生的延后性，铂电阻所测得的温度会上升一段时间后才开始下降）。

③ 测量铜样品从 105 ℃下降到 95 ℃的时间，当温度降低到 105 ℃（即对应阻值 140.40 Ω）时按下秒表开始计时（由于欧姆表的示值并不连续，因此当其示值首次降到 140.40 Ω 以下时即可立即按下秒表），降低到 95 ℃（即对应阻值 136.61 Ω）时，再次按下秒表停止计时，记录所需时间 Δt。重复测量 5 次。

④ 将样品温度降至 50 ℃(即对应阻值 119.40 Ω)以下,更换样品,依照②、③的方法分别测量铁、铝样品从 105 ℃下降到 95 ℃的冷却时间。

(3) 测量铁、铝样品在自然冷却的环境下 100 ℃时的比热容

关闭风扇电源,其他步骤同(2),分别测量在自然冷却(不开风扇)的环境下铜、铁、铝三个样品的冷却时间。更换样品时为了节省时间可打开风扇冷却。

(4) 实验结束后关闭加热器,可利用风扇为样品降温;然后取下样品,关闭风扇与实验主机电源。

6. 数据处理

(1) 计算在强制对流冷却的环境下铁、铝样品在 100 ℃时的比热容

① 计算铜、铁、铝三种样品从 105 ℃下降到 95 ℃的平均冷却时间,相关数据填入表 5-5-1 中。

表 5-5-1 三种样品在强制对流冷却的环境下由 105 ℃降至 95 ℃所需时间

	$\Delta t/s$					平均值
	1	2	3	4	5	$\overline{\Delta t}/s$
铜						
铁						
铝						

② 计算铁、铝样品的比热容

以铜样品为标准,将铜样品比热容的公认值、各测量值代入式(5-5-8),分别计算出铁、铝样品的比热容。

(2) 计算在自然冷却的环境下铁、铝样品在 100 ℃时的比热容。

① 列表计算铜、铁、铝三种样品从 105 ℃下降到 95 ℃的平均冷却时间(表略)。

② 分别计算出铁、铝样品的比热容。

(3) 将算出的铁、铝样品的比热容分别与公认值相比较,并进行误差分析。

7. 注意事项

(1) FD-JSBR-B 型冷却法金属比热容测量实验仪的实验主机供电参量为交流 220 V/50 Hz,电源插座位于实验主机后方。

(2) 实验前先开启加热器预热 20 分钟左右。

(3) 加热器工作时应保持其周围散热孔的畅通,不要用任何物体遮挡散热孔。

(4) 更换样品前应开启风扇对当前样品进行降温,务必等到温度降低至 50 ℃以下再动手更换,以免烫伤。

(5)开启风扇制造强制对流冷却的实验环境时,请不要使任何热源靠近进风口,并保持进、出风口的畅通。

8. 思考题

(1) 影响本实验测量结果的因素有哪些?

(2) 比较强制对流冷却环境与自然冷却环境对实验结果的影响,引发两者差

异的主要原因是什么?

（3）PT100 铂电阻测温和热电偶测温有什么不同?

实验 5.6　用变温法测线膨胀系数

1. 引言

构成物质的分子、原子处于不停的运动状态中,而分子、原子热运动强弱的不同导致绝大多数物质具有“热胀冷缩”的特性。物质在热胀冷缩效应的作用下,其几何特性(长度或者体积)随着温度变化的系数称为热膨胀系数。线膨胀系数是热膨胀系数的一种,它指单位温度变化引起的在一维方向上的长度变化的大小。线膨胀系数是衡量材料的热稳定性好坏及选用材料的一项重要指标。

2. 实验目的

（1）测定固体在一定温度区域内的平均线膨胀系数。

（2）掌握使用千分表测量微小位移的方法。

（3）学会采用最小二乘法处理实验数据。

3. 实验原理

（1）线膨胀系数的测量原理

固体受热后的长度 L 和温度 t 之间的函数关系为

$$L=L_0(1+\alpha t+\beta t^2+\gamma t^3+\cdots) \tag{5-6-1}$$

式中,L_0 为温度 $t=0$ ℃时的长度,α、β、γ、…是和被测物质有关的数值很小的常量,β 以后的各系数和 α 相比甚小,所以常温下可以忽略,则有

$$L=L_0(1+\alpha t) \tag{5-6-2}$$

上式中比例系数 α 称为固体的线膨胀系数,单位是$℃^{-1}$。

设在温度 t_1 时物体长度为 L,温度升高到 t_2 时其伸长量为 ΔL,根据式(5-6-2)可得

$$L=L_0(1+\alpha t_1) \tag{5-6-3}$$

$$L+\Delta L=L_0(1+\alpha t_2) \tag{5-6-4}$$

将式(5-6-3)与式(5-6-4)相除消去 L_0,得

$$\alpha=\frac{\Delta L}{L(t_2-t_1)-\Delta L t_1} \tag{5-6-5}$$

由于 ΔL 远远小于 L,即 $L(t_2-t_1)\gg\Delta L t_1$,所以上式可近似为

$$\alpha=\frac{\Delta L}{L(t_2-t_1)} \tag{5-6-6}$$

由上式可知,固体线膨胀系数的物理意义是在 $t_1\sim t_2$ 温度范围内,固体材料每升高 1 ℃时的相对伸长量。令 $\Delta t=t_2-t_1$,上式可写成

$$\Delta L=\alpha L\Delta t \tag{5-6-7}$$

可见,在一定温度范围内,固体受热后长度的伸长量与其温度的增量以及固体

的原长成正比。实验时，改变材料的温度，测出其对应的伸长量 ΔL，即可算出其线膨胀系数 α。

α 是一个很小的量，不同材料的线膨胀系数是不同的，同一材料在不同的温度区域内线膨胀系数也不一定相同。但是在温度变化不大的范围内，固体的线膨胀系数可以认为是与温度无关的常量，其中塑料的线膨胀系数最大，金属次之，铜、铁、铝等金属的线膨胀系数的数量级为 10^{-5} ℃$^{-1}$。

（2）用千分表测量微小长度变化

千分表是一种用于精密测量位移量的仪器。它将量杆的直线位移通过机械系统传动转变为主指针的角位移，由表针的角度改变量读出线位移量，从而测量出微小长度变化；可用于绝对测量、相对测量和检测设备等。本实验采用千分表测量样品的微小伸长量。

如图 5-6-1 所示，在千分表的表盘上有一个大指针和一个小指针，测头的上、下移动会引起大指针作相应的顺时针或逆时针转动。大指针转一圈，带动小指针同向转 1 格。大指针每转动 1 格，表示测头的位移为 0.001 mm，一圈为 200 格，小指针的最大刻度值即为千分表的最大量程。千分表的量程一般为 0～10 mm，大的可以达到 100 mm。改变测头形状并配以相应的支架，可制成千分表的变形品种，如厚度千分表、深度千分表和内径千分表等。

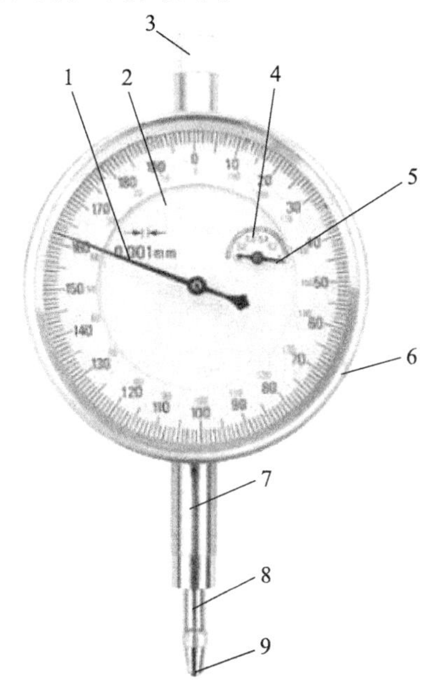

图 5-6-1　千分表

1—主指针（大指针）；2—表盘；3—防尘帽；4—转数指示盘；
5—转数指针（小指针）；6—表圈；7—套筒；8—量杆；9——测头

文档：FD-LEA-B 型线膨胀系数测定仪

4. 实验仪器

FD-LEA-B 型线膨胀系数测定仪由恒温炉（图 5-6-2）、温度控制仪（图 5-6-3）、千分表、待测样品等组成。

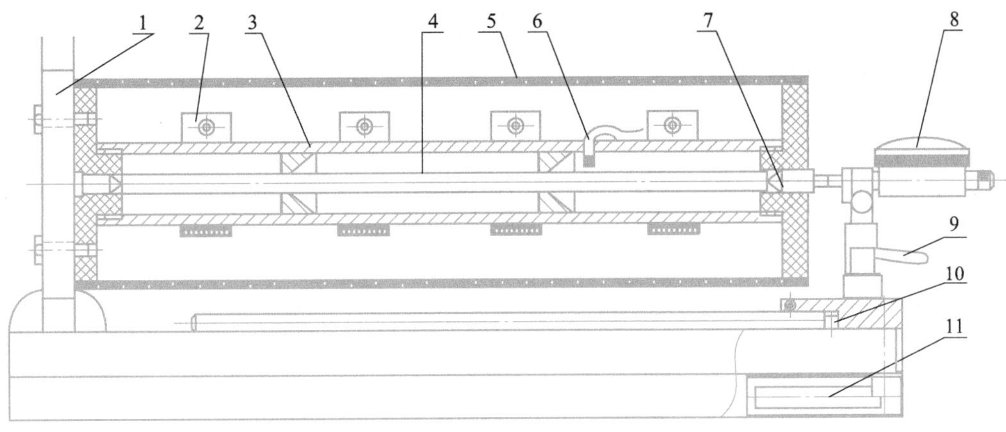

图 5-6-2　恒温炉结构示意图

1—大理石托架；2—加热圈；3—导热均匀管；4—测试样品；5—隔热罩；
6—温度传感器；7—隔热棒；8—千分表；9—扳手；10—待测样品；11—套筒

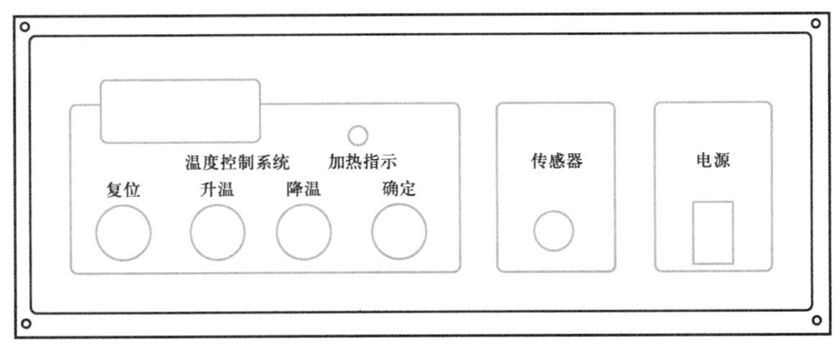

图 5-6-3　温度控制仪面板示意图

5. 实验内容

视频：线膨胀系数测定实验的操作

测量一定温度范围内样品长度随温度的变化。

(1) 连接恒温炉与温度控制仪温度传感器。

(2) 安装千分表：旋松千分表固定架螺栓，转动固定架，将待测金属棒插入导热管内；再插入传热较差的短棒（绝热体），用力压紧，然后将固定架转回，旋紧螺栓将千分表安装在固定架上，使千分表测头与绝热体有良好的接触，测头和待测样品保持在同一直线上，转数指针指在 0.2~0.4 mm 处。

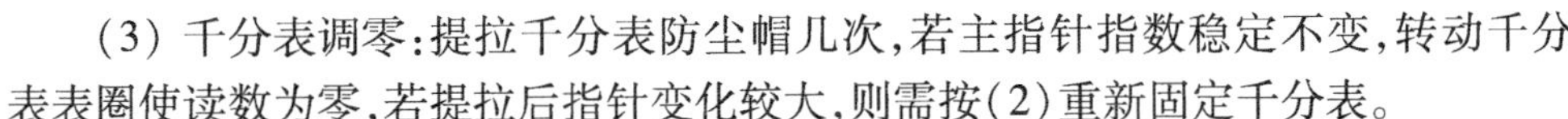

(3) 千分表调零：提拉千分表防尘帽几次，若主指针指数稳定不变，转动千分表表圈使读数为零，若提拉后指针变化较大，则需按(2)重新固定千分表。

(4) 测量

① 打开温度控制仪的电源，等待片刻，屏幕出现的“A××.×”表示当时传感器温度，记录起始温度 t_0 与样品原长 L。

② 按“升温”键，屏幕显示“b==.=”，表示等待设定温度。设定需加热的温度值，一般从室温开始，依次增加 5 ℃或者 10 ℃。设定加热值，按“确定”键开始加热。

③ 当温度上升到大于等于设定值，仪器自动控制温度到设定值，正常情况下在

±0.30 ℃左右波动一两次,待稳定时,记录温度和千分表的读数(千分表的读数=转数指针读数+主指针读数)。

④ 重复②、③重新设定温度进行测量,至少测量 8 组数据,数据记录于表 5-6-1 中;

⑤ 更换不同的金属棒样品,进行相应的测量。

表 5-6-1 测量数据记录表

初始温度 t_0=________ ℃(室温) 原长 L_0=________ mm

温度 t_i/℃								
温差Δt_i($=t_i-t_0$)/℃								
伸长ΔL_i($=L_i-L_0$)/mm								

6. **数据处理(任选一种方法)**

(1) 以 Δt 为横坐标,ΔL 为纵坐标,在直角坐标纸上作 $\Delta L-\Delta t$ 图线,用作图法处理数据,计算出样品的线膨胀系数,并与公认值相比较,求出其相对误差。

(2) 以 Δt 为自变量,ΔL 为因变量,用最小二乘法进行直线拟合处理,求样品的线膨胀系数,并与公认值相比较,求出其相对误差。

7. **注意事项**

(1) 实验时严禁用手直接拉动千分表当中的量杆,以免损坏千分表。

(2) 不能用千分表去测量表面粗糙的毛坯工件或者凹凸变化量很大的工作,以防过早损坏表的零件,使用中应避免使量杆过多进行无效运动,以防加快传动件的磨损。

(3) 测量时,量杆的移动不宜过大,更不可超过它的量程终止端,绝对不可敲打表的任何部位,以防损坏表的零件。

(4) 千分表不使用时应使测量杆处于自由状态,以免使表内的弹簧失效。

8. **思考题**

(1) 除了用千分表测量物体的微小伸长量,还可用什么方法?试举例说明。

(2) 在实验装置支持的条件下,在较大范围内改变温度,确定 α 与 t 的关系。请设计实验方案,并考虑处理数据的方法。

(3) 本实验的主要误差来源是什么,请分析说明。

实验 5.7 用落球法测液体黏度

1. **引言**

当液体内各部分之间有相对运动时,接触面之间存在的内摩擦力阻碍液体的相对运动。液体的内摩擦力称为黏性力。黏性力的大小与接触面面积以及接触面处的速度梯度有关,相应的比例系数 η 称为黏度。液体黏度的研究在流体力学、化学化工、医疗、水利等领域都有广泛的应用，例如在用管道输送液体时，要根据输送液体的流量、压力差、输送距离及液体黏度设计输送管道的口径。液体黏度的测量可采用落球法、毛细管法、转筒法等，其中落球法适用于测量黏度较高的液体。

2. 实验目的

（1）学会用落球法测量液体黏度。

（2）了解 PID（proportion integration differentiation）控温原理。

（3）用落球法测量不同温度下蓖麻油的黏度

3. 实验原理

（1）落球法测定液体的黏度

当半径为 r 的光滑小球在黏性液体中下落时，将受到重力、浮力和黏性力三个力的作用。如果液体是均匀、无限深广的，小球的半径 r 和运动速度 v 都较小，即小球在液体中的运动过程中不产生涡流的情况下，根据斯托克斯定律，小球在液体中受到黏性力为

$$F_f=6\pi\eta rv \tag{5-7-1}$$

式中，η 是液体的黏度。

由于黏性力与小球速度 v 成正比，小球在下落很短一段距离后，所受的重力 mg、浮力 ρ_0Vg 和黏性力 F_f 将达到平衡。小球将以 v_0（称为终极速度）匀速下落，满足

$$\rho Vg-\rho_0Vg=6\pi\eta rv_0 \tag{5-7-2}$$

上式中，ρ 为小球的密度，ρ_0 为液体的密度，g 为当地重力加速度，V 为小球体积。令小球直径为 d，则 $V=\pi d^3/6$，代入式（5-7-2）得

$$\eta=\frac{(\rho-\rho_0)gd^2}{18v_0} \tag{5-7-3}$$

实验中小球在直径为 D 的玻璃管中下落，不满足液体在各方向无限广阔的条件，因此实验测得的小球在筒中下落的终极速度 v 与上述在无限广延液体中的终极速度 v_0 有如下关系：

$$v_0=v\left(1+2.4\frac{d}{D}\right) \tag{5-7-4}$$

式（5-7-3）可修正为

$$\eta=\frac{(\rho-\rho_0)gd^2}{18v(1+2.4d/D)} \tag{5-7-5}$$

可以假设实验时小球近似为匀速下落，因此式（5-7-5）中的终极速度 v 可由测量小球匀速下降高度 h 经过的时间 t 得到，即

$$v=\frac{h}{t} \tag{5-7-6}$$

在国际单位制中，η 的单位是 Pa · s（帕斯卡秒），在厘米-克-秒制中，η 的单位是 P（泊）或 cP（厘泊），满足 1 Pa · s = 10 P = 1 000 cP。

（2）PID 调节原理

PID 调节是自动控制系统中应用最为广泛的一种调节规律，按偏差的比例（proportion）、积分（integration）、微分（differentiation）进行调节，自动控制系统的原理可用图 5-7-1 说明。

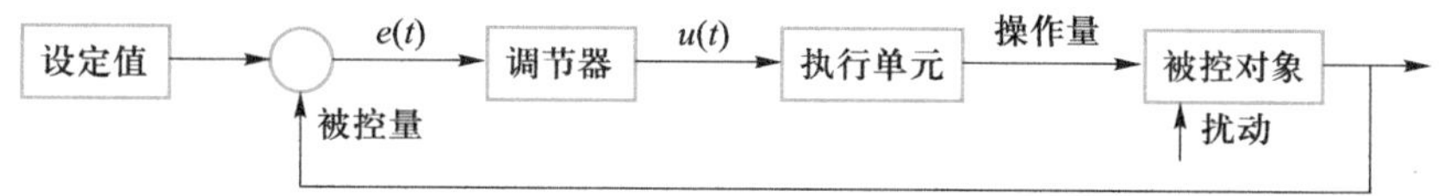

图 5-7-1 自动控制系统框图

假如被控量与设定值之间有偏差 $e(t)$= 设定值-被控量，调节器依据 $e(t)$ 及一定的调节规律输出调节信号 $u(t)$，执行单元按 $u(t)$ 输出操作量至被控对象，使被控量逼近直至最后等于设定值。调节器是自动控制系统的指挥机构。

本实验的温度控制系统中，调节器采用 PID 调节，执行单元是由可控硅控制加热电流的加热器，操作量是加热功率，被控对象是水箱中的水，被控量是水的温度。

PID 温度控制系统在调节过程中温度随时间的一般变化关系可用图 5-7-2 表示，控制效果可用稳定性、准确性和快速性评价。系统重新设定（或受到扰动）后经过一定的过渡过程能够达到新的平衡状态，则为稳定的调节过程；若被控量反复振荡，甚至振幅越来越大，则为不稳定调节过程，不稳定调节过程是有害而不能采用的。准确性可用被控量的动态偏差和静态偏差来衡量，二者越小，准确性越高。快速性可用过渡时间表示，过渡时间越短越好。实际控制系统中，上述三方面指标常常是互相制约，互相矛盾的，应结合具体要求综合考虑。

由图 5-7-2 可见，系统在达到设定值后一般并不能立即稳定在设定值，而是超过设定值后经一定的过渡过程才重新稳定，产生超调的原因可从系统惯性、传感器滞后和调节器特性等方面予以说明。系统在升温过程中，加热器温度总是高于被控对象温度，在达到设定值后，即使减小或切断加热功率，加热器存储的热量在一定时间内仍然会使系统升温，降温有类似的反向过程，这称为系统的热惯性。传感器滞后是指由于传感器本身热传导特性或是由于传感器安装位置的原因，使传感器测量到的温度比系统实际的温度在时间上滞后，系统达到设定值后调节器无法立即作出反应，产生超调。对于实际的控制系统，必须依据系统特性合理设定 PID 参量，才能取得好的控制效果。

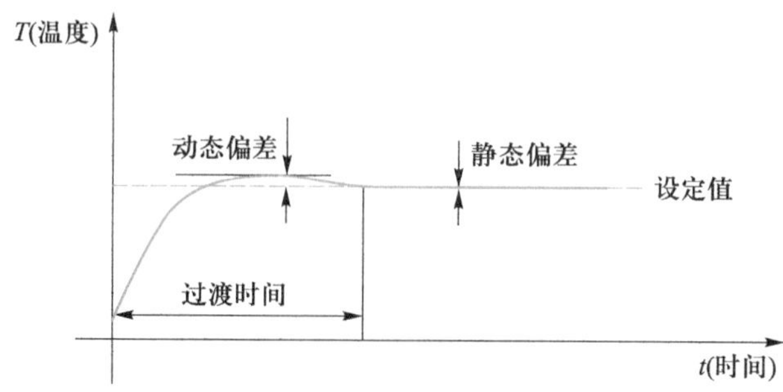

图 5-7-2 PID 调节系统过渡过程

4. 实验仪器

变温黏度测量仪、开放式 PID 温度控制实验仪、秒表、螺旋测微器、小钢球若干。

变温黏度测量仪结构如图 5-7-3 所示，温度控制实验仪面板如图 5-7-4，包含水箱、水泵、加热器、控制及显示电路等部分。

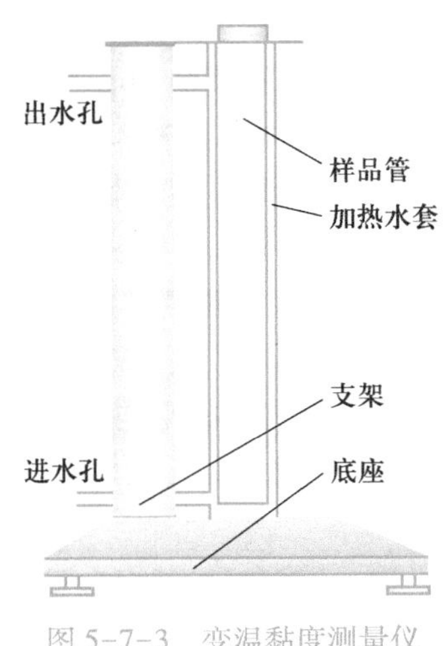

图 5-7-3　变温黏度测量仪

文档：变温黏度测量仪

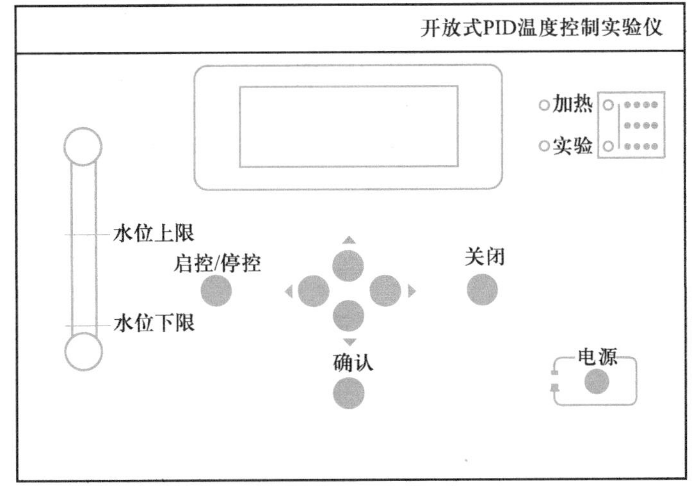

图 5-7-4　温度控制实验仪面板

视频：用落球法测量黏度的过程

5. 实验内容

（1）将变温黏度测量仪样品管外的加热水套连接到温度控制仪，检查温度控制仪面板的水位显示，将水箱中的水加到适当值，调节样品管竖直。

（2）设定 PID 参量

打开温度控制仪电源，选择“实验”，其他参量可不改变，通过四个方向键设定温度为要加热的温度，按“确认”键，按“启控/停控”键进行加热，此时加热指示灯亮。

（3）测定小球直径与样品管内径

① 用螺旋测微器测定小球的直径 d 5 次，并求平均值；

② 用游标卡尺测量样品管内径 D 5 次，求平均值。

（4）测定小球在液体中下落速度

① 温度控制仪温度达到设定值后再等待约 10 分钟，使样品管中的待测液体温度与加热水温完全一致，才能进行测量；

② 用镊子夹住小球轻轻放在样品管液面中心，让小球自然下落。用秒表记录小球通过管子上下两条标线的时间 t，同一温度至少测量 5 次；

③ 按温度控制仪的“返回”键，按照（2）的方法重新设定，再次达到设定温度时测量小球的下降时间，至少测量 5 次（不同温度）；

④ 实验时，用磁铁将小球吸出样品管重复使用。

6. 数据处理

（1）列表计算小球直径与样品管内径的平均值数据记录于表 5-7-1 中。

表 5-7-1 小球的直径与样品管内径

次数	1	2	3	4	5	平均值
$d/10^{-3}$ m						
$D/10^{-3}$ m						

（2）用测得的小球下落时间和高度计算小球下落的速度，记录于表 5-7-2 中。

（3）利用式（5-7-5）计算各个温度时液体的黏度 η，记录于表 5-7-2 中。

表 5-7-2 黏度数据记录与处理

温度/℃	t/s						$v/(\mathrm{m\cdot s^{-1}})$	$\eta/(\mathrm{Pa\cdot s})$
	1	2	3	4	5	平均		

① 将黏度的测量值与标准值比较，其计算相对误差；

② 在直角坐标纸上作图，以温度为横轴，黏度为纵轴，画出黏度随温度的变化关系曲线。

7. 注意事项

（1）水浴加热液体前，应先检查水位管的水位是否处于水位上下限之间，否则不能进行加热。

（2）温度达到设定值后，至少等待 5～10 分钟才可以进行测量。

（3）测量过程中，应保持样品管竖直，待测液体无扰动。

8. 思考题

（1）本实验的主要误差来源有哪些？

（2）为什么小球要沿着样品管轴线下落？如果偏离中心轴线，则对实验结果有什么影响？

（3）如果小球表面粗糙或者有油脂，则对实验结果有什么影响？

实验 5.8 声波特性的研究

声波是一种在弹性介质中传播的机械波。频率在 20 Hz～20 kHz 的声波可被人耳听到，称为可听声波；频率低于 20 Hz 的声波称为次声波；频率高于 20 kHz 的声波称为超声波。在空气中的一些波动现象，不仅可以用可见光与微波演示，也可以用声波演示。在气体中，声波是纵波而不是横波，因而不出现偏振现象，这是与电磁波现象的一个重大区别，但声波所产生的反射、干涉和衍射效应与电磁波的反射、干涉和衍射效应完全相似。此外，声速和波长是描述声波的两个基本物理量。基本物理量的测量通常可以通过反推其外现的物理现象来进行。

实验 5.8A 声波的反射、衍射与干涉

1. 引言

声波是一种机械波，因此也具有反射、衍射、干涉等波的特性，生活中我们遇到的很多现象都能说明此问题。例如“隔墙有耳”“只闻其声不见其人”等，尽管障碍物的遮挡使倾听者无法看到声源，但由于声波的反射和衍射，倾听者还是能接收到声源发出的声波。相对而言，声波的干涉现象在生活中较难发现，但也不难通过实验观察到。以下我们通过模仿光的干涉、衍射和反射等的实验来观察声波的波动现象。

2. 实验目的

（1）理解超声波的产生和接收原理。

（2）观察和测量声波的双缝干涉和单缝衍射，并与理论值进行比较。

（3）研究声波的反射波与原始波干涉形成的干涉图，即声波“劳埃德镜”实验的实现与分析计算。

（4）研究声波对不同介质或不同表面板的反射，测量反射率。

3. 实验原理

（1）声波的干涉

两列频率相同、相位差固定的声波互相叠加，就会发生干涉现象。许多用可见光束产生的衍射和干涉实验都可以用超声波来实现和演示；其中最简单的是双缝干涉实验，实验如图 5-8A-1 所示。对于不同的 θ 角，如果从双缝到接收器的声程

差是零或波长的整数倍，就会产生相长干涉，因而观察到干涉强度的极大值；当声程差是半波长的奇数倍时，就会产生相消干涉，干涉强度有极小值。干涉强度出现极大值与极小值的条件如下：

$$\text{极大值}: d\sin\theta = n\lambda \tag{5-8A-1}$$

$$\text{极小值}: d\sin\theta = \left(n+\frac{1}{2}\right)\lambda \tag{5-8A-2}$$

式中，n 为零或其他整数，d 为两个缝中心位置的距离，λ 为声波的波长。

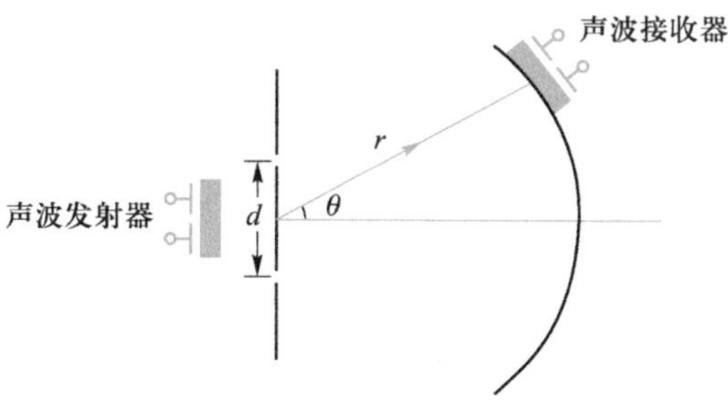

图 5-8A-1 声波的干涉

根据式(5-8A-1)和式(5-8A-2)可知，如果能测出相邻两次干涉的极大(或极小)所对应的角度 θ_1 和 θ_2，就可以推算出声波的波长：

$$\lambda = d(\sin\theta_2 - \sin\theta_1) \quad (\theta_1 < \theta_2) \tag{5-8A-3}$$

(2) 声波的衍射

当声波传播遇到障碍物时，会产生衍射现象。如果障碍物的尺度与声波的波长接近，那么衍射现象就比较明显。应用超声波可以观察到单缝衍射现象，如图 5-8A-2 所示。

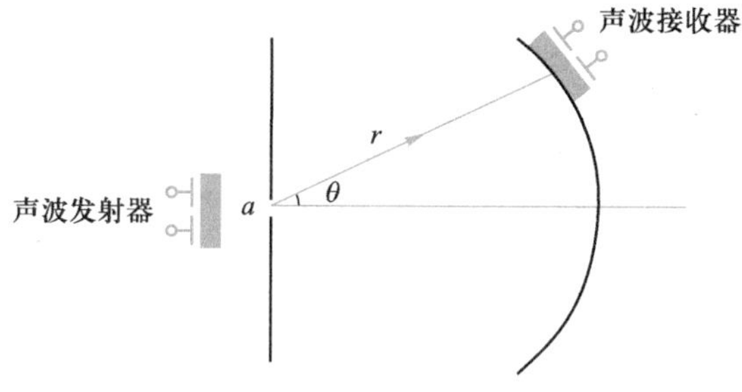

图 5-8A-2 声波的衍射

衍射相消的条件是

$$a\sin\alpha = \pm n\lambda, n = 1,2,3,\cdots \tag{5-8A-4}$$

衍射相长的条件是

$$a\sin\alpha = \pm(2n+1)\frac{\lambda}{2}, n = 1,2,3,\cdots \tag{5-8A-5}$$

式中，a 为单缝缝宽，α 为接收器离中心位置转过的角度。

(3) 声波的反射

声波到达两种介质的分界面时，会发生反射，这与光的反射是类似的。如果声源在一个刚性分界面附近，那么它发出的声波经过分界面反射到达接收器，从接收器的角度看来，此反射声波好像是从一个虚拟声源（其位置关于分界面与声源对称）发射过来的。这种现象也称作“劳埃德（Lloyd）镜”，如图 5-8A-3 所示。

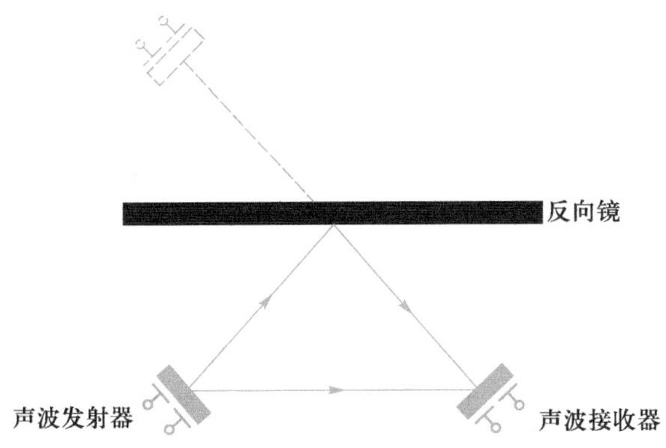

图 5-8A-3　声波的反射

这样，由于分界面对声波的反射，接收器可以同时接收到分界面的反射声波和从声源直接发射过来的声波，这两列声波可以互相叠加形成干涉。

4. 实验仪器

FD-SV-2 型声速测定装置、正弦信号发生器和示波器。

文档：FD-SV-2 型声速测定装置

5. 实验内容

（1）调整测试系统的谐振频率

① 将实验装置接好，正弦信号发生器的输出连接超声波发射器，超声波接收器的输出连接示波器，超声波发射器（以下简称发射器）与超声波接收器（以下简称接收器）同属于超声波换能器（以下简称换能器）。

② 正弦信号的频率取 40 kHz，调节接收器使其与发射器的距离尽可能近，并调节两个换能器的相对角度，使示波器上的电压信号为最大。

③ 将两个换能器分开稍大些距离（约 6～7 cm），使接收器的输出信号为极大（近似波腹位置）。再调节频率，使接收器的输出信号幅度最大。

④ 最后，细调频率，使接收器输出信号与信号发生器信号同相位。此时信号源输出频率才最终等于两个换能器的固有频率。在该频率上，换能器输出较强的超声波。

（2）声波的双缝干涉

① 双缝挡板的放置

如图 5-8A-1 所示，将双缝挡板放置在发射器后。注意：挡板放置的位置直接影响到实验效果的好坏。挡板接收面应正对发射器，挡板发射面应处于角度转杆的转轴的正下方，双缝中心对着发射器。

② 接收器位置的调节

先把角度转杆转至零度，然后调节接收器的位置，使之尽量远离发射器，并恰好处于共振干涉加强位置。

③ 实验测量

当双缝挡板和接收器的位置都调节好后，移动角度转杆可以观察到信号的强弱变化。分别测出信号第一次极小值和第二次极小值所对应的转角 θ_1 和 θ_2，根据式(5-8A-3)便可求出声波的波长。

(3) 声波的单缝衍射

将双缝挡板卸下，换上单缝挡板。调节缝宽 $a=25.0$ mm(约为超声波波长的3倍)。由式(5-8A-4)和式(5-8A-5)可估算各级极小值和极大值的角度。将接收器绕轴心开始转动，依次测量 $n=1,2,3,\cdots$ 的各级极小值和极大值的角度，并与理论值相比较。

(4) 声波的反射

① 如图5-8A-3所示，在发射器和接收器一边放置反射板，声源的发射波与到接收器的反射波之间的夹角约200°~300°。观察由直达波和反射波在接收器处形成的干涉图形的波节。然后将反射板平行向后移动，可以观察到波峰和波节出现，解释此干涉现象。

② 声波的反射与吸收：将两种不同材料板(对声波吸收与反射不相同材料板)进行反射试验，了解材质及表面形状对声波吸收的影响。

6. 数据处理

(1) 声波的双缝干涉

依次测量一、二级($n=1,2$)干涉极小值和极大值对应的角度 θ_1 和 θ_2，填入表5-8A-1。上下两侧各测量一次。

表 5-8A-1 双缝干涉测量数据

双缝中间间距 $d=$_______ mm，温度 $t=$_______ ℃

	θ_1(一级)	θ_2(二级)	波长 λ/mm
极小(上侧)			
极小(下侧)			
极大(上侧)			
极大(下侧)			
平均值			

在温度 $t=$_______ ℃时，干燥空气的声速为_______ m/s，声波的频率为_______ Hz，于是 $\lambda_{理论值}=$_______mm。

(2) 声波的衍射

接收器绕轴心开始转动，依次测量 $n=1,2$ 的各级极小值和极大值的角度，填入下表5-8A-2，并于理论值相比较。

表 5-8A-2　衍射测量数据

θ	极小($n=1$)	极大($n=1$)	极小($n=2$)	极大($n=2$)
测量值				
理论值				

(3) 声波的反射

将反射板平行向后移动,观察波腹和波节出现,在底板图纸上记录其位置,尝试根据波腹和波节的坐标计算声波的波长。

7. 注意事项

(1) 不宜多拆、多接仪器与装置连接的电缆线,也不要经常卸下角度固定螺丝。

(2) 使用数字显示游标卡尺时,应轻轻移动,移动时速度须慢而均匀。实验结束时,应将数字显示部分电源关闭。

(3) 搬动仪器时,不能将数字显示游标卡尺当手柄使用。应两手托着底板搬动装置。

(4) 平时不进行实验时,应用防尘罩(或布)防尘,以避免灰尘进入仪器。

8. 思考题

(1) 为了能观测到明显的声波干涉和衍射现象,缝宽和缝之间的距离要满足何要求?

(2) 界面材料的性质对声波反射的劳埃德镜现象有何影响?

(3) 在声波的反射实验中,能否测量声波的波长?

实验 5.8B　波长和声速的测定

1. 引言

超声波的特点是穿透能力强。超声波在介质中的传播速度与介质的特性及状态等因素有关,因而通过介质中声速的测定可以了解介质的特性或状态变化,例如,可以通过物质中声速的测定了解氯气、蔗糖溶液的浓度、氯丁橡胶乳液的密度以及输油管中不同油品的分界面等。可见,声速测定在工业生产上具有广泛的实用价值。声速和波长关系密切,本实验中先测量波长,然后计算声速。

2. 实验目的

(1) 理解纵波上驻波的性质。

(2) 学习用共振干涉法和相位比较法测量超声波的波长和传播速度。

(3) 学习采用逐差法处理实验数据。

3. 实验原理

(1) 发射波、反射波和驻波

声波在介质中的传播速度 v,频率 f 和波长 λ 之间存在如下关系:

$$v=\lambda \cdot f \tag{5-8B-1}$$

根据式(5-8B-1),只要用实验的方法测量出声波的频率f和波长λ,就可以计算出声速v。

从发射源发出一定频率的平面声波,称为发射波。发射波经过介质传播到达接收器。如果接收面和发射面严格平行,则在接收面上可以将声波垂直反射回去。此时,发射波与反射波相互干涉,在一定的条件下形成驻波。设发射波为

$$y_1=A_1\cos\left(\omega t-\frac{2\pi}{\lambda}x\right) \tag{5-8B-2}$$

反射波为

$$y_2=A_2\cos\left(\omega t+\frac{2\pi}{\lambda}x\right) \tag{5-8B-3}$$

两波干涉形成驻波,且假设$A_1=A_2=A$时,有

$$y=y_1+y_2=\left(2A\cos\frac{2\pi}{\lambda}x\right)\cos\omega t \tag{5-8B-4}$$

当$\left|\cos\frac{2\pi}{\lambda}x\right|=1$,即$\frac{2\pi}{\lambda}x=n\pi$时,也就是在$x=n\frac{\lambda}{2}(n=1,2,\cdots)$的位置上,驻波的振幅最大,称为波腹。当$\left|\cos\frac{2\pi}{\lambda}x\right|=0$,即$\frac{2\pi}{\lambda}x=(2n-1)\frac{\pi}{2}$时,也就是在$x=(2n-1)\frac{\lambda}{4}$ $(n=1,2,\cdots)$的位置上,驻波的振幅最小,称为波节。其余位置的驻波的振幅在最大与最小之间。由上述讨论可知:驻波的相邻两波腹(或波节)之间的距离为$\frac{\lambda}{2}$。

本实验分别采用共振干涉法和相位比较法测定波长,进而采用式(5-8B-1)计算声速。

(2) 共振干涉法

采用压电陶瓷超声波换能器作为超声波发射器S_1和超声波接收器S_2。当高频电信号输出到发射器上时,由于逆压电效应,压电陶瓷片发生纵向伸缩,换能器就发射出一平面超声波,传播到接收器后立即被反射。若发射器和接收器两平面间距离L满足条件:

$$L=n\frac{\lambda}{2}(n=1,2,\cdots) \tag{5-8B-5}$$

发射波和反射波叠加干涉而形成稳定的驻波。驻波的波腹处的声压幅值p达到极大,波节处的声压幅值p达到极小。因此,如果把接收器向声传播方向移动,接收器表面的声压变化如图5-8B-1所示。

从图5-8B-1中可知,接收器表面声压p是声传播距离L的周期性变化的函数,当$L=n\frac{\lambda}{2}$时,p为极大值。所以,当L每改变$\frac{\lambda}{2}$时,接收器表面就出现一次极大值;当$L=(2n-1)\frac{\lambda}{4}$时,$p$为极小值,两相邻极小值之间距离也是$\frac{\lambda}{2}$。所以只需测出各极大值所对应接收器的位置,就可以测出波长。

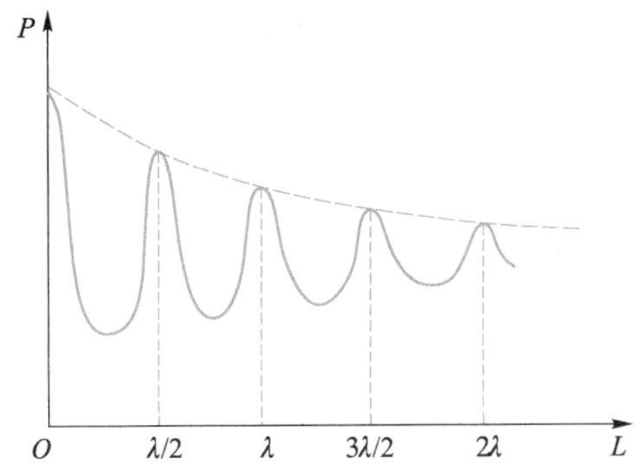

图 5-8B-1　接收器表面的声压与其位置的关系

（3）相位比较法

声波是机械振动状态的传播，也是相位的传播。所以，声源的振动通过介质的传播到达接收器时，在发射波和接收波之间产生相位差 $\Delta\varphi$，与频率 f 以及两换能器之间的距离 L 之间的关系为

$$\Delta\varphi = 2\pi\frac{L}{\lambda} \tag{5-8B-6}$$

从上式可以看出，在声波频率 f 不变的条件下，可以通过改变发射器与接收器之间的距离并观察相位差的变化；每改变一个波长的距离，相位差就改变 2π。

相位差的变化可以通过示波器来观察。两个同频率互相垂直的振动叠加可以得到形状不同的李萨如图形。若两个振动的相位差从 $0\to2\pi$ 变化，则图形会按直线→圆→直线等的顺序规律变化，如图 5-8B-2 所示。

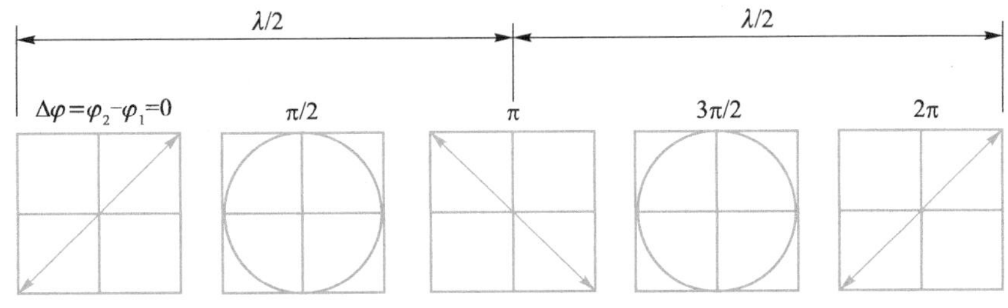

图 5-8B-2　相位差的变化

因为直线图形易于判断，所以可选李萨如图形为直线时的位置作为接收器的测量起点，每移动$\dfrac{\lambda}{2}$的距离，示波器就会交替出现负、正斜率的直线，由此可测得声波的波长 λ。

4. 实验仪器

FD-SV-2 型声速测定装置、低频信号发生器、示波器等。

5. 实验内容

（1）用共振干涉法测量超声波波长

① 仪器调试。仪器连接如图 5-8B-3 所示，将信号发生器、示波器与发射器 S_1 和接收器 S_2 接好。调整发射器与接收器的固定卡环装置，使两只换能器的端面靠

拢相贴，调两者平行，且垂直于游标卡尺，然后将两者拉开适当距离（3~4 cm）。

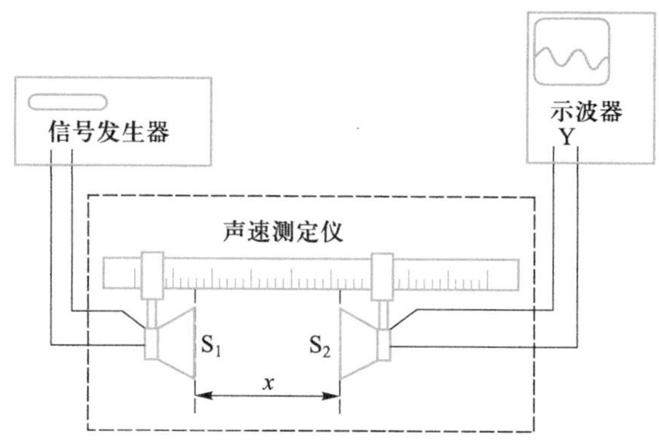

图 5-8B-3 共振干涉法仪器连接图

② 调节驻波共振。打开示波器和信号发生器的电源开关，先调节信号发生器的频率调节旋钮，将频率调到预置值 35 kHz 左右（因为换能器的固有频率约为 35 kHz，具体数值参考仪器说明书）。此时，示波器上显示的波形振幅可能很小，甚至只是条水平线。为此，应仔细移动接收器 S_2，使示波器上出现的波形振幅达到较大值时，再仔细调节信号发生器的频率调节旋钮使示波器上的波形振幅达到最大值，即达到共振状态。此后，再适当调节信号发生器的幅度输出旋钮使示波器上波形振幅约占屏幕竖直方向 3/4 大小（波形振幅勿超出屏幕）。记下共振频率 f。

③ 连续移动接收器 S_2 位置，测量 x_i。缓慢移动游标卡尺上接收器 S_2 的位置，每当示波器上显示振幅最大时，记录一次游标卡尺上 S_2 的读数 x_i，测 16 组数据。

④ 记录室温 T。

（2）相位比较法测量超声波波长

① 按图 5-8B-4 连接电路，将接收器 S_2 与示波器的“Y 输入”连接。将发射器 S_1 接在信号发生器上，并同时与示波器的“X 输入”连接。可利用李萨如图形观察发射波与接收波的相位差。

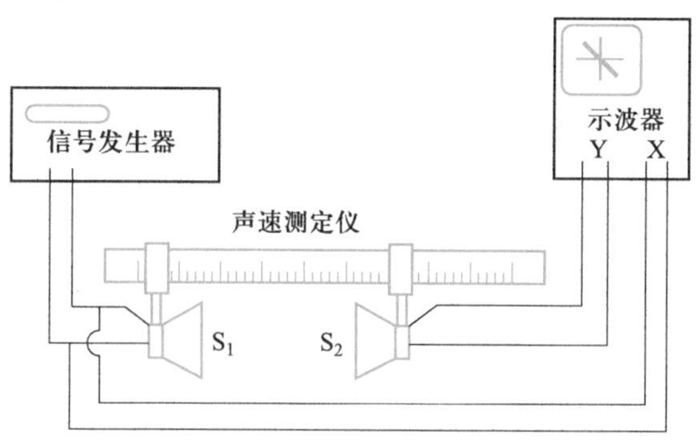

图 5-8B-4 相位比较法仪器连接图

② 调到上述共振干涉法实验内容所述的共振状态，记下共振频率 f。使接收器 S_2 靠拢发射器 S_1，然后缓慢移动接收器 S_2，每当示波器上出现图 5-8B-2 所示的正或负斜率斜线时，记下接收器 S_2 的位置 x_i。同样测量 16 组数据，但要注意，如果发

射波与接收波的振幅相差甚远(接收波振幅小),要适当调节两者的衰减灵敏度才能获得比较满意的李萨如图形。

③ 记录室温 T。

6. 数据处理

(1) 将测量数据填入表 5-8B-1,并按逐差法进行数据处理,计算超声波波长 λ 的平均值和标准偏差。

表 5-8B-1　超声波波长测量数据

i	x_i	i	x_i	$x_{i+8}-x_i$
1		9		
2		10		
3		11		
4		12		
5		13		
6		14		
7		15		
8		16		

(2) 由式(5-8B-1)求出超声波的声速 v。

(3) 0 ℃ 时空气中的声速 $v_0 = 331.45$ m/s,计算室温为 T 时的声速:$v = v_0\sqrt{1+\frac{T}{273.15}}$,将测量值与理论计算值进行比较并计算相对误差。

7. 注意事项

(1) 确保发射器 S_1 和接收器 S_2 的端面平行。

(2) 信号发生器的输出信号频率应与换能器的谐振频率保持一致。

8. 思考题

(1) 利用测量超声波声速的原理是否可以设计超声温度计?如果 10 个波长的测量精确到 0.02 mm,即每个波长的测量精确到 0.002 mm,在频率不变的情况下,能测到的最小温度间隔是多少?

(2) 声速的测量实验中为什么要使换能器 S_1 和 S_2 的表面始终保持互相平行?

(3) 是否可以改变信号发生器的输出信号频率(即超声波的频率)来测量声速?原理是什么?

第 6 章 电磁学实验

实验 6.1 电学基本仪器的使用

电磁学实验水平与电磁测量仪器的研制和生产密切相关。验电器(1743 年)、线圈式检流计(1836 年)、惠斯通电桥(1841 年)和直流电势差计(1861 年)等电磁测量仪器相继问世,20 世纪 30 年代电磁测量仪器从实验室的研制阶段逐步发展成商品化阶段。经典电工仪表在设计理论与工艺结构方面已基本定型。20 世纪 60 年代集成电路问世,20 世纪 70 年代微处理器的出现以及计算机科学的迅猛发展,带来高新科技发展大潮。这些为电磁学实验水平的提高,以及电磁测量技术向数字化、自动化和智能化方向发展提供了良好的条件。

科学研究工作经常需要对特定物理量进行实验、探测和证明。如果没有适当的测量方法和测量仪器,将难以进行复杂的科研和生产实践。但是并非使用了高级的测量仪器就一定能得到高准确度的测量结果,使用过程中还需要注意仪器的量程、实验方法、操作方法以及干扰等。学生在电磁学实验这一章的学习中,要初步建立起系统的观念并对实验对象、实验方法、使用工具进行综合分析与运用。

实验 6.1A 检流计

1. 引言

检流计是检测微弱电学量的高灵敏度的指示电表,常作为平衡指零仪表用于电桥、电势差计中,也可用于测量微弱电流、电压以及电荷量等。从工作方式分,主要有磁电式检流计、数字式检流计、光电放大式检流计、冲击检流计等。

2. 实验目的

(1) 理解磁电式检流计的工作原理与拓展应用。

(2) 学习多量程磁电式检流计的操作方法。

(3) 掌握将普通表头改造为灵敏度可调检流计的方法。

3. 实验原理

(1) 磁电(指针)式检流计工作原理

磁电式检流计是根据载流线圈在磁场中受到的力矩来工作的,如图 6-1A-1 所示,它属于磁电式电表。磁电式电表内部有一永磁铁,在两极间产生磁场;在磁场中有一个活动线圈,线圈两端各有一个游丝弹簧,弹簧各连接磁电式电表的一个接线柱,弹簧与线圈通过转轴连接,转轴的前端有一个指针,如图 6-1A-2 所示。

由于线圈受到的磁场力随电流增大而增大,而弹簧拉力随伸缩量线性增加。当磁场力和弹簧拉力平衡时,就可以通过指针的偏转程度来观察电流的大小。由于轴承有摩擦，被测电流不能太弱。检流计使用极细的金属悬丝代替轴承悬挂在磁场中，由于悬丝细而长，反抗力矩很小，所以只要有与量程匹配的电流通过线圈就足以使它产生显著的偏转。

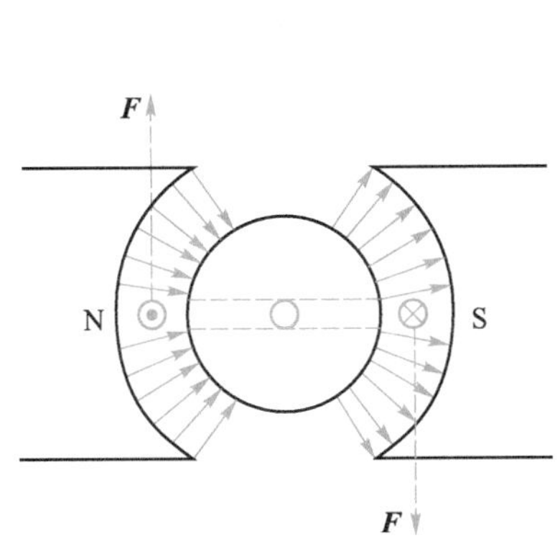

图 6-1A-1 磁场力和弹簧拉力平衡

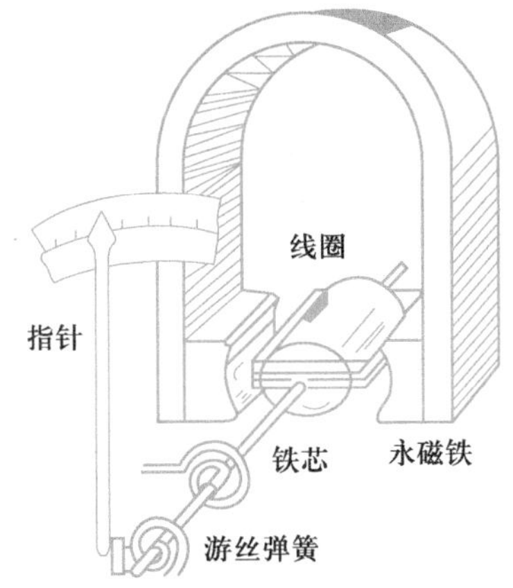

图 6-1A-2 磁电式电表示意图

灵敏度较高的检流计为微安(μA)或纳安(nA)级别。但在实际使用过程中，常由于电路调节不当，使通过电流过大而损坏电表，因此电表常需要配合外部保护元件实现完整的检流计功能。

(2) 检流计的主要参量

① 电表常量和灵敏度

若检流计的永磁铁内磁场为 B，活动线圈匝数为 N，截面积为 A，当线圈有电流 I 流过时，线圈受磁力矩 M 作用而发生偏转，游丝弹簧也发生相应扭转。根据胡克定律，在弹性限度内，游丝弹簧受扭转而产生的恢复力矩 M' 与线圈的转角 θ 成正比，假设 k 为游丝弹簧扭转常量，当线圈所受磁力矩与游丝弹簧的弹性恢复力矩相等时，线圈停止转动，处于平衡状态。此时满足

$$NAIB=k\theta \tag{6-1A-1}$$

$$I=\frac{k\theta}{NAB} \tag{6-1A-2}$$

由于 k、N、A、B 均为常量，现假设 θ 由与其呈线性关系的指针偏转示数 d 来表示，则最终可以认为线圈中流过的电流 I 与偏转示数 d 之间满足一定线性关系：

$$I=Kd \tag{6-1A-3}$$

K 即为电表常量，是让指针偏转一格对应的电流值，单位为安培/格；灵敏度 $S=1/K$，单位为格/安培，有

$$\frac{1}{K}=\frac{d}{I}=S \tag{6-1A-4}$$

可见 K 越小，则检流计灵敏度越高。

② 量程

电表量程 I_{max} 是指电表指针从零点偏转到满刻度时通过的电流。此电流越小，

电流灵敏度越高。实验室常用精度较高的检流计为 nA 级别，此外还有 μA、mA 等级别，如图 6-1A-3 所示。

③ 内阻

电表的内阻 R_g 是指活动线圈的电阻值。磁电式检流计允许测量的电流一般是比较小的。根据测量电流、电压和电阻的需要，可以对电表进行改装，得到不同量程的微安表、毫安表、电流表、毫伏表、电压表等，如图 6-1A-4 所示。

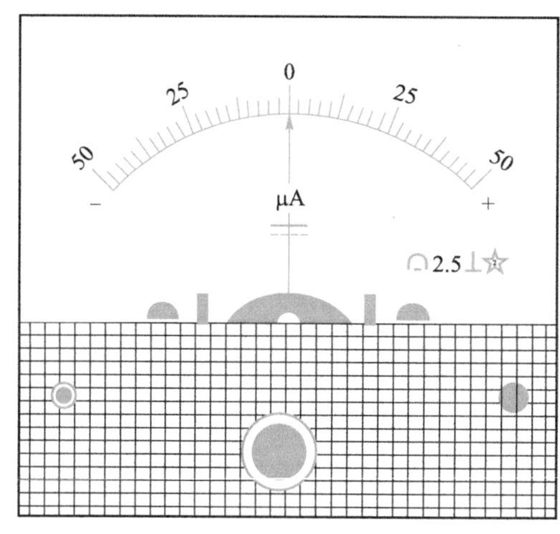

图 6-1A-3 微安级检流计

图 6-1A-4 多量程直流检流计

(3) 灵敏度可调检流计

① 串联大电阻

如图 6-1A-5(a)所示，若检流计内阻为 R_g，满偏电流为 I_{max}，使用阻值较大电阻器 R，满足以下条件：

$$\frac{U}{R_g+R} \leqslant I_{max} \tag{6-1A-5}$$

则在开关 S 打开时，线路电流不至于过大从而损坏电表。调节电路参量使 I 变小，指针逐渐指向零后，可以合上开关 S，使 R 短路，再细调电路参量，使检流计指针真正指零。

② 串联可调电位器

如图 6-1A-5(b)所示，电位器采用连续可调变阻器 R，其最大阻值应当满足式(6-1A-5)要求。由于电位器阻值可以从 R 到 0 之间连续变化，因此检流计精度也可以从低连续变化到最高。使用时应当先调整电路参量使检流计指针指零；然后减少电位器阻值，并在检流计指针未满偏时再次调整电路参量，使检流计指针指零。应重复多次上述过程，直到电位器阻值为 0，此时检流计达到最高精度，同时指针指零。

③ 通过开关切换多个固定电阻

如图 6-1A-5(c)所示，该设计可以实现多个量程，使用者能按测量需求从精度较低的量程逐渐切换到精度较高的量程。

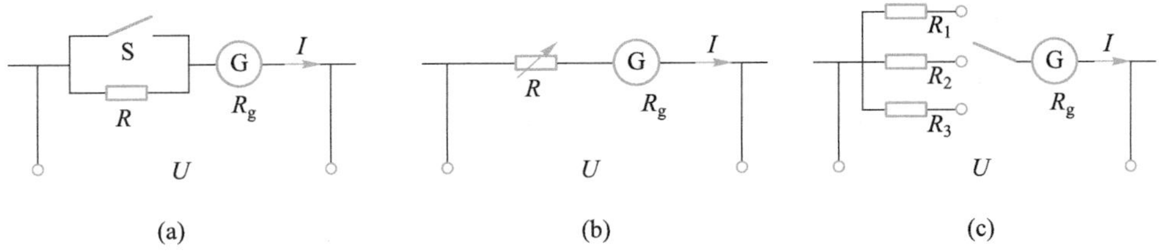

图 6-1A-5 灵敏度可调检流计的多种实现方式

4. 实验仪器

微安级检流计(微安表头)、电阻箱、0.5 级毫安电流表、直流稳压电源、电阻、滑线变阻器。

5. 实验内容

替代法测量微安表头内阻 R_g

替代法原理图如图 6-1A-6 所示。假设电源输出 E，开关 S 打向微安表头，毫安表为标准电流表，R_1 为滑线变阻器，需从大到小调节，直到满足微安表头满偏，此时通过微安表头电流为 I_{max}。

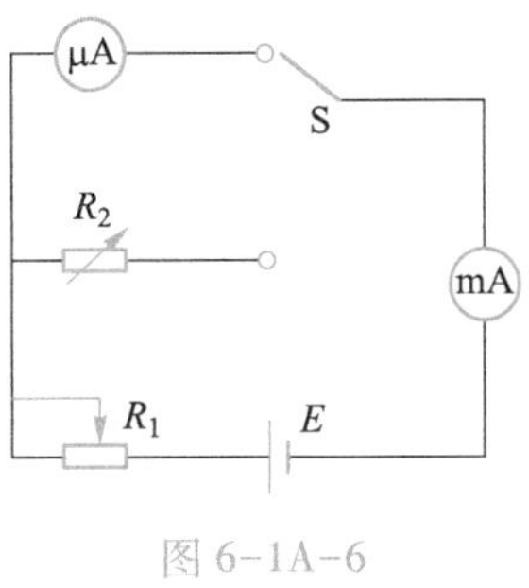

图 6-1A-6

然后将电阻箱 R_2 预设为一个较大值，并将开关 S 打向 R_2，此时微安表头中电流小于满偏电流 I_{max}，调节 R_2 变小，使微安表头中电流逐渐增加直到与 I_{max} 相等。此时 R_2 读数即为 R_g。

6. 数据处理

使用替代法测量内阻 R_g：________Ω。

7. 注意事项

电路通电前，为免微安表头指针摆动过大或烧毁，必须计算电阻的理论值并调节 R_1 从大往小变化，使回路电流逐渐增至 I_{max}。

8. 思考题

(1) 构思并完成一个测量电表常量的实验，并分析误差。

(2) 是否可以通过并联电位器的方式实现灵敏度可调的检流计？如何接线？

(3) 如何将磁电式电表改造为可以测量交流电压的电表？

实验 6.1B 万用表

1. 引言

万用表是一种多功能、多量程的测量仪表，一般万用表可测量电流、电压、电阻等，有的还可以测电容、电感及半导体的某些参量。无论是指针式万用表还是数字式万用表，都是由灵敏度较高的表头配上扩展电路组成，电路中常包括多挡式转换开关、电阻和电源等。使用万用表测量前应该接好表笔，黑表笔要接地，红表笔要根据测量的电学量选择合适端口，并要根据待测量选择功能与挡位。如果不清楚待测量大小时，首选大量程然后逐渐减小量程，直到合适。所选量程越接近待测量时，测量值越准确。

一般指针式万用表测量电流、电压时不需要使用内部电源，而测量电阻、二极管、电容时将会用到内部电源。万用表内有保险丝与表笔（输入端）相连，在测量电流过大时，保险丝会熔断，此时需要注意更换合适测量仪表，保险丝熔断的万用表在更换保险丝后方可继续使用。

视频：指针式万用表的使用

2. 实验目的

（1）理解指针式、数字式万用表的工作原理。

（2）掌握使用万用表进行基本测量的方法。

3. 实验原理

（1）指针式万用表

指针（磁电）式万用表的基本工作原理是利用灵敏度高的磁电式直流电表（一般为微安级）作为表头，进行不同量程与功能的电表改装。磁电式电表应在无强磁场的条件下使用。当微小电流通过表头时，表头会有电流指示。但通过大电流或加高电压时，必须在表头上并联或串联电阻进行分流或降压，对大电流（10 A）与高电压（1 000 V）常另设红表笔端口。一种常用的指针式万用表电路原理图见图 6-1B-1。

（2）数字式万用表

视频：数字式万用表的使用

与传统的指针式电表相比，数字式电表在工作原理、电表构造以及读数方式上都是不同的。它采用数字化技术将待测的模拟量转变为数字量，经过检测和数据处理以后，自动地把测量结果以数字形式显示出来。数字式电表相比指针式电表有以下优点：

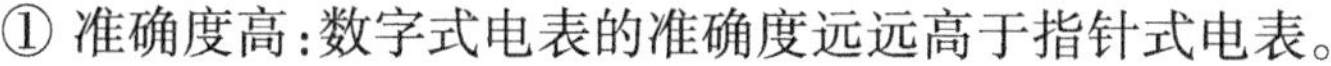

① 准确度高：数字式电表的准确度远远高于指针式电表。

② 灵敏度高：一般在 nA 级别。

③ 测量范围广：通过衰减器或者前置放大器，可以实现很宽的测量范围。

④ 示数显示清晰：避免了读数视差。

⑤ 输入阻抗高：数字式电表的输入阻抗通常在 $10 \sim 10^4$ MΩ 级别，在测量时从待测电路中吸取的电流极小，几乎不会影响待测电路的原有电势分布状态。

⑥ 电路集成度高、功耗低：数字逻辑电路的集成度越来越高，促进了仪表朝可靠性与微型化趋势发展。

⑦ 结果可存储及远程调用：配合数据采集设备与计算机网络，可以远程进行测量。

数字式万用表是使用数字式表头进行测量的仪表。最常见的数字式表头有三位、三位半、四位半等类型，图 6-1B-2 所示为三位半数字表头。由于现在数字式表头一般采用八段数码管的方式显示，而数字式万用表则多采用替代八段数码管的段码液晶屏来显示结果，数字式万用表显示最高位为负值标识，一般将最高位的数码管 B、C 与 G 段组合表示±1，其余位则显示 0~9 的数字，见图 6-1B-3。

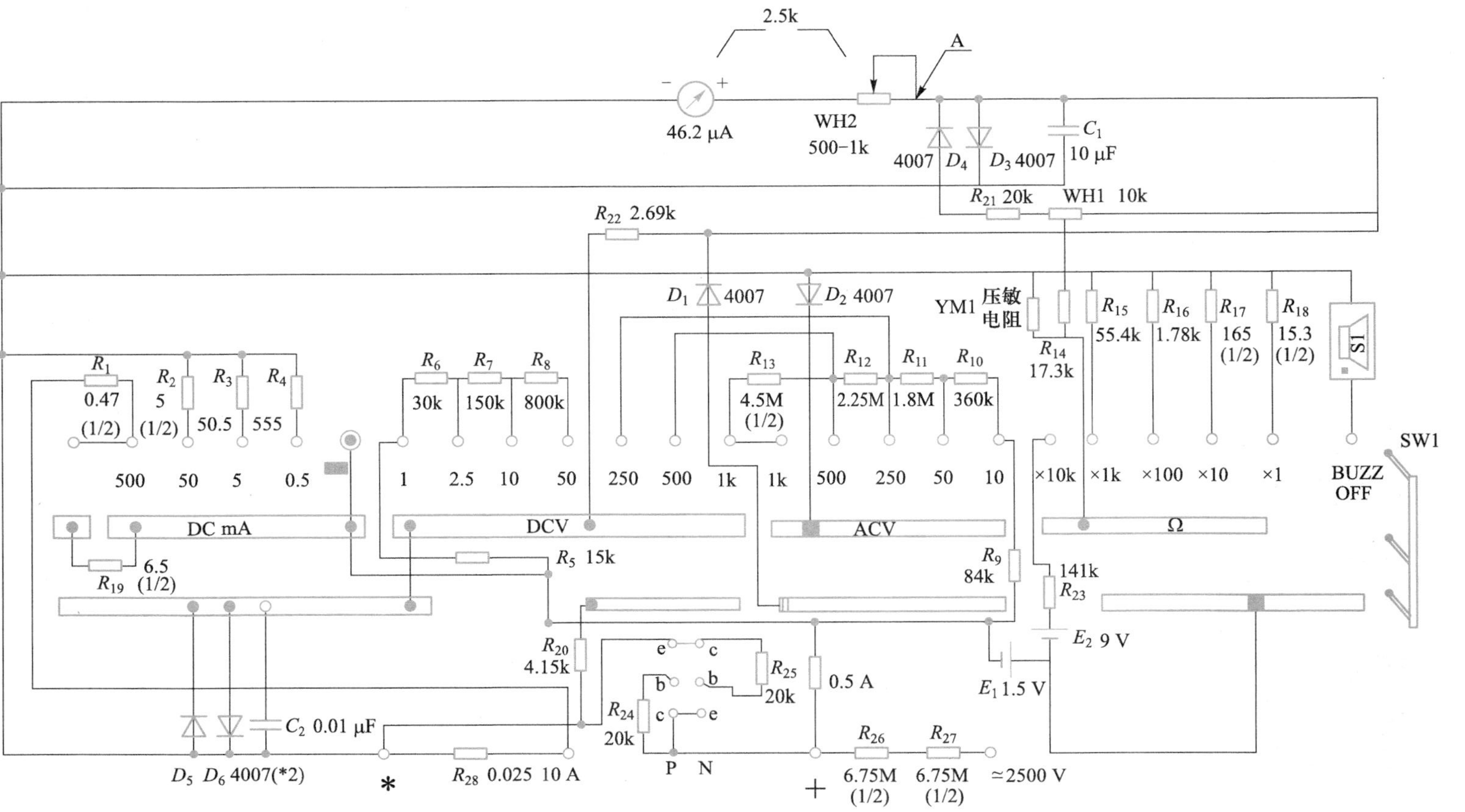

图6-1B-1　MF47型指针式万用表电路原理图

图 6-1B-2 三位半数字表头

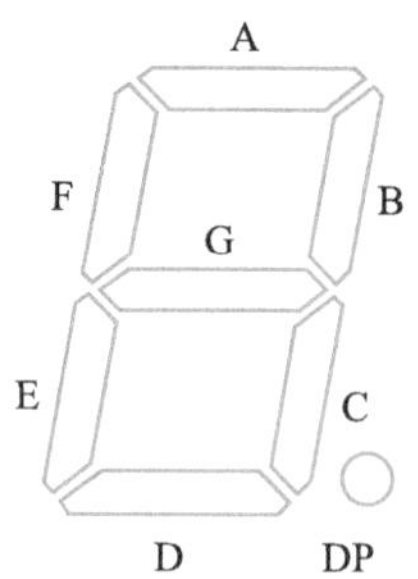

图 6-1B-3 八段数码管

除带自动量程功能的型号以外，使用数字式万用表时需要根据待测电学量选择相应功能与量程。如果不清楚待测电学量大小，首选最高量程然后逐渐降低直到合适。个别数字式万用表还带有频率计、红外检测、电池电量检测、蜂鸣电路通断判断等功能，配合 K 型电偶还可以实现温度测量功能。

4. 实验仪器

MF47 型指针式万用表、数字式万用表、待测元件、直流稳压电源、标准电阻箱。

5. 实验内容

使用万用表进行电压、电阻、电容等电学量的测量。

6. 数据处理

（1）直流电压测量

① 干电池电压：________；

② 直流稳压电源输出调到 3 V、0.5 A 时，测量电压：________。

（2）交流电压测量

① 供电电压：________；

② 火线判别，现象描述：________。

（3）直流电阻测量

① 标准电阻箱阻值 2 000 Ω 时，测量电阻值：________；

② 元件板电阻测量，数据记录于表 6-1B-1 中。

表 6-1B-1 数据记录

	R_1	R_2	R_3	R_4	R_5
标称值/Ω					
测量值/Ω					

（4）通路蜂鸣器检测，现象描述：____。

（5）元件板电容测量，数据记录于表 6-1B-2 中。

表 6-1B-2 数据记录

	C_1	C_2	C_3	C_4	C_5	C_6	C_7
标称值/F							
测量值/F							

7. 注意事项

需要进行大电流或高电压测量时，必须将红表笔分别接入大电流(10 A)或高电压(1 000 V)端口。

实验 6.1C 信号发生器

1. 引言

信号发生器又称信号源，常用于产生所需要的特定频率f、幅值A、相位φ的某些波形的电信号。根据所产生信号频率的范围，又可以分为低频、高频、微波信号发生器。正弦信号发生器是受迫振动、超声波测量、交流电桥等物理实验中最常用的信号发生器。

2. 实验目的

(1) 掌握信号发生器的工作原理。

(2) 学会使用信号发生器产生特定波形。

3. 实验原理

(1) 低频正弦信号发生器

由于RC电路简单，可在1 MHz以下宽范围内连续调节振荡频率，所以低频正弦信号源一般采用RC桥式正弦振荡电路，其主要特点是采用RC串并联网络作为选频和反馈网络，如图6-1C-1所示。

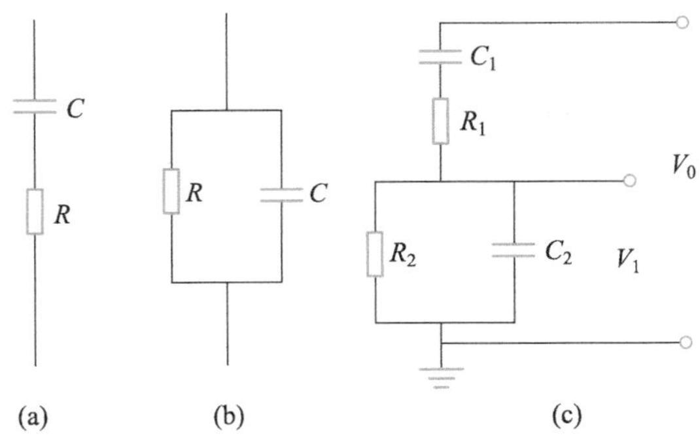

图6-1C-1 低频正弦信号发生器

① RC串联电路

如图6-1C-1(a)所示的RC串联电路，由于有电容C不能流过直流电流，其总阻抗由电阻R和电容C确定，总阻抗随频率变化而变化：

$$Z=R+\frac{1}{\mathrm{j}2\pi fC} \tag{6-1C-1}$$

其有一个转折频率f_0：

$$f_0=\frac{1}{2\pi RC} \tag{6-1C-2}$$

当信号频率f大于f_0时，整个RC串联电路总的阻抗基本不变，大小为R。

② RC并联电路

如图6-1C-1(b)所示的RC并联电路，既可通过直流电流也可通过交流电流。

当输入信号频率小于f_0时，信号相对电路为直流，电路总阻抗为R；当输入信号频率大于f_0时，C的容抗相对很小，总阻抗为电阻阻值并联电容容抗：

$$Z=R /\!/ \frac{1}{\mathrm{j}2\pi fC}=\frac{R/\mathrm{j}2\pi fC}{R+1/\mathrm{j}2\pi fC} \tag{6-1C-3}$$

其转折频率与RC串联电路一致。当频率达到一定程度以后，总阻抗为0。

③ RC串并联电路

对于如图6-1C-1(c)所示的RC串并联电路，可看作阻抗为Z_1的RC串联电路与阻抗为Z_2的RC并联电路的串联。

$$Z_1=R_1+\frac{1}{\mathrm{j}2\pi fC_1},Z_2=R_2 /\!/ \frac{1}{\mathrm{j}2\pi fC_2} \tag{6-1C-4}$$

假设$R_1=R_2=R,C_1=C_2=C,\omega=2\pi f$，则$V_0$和$V_1$之间的关系为

$$\frac{V_1}{V_0}=\frac{Z_2}{Z_1+Z_2}=\frac{\mathrm{j}\omega RC}{(1-\omega^2R^2C^2)+3\mathrm{j}\omega RC}=\frac{1}{3+\mathrm{j}\left(\omega RC-\dfrac{1}{\omega RC}\right)} \tag{6-1C-5}$$

若上式分母中虚部系数为零，RC串并联电路的相位角为零。此时得到

$$f_0=\frac{1}{2\pi RC} \tag{6-1C-6}$$

频率为f_0时，式(6-1C-5)幅频响应幅度V_1/V_0的最大值为1/3，相位角为0。

④ 文氏桥式正弦信号发生器

图6-1C-2是文氏桥式(Wien-bridge)正弦振荡电路的原理图。这个电路由选频网络和放大电路两部分组成。根据RC串并联电路的原理可知，在$f=f_0$时网络的幅频响应幅度最大值为1/3，相位角为0，经RC反馈网络传输到运放同相端的电压与第一级运放输出电压同相。这样放大电路和由Z_1、Z_2组成的反馈网络刚好形成正反馈系统，可以满足相位平衡条件产生振荡。此外，由于电路中存在噪声，并具有较宽频谱，只要其中存在f_0的频率成分，即使很微弱，也能在放大器和正反馈网络中形成闭环，使输出幅度越来越大，最后受电路总非线性元件的限制，使振荡幅度自动地稳定下来，达到振幅平衡条件。

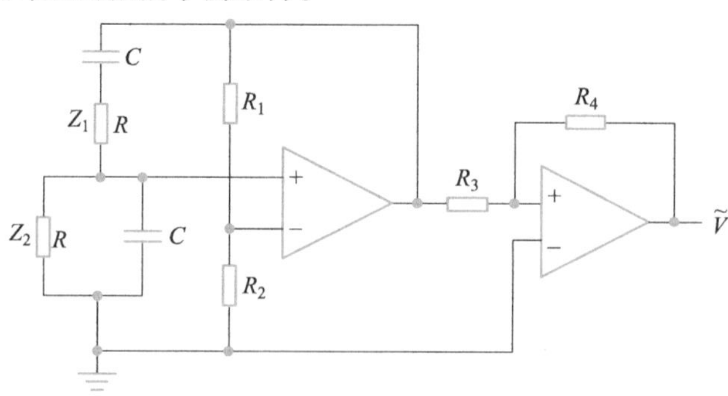

图6-1C-2 文氏桥式正弦振荡电路

由于Z_1、Z_2、R_1、R_2正好形成一个四臂电桥(见实验6.5C)，电桥的一对相对顶点接入放大电路的两个输入端，因此这种振荡电路又称为RC桥式振荡电路。

(2) 频率合成信号发生器

以 *RC* 或者 *LC* 电路为振荡器的信号源,合成频率准确度约为 10^{-2},极少能达到 10^{-5}。而采用石英晶体构成振荡器的信号源,其频率稳定度好,但石英晶体的振荡频率主要取决于晶体的几何尺寸和切割方向,不能随意调节,因此只能产生少数特定频率,并不能满足产生宽频高精度系列频率信号的要求。

频率合成是利用一个或者少数几个基准频率信号,采用电子技术综合产生一系列频率的信号,所产生信号的频率稳定度与准确度均与基准信号相同或者相近的技术。频率合成方法主要分为直接合成法与间接合成法两大类。

① 直接合成法

如图 6-1C-3 所示,如果 f 是石英晶体振荡器产生的基准频率,D 是分频系数,M 是倍频系数,则输出频率可以表示为

$$f_1=f/D,\quad f_2=\frac{M}{D}f \tag{6-1C-7}$$

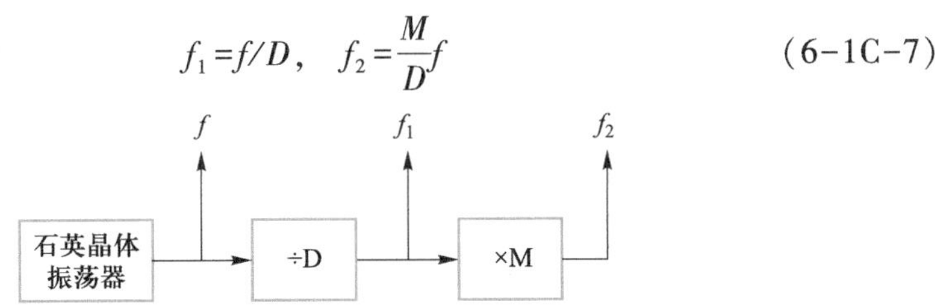

图 6-1C-3 直接合成法示意图

直接合成法又可分为直接模拟频率合成(英文缩写为 DAFS)和直接数字频率合成(英文缩写为 DDS)两种方法。直接模拟频率合成以模拟电路为主,通过倍频、混频、分频和滤波等电路对基准频率进行直接运算。但合成频率的有效位数受混频、滤波和分频电路数量影响。而大量的混频电路也会引入不需要的频率成分。

直接数字频率合成以数字电路为主,目前主要利用大规模集成电路芯片,因此具有集成度高、体积小、功耗小等优点。由于 DDS 出色的频率分辨能力,其与间接合成法都是当前频率合成中的主流技术。

② 间接合成法

间接合成法是利用锁相环路(phase locked loop,PLL)的压控振荡器输出精确频率的方法,不利用电子线路对频率进行直接运算。PLL 频率转换速度较慢,除采用特殊技术以外,一般为毫秒级;但 PLL 输出频率高,在微波及更高频率范围被广泛采用。其工作原理如图 6-1C-4 所示。

锁相环路的输出是从压控振荡器(英文缩写为 VCO)引出的。压控振荡器是指其输出频率受控制电压控制的器件,如图 6-1C-5 所示。产生控制电压的关键电路单元是鉴相器(英文缩写为 PD),它可以比较两个输入信号的相位(图 6-1C-4 中即比较 v_i 与 v_o 的相位),并输出一个与两输入信号相位差成正比的误差电压 v_d。误差电压可以直接控制 VCO。但考虑到 v_d 中含有不需要的高频成分和噪声,通常用一个低通滤波器(英文缩写为 LPF)对 v_d 进行加工。

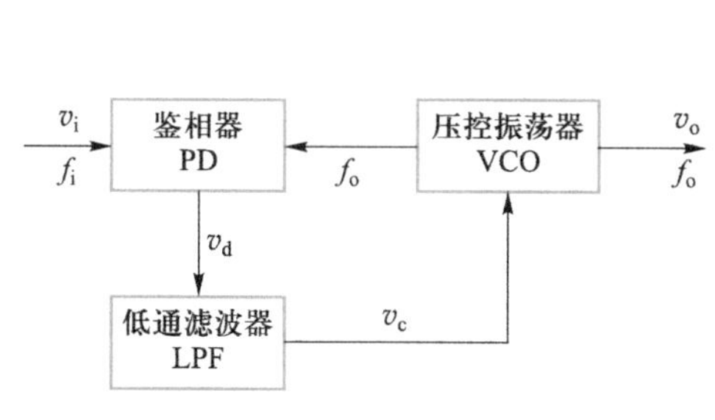

图 6-1C-4 锁相环路基本原理图

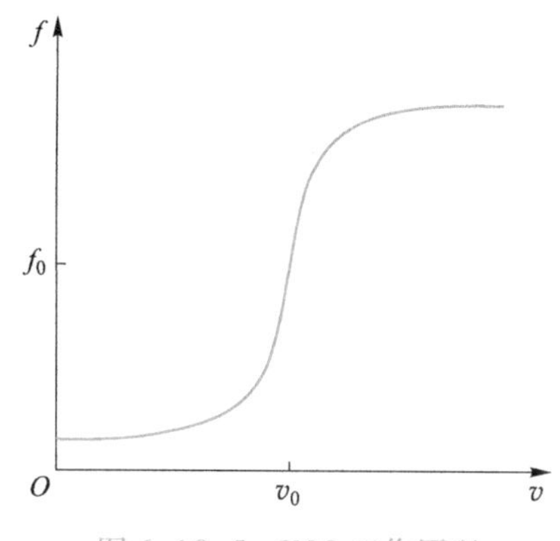

图 6-1C-5 VCO 工作原理

4. 实验仪器

电阻箱、电容、电感、信号发生器、小喇叭。

5. 实验内容

（1）将小喇叭接到信号发生器输出端，选择正弦信号输出，调节信号输出频率与幅度，用耳朵分辨区别。

（2）选择其他工程信号输出，调节信号输出频率与幅度，用耳朵分辨区别。

（3）观察声“拍”现象。

6. 数据处理

（1）将信号发生器输出接小喇叭，选择正弦信号输出，幅度从 0 开始调节为 5 V，按表 6-1C-1 频率调节输出频率 f，用耳朵分辨区别，记录下感受。

（2）将信号发生器输出换为其他工程信号，幅度从 0 开始调节为 5 V，按表 6-1C-1 调节信号输出频率，用耳朵分辨区别，记录下感受。

（3）将两台信号发生器输出频率分别调为相近但不相等的两个频率 f_1、f_2，幅度均为 5 V，当 f_1 在一个较小的频率范围 Δf 内变化，而 f_2 不变时，用耳朵分辨区别，记录下感受。

表 6-1C-1 输出频率

	C1	D1	E1	F1	G1	A1	B1	C2
f/Hz	261.63	293.66	329.63	349.23	392.00	440.00	493.88	523.25

7. 注意事项

（1）信号输出时，幅度必须从 0 开始调节，避免声音过大伤害听力。

（2）小喇叭的阻抗有 4 Ω、16 Ω、32 Ω 等，应根据阻抗匹配原则，选择适合信号发生器输出的阻抗。

文档：电信号的傅里叶分析

8. 思考题

（1）根据“电信号的傅里叶分析”，可否通过将多个正弦信号发生器输出信号叠加的方法获得任意波形的电信号？简述理由。

（2）同一台信号发生器能产生的正弦波、三角波和方波的最高频率是否一致？

实验 6.2 示波器的调整与使用

示波器是一种用途十分广泛的通用型电子测量仪器。它能把电信号的波形、幅度、周期、频率以及相位差等参量直接显示出来，变成看得见的图像，便于人们研究各种电学现象。利用转换元器件，还可以将温度、压力、磁场、光强等非电学量转换成可用示波器观察的量。

现代示波器的频率响应范围可从直流到 10^9 Hz。示波器按工作原理分有模拟示波器、数字示波器；按适用频率范围分有超低频示波器、普通示波器、高频示波器和超高频示波器；按显示信号的数量分有单踪示波器、双踪示波器、多踪示波器；从波形显示器件来分，有阴极射线管示波器、虚拟示波器等。

实验 6.2A 模拟示波器

1. 引言

模拟示波器是利用阴极射线管（英文缩写为 CRT，又称示波管、显像管）进行工作的电子测量仪器。它主要利用电压信号控制阴极射线管中的电子运动，实现对电子束的加速、偏转、聚焦。最后电子束打到荧光屏上时，屏上荧光物质发出可见光斑点，并通过视觉暂留形成连续轨迹图案，从而以该轨迹图像来显示被测信号的瞬时变化过程和规律。

2. 实验目的

文档：阴极射线示波器的发展

（1）了解阴极射线管的主要组成部分和基本工作原理。

（2）学会使用模拟示波器观察信号。

（3）掌握模拟示波器的校准与测量原理。

（4）掌握用李萨如图形测量频率的方法。

3. 实验原理

（1）阴极射线管的工作原理

阴极射线管是将电信号转变为光学图像的一类电子束管。它主要由电子枪、偏转系统、荧光屏和真空管壳构成。

① 荧光屏

荧光屏是阴极射线管的显示部分。当有高速电子流打到荧光屏上时，屏上涂有的荧光物质就会发出可见光。荧光屏上一般绘制 8 行×10 列的格栅，方便对波形进行读数测量。

② 电子枪

如图 6-2A-1 所示，电子枪由灯丝 F、阴极 K、栅极 G、第一阳极 A_1 和第二阳极 A_2 组成。除灯丝电极外，其他电极均为金属圆筒形，所有电极的轴心都与示波管在同一轴线上。灯丝经过加热，阴极 K 能发射出大量热电子。由阴极发射的电子经过阴极外的栅极 G 上小孔飞出。飞出电子的数量取决于栅极对阴极的负电压值大小，因此可以通过栅极电压调节荧光屏上光点的亮度，该栅极电压调节电位器对应示波器面板上“INTEN”标识。阳极则包含加速与聚焦功能，通常第一阳极 A_1 电压比阴极高约 1 kV。而第二阳极 A_2 的电压约为−500 V，改变它的电压就可以调节聚焦。

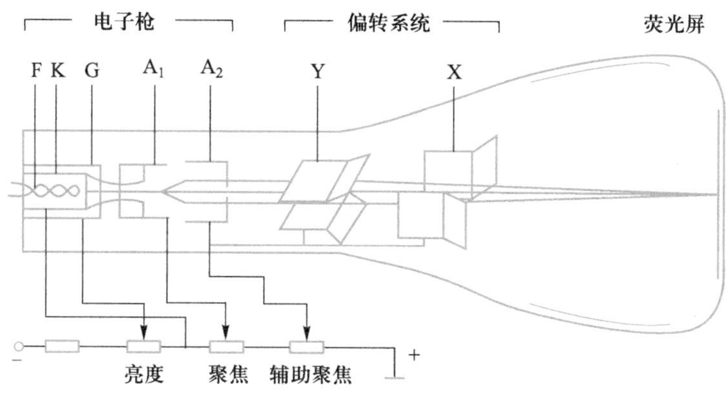

图 6-2A-1 示波管结构原理图

文档：荧光粉

③ 聚焦电场

聚焦电场的作用是使电子束如光束通过凸透镜一样，在通过一系列弯曲的等势面后汇聚为一个点，从而在荧光屏上得到一个又亮又小的光点。其原理如图 6-2A-2 和图 6-2A-3 所示，首先考虑电子在静电场中的折射。设电子在电场中通过某个等势面，当它离开这个等势面时，其速度从入射速度 v_1 变成 v_2，但沿等势面切线方向的速度分量 v_t 不变：

$$v_t = v_1 \sin\,\theta_1 = v_2 \sin\,\theta_2 \tag{6-2A-1}$$

$$\frac{v_1}{v_2} = \frac{\sin\,\theta_2}{\sin\,\theta_1} \tag{6-2A-2}$$

图 6-2A-2 聚焦电场工作原理

可见，当电子通过等势面时，减速电子将会偏离法线，而加速电子将会向法线接近。因此聚焦电场中 A_1 等势面对电子束起汇聚作用，而 A_2 等势面对电子束起发散作用。两电极中间还加了一个可调节的电压 U，使电子在所加电场内加速，则电子在汇聚场中经历时间比在发散场中长，发散作用小于汇聚作用，则所有电子都被

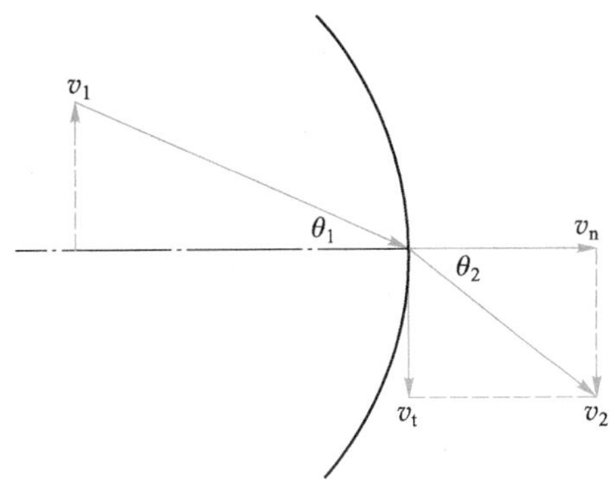

图 6-2A-3 电子束在等势面的折射

折向等势面法线的方向。调节电压 U 的电位器一般用“FOCUS”标识。

④ 偏转系统与李萨如图形

电子束聚焦到阴极射线管的轴线上后，还需要按输入信号特征在水平与垂直方向对其轨迹进行展开。X_1、X_2 和 Y_1、Y_2 是两对互相垂直放置的平行偏转板。当在某对偏转板上加电压时，板间形成的电场会使电子束相对轴线发生偏转，即使屏上的亮点发生相应的偏移，偏移的大小也与所加电压成比例，如图 6-2A-4 所示。电压加在水平（X 轴）偏转板上时，会使电子束发生水平方向偏移；电压加在垂直（Y 轴）偏转板上，则使电子束发生垂直方向上的偏移；当两对偏转板同时加有偏转电压时，电子束的偏移将是两个互相垂直的偏转作用效果的合成。如果偏转板间所加为交变信号时，光斑将会形成与交变信号幅度变化相关的连续轨迹。如果电子束同时受两个正交的周期性信号控制，且两信号的频率成简单整数比时，两个正交方向位移合成的图形将是一封闭图形，称为李萨如图形，此时需要使用示波器的“XY”模式显示。

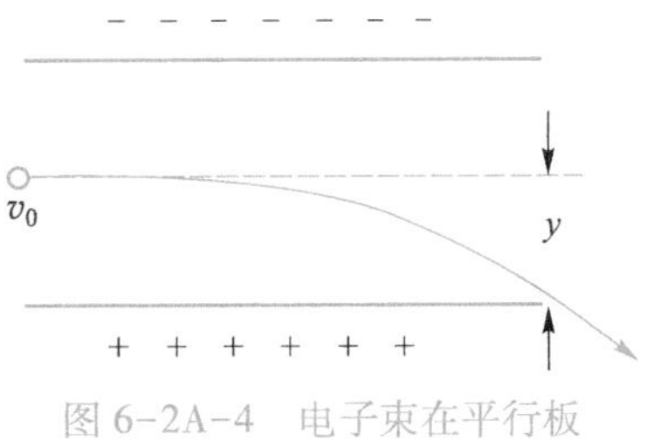

图 6-2A-4 电子束在平行板电场内发生偏转

(2) 示波器的调整与使用

一般通用型模拟示波器的基本结构可用图 6-2A-5 来表示。

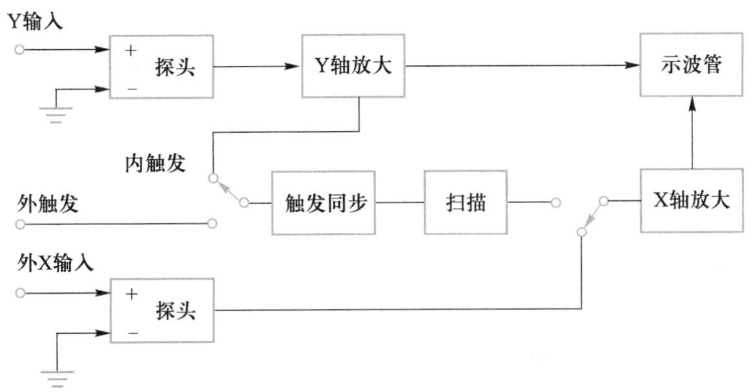

图 6-2A-5 模拟示波器基本结构图

① 探头

探头是示波器探头连接线的简称，是将测量信号接入示波器的连接线。线内包含信号线与地线，挂钩为信号接入端，鳄鱼夹为接地端。示波器探头连接线多采用同轴接口与示波器相连。为对更高电平的信号进行测量，探头上也可以加入 10 倍或者 100 倍衰减部件（探头线上分别为“10×”或“100×”标识），使高电平信号经过探头后衰减为原来 1/10 或者 1/100 倍，这样可以使接入信号不超过示波器最大峰-峰值测量范围。

② YT 工作模式和波形稳定原理

将示波器探头同轴接口与示波器输入同轴接口对接，探头信号接入端将被测交变信号 U_y 接入示波器 Y 轴偏转板，探头接地端与信号地端相连。这时若 X 轴不加交变信号，从电子枪射出的电子束只在垂直方向上作上下往返运动，当交变信号频率较高时，在屏上可看到一条竖亮线。亮线两端点距离对应于 U_y 的峰-峰值。若电压峰-峰值过大或者过小，将使亮线两端点超出屏幕格栅的上下边缘或展开幅度过小而难以分辨，此时需要调节垂直方向调节模块（“VERTICAL”）的电压灵敏度“VOLTS/DIV”旋钮，使波形峰-峰值高度达到荧光屏高度一半以上但不超出屏幕范围。

同理，若只在 X 轴偏转板上加交变信号 U_x，看到的就是一条水平亮线。为让荧光屏上无偏差地显示接入信号的电压-时间关系波形，除需要在 Y 轴上加电压信号，X 轴上还需要加一个周期性随时间成正比增加的电压信号 U_x，该信号 U_x 即为锯齿波信号，如图 6-2A-6 所示。它的作用是使穿过它的电子束从左往右在水平方向做匀速运动，然后随信号的突变立刻返回左边开始下一个周期的运动。上述运动又称为扫描运动，相应的锯齿波电压信号即为扫描信号。该种工作方式称为示波器的 YT 工作模式。

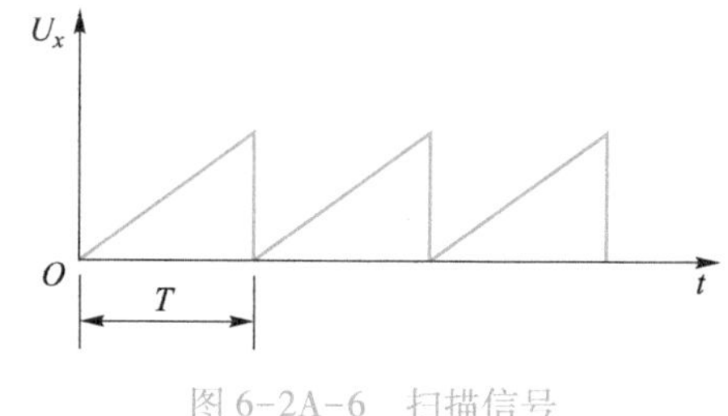

图 6-2A-6 扫描信号

显然，当扫描信号的周期 T 小于接入信号周期时，水平方向展开不足以反映波形一个周期内全貌。因此需要调节水平方向调节模块（“HORIZONAL”）的扫描信号频率调节“SWEEP TIME/DIV”旋钮。而当两者周期满足相等或有限整数倍关系时，每次扫描时，扫描信号电压偏移大小一致，将会稳定显示一个或多个接入信号的周期；反之，将由于视觉暂留而使波形发生向左或者向右移动。此时需要在触发模块（“TRIGGER”）调整扫描信号同步电平“LEVEL”来使波形扫描周期 T 跟接入信号一致，从而使波形完全稳定。对于双踪或者多踪示波器，在信号接入通道同轴接口（CH1 或者 CH2）后，还应该通过触发信号源（“TRIGGER SOURCE”）选择需与扫描信号同步的信号通道。

③ 示波器的校准与参量测量

模拟示波器是使用荧光屏上绘制的格栅对波形进行测量的，因此在使用前，需要对垂直方向偏转电压与水平方向扫描信号电压进行校准（“CAL”）。校准时需要使用示波器探头连接线接入端接入示波器自带矩形波标准信号(确定 $V_{\text{p-p}}$的 1 kHz 矩形波),并以此信号的幅度和周期对示波器进行校准。

示波器内 Y 轴放大器经过事先设计、校准和定标,因而可以使屏幕上波形的幅度大小与输入信号有确定的对应关系。当 Y 轴电压微调旋钮顺时针旋至最大"CAL"位置时,这种确定的关系将适用在 Y 轴电压灵敏度"VOLTS/DIV"的每一挡上。若示波器探头连接线衰减倍数为 1,从屏幕上的刻度读出信号波形的峰-峰高度为 A 格(DIV),从 Y 轴电压灵敏度选择挡读得挡位为 K,则被测信号电压峰-峰值为

$$V_{\text{p-p}}=A\cdot K \tag{6-2A-3}$$

同理,当扫描微调旋钮旋到最大"CAL"位置时,扫描信号的周期(频率)与屏幕上波形的周期宽度在扫描信号频率调节"SWEEP TIME/DIV"旋钮每一挡上也具有对应关系。若从屏幕刻度读出信号波形的一周期宽度为 D 格(DIV),时间挡位为 S,则待测信号周期 T 或频率 f 为

$$T=D\cdot S \tag{6-2A-4}$$

$$f=\frac{1}{D\cdot S} \tag{6-2A-5}$$

④ 使用李萨如图形进行频率测量的原理(XY 工作模式)

李萨如图形为相互垂直的两个方向的振动的合成,要使电子束合成运动为一封闭图形,在图形扫描的一个周期内,两个方向都应该完成完整的振荡至少一次。若将示波器通道 CH1 作为水平(X 轴)方向信号输入,通道 CH2 作为垂直(Y 轴)方向信号输入,则示波器的工作模式变为 XY 模式。需要注意的是,由于此时 X 轴和 Y 轴输入的是各自独立的外部信号,调节示波器本身是无法保持两者同步的。由实验 6.1C 中信号发生器的原理可知,两个不同信号发生器产生的信号频率随时间总是会发生一定程度的偏移,两者的相位差会连续不断地变化,所以出现的李萨如图形一般情况下都不是静止稳定的,而是会随着时间发生翻滚变化,调节信号频率只能使图形变化最慢,并相对稳定。

假设两个振动方向信号的频率分别为 f_x 和 f_y,那么李萨如图形在荧光屏垂直方向上最大(或最小)值的个数,就是李萨如图形与 X 轴相切的切点数目 n_x,也就是封闭周期内 Y 轴方向输入信号的振荡次数;同理,李萨如图形在荧光屏水平方向上最大(或最小)值的个数,就是李萨如图形与 Y 轴相切的切点数目 n_y,实际为封闭周期内 X 轴方向输入信号的振荡次数,它们的关系为

$$\frac{f_y}{f_x}=\frac{n_x}{n_y} \tag{6-2A-6}$$

即当 $f_y:f_x=1:1$ 时,水平和垂直方向各经历一次最大值和最小值,因此在 X 轴、Y 轴两个方向上最大值与最小值均各出现一次;当 $f_y:f_x=1:2$ 时,一个时间周期内,X 轴方向上的最大、最小值各出现两次,而 Y 轴方向上最大、最小值只出现一次。其他关系如图 6-2A-7 所示。

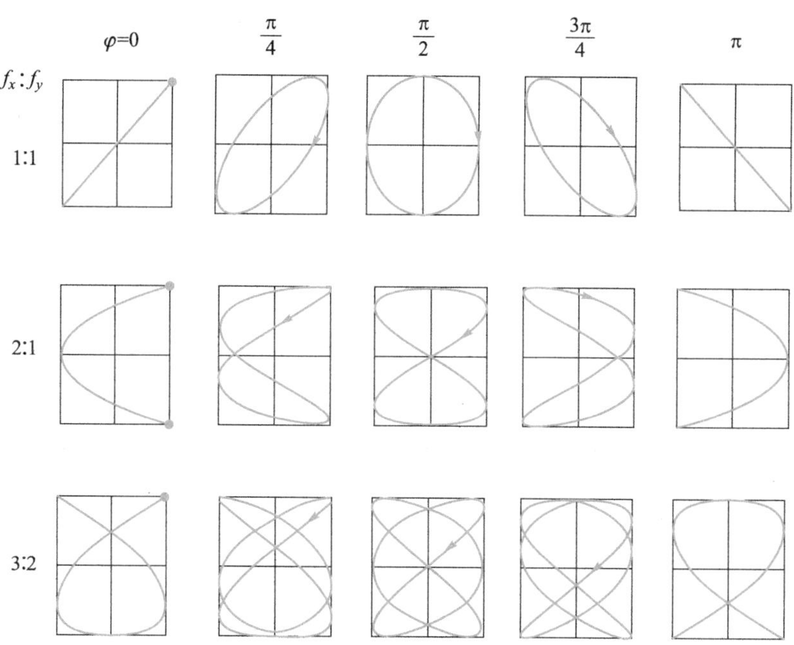

图 6-2A-7 三种频率比振动的合成波形

所以通过数出李萨如图形上 n_x 和 n_y，且已知其中一个通道的信号频率，即可根据式(6-2A-6)得到另外一个信号的频率。但需要注意，该方法只能用于 n_x 和 n_y 满足简单整数比关系的情况。

文档：GOS-620 型模拟示波器操作手册

XY 模式可以使示波器在无扫描的操作下进行相当多的测量。假如能够利用转换器将频率、温度、速度等物理量转换为电压信号，那么在 XY 模式下将可以形成相应的动态特性曲线，如测量铁磁物质磁滞回线、利用相位法测声速等。但请注意，应用于频率响应测量时，Y 轴必须代表信号电压峰值大小，而 X 轴必须体现频率信号。

4. 实验仪器

GOS-620 型模拟示波器、双通道信号发生器、多波形信号发生器。

5. 实验内容

(1) 了解模拟示波器

① 将示波器探头同轴接口接入 CH1。

② 将示波器探头连接到信号发生器。

③ 调节信号发生器发出正弦波，幅度为 5 V，f=1 000 Hz。

④ 调节垂直方向调节模块(“VERTICAL”)的电压显示灵敏度“VOLTS/DIV”旋钮到 1 V。

⑤ 调节水平方向调节模块(“HORIZONAL”)的扫描信号频率调节“SWEEP TIME/DIV”旋钮到 0.2 ms。

⑥ 在触发模块(“TRIGGER”)调整扫描信号同步电平“LEVEL”来使波形扫描周期 T 跟接入信号变化一致，从而使波形完全稳定。

(2) 观察示波器波形显示,完成表格 6-2A-1

① 调节"INTEN""FOCUS"旋钮,使波形显示清晰,亮度合适。

② 将 CH1 的信号输入方式在"AC—GND—DC"间切换,观察波形变化。

③ 按下波形极性反向按钮"INVERT",观察波形变化。

④ 按下水平缩放按钮"×10 MAG",观察波形变化。

(3) 对模拟示波器进行校准

(4) 使用 XY 模式合成李萨如图形

① CH1 作为(X 轴)信号输入,另一信号发生器输出接入 CH2(Y 轴)。

② 切换到 XY 模式,分别调节 CH1、CH2 的电压显示灵敏度"VOLTS/DIV"旋钮,使图形显示范围适合屏幕大小,按图 6-2A-7 调整 $f_x:f_y$,并观察合成波形。

6. 数据处理

表 6-2A-1　波形记录

按钮	波形变化
AC	
GND	
DC	
INVERT	
×10 MAG	

7. 注意事项

(1) 为了保护荧光屏不受灼伤,使用示波器时亮度不能太强,更不能在无输入信号的情况下使用 XY 模式(变为一亮点)。

(2) 旋转示波器和信号发生器的旋钮和开关时,不要用力过猛,当旋到最大或最小以后,不得强行扭动,以免损坏开关。

(3) 实验过程中,如短时间内不使用示波器,可把辉度"INTEN"调小,不要经常通断示波器的电源,以免缩短示波管的寿命。

8. 思考题

(1) 若 n_x、n_y不是简单整数比关系时,会如何?

(2) 若示波器与某轴同步触发,观察李萨如图形时该轴还会发生翻转吗?

实验 6.2B　数字示波器

1. 引言

数字示波器实际上是计算机技术在数据采集、存储(写入)、读出(取出)、测量运算、显示等方面的一系列应用的集成。数字示波器的型号和类型很多,但基本上延续了模拟示波器的操作风格,同时又凭借数字技术的优势,比模拟示波器具备了更多的自动化、智能化和网络化功能。其中利用计算机与数据采集设备集成技术的发展分支为虚拟示波器,属于虚拟仪器。

视频:数字示波器的操作

2. 实验目的

（1）了解数字示波器的工作原理。

（2）掌握使用数字示波器进行信号参量测量的方法。

3. 实验原理

数字示波器的工作

数字示波器的工作原理如图 6-2B-1 所示。它是将信号以一定的时间间隔进行采样、模数转换（A/D）、量化后通过液晶显示屏进行波形显示的。显示时可以使用面板上自动（AUTO）功能，达到较佳波形显示效果。使用示波器内部缓存功能还可以将波形暂停（STOP），使用存储（SAVE）功能可以将波形以数据或者图形格式存储到 USB 接口的存储介质上。对数字示波器的操作，一般可以通过帮助（HELP）按钮调阅操作指南进行查阅。

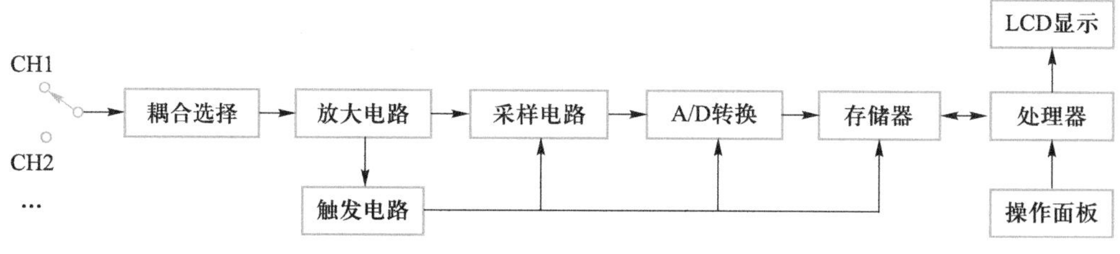

图 6-2B-1 数字示波器工作原理

① 显示

数字示波器同样有 YT 工作模式与 XY 工作模式。对一般波形而言，可使用自动（AUTO）功能得到较佳的波形显示效果。然后在垂直（VERTICAL）、水平（HORIZONAL）、触发（TRIGGER）三个模块分别使用菜单键（MEMU）进行设置，可以得到最佳波形显示效果。

② 垂直

菜单显示：通道的显示（ON）/关闭（OFF）。

耦合方式：接地（GND）/直流（DC）/交流（AC）。

显示方式：电压/电流。

电压显示灵敏度：采样无级调节旋钮（SCALE），并在屏幕显示（VOLTS/DIV）刻度。

③ 水平和触发

触发：切换需要同步触发的通道与电平调节（TRIGGER LEVEL）。

扫描时间：采样无级调节旋钮（SCALE），并在屏幕显示（S/DIV）刻度。

④ 测量

格栅测量：可以进行类似模拟示波器的屏幕格栅测量，但需要在屏幕显示方式上选择显示格栅背景（GRID）。

光标（CURSOR）测量：通过切换开关与多功能调节旋钮（VARIABLE），将水平/垂直两组光标单独或者联合调整，可以将光标移动到屏幕上任意两测量点上，并且利用平面坐标关系计算得到面积、夹角等信息。

测量(MEASURE)功能:在选择需要测量的通道以后,通过调用预设程序,得到波形峰峰值(V_{p-p})、周期(T)、频率(f)、上升时间、下降时间、占空比等信息。

⑤ 运算(MATH)

可以对CH1与CH2的波形进行+、-、×、÷、FFT操作,其中FFT为快速傅里叶变换,使用这一运算能将YT工作模式下的时域信号转换成频谱。利用FFT可以进行如下实验内容:分析电源线中的谐波,测量系统中的谐波分量和失真,观察直流电源中的噪声特性,测试滤波器和系统的脉冲响应,分析振动。

文档:FFT窗函数说明

需要注意的是,由于示波器是对有限长度的时间记录进行FFT变换的,且FFT算法假设YT波形是不断重复的。因此,当周期为整数时,YT波形在开始和结束时幅值相同,波形就不会中断。而当YT波形的周期不是整数时,会使开始和结束时波形幅值不一致,从而产生连接处的高频瞬态中断。在频域中,这种效应称为泄露。为避免泄露的产生,可在原波形上乘以一个窗函数,强制开始和结束处的值为零。

4. 实验仪器

数字示波器、信号发生器。

5. 实验内容

(1) 了解数字示波器

① 将示波器探头同轴接口接入CH1。

② 将示波器探头连接到信号发生器。

③ 调节信号发生器发出正弦波,幅度为5 V,f=1 000 Hz。

④ 按下“AUTO”按钮,观察波形与面板显示参数。

⑤ 在触发模块(TRIGGER)菜单下选择CH1为触发源,调节扫描信号同步电平“LEVEL”,观察波形变化。

(2) 使用光标(CURSOR)功能,测量波形峰峰值V_{p-p}、周期T、频率f。

(3) 使用测量(MEASURE)功能,调用预设程序,得到波形峰峰值V_{p-p}、周期T、频率f、上升时间、下降时间、占空比等信息。

(4) 使用普通运算功能(MATH)

① 将另一信号发生器输出接入CH2,调节波形参数为正弦波,幅度为5 V,f=1 000 Hz。

② 按下运算(MATH)按钮,依次选择“+”“-”“×”“÷”功能,观察运算波形变化。

③ 改变CH2波形参数,观察运算波形变化。

(5) 使用FFT功能观察周期性电信号的频谱

按下运算(MATH)按钮,选择“FFT”功能,切换CH1信号波形与频率f,调节水平(HORIZONAL)调节旋钮,观察频谱图样变化。

6. 数据处理

(1) 测量正弦波参数,数据记录于表6-2B-1中。

表 6-2B-1 正弦波测量数据

输出波形参数	CURSOR 测量结果	MEASURE 测量结果
$V_{p-p}=5$ V, $f=1\ 000$ Hz	V_{p-p}:____V, f:____Hz	V_{p-p}:____V, f:____Hz

(2) 使用普通运算功能,数据记录于表 6-2B-2 中。

表 6-2B-2 运算功能测量数据

		+	−	×	÷
CH1	波形				
	参数	V_{p-p}:____V, f:____Hz	V_{p-p}:____V, f:____Hz	V_{p-p}:____V, f:____Hz	V_{p-p}:____V, f:____Hz
CH2	波形				
	参数	V_{p-p}:____V, f:____Hz	V_{p-p}:____V, f:____Hz	V_{p-p}:____V, f:____Hz	V_{p-p}:____V, f:____Hz
运算波形					

(3) 使用 FFT 功能观察周期性电信号的频谱,数据记录于表 6-2B-3 中。

表 6-2B-3 FFT 功能测量数据

频谱图样 / f / 波形	1 kHz	100 kHz	1 MHz
正弦波			
正三角波			
矩形波			
10%占空比矩形波			

7. 思考题

(1) FFT 功能的数学基础是什么?

(2) 为何周期性电信号的频谱图样为离散的谱线,谱线之间的间隔为多少?

实验 6.2C 示波器的一般应用

1. 引言

无论是模拟示波器、数字示波器还是虚拟示波器,都是进行电学量测量的通用工具,因此在使用方法上具有普遍性。

2. 实验目的

(1) 了解示波器的一般应用。

(2) 使用示波器进行未知波形测量。

3. 实验原理

(1) 直流电压测量

当信号输入端短路接地时，使用 YT 工作模式并调节 Y 轴位移到 0 V，即完成对接地电平调零。然后将测量通道 CH1 或 CH2 的耦合模式选为直流耦合（DC），调节 Y 轴的电压显示灵敏度（VOLTS/DIV）到最低，然后将待测电压连到示波器探头连接线信号接入端，此时信号电平线相对 0 V 位置的高度差即为待测电压。调整电压显示灵敏度旋钮直到合适读数，直接读取直流电压值。

（2）交流电压测量

周期性信号电压随时间有规律变化，而最大（小）值可以确定。因此在示波器 YT 工作模式下，可以测量一般周期性信号的峰-峰值或者峰值。测量时使用类似直流电压的测量法，测得电压波形峰与峰之间在屏幕上的垂直距离，从屏幕上的刻度读出信号波形的峰-峰高度为 A 格（DIV），从 Y 轴每格电压灵敏度选择挡读得挡位为 K，则被测信号峰-峰电压为

$$V_{p-p}=A\cdot K \tag{6-2C-1}$$

（3）时间与频率测量

YT 工作模式下，扫描信号为与时间相关的锯齿波，因此可以利用示波器水平方向上的测量得到周期性信号的周期上升时间、下降时间、占空比、脉冲宽度等参量。若从屏幕刻度读出信号波形的每一周期宽度为 D 格（DIV），时间挡位为 S（TIME/DIV），则待测信号周期 T 为

$$T=D\cdot S \tag{6-2C-2}$$

同理，对其他时间参量测量，要测得波形上对应两点间的水平间隔，并与时间挡位相乘即可。

YT 工作模式下，利用时间测量法也可测量频率，测量出波形的周期 T 或者多倍周期 nT，然后用周期和频率的倒数关系，计算出频率 f：

$$f=\frac{1}{D\cdot S} \tag{6-2C-3}$$

而在 XY 工作模式下，则可以利用李萨如图形测量频率。

（4）相位差测量

当示波器两通道接入同频信号时，利用示波器可直观测量两信号的相位差。

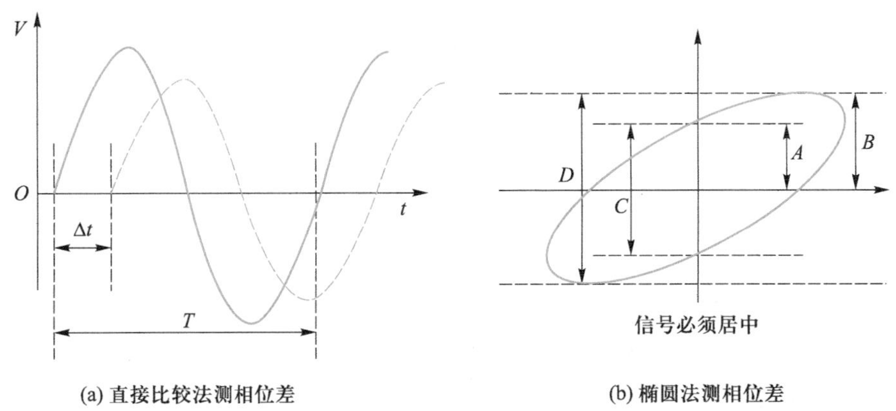

(a) 直接比较法测相位差　(b) 椭圆法测相位差

图 6-2C-1　相位差测量方法

① 直接比较法

在 YT 工作模式下，利用两个接入通道 CH1 和 CH2 同时显示两路有相位差的同频信号，使两信号波形幅度显示相当。若两信号间相位差为零，则两波形的峰值、过零点在水平方向上的读数一致；若相位差不为零，则读出峰值、过零点在水平方向上的偏差，除以信号周期后乘 2π 即得相位差，如图 6-2C-1(a)所示。

$$\Delta\varphi=\frac{2\pi\cdot\Delta t}{T} \tag{6-2C-4}$$

② 椭圆法

在 XY 工作模式下，两个接入通道 CH1 和 CH2 的同频信号有 $f_y : f_x=1:1$ 的关系，因此李萨如图形通常为一椭圆。设两信号分别为

$$x=A\sin\,\omega t,y=B\sin(\omega t+\varphi) \tag{6-2C-5}$$

将时间 t 消去，有

$$y=B(\sin\,\omega t\cos\,\varphi+\cos\,\omega t\sin\,\varphi)=\frac{B}{A}(x\cos\,\varphi+\sqrt{A^2-x^2}\sin\,\varphi) \tag{6-2C-6}$$

式(6-2C-6)中 φ 为 y 超前 x 的相位角，特别有

当 $\varphi=0°$或 180°时，图形为过原点的直线方程：

$$y=\pm\frac{B}{A}x \tag{6-2C-7}$$

当 $\varphi=90°$或 270°时，图形为正椭圆方程：

$$\frac{x^2}{A^2}+\frac{y^2}{B^2}=1 \tag{6-2C-8}$$

文档：用 MATLAB 画李萨如图形

相位差 / 频率比	0	$\frac{1}{4}\pi$	$\frac{1}{2}\pi$	$\frac{3}{4}\pi$	π
1:1					

图 6-2C-2 不同相位差时显示的图形

图 6-2C-1(b)中相位差为

$$\Delta\varphi=\pm\arcsin\frac{A}{B}=\pm\arcsin\frac{C}{D} \tag{6-2C-9}$$

如果椭圆主轴在Ⅰ、Ⅲ象限内，那么相位差应在Ⅰ、Ⅳ象限内，即为 0～π/2 或 3π/2～2π；如果椭圆主轴在Ⅱ、Ⅳ象限内，相位差在Ⅱ、Ⅲ象限内，即为 π/2～π 或 π～3π/2，如图 6-2C-2 所示。

椭圆法的相对误差一般大于 10%，并且不适合高频测量。此外由于示波器 CH1 与 CH2 两通道的延迟时间不同，会造成附加相位差误差。

(5) 示波器波形的数学运算

示波器通道的加法运算可以用以观察“拍频”，当两通道输入波形频率相差 $\Delta\omega$

比较小时，将两信号幅度调整为一致，使用数学运算(MATH)中的"+"，就可以合成拍图样。

根据叠加原理，两列振幅同为 E_0，速度相同，偏转方向相同，有较小频差 $\Delta\omega$ 且同方向传播的波 E_1、E_2 可写成如下形式：

$$E_1=E_0\cos\ \omega_0 t \tag{6-2C-10}$$

$$E_2=E_0\cos(\omega_0+\Delta\omega)t \tag{6-2C-11}$$

叠加后的波为

$$E=E_1+E_2=2E_0\cos\frac{2\omega_0+\Delta\omega}{2}t\cos\frac{\Delta\omega}{2}t \tag{6-2C-12}$$

其波形如图 6-2C-3 所示，频率为 $\omega_0+\dfrac{\Delta\omega}{2}$ 的高频振荡(周期为 T)受 $2E_0\cos\dfrac{\Delta\omega}{2}t$ 的信号调制，形成振幅在 $0\sim2E_0$ 之间变化的包络，包络幅度变化的频率为 $\Delta\omega$(周期为 T')，称为拍频。

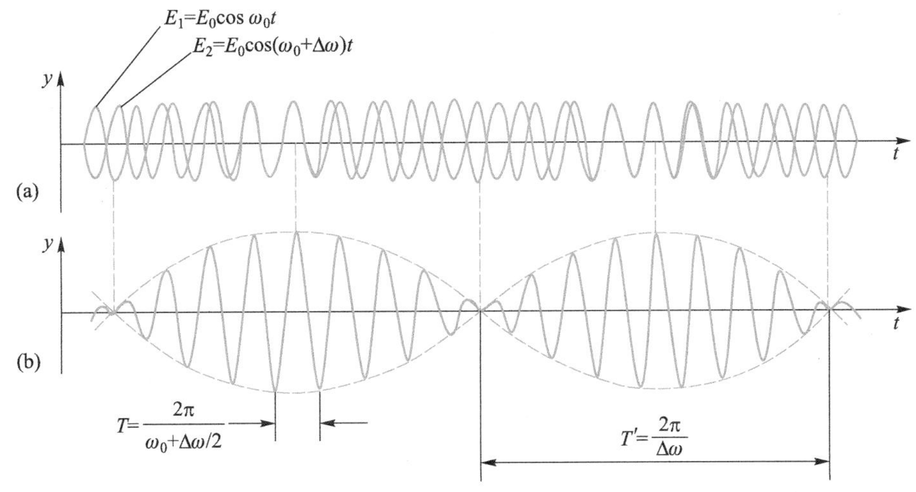

图 6-2C-3 两通道波形加法应用

(6) 观察电路的阶跃响应

阶跃响应是在非常短的时间之内，测量系统的输出在输入量从 0 跳变为 1 时的体现。一般而言，在测量过程中，了解系统如何响应是非常重要的。当输入量发生短时间内大幅度变化时，测量系统能否稳定可靠地工作决定了测量数据是否可靠。此外，某些低通系统通常在输入量变化剧烈时是无法响应的，直到组件的输出稳定到其最终状态的某个附近值时才能正常工作，从而延迟了整个系统响应，使测量产生偏差，如图 6-2C-4 所示。因此，了解系统的阶跃响应可以给出关于这种系统的稳定性以及当从另一个系统启动时达到一个静止的状态的能力的信息。使用长余辉的示波器或者数字存储示波器，可以观测电路对各种激励信号的暂态响应过程。利用较长周期的方波信号输入被测电路充当阶跃激励信号，可以观察系统的阶跃响应。

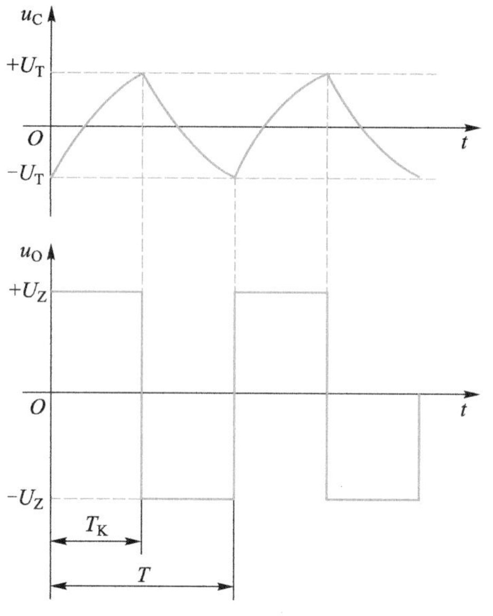

图 6-2C-4 电容器充放电电压波形

4. 实验内容

（1）了解并熟悉通用示波器

① 了解双踪示波器操作面板说明，熟悉示波器面板上各个旋钮、按键和开关的作用和使用方法，并把面板上相应的旋钮、按键和开关置于表 6-2C-1 列出的适当的位置。

② 将示波器探头连接线接到相应通道，打开电源“POWER”，调节示波管辉度“INTEN”和对焦“FOCUS”。

表 6-2C-1

面板设置	选择项
CH1 输入耦合方式“AC—GND—DC”选择切换开关	AC 或 DC
CH1 输入耦合方式“AC—GND—DC”选择切换开关	AC 或 DC
Y 轴输入显示模式选择开关“MODE”	CH1 或 CH2
触发“TRIGGERING”方式选择切换开关	AUTO
触发信号源“SOURCE”选择切换开关	CH1 或 CH2

（2）示波器校准

将示波器探头连接线信号接入端接入面板上的校准“CAL”方波信号（V_{p-p} = 2 V，f=1 kHz）。观察示波器在水平与垂直方向上测量值是否准确，否则要进行示波器调校或者检修。

（3）观察多波形信号源的各种输出信号的波形，测量电压峰-峰值 V_{p-p} 和频率 f

将多波形信号发生器的各种输出信号依次接入示波器，调节“SWEEP TIME/DIV”旋钮，必要时结合触发电平“LEVEL”旋钮调出 1～4 个周期的稳定波形，用

"VOLTS/DIV"旋钮调节波形范围至合适位置。

(4) 利用李萨如图形测量交流信号源的频率

将信号发生器输出的已知频率为f_x的信号接到 CH1,将多波形信号发生器接线柱 1 的输出信号作为未知频率f_y的信号接到 CH2,根据$f_y:f_x=n_x:n_y$,调节信号发生器的输出频率,使$n_x:n_y$分别等于 1、2、3 和 3/2 的李萨如图形依次出现,并且直到图形翻滚变化最缓慢为止。在表 6-2C-3 中画出各比例李萨如图形其中某一时刻的图形,并记录信号发生器所显示的输出频率f_x,计算f_y。

(5) 观察"拍"并测量调制波周期 T、包络周期 T'。

5. 数据处理

(1) 观察多波形信号源的各种输出信号的波形,测量电压峰-峰值 V_{p-p} 和频率 f,数据记录于表 6-2C-2 中。

表 6-2C-2

图形	水平			垂直			
	S/(s/DIV)	D/DIV	f/Hz	K/(V/DIV)	A/DIV	探头	V_{p-p}/V
1							
2							
3							
4							
5							
6							
7							
8							

(2) 利用李萨如图形测量信号源的频率f_y。

表 6-2C-3

$n_x:n_y$	1:1	2:1	3:1	3:2
李萨如图形				
f_x/Hz				
f_y/Hz				

(3) 观察"拍"并测量调制波周期 T、包络周期 T'。

信号 1 频率 f_0=________Hz;信号 2 频率 f=________Hz;Δf=________Hz。

计算调制波周期 T_0=________s;实际测量调制波周期 T=________s;相对误差:________%。

计算包络周期 T'_0=________s;实际测量包络周期 T'=________s;相对误差:________%。

实验 6.3 用电势差计校准毫伏表

1. 引言

UJ31 型直流电势差计是一种箱式的低电势、双量程的电势差计。它是一种利用电势补偿原理制成的高精度和高灵敏度的电子测量仪器，测量结果稳定可靠，准确度可以达到 0.000 1%～0.005%，因此可以用于精密测量或者校准仪表。配合各种传感器，还可以用于温度、磁场、压力、位移等物理量的测量。

2. 实验目的

(1) 了解 UJ31 型直流电势差计的结构和补偿法工作原理。

(2) 掌握直流电势差计的使用方法和调试技巧。

(3) 学会运用电势差计校准电表的方法。

3. 实验原理

(1) 补偿法工作原理

电势差计是根据电流补偿原理，使被测电压与标准电压相比较，通过检流计是否指零判断其是否相等，从而获得测量结果的。其原理如图 6-3-1 所示。

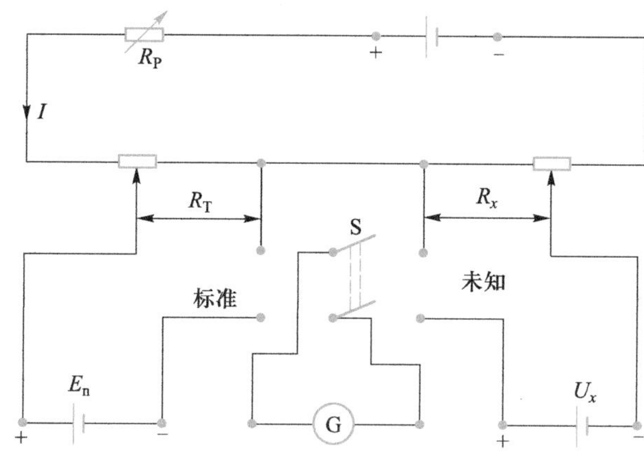

图 6-3-1 电势差计原理简图

① 校准

将开关 S 拨向“标准”位置，检流计接入“标准”回路，R_T 取一预定值，其大小由标准电池 E_n 的电动势确定(根据温度而定)；调节 R_P，使检流计 G 指零，即

$$E_n = IR_T \tag{6-3-1}$$

此时测量回路的工作电流为 $I=E_n/R_T$。

② 测量

将开关 S 拨向“未知”位置，检流计接入“未知”回路，保持 R_P 不变，调节测量电阻 R_x(R_x 包括“Ⅰ”“Ⅱ”和“Ⅲ”三个电阻调节旋钮)，使检流计 G 指零。由于此时测量回路中电流 I 与校准时一致(不变)，即有

$$U_x = IR_x = \frac{R_x}{R_T} E_n \tag{6-3-2}$$

由此可知：

使用电势差计时，一定要先"校准"，后"测量"，两者顺序不能颠倒。

校准电势差计的目的是使一个确定的标准电流 I 流过测量回路中的 R_x，以保证测量盘上精密电阻 R_x 的电压示值(刻度值)与加在其上的实际电压值相一致。测量回路与校准回路无电流交换，因此不会改变原电路中参量，也可以避免回路中导线电阻、接触电路、E_n 内阻及 U_x 等效电阻等对测量准确度的影响。

测量结果的准确度与 R_x 和 R_T 的比值以及 E_n 有关，同时也受 E_n 稳定度与检流计灵敏度影响。

(2) 实现原理

UJ31 型直流电势差计操作面板如图 6-3-2 所示。

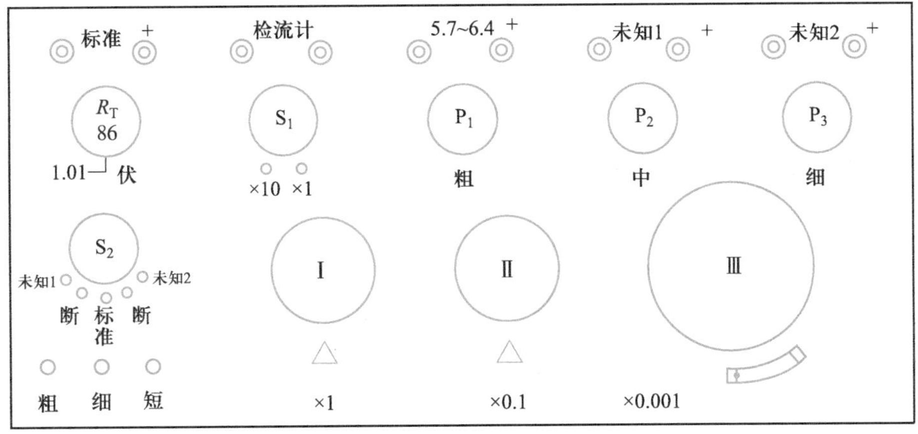

图 6-3-2　UJ31 型直流电势差计面板图

① 标准电池

标准电池是一种化学电池，如图 6-3-3 所示。由于其电动势比较稳定、复现性好，长期以来在国际上用作电压标准。但使用标准电池也有很多注意事项，如不允许倾斜、摇晃和倒置，不能过载，使用和存放的温度、湿度需要符合规定等。随着数字直流电压表测量准确度提高，标准电池在直流电压测量过程中的使用越来越少。

图 6-3-3　标准电池

文档：标准电池

文档：DHBC-1 三型标准电势与待测电势使用说明

标准电池 E_n 的实验室温度计算修正公式如下：

$$E_n(T) = E_n(20\ ℃) - [40(T-20) + 0.93(T-20)^2 - 0.009(T-20)^3] \times 10^{-6}(\text{V}) \tag{6-3-3}$$

式中 T 使用摄氏温度(℃)，$E_n(20\ ℃) = 1.018\ 6$ V 为温度在 20 ℃时的标准电动势。

② 标准电势

由于标准电池存在着各种不足，人们开始考虑选用高精度电压基准源来代替标准电池。标准电势的电压稳定性与温度稳定性均好于标准电池。使用标准电势配合电势差计进行测量时，电势差计 R_T 选择 1.018 6 Ω。

文档：UJ31型直流电势差计使用说明

4. 实验仪器

UJ31 型直流电势差计、标准电势、数字式灵敏检流计。

5. 实验内容

（1）学习数字式灵敏检流计的接线与使用方法。

（2）阅读标准电势的使用说明，了解其接线与使用方法。

（3）阅读 UJ31 型直流电势差计使用说明，并用电势差计校准毫伏表，完成表 6-3-1。

6. 数据处理

表 6-3-1 用电势差计校准毫伏表数据记录

标称电压 U/mV	10	20	30	60	90	120	150
升序 U/mV							
降序 U/mV							
ΔU/mV							

最大示值误差 ΔU_{max} = ________；量程 U = ________；

$$\text{电表等级} = \frac{\text{最大示值误差 } \Delta U_{max}}{\text{量程 } U} \times 100\% = \_\_\_\_\_\_\_\_。$$

7. 注意事项

（1）UJ31 型直流电势差计适用范围为 0~170 mV，使用前需先估计电压大小并选定量程。

（2）数字式灵敏检流计有×1 和×10 的自动量程，调零时需留意。

8. 思考题

若要对毫安表进行校准，需要标准电阻吗？校准方案如何？

实验 6.4 *RLC* 电路的稳态特性

1. 引言

RLC 电路是由电阻 R、电感 L、电容 C 通过串联、并联或串并联组成的电路结构。它常用作电子谐波振荡器、带通或带阻滤波器。幅度、频率、相位是正弦交流信号的重要参量；而电容、电感元件在交流电路中的阻抗是随着电源频率变化的。将正弦交流电源加到电阻、电容和电感组成的电路中时，各元件上的电压及相位会随着时间变化。电路的稳态特性指该电路在接通正弦交流电源一段时间（一般为电路的时间响应常量的 10 倍）以后，电路中的电流 i 和元件上的电压（U_R，U_C，U_L）波形已经发展到保持与电源电压波形相同且幅值稳定的状态。

文档：电容器与电感器

2. 实验目的

（1）观察 RC 和 RL 串联电路的幅频特性和相频特性。

（2）了解 RLC 串联电路的幅频特性和相频特性。

（3）观察和研究 RLC 电路的串联谐振现象。

3. 实验原理

（1）幅频特性与相频特性

当一个交流信号源：

$$u(t)=U\sin(\omega t+\varphi) \tag{6-4-1}$$

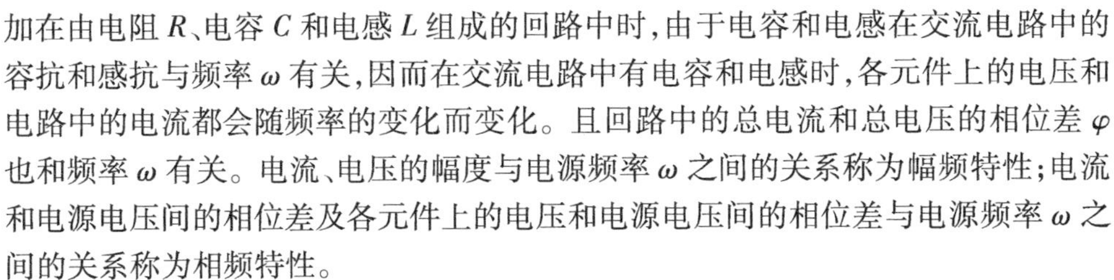

加在由电阻 R、电容 C 和电感 L 组成的回路中时，由于电容和电感在交流电路中的容抗和感抗与频率 ω 有关，因而在交流电路中有电容和电感时，各元件上的电压和电路中的电流都会随频率的变化而变化。且回路中的总电流和总电压的相位差 φ 也和频率 ω 有关。电流、电压的幅度与电源频率 ω 之间的关系称为幅频特性；电流和电源电压间的相位差及各元件上的电压和电源电压间的相位差与电源频率 ω 之间的关系称为相频特性。

幅频特性和相频特性对判断系统谐振状态相当重要，通常实际应用中，在谐振频率上，幅度变化最大，而相位则有 π 的变化。

（2）RC 串联电路的稳态特性

在图 6-4-1(a)所示的 RC 串联电路中，电压与电流有一定的相位差，电压的相位落后于电流的相位。回路总阻抗 Z 和电流 I 分别为

$$Z=\sqrt{R^2+\left(\frac{1}{\omega C}\right)^2} \tag{6-4-2}$$

$$I=\frac{U}{\sqrt{R^2+\left(\frac{1}{\omega C}\right)^2}} \tag{6-4-3}$$

根据交流欧姆定律，电阻的电压 U_R、电容的电压 U_C 满足以下关系：

$$U_R=IR \tag{6-4-4}$$

$$U_C=\frac{I}{\omega C} \tag{6-4-5}$$

幅频特性如图 6-4-1(b)所示。当 ω 从 0 增大时，U_R 逐渐增大到 U，U_C 逐渐减小到零。$U_R-\omega$ 的特性为高频输出幅度较大，低频输出幅度为零，因此可以构成高通滤波网络。$U_C-\omega$ 的特性为低频输出幅度较大，而高频输出幅度较小，因此可以构成低通滤波网络。当频率为 $\omega_{U_R=U_C}$ 时，有 $U_R=U_C=0.707U$，该电压为能通过高/低通滤波网络的电压阈值，该频率又称等幅频率（截止频率）。

相频特性如图 6-4-1(c)所示，回路中电压与电流的相位差有关系式：

$$\varphi=-\arctan\frac{1}{\omega CR} \tag{6-4-6}$$

当 ω 很小时 $\varphi\to-\frac{\pi}{2}$，ω 很大时 $\varphi\to0$。

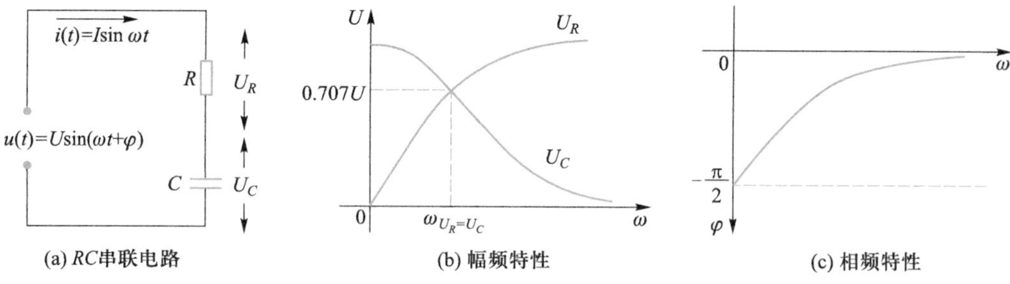

图 6-4-1 RC 串联电路及幅频特性与相频特性

(3) *RL* 串联电路的稳态特性

在图 6-4-2(a)所示的 *RL* 的串联电路中,电压与电流有一定的相位差 φ,电流的相位落后于电压的相位。回路总阻抗 Z 和电流 I 分别为

$$Z=\sqrt{R^2+(\omega L)^2} \tag{6-4-7}$$

$$I=\frac{U}{\sqrt{R^2+(\omega L)^2}} \tag{6-4-8}$$

电阻的电压 U_R、电感的电压 U_L 满足以下关系:

$$U_R=IR \tag{6-4-9}$$

$$U_L=I\omega L \tag{6-4-10}$$

幅频特性如图 6-4-2(b)所示。当 ω 从 0 增大时,U_L 逐渐增大,U_R 逐渐减小。利用该幅频特性,同样可以构成高/低通滤波网络。在等幅频率(截止频率)$\omega_{U_R=U_L}$ 时,有 $U_R=U_L=0.707U$。

相频特性如图 6-4-2(c)所示,回路中电压与电流的相位差有关系式:

$$\varphi=\arctan\frac{\omega L}{R} \tag{6-4-11}$$

当 ω 很小时 $\varphi\to0$,ω 很大时 $\varphi\to\pi/2$。

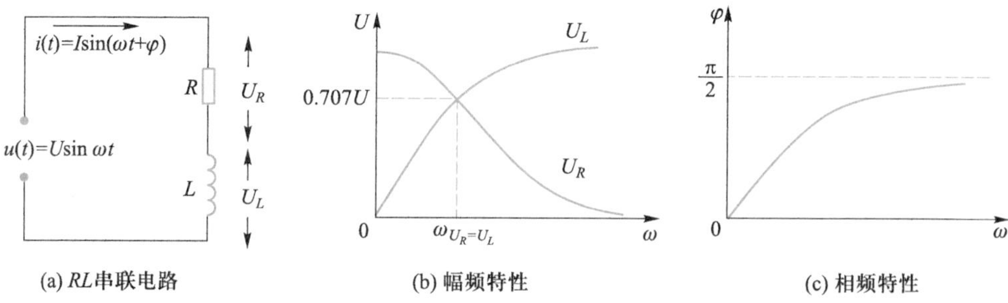

图 6-4-2 RL 串联电路及幅频特性与相频特性

(4) *RLC* 串联电路的稳态特性

电路中如果同时存在电感和电容元件,那么在一定条件下会产生某种特殊状态,能量会在电容和电感元件中产生交换,称为谐振现象。在图 6-4-3 所示的 *RLC* 串联电路中,回路总阻抗 Z、电流 I、相位差 φ 满足以下关系式:

$$Z=\sqrt{R^2+\left(\omega L-\frac{1}{\omega C}\right)^2} \tag{6-4-12}$$

$$I=\frac{U}{\sqrt{R^2+\left(\omega L-\frac{1}{\omega C}\right)^2}} \tag{6-4-13}$$

$$\varphi=\arctan\frac{\omega L-\frac{1}{\omega C}}{R} \tag{6-4-14}$$

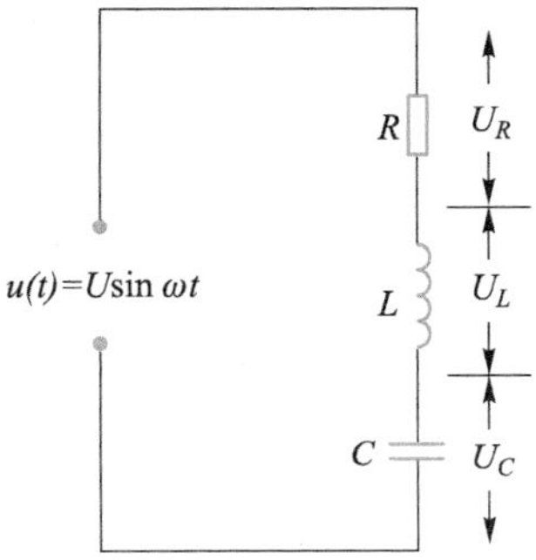

图 6-4-3　*RLC* 串联电路

以上参量均与角频率 ω 有关，它们与频率的关系称为频响特性。如图 6-4-4(b)所示，在频率 ω_0 处，电流 I 达到最大值 I_m，故 ω_0 被称为 *RLC* 串联电路的谐振(角)频率；同时，在 $\omega_1 \sim \omega_2$ 的频率范围内 I 值较大，该范围被称为通频带，通频范围为 $\Delta\omega=|\omega_2-\omega_1|$。此外，*RLC* 串联电路在谐振频率 ω_0 处还具有以下特性：

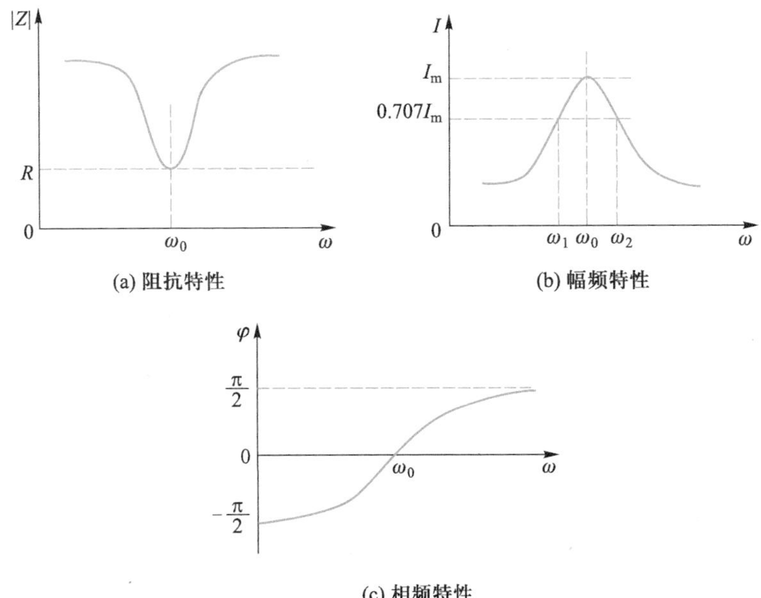

图 6-4-4　*RLC* 串联电路

① 回路中阻抗 Z 幅值最小，等于 R，且整个电路呈纯电阻性。

② 满足 $\omega_0=\frac{1}{\sqrt{LC}}$ 时，$|Z|=R, I_m=\frac{U}{R}, \varphi=0$。

③ 电感上的电压：

$$U_L=I_m|Z_L|=\frac{\omega_0 L}{R}U \tag{6-4-15}$$

电容上的电压：

$$U_C=I_m|Z_C|=\frac{1}{\omega_0 RC}U \tag{6-4-16}$$

U_C或 U_L与 U 的比值称为品质因数：

$$Q=\frac{U_L}{U}=\frac{U_C}{U}=\frac{\omega_0 L}{R}=\frac{1}{\omega_0 RC} \tag{6-4-17}$$

通常 Q 值越大回路的通频范围就越小，选频就越精确；Q 值越小回路的通频范围就越大，但是抗干扰性能也就越差。

4. 实验仪器

电学九孔板、示波器、信号源、电阻元件、电容元件、电感元件。

5. 实验内容

（1）RC 串联电路的幅频特性与相频特性

① 按图 6-4-1(a)连接好 RC 串联电路，可取 $C=0.1\ \mu F$，$R=1\ k\Omega$，也可自选参量。

② 将示波器两通道的信号连接线输入端分别与信号源电压 U 和电阻电压 U_R相连接，接地端应位于线路中的同一点，否则会引起某通道信号接地而无显示。

③ 调节信号源，选择正弦波信号，并保持其输出幅度不变。

④ 从低到高调节信号源频率 f，观察示波器上两个波形的幅度和相位变化情况，并完成表 6-4-1（使用示波器测相位的方法见实验 6.2）。

⑤ 画出 RC 串联电路的幅频特性曲线与相频特性曲线。

（2）RL 串联电路的幅频特性与相频特性

① 测量 RL 串联电路的幅频特性和相频特性与测 RC 串联电路时方法类似，可选 $L=10\ mH$，$R=1\ k\Omega$，也可自选参量。

② 调节信号源，选择正弦波信号，并保持其输出幅度不变。

③ 从低到高调节信号源频率 f，观察示波器上两个波形的幅度和相位变化情况，并完成表 6-4-2。

④ 画出 RL 串联电路的幅频特性曲线与相频特性曲线。

（3）RLC 串联电路的幅频特性与相频特性

① 按图 6-4-3 连接好 RLC 串联电路，根据自选的 L、C 值，估算谐振频率 f_0。

② 将示波器两通道的信号连接线输入端分别与信号源电压 U 和电阻电压 U_R相连接，接地端应位于线路中的同一点，否则会引起某通道信号接地而无显示。

③ 调节信号源，按估算的谐振频率 f_0选择正弦波信号，并保持其输出幅度不变（可选电压峰-峰值为 5 V）。

④ 从低到高调节信号源频率 f，观察示波器上两个波形的幅度和相位变化情况，并完成表 6-4-3。

⑤ 画出 RLC 串联回路的幅频特性曲线与相频特性曲线，并计算 Q 值。

6. 数据处理

（1）RC 串联电路的幅频特性和相频特性

表 6-4-1　*RC* 串联电路的幅频特性和相频特性

$U=$ ________ V，　$R=$ ________ Ω，　$C=$ ________ μF

f									
U_R									
比较法	Δt								
	T								
	$\Delta\varphi$								
李萨如图形法	x								
	x_0								
	$\Delta\varphi$								

根据表 6-4-1 的测量结果画出 *RC* 串联回路的幅频特性曲线与相频特性曲线。

（2）*RL* 串联电路的幅频特性和相频特性

表 6-4-2　*RL* 串联电路的幅频特性和相频特性

$U=$ ________ V，　$R=$ ________ Ω，　$L=$ ________ mH

f									
U_R									
比较法	Δt								
	T								
	$\Delta\varphi$								
李萨如图形法	x								
	x_0								
	$\Delta\varphi$								

根据表 6-4-2 的测量结果画出 *RL* 串联回路的幅频特性曲线与相频特性曲线。

（3）*RLC* 串联电路的幅频特性和相频特性

表 6-4-3　*RLC* 串联电路的幅频特性、相频特性

$U=$ ________ V，　$R=$ ________ Ω，　$C=$ ________ μF，　$L=$ ________ mH

f									
U_R									
比较法	Δt								
	T								
	$\Delta\varphi$								
李萨如图形法	x								
	x_0								
	$\Delta\varphi$								

根据表 6-4-3 的测量结果画出 *RLC* 串联回路的幅频特性曲线与相频特性曲线,并计算 Q 值。

7. 注意事项

(1) 打开信号源前,应检查好电路接线,并确保信号输出幅度为零,接通信号后,缓慢调节电压峰-峰值到约 5 V。

(2) 示波器两通道必须与系统回路共地,因此进行 U_R 测量时,电阻若非直接接地,需进行相应计算得出准确结果。

8. 思考题

使用 *R*、*L*、*C* 进行其他连接回路的设计,并分析其回路参量。

实验 6.5 电桥特性的研究与应用

电桥是将电阻、电容、电感等参量的变化转换为电压或电流的变化的一种电路。电桥电路在检测技术中应用非常广泛,根据激励电源的性质不同,可把电桥分为直流电桥和交流电桥两种;根据桥臂阻抗性质的不同,可分为电阻电桥、电容电桥和电感电桥三种;根据电桥工作时是否平衡,还可以分为平衡电桥和非平衡电桥两种。

实验 6.5A 用直流电桥测电阻

1. 引言

英国科学家惠斯通(Wheatstone)于 1843 年最早用电桥测量电阻,因此他所用的电路称为惠斯通电桥。惠斯通电桥是直流平衡电桥的一种,是测量中值电阻的重要仪器。它是用比较法进行测量的,即在平衡条件下将待测电阻与标准电阻进行反复比较以确定其阻值,是用于测量相对稳定的状态的方法。

2. 实验目的

(1) 理解直流电桥的原理和特点。

(2) 掌握使用直流电桥测电阻的方法。

(3) 分析影响电桥灵敏度的因素。

3. 实验原理

(1) 直流电桥的工作原理

一种典型的直流电桥如图 6-5A-1 所示,为一个四边形闭合回路。回路上每一条边称为“桥臂”(由电路元件组成),每一个顶点称为端点。桥臂与端点间有相对与相邻两种关系。

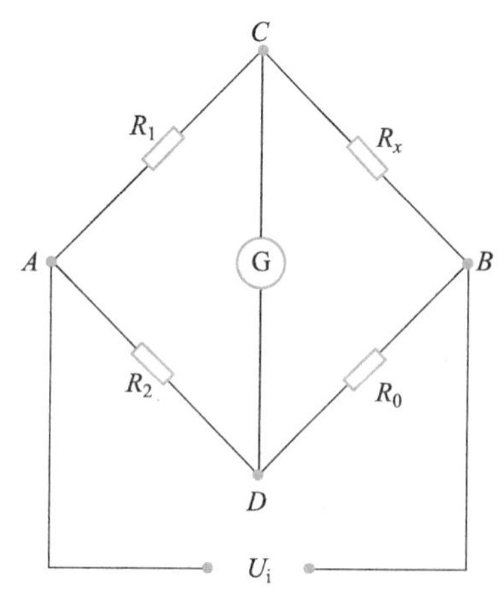

图 6-5A-1 直流电桥原理图

当直流稳定电压 U_i 接入一对相对端(AB),检流计 G 接入另外一对相对端(CD),则 CD 端之间的连线称为“桥”。检流计的作用是对 CD 端的电

势差 U_{CD} 直接进行比较；当 C、D 两点电势相等时，检流计中没有电流通过，电桥达到平衡。根据分压原理：

$$U_{CB}=\frac{R_x}{R_1+R_x}U_{\mathrm{i}} \tag{6-5A-1}$$

$$U_{DB}=\frac{R_0}{R_2+R_0}U_{\mathrm{i}} \tag{6-5A-2}$$

C、D 间输出电压为

$$U_{CD}=U_{CB}-U_{DB}=\left(\frac{R_x}{R_1+R_x}-\frac{R_0}{R_2+R_0}\right)U_{\mathrm{i}}=\frac{R_2R_x-R_1R_0}{(R_1+R_x)(R_2+R_0)}U_{\mathrm{i}} \tag{6-5A-3}$$

由于 C、D 点的电势受桥臂元件参量 R_1、R_2、R_0、R_x 与输入的直流电压 U_{i} 影响，为简化配置参量，可考虑电桥平衡时：

$$R_1R_0=R_2R_x \quad 或 \quad \frac{R_1}{R_2}=\frac{R_x}{R_0}=K \tag{6-5A-4}$$

因此，电桥的平衡条件可描述为：一对相对桥臂的乘积等于另外一对相对桥臂的乘积；或者一对相邻桥臂与另外一对相邻桥臂比率相同，桥臂比率为 K。当直流电桥用于测量未知电阻 R_x 时，利用电桥的平衡条件，可知待测桥臂 R_x 为桥臂比率 K 与比较桥臂 R_0 的乘积：

$$R_x=KR_0 \tag{6-5A-5}$$

（2）用直流电桥测电阻

使用直流电桥测量电阻，其原理是通过比较法得到待测电阻的精确值。因此实验过程需要经过参量预估、粗调、细调等环节，而且测量的精度还会受 U_{i} 以及检流计 G 的灵敏度影响，因此要考虑 U_{i} 大小和检流计 G 的精度。一般为方便计算，常把 K 设定为 10 的整数次幂，比较桥臂 R_0 则采用精度较高的电阻箱。

例 6-5A-1　根据电阻色环显示，已知待测电阻 R_x 标称值为 220 Ω，误差为 10%，使用 ZX21 型六位电阻箱作为比较桥臂 R_0，用直流电桥测量 R_x 值。

实验思路：已知 R_x 约为 220 Ω，由于检流计精度较高，因此参量设置偏差太大时，电桥由于不平衡而产生的较大的电流会通过检流计 G，不但不能指示正常偏差值，还可能导致检流计损坏。因此通过参量估计设定合理的电桥参量，才能保证电桥接通时检流计内电流不超出量程。

① 参量预估：已知 ZX21 型六位电阻箱 $R_0\leqslant 99\ 999.9$ Ω，最高位为万位。可考虑让电阻箱电阻从最高位开始有效数字取值与 R_x 值对应一致，即取 22 000 Ω，同时为让式(6-5A-5)成立，K 应选择 0.01。

② 粗调：设置好 R_0 与 K，使用保护方式连接检流计（见实验 6.1A），接通电路。观察检流计指针偏转幅度，若幅度偏转过大或超出量程，应断开电路，重新检查预设值与连线。

③ 细调：若检流计指针偏转幅度较小，则可认为预设参量大致合理，通过从最高位开始调节电阻箱，在越来越小的 R_0 变化范围内逐渐让检流计中电流接近零，

电桥达到平衡。

文档：电阻器

④ 记录：记录 R_0 的值，与 K 相乘得到 R_x。

（3）检流计灵敏度对电桥测量结果的影响

电桥是否平衡，是由检流计 G 的示数是否为零来判断的。由实验 6.1A 的内容可知，检流计的灵敏度总是有限的。假设实验用的检流计指针偏转 1 格所对应的电流为 10^{-6} A，而当流过的电流比 10^{-7} A 还小时，指针的偏转不足 0.1 格，人眼很难察觉这种偏差。

R_x 的值主要通过反复调节 R_0 得到，若 R_0 发生偏差 ΔR，电桥就失去平衡，从而有电流 ΔI_g 流过检流计。若 ΔI_g 带来的检流计示数的变化不可察觉，我们将仍然认为电桥是平衡的，此时 $R_0+\Delta R$ 就是由于检流计灵敏度不够而带来的测量误差，$K\Delta R$ 就是 R_x 的测量偏差。

设有电桥灵敏度：

$$S=\frac{\Delta d}{\dfrac{\Delta R}{R}} \tag{6-5A-6}$$

由于检流计 G 中流过电流 I_g 与偏转示数 d 之间满足一定线性关系，假设在极少电流流过时该关系依然适用，则用 S_g 表示检流计灵敏度：

$$S_g=\frac{d}{I_g}=\frac{\Delta d}{\Delta I_g} \tag{6-5A-7}$$

电桥灵敏度 S 则由输入电压 U_i，桥臂参量配置与检流计灵敏度 S_g 决定，R_g 为检流计内阻。

$$S=\frac{\Delta d}{\dfrac{\Delta R}{R}}=\frac{S_g\Delta I_g}{\dfrac{\Delta R}{R}}=\frac{S_g\,|U_{CD}|}{\dfrac{\Delta R}{R}R_g} \tag{6-5A-8}$$

现以图 6-5A-1 所示的直流电桥为例进行说明，假设四个桥臂电阻相等即 $R_1=R_2=R_x=R_0$，因 $R_0+\Delta R$ 带来的 U_{CD} 电压（绝对值）为

$$|U_{CD}|=\left|\frac{R_2R_x-R_1(R_0+\Delta R)}{(R_1+R_x)(R_2+R_0+\Delta R)}U_i\right|=\frac{R_0\Delta R}{2R_0(2R_0+\Delta R)}U_i=\frac{\Delta R}{4R_0+2\Delta R}U_i \tag{6-5A-9}$$

一般情况下，电阻变化量 ΔR 较小时，满足 $\Delta R \ll R_0$，上式分母中含 ΔR 项可以忽略。

$$|U_{CD}|\approx\frac{\Delta R}{4R_0}U_i=\frac{1}{4}\frac{\Delta R}{R_0}U_i \tag{6-5A-10}$$

实际上由于桥臂位置的对称性，改变任何一个桥臂电阻时，电桥灵敏度是相同的，因此对于其他配置的电桥，可以推广到以下形式：

$$|U_{CD}|=\alpha\frac{\Delta R}{R}U_i \tag{6-5A-11}$$

α 为与电桥桥臂配置有关的系数，对于桥臂电阻相等的情形，单臂输入的电桥 $\alpha=1/4$，半桥差动的电桥 $\alpha=1/2$，全桥差动的电桥 $\alpha=1$（见实验 6.5B 相关内容）。对此

将电桥灵敏度的概念进一步推广如下：

$$S=\frac{S_g|U_{CD}|}{\frac{\Delta R}{R}R_g}=\frac{\alpha S_g\frac{\Delta R}{R}U_i}{\frac{\Delta R}{R}R_g}=\alpha\frac{S_gU_i}{R_g} \tag{6-5A-12}$$

显然，在检流计灵敏度 S_g 一定的情况下，要使电桥灵敏度 S 变大，可以增加输入电压 U_i，或者使用配置系数 α 更高的电桥。

(4) 基本误差的允许极限电桥灵敏阈引起的不确定度

根据国家标准《GB/T 3930—2008 测量电阻用直流电桥》，电桥基本误差的允许极限由两部分组成：与基准值有关的常量项；与标度盘示值成比例的可变项。下列两项公式的正值及负值分别给出误差的两个极限值：

$$E_{\lim}=\pm\frac{c}{100}\left(\frac{R_n}{10}+R_0\right) \tag{6-5A-13}$$

式中 $E_{\lim}$ 为误差的允许极限值，单位为欧姆(Ω)；c 为用百分数表示的电桥准确度等级指数；R_n 为基准值，是桥臂配置相应有效量程内最大值的 10 的整数幂，单位为欧姆(Ω)；R_0 为标度盘示值，单位为欧姆(Ω)。

等级指数 c 不但反映了电桥中各个标准电阻(桥臂比率 K 和比较桥臂 R_0)的准确度及检流计本身的灵敏度，而且还与一定的测量范围、电源电压等因素有关。

一般在实验中由电桥的灵敏度引入的误差估测为：在电桥平衡后，使检流计偏置 0.2 格所对应的 R_0 的变化量。由式(6-5A-6)可计算得到因判断平衡导致的读数偏差最大不超过

$$\Delta R_0=0.2\times\frac{R_0}{S} \tag{6-5A-14}$$

测量结果的误差可表示为

$$\sigma_R\approx\sqrt{E_{\lim}^2+\Delta R_0^2} \tag{6-5A-15}$$

待测电阻结果可表达为

$$R_x=KR_0\pm\sigma_R \tag{6-5A-16}$$

4. 实验仪器

电学九孔板、已知电阻元件盒、待测电阻元件盒、ZX21 型六位电阻箱、直流稳压电源、AC15A 型直流检流计。

文档：AC15A 型直流检流计使用说明

5. 实验内容

(1) 参量预估：根据待测电阻 R_x，选定桥臂比率 K。

(2) 阅读检流计使用说明，并对检流计进行使用前调节

① 接通电源，打开开关，面板上“电源指示”灯亮。

② 检流计开关置“调零”挡，并进行机械调零。

(3) 用直观式电桥测电阻

① 在电学九孔板上按图 6-5A-1 所示电桥配置各桥臂元件，接好已知电阻 R_1、R_2，并使 $R_1/R_2=K$，接好待测电阻 R_x，R_0 采用电阻箱，并按预估参量进行初步设置。

② 将电桥桥端（CD 端）接入检流计输入端，检流计开关置于“非线性”挡。

③ 将直流稳压电源接入 AB 端，打开直流稳压电源开关，调节输出电压，向电桥提供直流稳定电压 $U_i=3$ V，调节时需留意检流计指针偏离是否过大。

④ 从高倍率位向低倍率位调节电阻箱使比较桥臂 R_0值达到粗平衡。

⑤ 选择更高精度的检流计量程，并继续细调电阻箱低倍率位使电桥平衡。一般检流计选择±10 nA 挡已经可以达到高精度指零。

⑥ 将数据记录于表 6-5A-1 中。

（4）将检流计开关置于“表头保护”位置，然后更换待测电阻 R_x，重复上述第（3）步。

6. **数据处理**

（1）用直观式电桥测电阻

表 6-5A-1 用直观式电桥测电阻

待测电阻	电阻标称值/Ω	K	R_0/Ω	R_x/Ω
R_{x1}				
R_{x2}				
R_{x3}				
R_{x4}				

（2）若使用 QJ23 型惠斯通电桥测量以上待测电阻，请根据表 6-5A-2 提供的参量，计算电阻不确定度，数据记录于表 6-5A-3 中。

表 6-5A-2 QJ23 型惠斯通电桥的主要技术参量

<table>
<tr><th>桥臂比率 K</th><th>有效量程/Ω</th><th>准确度等级 c</th><th>基准值 R_n/Ω</th><th>电源电压/V</th></tr>
<tr><td>0.001</td><td>1~9.999</td><td>2</td><td>10</td><td rowspan="4">4.5</td></tr>
<tr><td>0.01</td><td>10~99.99</td><td rowspan="3">0.2</td><td>10^2</td></tr>
<tr><td>0.1</td><td>100~999.9</td><td>10^3</td></tr>
<tr><td>1</td><td>1 000~9 999</td><td>10^4</td></tr>
<tr><td>10</td><td>10 000~99 990</td><td rowspan="2">0.5</td><td>10^5</td><td>6</td></tr>
<tr><td>100</td><td>100 000~999 900</td><td>10^6</td><td rowspan="2">15</td></tr>
<tr><td>1 000</td><td>1 000 000~9 999 000</td><td>2</td><td>10^7</td></tr>
</table>

表 6-5A-3 用惠斯通电桥测电阻

待测电阻	R_{x1}	R_{x2}	R_{x3}	R_{x4}
电阻标称值/Ω				
桥臂比率 K				

续表

待测电阻	R_{x1}		R_{x2}		R_{x3}		R_{x4}	
准确度等级 c								
R_0/Ω								
平衡后将 G 调偏 2 格（或平衡后调偏 0.1 μA）	左偏	右偏	左偏	右偏	左偏	右偏	左偏	右偏
R_0'/Ω								
$\Delta R_0=\lvert R_0'-R_0\rvert/\Omega$								
$\overline{\Delta R_0}/\Omega$								
测量值 KR_0/Ω								
$E_{\lim}/\Omega$								
$\sigma_R(\approx\sqrt{E_{\lim}^2+\overline{\Delta R_0^2}})/\Omega$								
$R_x(=KR_0\pm\sigma_R)/\Omega$								

7. 注意事项

（1）根据被测电阻的标称值，选择合适的桥臂比率 K，原则上应使 R_0的有效数字位数尽量多。

（2）为保护检流计，在更换待测电阻，并重新进行电桥参量设置时，必须将检流计开关置于“表头保护”位置。

（3）对于 QJ23 型惠斯通电桥，每测完一个电阻，应先断开“G”按钮开关，再断开“B”按钮开关。

8. 思考题

（1）对于已经调零的直流电桥，若增加 U_i会如何？

（2）为什么用电桥法测电阻比用伏安法测电阻更准确？

（3）用直观式电桥测电阻时，选用桥臂比率 K 为 1 时，调节 R_0能使电桥平衡值为 R_{01}。若把待测桥臂 R_x与比较桥臂 R_0位置对调，电桥不再平衡，这说明什么问题？此时重新调节 R_0，使电桥平衡的值为 R_{02}，试证明该情况下，R_x 的测量值应为 $R_x=\sqrt{R_{01}\cdot R_{02}}$。

实验 6.5B 非平衡电桥电压输出特性的研究

1. 引言

根据电桥工作时是否平衡可将电桥分为平衡电桥和非平衡电桥两类。平衡电桥通过比较待测电阻与标准电阻，从而得到待测电阻 R_x的值。而在实际的工程测试中，很多待测物理量是连续变化的，将相应的阻值变化元件放置在电桥的待测电阻桥臂上时，电桥多处于非平衡的工作状态，故利用电桥输出的非平衡电压可以对引起待测电阻变化的其他物理量进行测量。配合数据采集设备,还可以实时记录物理量变化曲线,实现自动检测系统。

2. 实验目的

(1) 了解非平衡电桥的工作原理。

(2) 研究非平衡电桥电压输出特性,了解半桥差动电路和全桥差动电路。

(3) 了解不同热电元件的温度特性。

(4) 掌握数据拟合在实验数据处理中的应用。

3. 实验原理

(1) 非平衡电桥电压输出特性

非平衡电桥原理与直流电桥原理是一致的。使用非平衡电桥测量时,同样需要根据测量要求预设电桥参量。

由实验 6.5A 可知,对于如图 6-5A-1 所示的直流电桥,当电桥平衡时 $U_{CD}=0$。若此时调节一个或多个桥臂的电阻,就会使电桥失去平衡,电路中 C、D 两点将输出非平衡电压 U_{CD}。

① 单臂调节非平衡电桥电压输出特性

如图 6-5B-1 所示,当平衡的直流电桥中 R_0的阻值由原来的 R_0变化为 $R_0+\Delta R$,设各桥臂电阻相等(等臂电桥)即 $R_1=R_2=R_3=R_0$,则 C、D 间有非平衡电压输出:

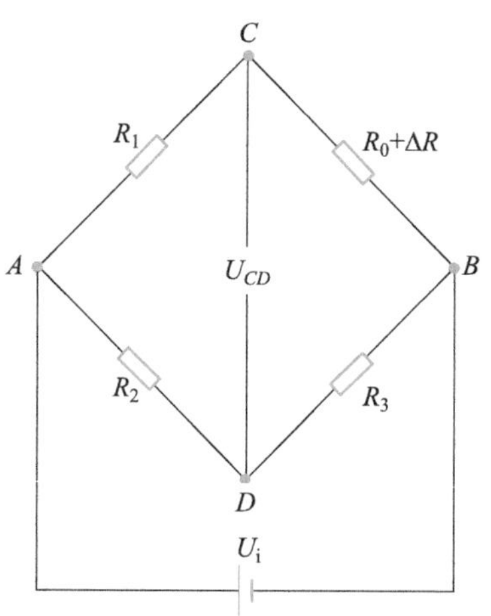

图 6-5B-1 单臂调节非平衡电桥

$$
\begin{aligned}
U_{CD}&=\left(\frac{R_0+\Delta R}{R_0+\Delta R+R_1}-\frac{R_3}{R_2+R_3}\right)U_i\\
&=\frac{R_0R_2+\Delta RR_2-R_1R_3}{(R_0+\Delta R+R_1)(R_2+R_3)}U_i\\
&=\frac{\Delta RR_0}{2R_0(2R_0+\Delta R)}U_i\\
&=\frac{\Delta R}{2R_0(2+\Delta R/R_0)}U_i
\end{aligned}
\tag{6-5B-1}
$$

显然当 $\Delta R/R_0\ll1$ 时,该微小项可以略去,U_{CD}与 ΔR 呈线性关系:

$$U_{CD}=\frac{\Delta R}{4R_0}U_i \tag{6-5B-2}$$

使用经过电桥校正后的单臂调节非平衡电压 U_{CD}输出电压灵敏度 S_U为

$$S_U=\frac{U_{CD}}{\Delta R}=\frac{U_i}{4R_0} \tag{6-5B-3}$$

注意,对于非等臂电桥或不满足 $\Delta R/R_0\ll1$ 的情况,读者可自行推导 U_{CD} 与 S_U。

② 半桥差动电路

若在等臂电桥的一对相邻桥臂中接入两个阻值变化量符号相反的可变电阻，则构成半桥差动电路，如图 6-5B-2 所示。此时有

$$U_{CD}=\left(\frac{R_0+\Delta R}{2R_0}-\frac{R_3}{R_2+R_3}\right)U_{\mathrm{i}}=\frac{\Delta R}{2R_0}U_{\mathrm{i}} \tag{6-5B-4}$$

显然，半桥差动电路输出电压灵敏度是单臂输入时的两倍，S_U为

$$S_U=\frac{U_{CD}}{\Delta R}=\frac{U_{\mathrm{i}}}{2R_0} \tag{6-5B-5}$$

③ 全桥差动电路

若在等臂电桥的两对相邻桥臂中接入阻值变化量符号相反的可变电阻，且相对桥臂中接入的是变化量符号相同的可变电阻，则构成全桥差动电路，如图 6-5B-3 所示。此时有

$$U_{CD}=\frac{\Delta R}{R_0}U_{\mathrm{i}} \tag{6-5B-6}$$

显然，全桥差动电路输出电压灵敏度是单臂输入时的四倍，S_U为

$$S_U=\frac{U_{CD}}{\Delta R}=\frac{U_{\mathrm{i}}}{R_0} \tag{6-5B-7}$$

（2）热电元件的电阻-温度（$R-T$）特性

① 金属电阻

多数的金属电阻会随温度升高而增大，有如下关系式：

$$R_T=R_0(1+\beta_1 T) \tag{6-5B-8}$$

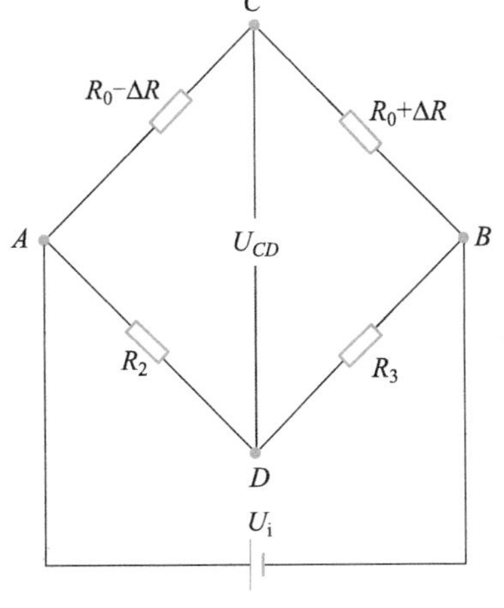

图 6-5B-2　半桥差动电路

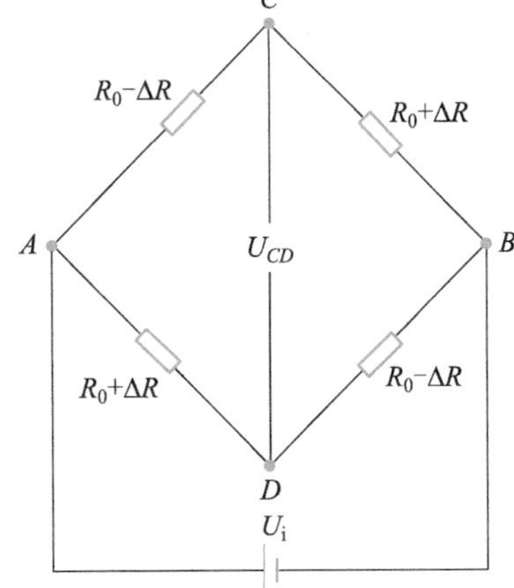

图 6-5B-3　全桥差动电路

式中：R_0为 $T=0$ ℃时金属电阻值，β_1为电阻温度系数，单位为℃$^{-1}$。严格而言，β_1一般与温度有关，但本实验所用金属电阻在-50 ℃～100 ℃范围内可将 β_1 视为常量。

于是有

$$\beta_1=\frac{R_T-R_0}{R_0T}=\frac{\Delta R}{R_0T} \tag{6-5B-9}$$

② 负温度系数热敏电阻

负温度系数(negative temperature coefficient,NTC)热敏电阻的阻值随温度的升高呈现非线性的指数降低关系,如图 6-5B-4 所示,其工作温度范围一般在-50 ℃~150 ℃之间。热敏电阻与金属电阻相比,具有热敏系数大,常温下电阻值较大(一般在数千欧姆以上),结构简单,价格低廉,适于动态测量的特点,在测试和自动控制领域得到广泛应用。从元件的应用来看,热敏电阻主要有温度补偿、抑制浪涌电流和温度测量等功能,但其电阻与温度的关系具有非线性,因此在进行精度较高的大范围温度测量中,常要进行较复杂的分段线性校正或补偿。

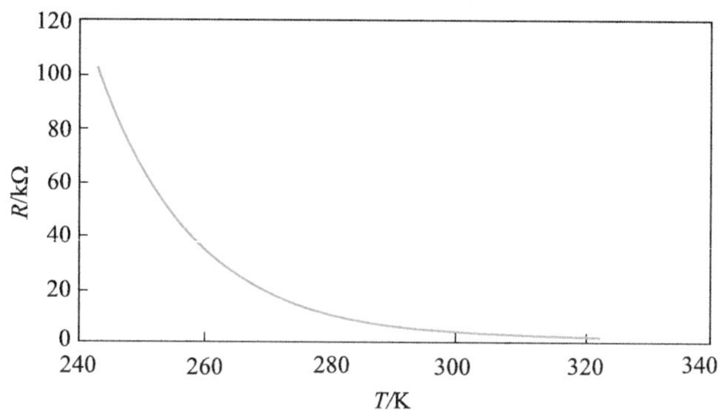

图 6-5B-4 NTC 热敏电阻的 $R-T$ 特性曲线

热敏电阻的温度特性可以用经验公式表示:

$$R_T=R_0e^{\beta_2\left(\frac{1}{T}-\frac{1}{T_0}\right)} \tag{6-5B-10}$$

其中:T 为开尔文温度。R_T为温度为 T 时,测得的热敏电阻零功率阻值,单位为 kΩ;R_0为电阻标称值,特指 T_0为 300K 时测得的零功率电阻值,单位为 kΩ;β_2为热敏常量,定义为两个温度下测得的零功率电阻值的自然对数之差与这两个温度倒数之差的比值,由生产过程决定,数值一般在 2 000~7 000 K 内。标定β_2值时,可选取数个温度下的 R_T值进行拟合。

若单臂调节非平衡电桥的调节桥臂使用 NTC 热敏电阻,按图 6-5B-1 接线,由于热敏电阻阻值变化范围宽,难以满足 $\Delta R\ll R_0$条件。其他三个桥臂的电阻均按 T_0时的阻值 R_0来计算,有以下关系:

$$U_{CD}=\frac{R_0\left[e^{\beta_2\left(\frac{1}{T}-\frac{1}{T_0}\right)}-1\right]}{2R_0\left[e^{\beta_2\left(\frac{1}{T}-\frac{1}{T_0}\right)}+1\right]}U_i=\frac{e^{\frac{\beta_2}{T}}-e^{\frac{\beta_2}{T_0}}}{e^{\frac{\beta_2}{T}}+e^{\frac{\beta_2}{T_0}}}\cdot\frac{U_i}{2} \tag{6-5B-11}$$

即通过配置 β_2/T,可调节该非平衡电桥的热电线性响应区。

4. 实验仪器

电学九孔板、已知电阻元件盒、热电元件、滑线变阻器(或电位器)、ZX21 型六位电阻箱、直流稳压电源、数字式万用表、温度控制器。

5. 实验内容

（1）测量单臂调节非平衡电桥电压输出特性

① 如图 6-5B-1 所示，将热电元件接入非平衡电桥 BC 端。

② R_1、R_2采用 300K 时阻值为 R_0的定电阻。

③ R_3采用电阻箱（阻值调节到 R_0）。

④ 将数字式万用表以电压挡接入 CD 端，直流稳压电源接入 AB 端，调节电压 $U_i=3$ V。

⑤ 微调电阻箱使电桥平衡（$U_{CD}=0$）。

⑥ 将热电元件放入恒温井，打开温度控制器电源，记录传感器温度 T_0。

⑦ 按“升温”按钮设定温度控制器温度到约 75 ℃，按“确定”按钮，加热器开始工作，加热指示灯亮。

⑧ 每升温 5 ℃记录一次 U_{CD}与温度 T，根据式（6-5B-8）或式（6-5B-10）完成表 6-5B-1。

⑨ 画出 $U_{CD}-T$ 关系曲线，用最小二乘法拟合得到采用热电元件的单臂调节非平衡电桥的热电转换系数 $\mathrm{d}U/\mathrm{d}T$。

⑩ 画出 R_T-T 关系曲线，计算 0 ℃时热电元件电阻值 R(0 ℃)。

⑪ 完成实验并关闭温度控制器电源，拆除连接线。

（2）测量半桥差动电路电压输出特性

① 如图 6-5B-2 所示，将滑线变阻器定脚 1、3 接入半桥差动电路 AB 端。

② 将滑线变阻器动脚 2 连接到半桥差动电路 C 点。

③ R_2、R_3采用值为滑线变阻器标称值一半的定电阻。

④ 将数字式万用表以电压挡接入 CD 端，直流稳压电源接入 AB 端，调节电压 $U_i=3$ V。

⑤ 调节滑线变阻器动脚 2 使 $U_{CD}=0$，记录标尺刻度 x_0，标尺总长 L_0。

⑥ 调节滑线变阻器动脚 2 到下一刻度 x_n，记录标尺间隔 $\Delta L=|x_0-x_n|$，并记录对应 U_{CD}，完成表 6-5B-2。

⑦ 画出 $U_{CD}-\Delta R$ 曲线，计算半桥差动电路输出电压灵敏度 S_U并与理论值比较。

6. 数据处理

（1）测量单臂调节非平衡电桥电压输出特性

① $R_0=$________Ω，$T_0=$________℃。

表 6-5B-1　单臂调节非平衡电桥测量数据

T/℃	35	40	45	50	55	60	65	70
U_{CD}/mV								
ΔR/Ω								
R_T/Ω								

② 画出 U_{CD}-T 关系曲线。

③ 计算电桥的热电转换系数 dU/dT。

④ 画出 R_T-T 关系曲线。

⑤ 计算 0 ℃时热电元件电阻值 R(0 ℃)。

(2) 测量半桥差动电路电压输出特性

① 滑线变阻器总阻值($2R_0$) = ________Ω,

R_0 = ________Ω,

$U_{CD}=0$ 时标尺刻度 x_0 = ________,

标尺总长 L_0 = ________。

表 6-5B-2 半桥差动电路测量数据

x_n										
U_{CD}/mV	0									
ΔL	0									
$\Delta R/\Omega$ ($\Delta R=2R_0\Delta L/L_0$)	0									

② 画出 U_{CD}-ΔR 曲线。

③ 计算半桥差动电路输出电压灵敏度 S_U。

7. 注意事项

(1) 应按测量直流电桥时的类似步骤调节本实验中电桥的平衡。

(2) 由于有加热装置,实验完毕应切断电源。

8. 思考题

(1) 在单臂调节非平衡电桥中,如 $R_0=R_3$,$R_1=R_2$,试探究 R_1/R_0分别为 10、1、0.1 时的输出电压灵敏度 S_U。

(2) 试列举三种可以使用全桥差动电路的测量案例。

实验 6.5C 交流电桥的原理与设计

1. 引言

交流电桥是测量各种交流阻抗(如容抗、感抗等)的基本仪器。此外还可利用交流电桥平衡条件与频率的相关性来测量与电容、电感有关的其他物理量,如互感、磁性材料的磁导率、电容的介质损耗因数、介电常数和电源频率等。交流电桥测量准确度和灵敏度都很高,在电磁测量中应用极为广泛。

交流电桥与直流电桥相仿,其基本线路都由四个桥臂组成。不同的是交流电桥四个桥臂是电阻、电感和电容等阻抗或者它们的组合,且用交流电源供电,因此电桥平衡的指示器就必须用交流电表。

2. 实验目的

(1) 了解交流电桥的平衡原理,学习调节交流电桥平衡的方法。

（2）学会使用等效电路进行元件分析。

（3）学会使用交流电桥测量电感、电容及其他有关参量。

3. 实验原理

（1）交流电桥及平衡条件

交流电桥的电路形式如图 6-5C-1 所示，与直流电桥的区别有：

① 桥臂中四个元件不再是纯电阻 R，而是由电容 C、电感 L 或 RLC 串并联组成的复阻抗 Z。

② 交流电桥采用交流电源。

③ 平衡指示器采用高灵敏度的交流电表。

图 6-5C-1　交流电桥

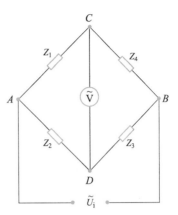

假设电桥四个桥臂的复阻抗为 Z_1、Z_2、Z_3、Z_4，当电桥平衡时，即 A 和 B 之间的交流电势差为零，此时有

$$\tilde{Z}_1\tilde{Z}_3=\tilde{Z}_2\tilde{Z}_4 \qquad (6\text{-}5C\text{-}1)$$

这就是交流电桥的平衡条件，显然需要实部与虚部分别相等才能成立。

如果把阻抗写成复指数形式：$\tilde{Z}_1=|Z_1|e^{j\varphi_1}$，$\tilde{Z}_2=|Z_2|e^{j\varphi_2}$，$\tilde{Z}_3=|Z_3|e^{j\varphi_3}$，$\tilde{Z}_4=|Z_4|e^{j\varphi_4}$，其中 $|Z_n|(n=1,2,3,4)$ 为幅模，φ 为幅角，则电桥平衡时的另一形式的表达式为

$$\begin{cases}|Z_1||Z_3|=|Z_2||Z_4|\\ \varphi_1+\varphi_3=\varphi_2+\varphi_4\end{cases} \qquad (6\text{-}5C\text{-}2)$$

显然，要使电桥平衡，除两对相对桥臂的幅模乘积相等外，两对相对桥臂的幅角和也要相等（平衡），则桥路中需要两个桥臂以上为复阻抗才能成立。按最简单桥路的桥臂配置原则，为了使线路结构简单和实现“分别读数”，常把电桥的两个桥臂设计成纯电阻，这样除了被测桥臂为复阻抗以外，只剩下一个桥臂具有复阻抗性质，即只需要考虑两个桥臂的相位平衡条件。

（2）测量电容的电桥

① 电容器的介质损耗因数 D

当交流信号加在电容器两端时，电容器在工作中会因介质损耗而导致通过电容器的电流相位并非滞后电压相位 90°，而是偏离一个角度 δ，这个角就是电容器的损耗角。因此在对一个被测电容器进行等效分析时，常用一个理想电容器 C_x 和一个损耗电阻 R_x 构成其等效电路。对于低损耗的电容器，可以串联电阻电容的等效电路进行分析；对于损耗大的电容器，可以使用并联电阻电容的等效电路进行分析，如图 6-5C-2 所示。

习惯上以损耗角 δ 的正切值 $\tan\delta$ 表示介质损耗因数 D：

$$D=\tan\delta \qquad (6\text{-}5C\text{-}3)$$

D 是一个量纲为 1 的量，D 增大意味着电容器绝缘能力下降。

文档:电容的等效串联电阻

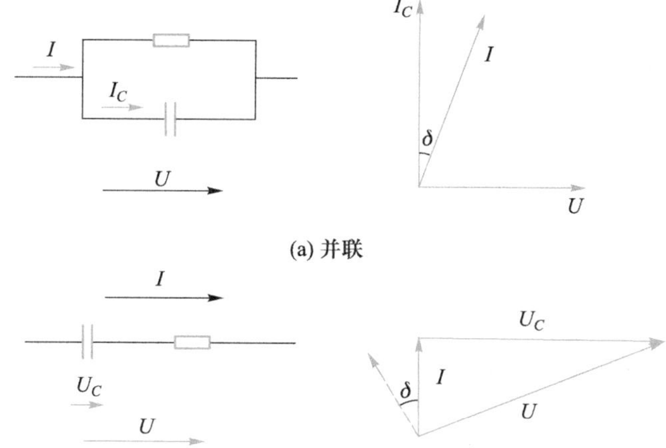

图 6-5C-2 等效连接与损耗角示意图

② 串联电阻电容电桥

现考虑如图 6-5C-3 所示电桥,其中 R_A 和 R_B 表示两桥臂为纯电阻。为保证式(6-5C-2)中等号两边幅角平衡,另外两桥臂 Z_X、Z_N 均等效为电阻电容串联结果,f 为交流信号源频率,$\omega=2\pi f$。

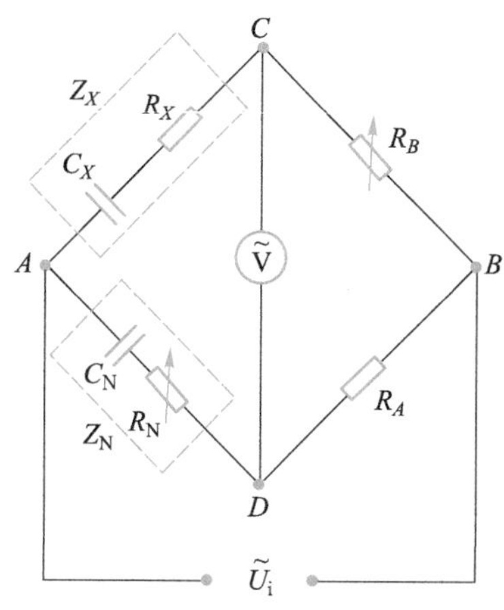

图 6-5C-3 串联电阻电容电桥

$$Z_X=R_X+\frac{1}{\mathrm{j}\omega C_X} \tag{6-5C-4}$$

$$Z_N=R_N+\frac{1}{\mathrm{j}\omega C_N} \tag{6-5C-5}$$

将以上参量代入式(6-5C-1)有

$$R_A\left(R_X+\frac{1}{\mathrm{j}\omega C_X}\right)=R_B\left(R_N+\frac{1}{\mathrm{j}\omega C_N}\right) \tag{6-5C-6}$$

当电桥平衡时,此式等号两端实部和虚部分别相等,得

$$C_X=\frac{R_A}{R_B}C_N \tag{6-5C-7}$$

$$R_X=\frac{R_B}{R_A}R_N \tag{6-5C-8}$$

$$D=\tan\delta=2\pi fR_XC_X=2\pi fR_NC_N \tag{6-5C-9}$$

式中 R_N、C_N 为电桥平衡时比较桥臂上电阻箱和电容箱的读数值。可见,适当设置 R_A 和 R_B 的值,然后反复调节 R_N、C_N,直到交流电桥的平衡指示器达到零,则待测电容器的电容 C_X、损耗电阻 R_X、介质损耗因数 D 就可以根据式(6-5C-7)、式(6-5C-8)和式(6-5C-9)求得。

(3) 测量电感的电桥

① 电感的品质因数 Q

电感的品质因数也叫电感的 Q 值,是一个量纲为 1 的量,指电感器在某一频率的交流电压下工作时,其感抗与等效损耗电阻之比。电感的 Q 值越高,损耗越小,但过高的 Q 值也会引起电路振荡,使电感烧毁,电容击穿。所以常通过增加线圈绕组电阻或使用功耗较大的磁芯来降低 Q 值。

$$Q=\frac{1}{\tan\delta} \tag{6-5C-10}$$

② 串联电阻电感电桥

测量电感的电桥如图 6-5C-4 所示,又称麦克斯韦-维恩电桥。图中 L_X、R_X 分别为待测电感器的电感和损耗电阻。当电桥平衡时,有

$$(R_X+\mathrm{j}\omega L_X)\left(\frac{R_\mathrm{N}}{\mathrm{j}\omega R_\mathrm{N}C_\mathrm{N}+1}\right)=R_AR_B \tag{6-5C-11}$$

$$L_X=R_AR_BC_\mathrm{N} \tag{6-5C-12}$$

$$R_X=\frac{R_AR_B}{R_\mathrm{N}} \tag{6-5C-13}$$

$$Q=2\pi fL_X/R_X=2\pi fR_\mathrm{N}C_\mathrm{N} \tag{6-5C-14}$$

式中 C_N、R_N 为电桥平衡时电容箱和电阻箱的读数值,f 为提供的交流信号源频率。

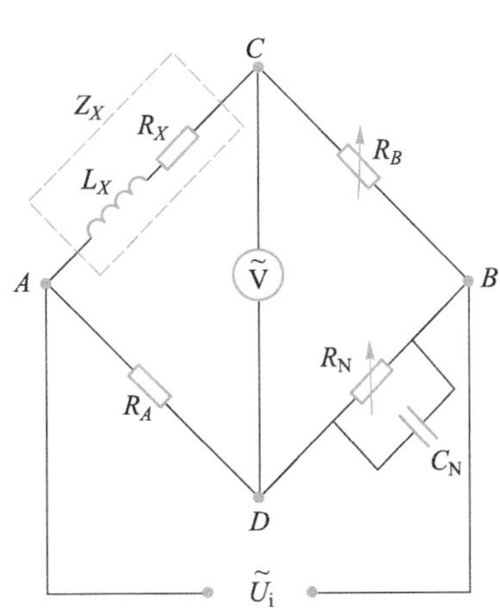

图 6-5C-4 串联电阻电感电桥

(4) 海氏电桥(Hay bridge)

海氏电桥也是一种交流电桥,主要用于测量各种交流阻抗,其测量准确度和灵敏度都很高,其结构如图 6-5C-5 所示,平衡条件为

$$(R_X+\mathrm{j}\omega L_X)\left(R_\mathrm{N}+\frac{1}{\mathrm{j}\omega C_\mathrm{N}}\right)=R_AR_B \tag{6-5C-15}$$

简化和整理后,有

$$\begin{cases} L_X=\dfrac{R_AR_BC_\mathrm{N}}{1+(\omega C_\mathrm{N}R_\mathrm{N})^2} \\ R_X=\dfrac{R_AR_BR_\mathrm{N}(\omega C_\mathrm{N})^2}{1+(\omega C_\mathrm{N}R_\mathrm{N})^2} \end{cases} \tag{6-5C-16}$$

显然该电桥的平衡条件与频率有关,如果电感线圈的 Q 值很高,即 $\omega L_X/R_X\gg1$ 则由平衡方程的虚部可知 $\omega C_\mathrm{N}R_\mathrm{N}\ll1$,所以有

$$L_X\approx R_AR_BC_\mathrm{N} \tag{6-5C-17}$$

此时 L_X 与频率无关。

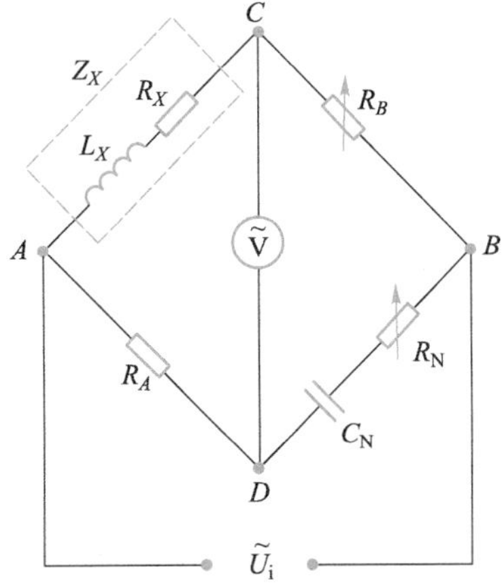

图 6-5C-5 海氏电桥

4. 实验仪器

DH4518 型交流电桥实验仪。

文档:交流电桥实验仪

5. **实验内容**

(1) 电容 C_X及其介质损耗因数 D 的测量

① 阅读交流电桥试验仪文档,按图 6-5C-3 连接电路。

② 将 C_X标称值与 C_N代入式(6-5C-7)、式(6-5C-8),估计 R_A、R_B值。

③ 调节f=1 000 Hz,将检零灵敏度电位器向左调节到底,打开 DH4518 型交流电桥实验仪电源。

④ 逐步右旋检零灵敏度电位器,并反复调节 R_N、R_B使交流检零仪指针指零,直到检零灵敏度电位器右旋到底(灵敏度最高)。

⑤ 记录 C_N、R_N值,并计算 C_X、R_X、D。

⑥ 实验完成后将检零灵敏度电位器向左调节到底,关闭电源。

(2) 电感 L_X及其品质因数 Q 的测量

① 按图 6-5C-4 连接电路。

② 将 L_X标称值与 C_N代入式(6-5C-12)、式(6-5C-13),估计 R_A、R_B值。

③ 调节f=1 000 Hz,将检零灵敏度电位器向左调节到底,打开 DH4518 型交流电桥实验仪电源。

④ 逐步右旋检零灵敏度电位器,并反复调节 R_N、R_B使交流检零仪指针指零,直到检零灵敏度电位器右旋到底(灵敏度最高)。

⑤ 记录 C_N、R_N值,并计算 L_X、R_X、Q。

⑥ 实验完成后将检零灵敏度电位器向左调节到底,关闭电源。

6. **数据处理**

自拟表格并计算。

7. **注意事项**

(1) 由于仪器使用模块化设计,连接时可按桥臂依次接入各个端点间。

(2) 交流电桥使用的是灵敏度可调的交流检零仪,实验开始前,应向左调节检零灵敏度电位器到尽头(灵敏度最低),并根据实验过程中电桥的平衡程度逐渐向右调节(灵敏度逐渐变高)。

8. **思考题**

(1) 交流电桥与直流电桥有什么不同?

(2) 如使用示波器作为交流电桥的平衡指示设备,应如何接线才能保证系统具有公共接地端?

(3) 交流电桥的桥臂是否可以选择不同性质的阻抗元件? 应如何选择?

(4) 图 6-5C-6(a)所示为西林电桥,图 6-5C-6(b)所示为欧文电桥,试推导两个电桥的平衡条件。

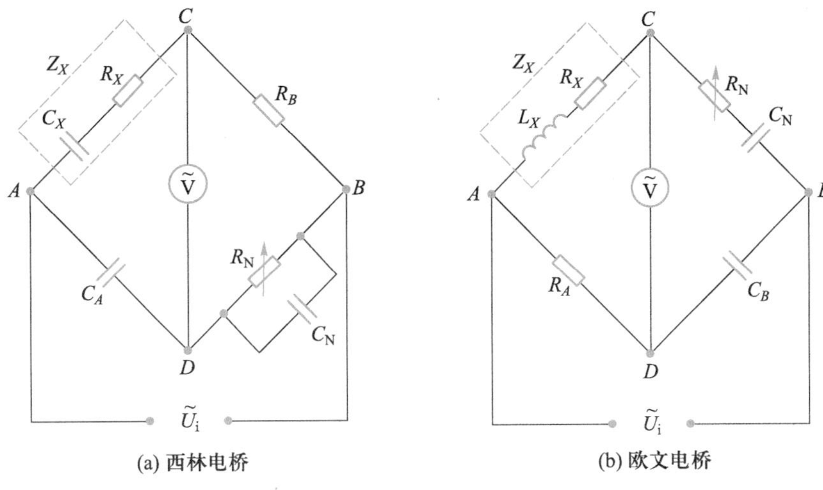

(a) 西林电桥 (b) 欧文电桥

图 6-5C-6

实验 6.6 用霍耳效应法测磁场

1. 引言

载流的导体或半导体放到磁场中出现的电现象和热现象称为磁场电效应。霍耳效应属于磁场电效应，一般是指常规霍耳效应（ordinary Hall effect），是 1879 年霍耳（Edwin Hall）在研究载流导体在磁场中受力的性质时发现的。利用霍耳效应可以用于判断半导体的导电类型以及计算多数载流子的浓度和迁移率。根据该效应制成的霍耳传感器被广泛用于磁场探测、机电隔离等领域。

在常规霍耳效应发现约 100 年后，德国物理学家克利青（Klitzing）等在研究极低温度和强磁场中的半导体时发现了量子霍耳效应（quantum Hall effect），克利青为此获得了 1985 年的诺贝尔物理学奖。1982 年，崔琦（Tsui）、施特默（Störmer）在更低温度、更强磁场下研究量子霍耳效应时发现了分数量子霍耳效应（fractional quantum Hall effect），他们为此获得了 1998 年的诺贝尔物理学奖。此后，量子自旋霍耳效应（quantum spin Hall effect）由张首晟预言并被实验证实。如果这一效应在室温下工作，它可能导致新的低功率的“自旋电子学”计算设备的产生。

2013 年由薛其坤领衔的研究团队在量子反常霍耳效应（quantum anomalous Hall effect）研究中取得重大突破。量子反常霍耳效应，是电流和磁矩之间的自旋轨道耦合相互作用导致的霍耳效应。这是中国科学家从实验中独立观测到的一个重要物理现象，也是物理学领域基础研究的一项重要科学发现。

文档：霍耳效应的研究历史和应用

2. 实验目的

（1）了解产生霍耳效应的物理过程。

（2）了解其他磁场电效应与对霍耳电压测量的影响。

（3）学习应用霍耳效应测量磁场。

3. **实验原理**

(1) 霍耳效应

霍耳效应原理如图 6-6-1 所示，一块长为 l，宽为 b，厚为 d 的矩形 N 型半导体薄片，沿 y 方向加上一恒定工作电流 I，沿 x 方向加上恒定磁场 $\boldsymbol{B}$，其中运动电子受洛伦兹力 $\boldsymbol{F}_B$

$$\boldsymbol{F}_B=-e\boldsymbol{v}\times\boldsymbol{B} \tag{6-6-1}$$

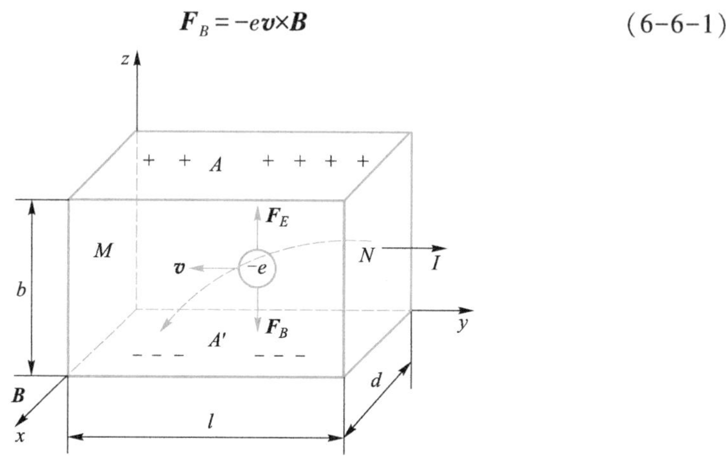

图 6-6-1 霍耳效应原理图

式中：e 为运动电子电荷量的绝对值，$\boldsymbol{v}$ 为电子运动的速度，$\boldsymbol{F}_B$ 沿 z 负方向。

在洛伦兹力的作用下，样品中的电子偏离原运动方向而沿虚线运动，并在样品下方（A'面）积聚，随着电子向下偏移，在样品上方会多出带正电的电荷（空穴）。在样品中便形成了一个沿 z 负方向的电场，在 A、A'两面间便有相应电压。

当该电场形成后，又会给运动的电荷施加一个与洛伦兹力方向相反的电场力。随着电子在 A'面不断积累，该电场力也不断增大，当电场力与洛伦兹力相等时，即 $\boldsymbol{F}_E=-\boldsymbol{F}_B$，电子积累达到动态平衡，$A$、$A'$面间便形成一个稳定的霍耳电场 E_{H}，此时有 $eE_{\mathrm{H}}-evB=0$，即

$$e\frac{V_{\mathrm{H}}}{b}=evB \tag{6-6-2}$$

设 N 型半导体的载流子浓度为 n，流过半导体样品的电流密度为 $j=env$，则

$$v=\frac{j}{ne}=\frac{I}{bdne} \tag{6-6-3}$$

将式(6-6-3)代入式(6-6-2)，并令 $R_{\mathrm{H}}=1/en$，可得

$$V_{\mathrm{H}}=\frac{IB}{end}=R_{\mathrm{H}}\frac{IB}{d} \tag{6-6-4}$$

R_{H} 称为霍耳系数，与材料有关，R_{H} 越大的材料，霍耳效应越明显。对于 N 型半导体来说，其载流子主要是带负电的电子，$R_{\mathrm{H}}<0$，对于 P 型半导体来说，$R_{\mathrm{H}}>0$，由此可判断半导体材料的类型。在实际应用中，常用式(6-6-5)对霍耳元件进行计算：

$$V_{\mathrm{H}}=K_{\mathrm{H}}I_{\mathrm{H}}B \tag{6-6-5}$$

其中 $K_{\mathrm{H}}=R_{\mathrm{H}}/d$ 称为霍耳元件的灵敏度，与载流子浓度 n、元件厚度 d 有关，单位

mV/(mA · T)或 mV/(mA · kGs);I_H 为霍耳元件的工作电流,单位 mA,过高的工作电流常会令元件损坏;B 为垂直于半导体薄片的磁感应强度,单位为 T 或 kGs(1 T=10 000 Gs)。若 K_H 已知,霍耳元件的工作电流 I_H、霍耳电压 V_H 以及所在环境的磁感应强度 B,均可通过测量与计算得到。

需要注意的是,本实验的计算是在假设霍耳元件的法线与磁场方向一致时进行的。若霍耳元件法线与磁场方向之间有夹角 θ,则需要加上因子 $\cos\theta$。

文档:霍耳系数

(2) 其他磁场电效应

① 磁场对载流子的影响

载流导体或半导体处于磁场中时所发生的与电、热有关的物理现象称为磁场电效应。磁场电效应会使其电压、电阻率发生变化,还会产生温度梯度,使载流子产生/复合的平衡发生变化,因此也和热效应紧密相关。

在磁场中,导体内载流子运动的轨迹变为以磁感应线为中心的螺旋线。回旋半径为 r_L

$$r_L=\frac{mv_F}{qB} \tag{6-6-6}$$

式中 v_F 为费米速度(费米能级对应的费米子的速度),q、m 分别为载流子电荷量和质量。若导体内载流子是完全自由的,则载流子轨迹的变化不引起导体电阻率变化;若载流子由于结合力而失去某些自由度,如存在边界散射,则会引起电阻率变化。

② 磁阻效应

许多金属、合金及金属化合物材料处于磁场中时,传导电子受到强烈磁散射,使电阻显著增大的现象称为磁阻效应。通常以电阻率的相对改变量来表示磁阻。普通金属在室温下,这种电阻变化为千分之几,铁磁性金属为百分之几,半导体的磁致电阻要大得多,而且与杂质浓度和温度有显著的关系。详细见实验 8.6 巨磁阻效应及应用。

③ 埃廷斯豪森效应

由于霍耳元件中的载流子运动速率有大有小,对速率大的载流子,洛伦兹力起主导作用,这些载流子(N 型半导体中为电子)向下偏转到 A'面,而它们带来的能量也较大,使该面的温度较高;对速率小的电子,霍耳电场力起主导作用,使这些电子向上偏转到 A 面,而它们带来的能量较小,这样 A 面温度较低。A 面与 A'面有温度差而引起温差电压 V_E。显然,V_E 与 V_H 同向。

④ 能斯特效应

由于接入工作电流的电极引线的焊接点的接触电阻不相等,通电后,两端发热程度不同,于是两点之间出现热扩散电流。这种电流在磁场、电场作用下,在 A 面与 A'面之间产生类似 V_H 的电压 V_N。显然,V_N 的方向只与磁场方向有关,与工作电流 I_H 的方向无关。

⑤ 里吉-勒迪克效应

沿导体的温度梯度垂直的方向加磁场,则导体在和原有温度梯度以及磁场平面垂直的方向又形成一个新的温度梯度。产生这种效应的物理原因是导体的温度梯度的“热流”电子在磁场所产生的洛伦兹力作用下，向垂直温度梯度和磁场组成的平面方向运动，而造成新的温度梯度。该效应产生的温差电压 V_{RL} 只与磁场的方向有关，与 I_H 的方向无关。

⑥ 不等势电势差

由于材料的不均匀性和工艺的限制，无法将霍耳电极做到同一等势面上，则输出一附加电压 V_0，V_0 与 I_H 方向有关，与磁场方向无关。

（3）霍耳电压与磁场测量

测量磁感应强度 B 的方法很多，如磁通法、核磁共振法、霍耳效应法等。其中霍耳效应法具有能测交直流磁场，简便、直观、快速等优点，应用最广。N 型锗、锑化铟、磷砷化铟、砷化镓等半导体材料霍耳系数 R_H 很高，常被用于制作霍耳元件，其中砷化镓霍耳元件以灵敏度高、线性范围广和温度系数小等优点，在磁场测量中经常被应用。

使用霍耳元件测量磁场的原理见图 6-6-2 与图 6-6-3。直流电源 E_1 为电磁铁提供励磁电流 I_M，通过电流表可以读出励磁电流 I_M 大小，I_M 与“C”型电磁铁磁芯缝隙中央磁感应强度 B 大小成正比。电源 E_2 通过可变电阻 R 为霍耳元件提供工作电流 I_H：当电源 E_2 为直流时，用毫伏表测量电阻 R 两端电压 U，计算得到回路电流 I_H，$I_H=U/R$；当 E_2 为交流电源时，应使用交流仪表进行测量。

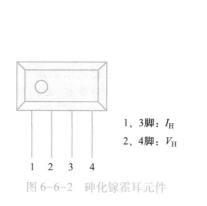

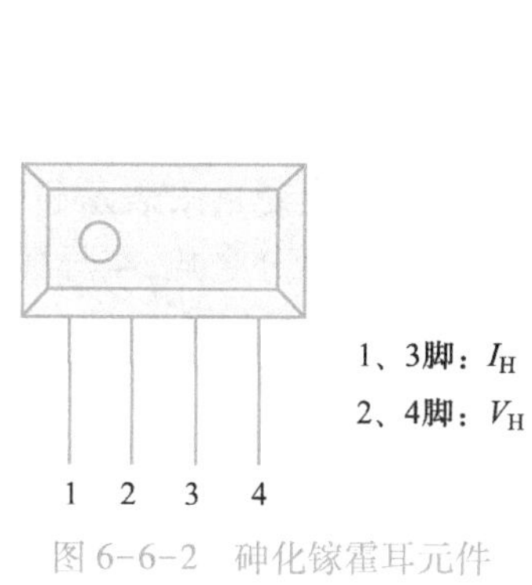

图 6-6-2 砷化镓霍耳元件

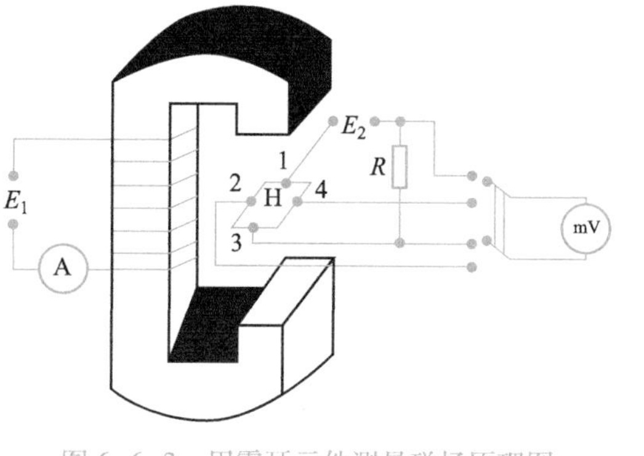

图 6-6-3 用霍耳元件测量磁场原理图

在霍耳电压测量中，其他的磁场电效应所产生的电势差总和，有时甚至远大于霍耳电压 V_H，产生明显的系统误差。但分析表明，它们有的只与工作电流 I_H 有关，有的只与所处磁场的方向有关。因此在测量过程中，可以采用对称测量法，即通过改变 I_H 和 B 的方向，使影响霍耳电压 V_H 的其他副效应电压消去。

具体测量过程可分如下四步进行：

I_H 正向，B 正向： $$V_1=V_H+V_E+V_N+V_{RL}+V_0 \tag{6-6-7}$$

I_H 负向，B 正向： $$-V_2=-V_H-V_E+V_N+V_{RL}-V_0 \tag{6-6-8}$$

I_H 负向，B 负向： $$V_3=V_H+V_E-V_N-V_{RL}-V_0 \tag{6-6-9}$$

I_H 正向，B 负向： $$-V_4=-V_H-V_E-V_N-V_{RL}+V_0 \tag{6-6-10}$$

处理后得到

$$V_1-(-V_2)+V_3-(-V_4)=4V_H+4V_E \tag{6-6-11}$$

由于温差电压 $V_E \ll V_H$，在误差允许的范围内可以略去，可得

$$V_H=\frac{1}{4}(V_1+V_2+V_3+V_4) \tag{6-6-12}$$

根据式(6-6-5)，若 K_H、I_H、V_H 已知，则可得到所在环境的磁感应强度 B。

文档：FD-HL-5 型霍耳效应实验仪

4. 实验仪器

FD-HL-5 霍耳效应实验仪[含可调直流稳流电源(0~500 mA)、直流稳压电源(0~5 mA)、直流数字电压表、数字式特斯拉计、直流电阻(取样电阻)、电磁铁、霍耳元件(砷化镓霍耳元件)、双刀双向开关、导线等]。

5. 实验内容

(1) 研究工作电流 I_H 与霍耳电压 V_H 之间关系

① 阅读仪器说明书，确认磁场换向开关、工作电流换向开关、毫伏表切换开关的位置。

② 将霍耳元件置于"C"型电磁铁中心处，并接好导线。

③ 调节励磁电流 I_M=400 mA。

视频：用霍耳效应法测磁场

④ 调节霍耳元件的工作电流 I_H 依次为 0.5 mA、1.0 mA、1.5 mA、2.0 mA、2.5 mA，采用对称测量法，分别使用式(6-6-12)测得相应工作电流下的霍耳电压 V_H，完成表 6-6-1。

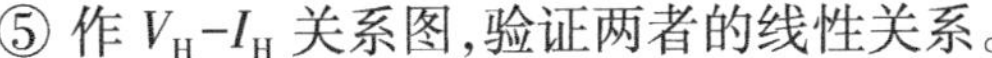

⑤ 作 V_H-I_H 关系图，验证两者的线性关系。

(2) 测量霍耳元件的灵敏度 K_H

① 学习数字式特斯拉计的使用。

② 将霍耳元件置于"C"型电磁铁中心处，并接好导线。

③ 调整工作电流 I_H 为 1.00 mA。

④ 调节励磁电流 I_M 分别为 50 mA、100 mA、150 mA、200 mA、…，采用对称测量法，分别记录相应 I_M 下霍耳元件的霍耳电压 V_H 和数字式特斯拉计测得的磁感应强度 B，完成表 6-6-2。

⑤ 作 V_H-B 关系图。

⑥ 计算霍耳元件的灵敏度 K_H，验证式(6-6-5)。(注意：N 型霍耳元件灵敏度为负值。)

(3) 测量磁芯缝隙处横向磁感应强度分布 B-x 曲线

① 调节霍耳元件支架的调节旋钮，将霍耳元件移到电磁铁磁芯缝隙左端。

② 调节励磁电流 I_M=400 mA，霍耳电流 I_H=1 mA。

③ 调节霍耳元件支架的调节旋钮，使霍耳元件从电磁铁磁芯缝隙左端移到右端，测量磁感应强度 B 随水平 x 方向的分布 B-x(磁感应强度 B 由数字式特斯拉计测量，x 位置由支架上水平标尺读得，数据记录于表 6-6-3 中。测量磁场沿 x 方向的分布不必考虑消除副效应)。

6. 数据处理

(1) 研究工作电流 I_H 与霍耳电压 V_H 之间关系

表 6-6-1 工作电流 I_H 与霍耳电压 V_H 测量数据

I_M = 400 mA； R = 300.0 Ω； B = ________ T

I_H/mA	$U(=I_H R)$/mV	V_1/mV	V_2/mV	V_3/mV	V_4/mV	V_H/mV
0.5	150					
1.0	300					
1.5	450					
2.0	600					
2.5	750					

作 V_H-I_H 关系图，验证两者的线性关系。

（2）测量霍耳元件的灵敏度 K_H

表 6-6-2 霍耳元件灵敏度测量数据

U = 300.0 mV； R = 300.0 Ω； I_H = 1.0 mA

$B=\frac{1}{4}(|B_1|+|B_2|+|B_3|+|B_4|)$

I_M/mA	V_1/mV	B_1/mT	V_2/mV	B_2/mT	V_3/mV	B_3/mT	V_4/mV	B_4/mT	V_H/mV	B/mT
50										
100										
150										
200										
250										
300										
350										
400										

作 V_H-B 关系图，计算霍耳元件的灵敏度 K_H，验证式(6-6-5)。

（3）测量磁芯缝隙处横向磁感应强度分布 B-x 曲线

表 6-6-3 磁场分布测量数据

x/mm									
B/mT									

作 B-x 曲线。

7. 注意事项

（1）仪器应预热 15 分钟，待电路接线正确，方可进行实验。

（2）直流稳流电源 E_1 提供电磁铁励磁电流 I_M(0～500 mA)，直流稳压电源 E_2 提供霍耳元件工作电流 I_H(0～5 mA)，两者不能互换，否则必损坏霍耳元件。

(3) 电磁铁励磁线圈通电时间不宜过长,否则线圈易发热,影响实验结果。

(4) 励磁电流 I_M 不得超过 0.5 A,外接其他电源时须注意。

8. 思考题

(1) 由于霍耳效应建立电场所需时间很短($10^{-14}\sim10^{-12}$ s),因此通过霍耳元件的工作电流用直流或交流都可以。若工作电流 $I_H=I_0\sin\omega t$,则 V_H 应该用什么仪器测量?

(2) 若测量霍耳元件的磁场为交变磁场,V_H 的各项参量会受哪些物理量影响?

第 7 章 光学实验

光学是研究光的传播以及它和物质相互作用的问题的学科。光学是物理学中一门重要的基础学科，也是一门应用性很强的学科。若不涉及光的发射和吸收等物质相互作用过程的微观机制，光学在传统上可分为几何光学和波动光学：当光的波动效应不明显时，光的传播遵循直线传播、反射、折射等定律，这便是几何光学；而研究光的波动性（干涉、衍射、偏振等）的相关内容，称为波动光学。

光学的应用十分广泛，比如将几何光学原理用于设计各种光学仪器；将光的干涉用于精密测量；将衍射光栅用于分光与光谱研究；光谱则在人类认识物质的微观结构中起了重要作用；傅里叶光学则用于信息处理与光学计算。

进行光学实验时，学生要对光源、光路、光学元件与光学实验现象这四个要素综合考虑：学会根据实验目的选择平行、扩展、单色、复色光源，学会通过分析实验现象反馈到光路调节中，学会选用参量适合的光学元件，学会使用放大光路使实验现象清晰呈现。实验过程中要注意光学元件一般为玻璃制品，较为精密和贵重，且易于损坏，因此手指不应接触光学元件的通（反）光面，拿取时应接触磨砂面或者边框。

文档：光源的光谱

实验 7.1　光学基本仪器的介绍

实验 7.1A　常用光源

任何发光的物体都可叫作光源。太阳、火焰、钨丝白炽灯、日光灯、水银灯等都是我们日常生活中熟悉的光源。光源通过不同的发光方式发出光波，可见光的波长范围在 380~780 nm 之间。波长小于 380 nm 的为紫外线，波长大于 780 nm 的为红外线。按光速为 3×10^{8} m/s 计算，可见光对应的频率范围是 $(3.8\sim7.9)\times10^{14}$ Hz。光学实验中的光源可以是可见光，也可以是红外线或者紫外线；可以是单色光，也可以是复色光；可以是方向性好的激光，也可以是扩散光；可以具有连续光谱，也可以具有线光谱，如图 7-1A-1 和图 7-1A-2 所示。而无论何种光源，均会影响实验现象并对采用的光路、光学元件有具体要求。因此了解实验室各种光源的发光方式对于实验开展相当重要。

1. 白光光源

太阳光谱除了一些暗线外，基本上是连续谱，它所发出的各种波长的可见光混合起来，给人的感觉是白色的。光学中所谓的白光，经常指具有和太阳连续光谱相近的多色混合光。

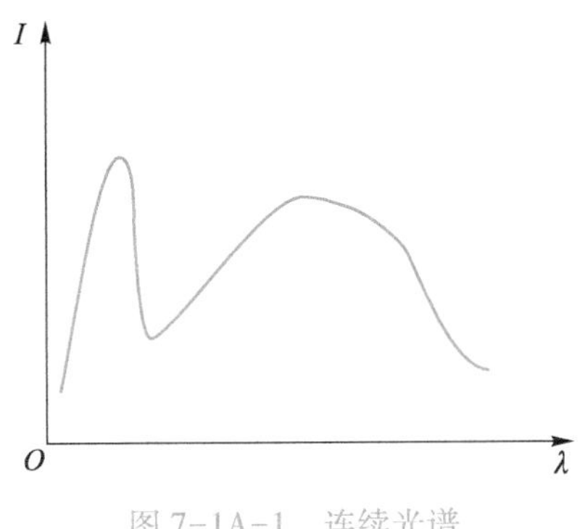

图 7-1A-1　连续光谱

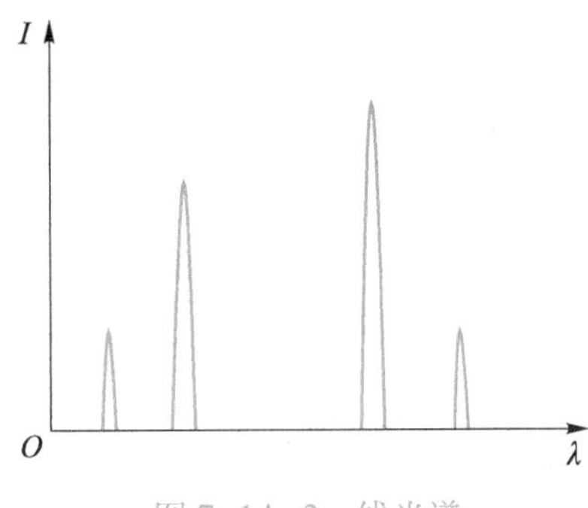

图 7-1A-2　线光谱

（1）白炽灯

白炽灯通过灯丝（钨丝）通电发热而发光，是一种热辐射光源。它的优点是显色性好、光谱连续；缺点是能量转化效率低，只有约 13%的电能转化为可见光，其他大部分的电能则转化为具有热效应的红外辐射。白炽灯工作时将需要对钨灯丝通电加热到约 2 000 ℃以上的白炽状态，利用热辐射发出可见光。但钨丝反复发热会造成升华，并被灯泡内残余少量的氧气氧化，时间一长灯丝容易烧断，影响灯泡使用寿命。2010 年开始世界各国为提倡节能减排，纷纷出台白炽灯退市或替代照明方案。我国也于 2011 年 11 月发布“淘汰白炽灯路线图”。

（2）卤钨灯

普通白炽灯中灯丝的高温会造成钨的升华，继而升华的钨沉淀在玻璃外壳上，降低白炽灯发光效率与使用寿命。利用卤钨循环的原理可以解决这个问题，卤钨灯于 1959 年被发明。卤钨灯的玻璃管中充有一些卤族元素（通常是碘或溴，又称卤素）气体，其工作原理为：当灯丝加热到白炽状态时，钨原子被升华后向玻璃管壁方向移动；当接近玻璃管壁时，钨原子被冷却到大约 800 ℃并和卤素原子结合在一起，形成卤化钨（碘化钨或溴化钨等）；卤化钨向玻璃管中央继续移动，又重新回到被氧化的灯丝上。由于卤化钨是一种很不稳定的化合物，其在灯丝附近遇热后又会重新分解成卤素气体和钨，这样钨又在灯丝上沉积下来。通过这种循环过程，灯丝的使用寿命不仅得到了大大延长（几乎是白炽灯的 4 倍），同时由于灯丝可以工作在更高温度下，卤钨灯获得了更高的亮度、色温和发光效率。氟、氯、溴、碘各种卤素都能与钨形成循环反应。它们之间的主要区别是发生循环反应所需的温度以及与灯内其他物质发生作用的程度不同。

2. 气体放电光源

与热辐射光源不同，利用灯内气体在两电极间放电发光的原理而制成的光源为气体放电光源。通常情况下，气体是不导电的。但是在强电场、光辐射、粒子轰击和高温加热等条件下，气体分子可能发生电离，产生可自由移动的带电粒子，并在电场作用下形成电流。这种电流通过气体的现象称为气体放电。在电离气体中，存在着各种中性粒子和带电粒子，它们之间发生复杂的相互作用：带电粒子不断从电场中取得能量，并通过各种相互作用，把能量传递给其他粒子。这些得到能量的粒子有可能被激发,形成激发态粒子。当这些激发粒子自发返回基态时,放出辐射。此外,电离气体中正负带电粒子的复合、带电粒子在离子场中的减速,也都会产生辐射。

(1) 低压钠灯

低压钠灯是在高真空条件下放入金属钠和适当惰性气体的蒸气放电灯。灯丝通电后,惰性气体电离放电,灯管温度升高,金属钠逐渐气化,然后产生钠蒸气弧光放电,并发出 589.0 nm 和 589.6 nm 两条特征光谱线。当用作单色光源时,钠黄光的光波长取平均值 589.3 nm(D 光)。常用钠灯对仪器进行标定。由于钠是一种难熔金属,一般通电后要等约数分钟,钠蒸气才能达到正常工作的气压而稳定发光。

(2) 低压汞灯

低压汞灯灯管内充有汞及惰性气体氖或氦,工作原理与钠光灯相似。汞灯发出绿白色光,在可见光范围内的主要光谱线有 404.7 nm、407.8 nm、435.8 nm、546.1 nm、577.0 nm、579.1 nm。

(3) 电子节能灯

电子节能灯的正式名称是稀土三基色紧凑型荧光灯,主要是通过镇流器给灯管灯丝加热,大约在 900 ℃时,灯丝开始发射电子,电子与氩原子发生弹性碰撞,氩原子受到碰撞后,获得能量又撞击汞原子,汞原子在吸收能量后,跃迁产生电离;等管内构成等离子态导通后,可发出 253.7 nm 的紫外线,紫外线激发荧光粉发出比紫外线波长更长的蓝、绿、红三基色可见光,得到类似白光的照明效果。荧光灯工作时灯丝的温度大约为 900 ℃,比白炽灯工作的温度低,所以它的寿命也平均达到 8 000 小时以上。

文档:激光防护

3. **激光器**

激光是单色性好、方向性强、亮度高、相干性好的常用光源。能发射激光的装置为激光器,光学谐振腔是常用激光器的主要组成部分之一。按工作介质来分,激光器可以分为气体激光器、半导体激光器、固体激光器和染料激光器等种类。大功率的激光器通常都采用脉冲式输出。

(1) 氦氖(He-Ne)激光器

氦氖激光器是一种气体激光器,是以中性原子气体氦和氖作为工作物质的气体激光器。以连续激励方式输出激光,在可见光和近红外区主要有 632.8 nm、1 152.3 nm、3 391.3 nm 三条谱线。其中,632.8 nm 红光最常用,其输出功率一般为毫瓦级别。

(2) 半导体激光器

半导体激光器也称为半导体激光二极管(laser diode,LD)是以一定的半导体材料作为工作物质产生激光的器件。其工作原理是通过一定的激励方式,在半导体物质的能带(导带与价带)之间,或者半导体物质的能带与杂质(受主或施主)能级之间,实现非平衡载流子的粒子数反转,当处于粒子数反转状态的大量电子与空穴复合时,便产生受激发射作用。半导体激光器的工作波长是和制作器件所用的半导体材料的种类相关的,材料禁带的宽度决定了其工作波长。半导体激光器的波长覆盖范围为紫外至红外波段，常见工作波长有635 nm、650 nm、810 nm、980 nm等。

4. 实验仪器

未知光源若干、光栅。

5. 实验内容

(1) 认识实验室常用光源。

(2) 通过外形、发光特征等对未知光源进行判断，完成表格7-1A-1。

6. 数据处理

对未知光源进行判断

表7-1A-1

光源编号	1	2	3	4
光源类型				
判断依据				

实验7.1B 光学元件

按光学问题涉及的是几何光学还是波动光学的问题，可将光学元件分为成像元件和分光元件两种。成像元件的工作原理可以通过几何光学的直线传播、反射和折射定律进行理解。光学仪器中的显微镜、望远镜、投影仪、照相机等都属于成像仪器。成像也是几何光学研究的中心问题之一。

1. 成像元件

(1) 平面镜

表面平整光滑且能够成像的物体称为平面镜。平面镜成的像是来自物体的光经平面镜反射后，反射光线的反向延长线形成的，适用反射定律。平静的水面、抛光的金属表面、玻璃板等都相当于平面镜。

(2) 薄透镜

透镜是组成光学仪器的重要元件，它可以由玻璃、石英、高透光度塑料等透明材料做成。可采用折射定律分析光线在周围介质与透镜表面的传播路线。根据透镜的形状和作用的不同，常用的薄透镜可以分为凸透镜和凹透镜两大类。它们的成像规律可以用下式来描述：

$$\frac{1}{f}=\frac{1}{p}+\frac{1}{p'} \tag{7-1B-1}$$

式中f、p、p'分别为焦距、物距、像距。透镜焦距的测量方法有物距像距法、自准直法和贝塞尔法(二次成像法)等。理想的透镜成像时，物面上每一个光点都在像面上会聚为相应点。但实际上，简单透镜的成像总存在球差、色差等各种畸变，因此物面上的光点无法会聚在同一个像面相应点上。为消除各种成像偏差，在光学仪器中常采用消色差复合透镜组。

（3）分束镜

分束镜可以将入射光按一定比例进行反射和透射，通常是在基板玻璃上，按一定要求镀上介质膜片制成的，其反射面相当于平面镜，透射面相当于透明介质。利用分束镜常可以在光学实验中获得两束光强按比例分布的相干光。

2. 其他元件

（1）光栅

光栅是一种重要的分光元件，它能按衍射规律，使入射复色光在不同方向分成不同波长的光。按光路特点有透射光栅与反射光栅区别，通常是单色仪、光谱仪中常用的分光元件。

（2）分划板

分划板一般安装在望远镜目镜的焦平面处，是一块表面刻有准线的薄玻璃。这些准线常可用于辅助光路调节或者读数测量。

文档：分划板

3. 实验仪器

未知焦距透镜若干、平面镜、白光光源、分划板、像屏、光具座。

4. 实验内容

测量未知焦距薄透镜焦距：

（1）光源透过分划板形成物。

（2）将透镜放在距离物 p 处。

（3）将像屏移动到成像清晰处，记录 p'。

（4）重复上述步骤，计算透镜焦距 f，并进行误差分析。

5. 数据处理

测透镜焦距，数据记录在表 7-1B-1 中。

表 7-1B-1 透镜焦距测量

单位：mm

测量次序	p	p'	f
1			
2			
3			
4			
5			

透镜焦距 f= ________ mm。

实验 7.1C 读数显微镜

1. JC-10 型读数显微镜

JC-10 型读数显微镜是光学计量仪器，属于便携式测量显微镜，可用于测定孔距、刻线宽度、刻线距离、狭缝与凹痕宽度、小范围位移、粉末颗粒尺寸等。读数显微镜部件还可以配合各种复杂光学仪器作为测微目镜使用。读数显微镜的测量结构包括目镜视场中的目镜测微尺和测微鼓轮。其中测微尺测量范围 0~8 mm,最小分度值 1 mm;测微鼓轮上刻 1/100 毫米分度尺,最小分度值为 0.01 mm。

使用时,应先进行目镜、物镜调焦;读数时先读取目镜视场中测微尺读数 a,再读取测微鼓轮上毫米分度尺的读数 b,最终读数为($a+b\times0.01$) mm。图 7-1C-1 所示的读数为 5.316 mm。为消除空回误差,需在测量中保持鼓轮单向调节。具体过程如下:

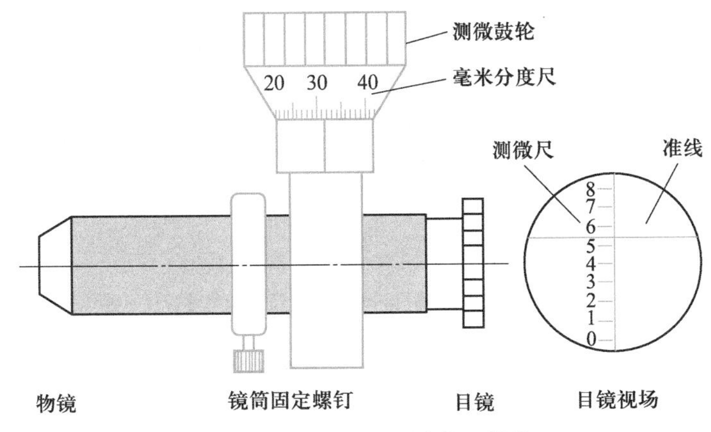

图 7-1C-1 JC-10 型读数显微镜

(1) 调节目镜使目镜视场中测微尺与准线(叉丝)清晰。

(2) 松开镜筒固定螺钉,使读数显微镜在固定环上沿光轴方向前后移动,直到待测对象清晰。

(3) 将读数显微镜锁定在固定环上。

(4) 旋转测微鼓轮,使目镜视场中准线按实验趋势方向移动至与待测对象对齐。

(5) 读取目镜视场中测微尺读数 a 与测微鼓轮读数 b,得到最终读数。

注意:进行线宽测量时,可让目镜中准线先从外侧移动到对准被测量区域的一侧,得到读数 x_1,再转动测微鼓轮,使准线保持同一方向继续移动到被测量区域的另一侧,得到读数 x_2,两读数值之差 $|x_1-x_2|$ 即为测量值。

进行微小变化量测量时,应先对待测对象的读数变化规律进行预估,测量时保持测微鼓轮按读数变化规律单向移动。先转动测微鼓轮使准线与被测对象标志线重合,读取该位置读数 x_1。待被测对象随实验进程发生空间位置变化后,准线将与标志线分开,此时需转动测微鼓轮使准线与标志线再次重合,读取该位置读数 x_2,两读数值之差 $|x_1-x_2|$ 即为变化量的值。

2. JXD-Bb 型读数显微镜

JXD-Bb 型读数显微镜(如图 7-1C-2 所示)可用于 50 mm 以内的对象测量,如长度、孔距、缝宽、刻线长度、直径等。用作观察用途时,除具有普通显微镜功能,还可以观测等厚、等倾干涉条纹(如劈尖、牛顿环),通过测量干涉条纹间隔,还可测光波波长和透镜曲率半径等。

实验中将显微镜置于水平或垂直位置，与其他配件配合可组成各种测量装置。

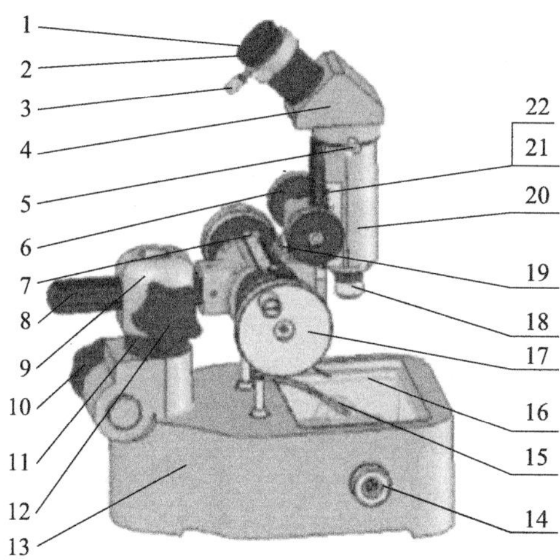

图 7-1C-2 JXD-Bb 型读数显微镜

1—目镜；2—目镜座；3—锁紧螺钉；4—棱镜盒；5—锁紧螺钉；6—调焦手轮；7—主标尺；8—支杆；9—十字孔支杆；10—大手柄；11—定位套；12—小手柄；13—底座；14—调节手轮；15—压板；16—工作台面；17—读数鼓轮；18—物镜；19—主尺指标；20—镜管；21—副标尺；22—副尺指标

其读数系统包括主标尺和读数鼓轮两部分，读数鼓轮转一周主尺移动 1 mm。主标尺读数范围 0~50 mm，最小分度值 1 mm；读数鼓轮刻 1/100 的毫米分度尺，最小分度值是 0.01 mm，测量时还需估读一位。读数时先在主标尺上读取整数 a，在读数鼓轮上读取分度值 b，主尺读数和鼓轮读数之和（$a+b\times0.01$）mm 即是该处的读数。

JXD-Bb 型读数显微镜使用方法：

（1）将待测物体用压板 15 固定在工作台面 16 上，通过大手柄 10 和小手柄 12 调节镜管 20 的升降及水平位置，使物镜 18 对准物体的待测部分。将大手柄和小手柄锁紧。

（2）转动棱镜盒 4 至便于观察的位置，并用锁紧螺钉 5 固定。

（3）调节目镜 1 进行对焦，使分划板刻线（十字叉丝）成像清晰。

（4）旋转调焦手轮 6，上下调节镜管，从目镜中观察，使被测对象成像清晰。旋转目镜座 2，使分划板十字叉丝横线水平，然后用锁紧螺钉 3 固定。旋转反光镜调节手轮 14 调节反光镜方位。

（5）调整被测对象，使其被测部分的横面和显微镜移动方向平行。转动读数鼓轮 17，使分划板上十字叉丝纵线对准被测件的起点，记下读数 D_1，沿同方向转动读数鼓轮，使十字叉丝的纵线恰好停止于被测件的终点，记下读数 D_2，则计算可得所测长度 $L=D_2-D_1$。为提高测量精度，可采用多次测量，取平均值。

（6）为消除读数空回误差，每次测量中均应保持鼓轮单向调节。

（7）若将支杆 8 改为竖直方向或旋转十字孔支杆 9，可进行其他方位测量。

3. **实验仪器**

读数显微镜、螺旋测微器、金属丝、固定支架若干。

4. **实验内容**

(1) 用 JC-10 型读数显微镜测金属丝直径

① 将 JC-10 型读数显微镜固定在支架上,金属丝固定在物镜前方。

② 调节目镜。

③ 调节物镜对焦后,锁定固定螺钉。

④ 测量金属丝直径若干次。

(2) 用 JXD-Bb 型读数显微镜测金属丝直径

① 将金属丝固定在工作台面上,并调节物镜对准金属丝。

② 调节目镜。

③ 调节调焦手轮,使金属丝成像清晰。

④ 测量金属丝直径若干次。

(3) 用螺旋测微器测金属丝直径

5. **数据处理**

测量数据记录于表 7-1C-1 中,计算金属丝直径平均值。

表 7-1C-1　测 量 数 据

单位:mm

项目	1	2	3	4	5	平均值
JC-10 型读数显微镜						
JXD-Bb 型读数显微镜						
螺旋测微器						

6. **思考题**

对螺旋测微器与读数显微镜分别可以应用的测量条件进行归纳。

实验 7.2　分光计的调整

1. **引言**

分光计是比较精密的测量角度的光学仪器。实验用的分光计精度为 1′。通过有关角度的测量,可以测定折射率、光的波长、光栅常量、光的色散率等物理量。测量时需注意消除偏心误差。

2. **实验目的**

(1) 熟悉分光计的结构和各部分的作用。

(2) 了解分光计工作时光路原理与调节要点。

3. 实验原理

(1) 分光计的构造

分光计的构造如图 7-2-1 所示，主要包括上部的光路调节系统、中部的读数系统和底座三部分。光路调节系统包括望远镜、载物台、平行光管，载物台用于放置光学元件，调节载物台就可以调节光学元件通光面与光路的准直。平行光管与望远镜系统均有焦距 f 相同的消色差复合透镜，并且关于分光计中轴对称。读数系统由刻度盘、游标盘组成。刻度盘可以与望远镜支臂锁定，游标盘可以与载物台锁定，刻度盘与游标盘配合使用可对光路偏转角度进行测量。

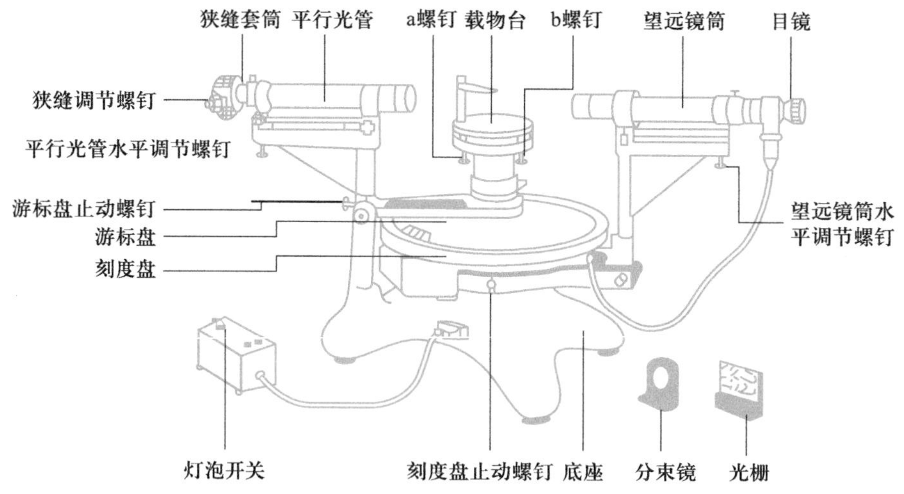

图 7-2-1 分光计示意图

(2) 分光计的光路调节

① 自准直法与阿贝式自准直望远镜

自准直法的光路如图 7-2-2 所示，假设一扩展光源位于凸透镜的焦平面处，则经过透镜的光束变为平行光，该平行光被垂直于光轴的平面镜反射后再次经过同一凸透镜，并成像于透镜的焦平面处，其会聚点在发光点相对于光轴的对称位置上。利用该方法可以测得凸透镜焦距。自准直法调节的难点在于平面镜与入射光光轴不垂直时，即当反射镜倾斜一个微小角度 θ 时，反射回来的光束就倾斜 2θ，如图 7-2-3 所示。因此若平面镜法线与入射光轴间存在较大角度时，将不能观察到会聚光。为方便辅助光路调整，常在分划板上刻准线(叉丝)。

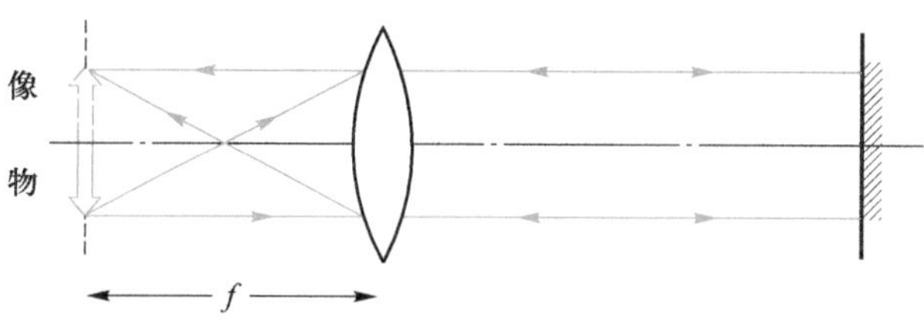

图 7-2-2 自准直法光路图

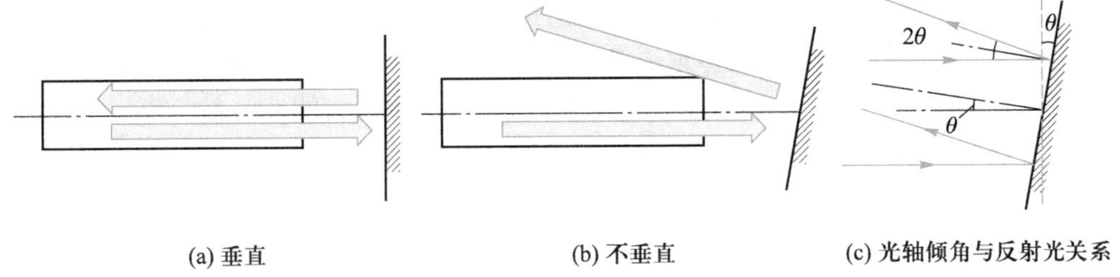

图 7-2-3　平面镜与望远镜光轴关系示意图

分光计上的阿贝式自准直望远镜结构如图 7-2-4 所示，具有目镜、分划板及物镜三个主要部分。分划板下部贴有一块 45°的全反射小棱镜，小棱镜紧贴分划板的一面涂有一层不透明薄膜，薄膜上刻了一个小十字窗口。打开小灯，光线从小十字窗口射向物镜方向。

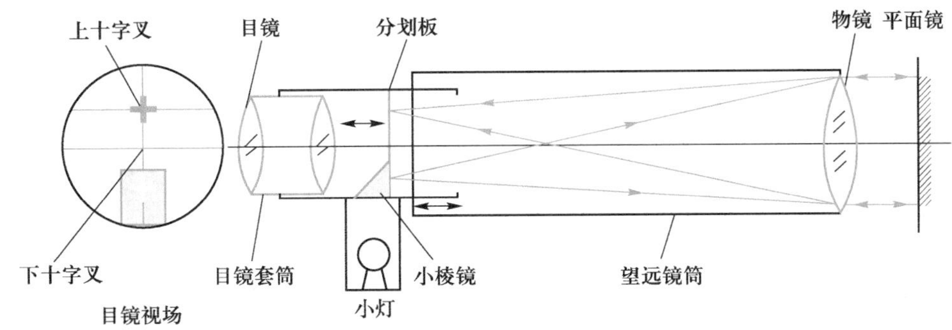

图 7-2-4　阿贝式自准直望远镜结构示意图

分划板上有两横一纵的三根准线“╪”，第一条横丝与纵丝的交点恰为下方小十字的关于光轴的对称中心，称为“上十字叉”，第二条横丝和纵丝将视场上下、左右平分，称为“下十字叉”，这些准线（叉丝）可以用于辅助自准直调整对齐。

② 载物台与光学元件准直调整

载物台用于放置待测物或分光计元件。其载物面有三根呈 120°夹角的辅助刻线，下方有三个用于调节载物台水平的螺钉，如图 7-2-5(a)所示。松开载物台下方锁紧螺钉便可调节载物台升降，拧紧载物台锁紧螺钉后，可通过旋转游标盘带动载物台以及其上放置的分光计元件转动。使用时应先保证辅助刻线与下方三个螺钉如图 7-2-5(a)对齐。

调节时，先按图 7-2-5(b)所示分束镜第一调节位放置 5 : 5 分束镜，此时 c 螺钉高低对镜面是否垂直光轴无影响，十字光束能否会聚在分划板的上十字叉处只受 a、b 螺钉高度差与望远镜筒水平调节螺钉高度影响。其中 a、b 螺钉高度差决定分束镜反射面与光轴间倾角 θ 大小，若 θ 为零，则旋转游标盘带动载物台旋转 180°后，望远镜视场中观察到分束镜反面反射的会聚绿十字像会在同一个水平高度出现在视场中；若 θ 不为零，则正反两面反射的会聚绿十字像高度将分别从上、下两个方向偏离。

待 a、b 螺钉调节完毕后，分束镜正、反面反射的绿十字像会在同一位置重合，此时望远镜筒水平调节螺钉则决定两面反射的绿十字像重合点是否在上十字叉处。无论是a、b螺钉高度差，还是望远镜筒水平调节螺钉的高度，偏离越大，越不利于光路调整。因此在分光计使用前需要进行光路初调，消除过大的θ偏差。待a、b螺钉与望远镜筒水平调节螺钉调节完毕后，可继续进行其他螺钉调整。

接下来可通过游标盘带动载物台旋转90°，并将5：5分束镜再次按垂直光轴方向摆放在如图7-2-5(c)所示的分束镜第二调节位。此时只需调节c螺钉，就可以让绿十字光束再次会聚在上十字叉处。此时能保证分束镜旋转后载物台依然垂直光轴。若需要更换其他光学元件(如棱角、光栅等)，只需要微调与通光面垂直的螺钉让该面反射的绿十字光束与上十字叉重合即可。

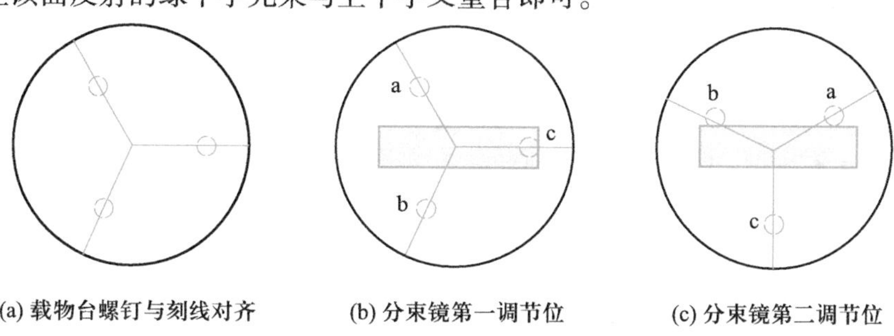

图7-2-5 载物台辅助刻线与水平调节示意图

③ 平行光管

平行光管的作用是产生平行光，靠近载物台一端装有消色差复合透镜(凸透镜)，光学参量与望远镜的物镜一致。另一端通常用于接收光源，装有宽度可调的狭缝及可伸缩套管。可伸缩套管可改变狭缝到消色差复合透镜的距离，当狭缝恰好位于透镜的焦平面时，就能使经狭缝的光通过透镜后成为平行光，如图7-2-6所示。

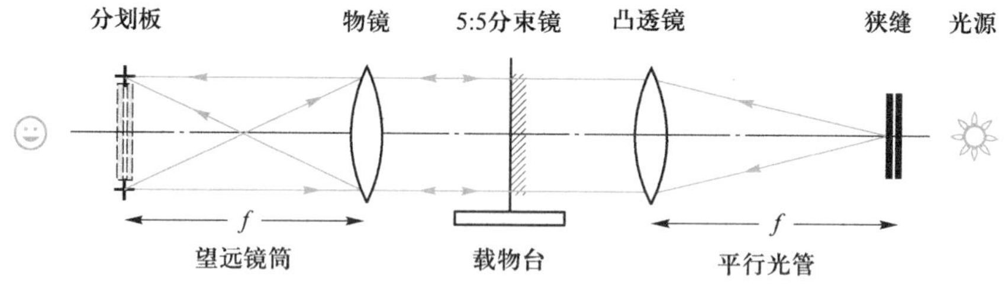

图7-2-6 分光计工作状态示意图

调节时，通常将利用自准直法调好位置的分划板作为参照，沿光轴改变狭缝的位置，让光源经狭缝后形成的扩散光在分划板上会聚并清晰成像。则从平行光管出射的为平行光。再调节平行光管水平调节螺钉，使狭缝位于目镜视场中央，与分划板上的纵丝重合，并被第二条横丝上下平分。

(3) 分光计的读数

测量光线之间的夹角，实际是测定平行光束的方位角。因此当分划板位于望远镜物镜焦平面上时，光束于其上的会聚像点都与一定入射方向的平行光相对应。当入射光束由位于平行光管光轴上的狭缝产生时，会聚光束也应位于分划板中央。

因此读数时需要转动望远镜支臂带动望远镜旋转到分划板上的纵丝与狭缝像重合的位置，再进行读数，如图7-2-7所示。

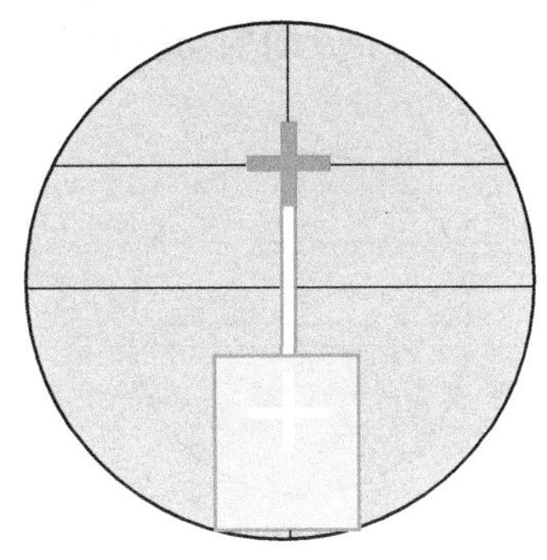

图7-2-7 狭缝像与纵丝对齐

分光计的读数系统由刻度盘和两个在游标盘上相对180°放置的角度游标组成。刻度盘刻度设置为一周360°，最小刻度间隔为30′。小于30′的读数由角度游标读出。两角度游标均有30格，测量角度精度可以达到1′。角度游标读数与游标卡尺读数方法相同，先读取角度游标零线指示的刻度盘读数，再读取与刻度盘对齐的角度游标刻线的分度值。以图7-2-8为例，读数为113°45′。

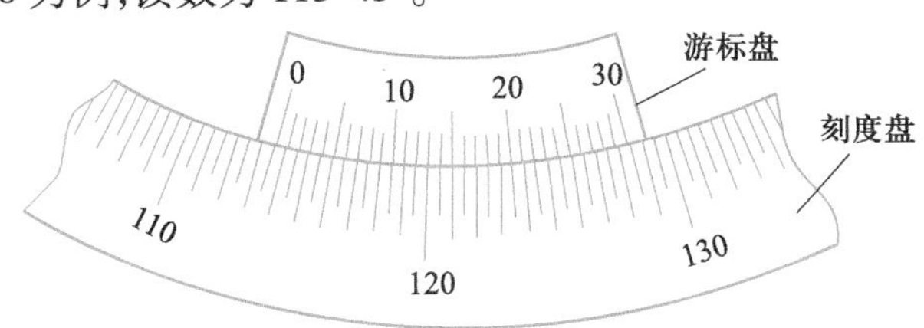

图7-2-8 分光计的读数系统

刻度盘中心与游标盘中心不重合时会带来偏心误差，此时两角度游标读数偏差不为180°。为消除偏心误差对测量的影响，需要在测量时同时记下两角度游标在角度变化前后的读数，并求平均值：若光路方位角变化前两角度游标读数为 θ_1 与 θ_1'，光路方位角变化后两角度游标读数为 θ_2 与 θ_2'，则改变的方位角为

$$\Delta\theta=\frac{1}{2}\left(\left|\theta_1-\theta_2\right|+\left|\theta_1{}'-\theta_2{}'\right|\right) \tag{7-2-1}$$

（4）底座

底座中心有沿竖直方向的转轴，望远镜、刻度盘、游标盘、载物台可绕此轴旋转。

4. 实验仪器

JJY型分光计、光源、平面分束镜。

5. 实验内容

视频：分光计的调整

（1）对照图7-2-1，熟悉分光计各调节螺钉和止动螺钉的位置及作用。

（2）对望远镜光路进行共轴初调

① 将望远镜筒旋转到对准平行光管的位置，分别对望远镜筒和平行光管进行光轴水平初调节。

② 若视场中叉丝模糊，如图7-2-9(a)所示，调节目镜焦距，使目镜视场中叉丝清晰。

③ 按图7-2-5(b)所示的分束镜第一调节位放置分束镜，微微旋转游标盘带动载物台上分束镜正对望远镜筒。观察有否绿十字光斑进入目镜视场，如图7-2-9(b)所示。

④ 调节分划板与望远镜物镜的相对距离，使绿十字像清晰，如图 7-2-9(c)所示。

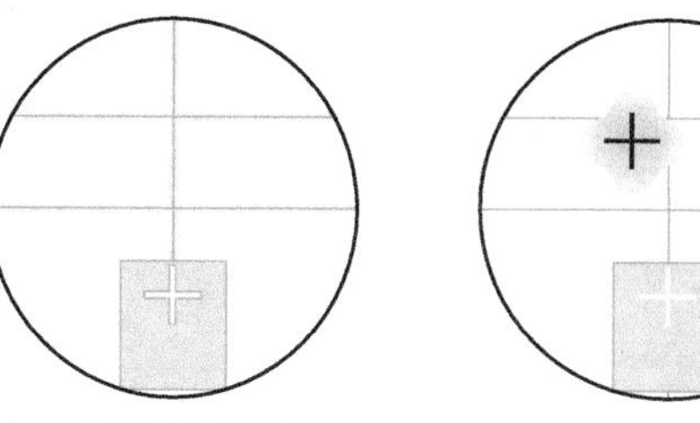

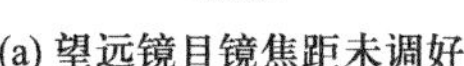

(a) 望远镜目镜焦距未调好

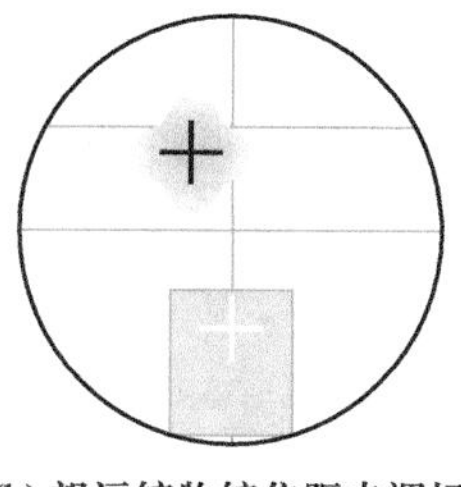

(b) 望远镜物镜焦距未调好

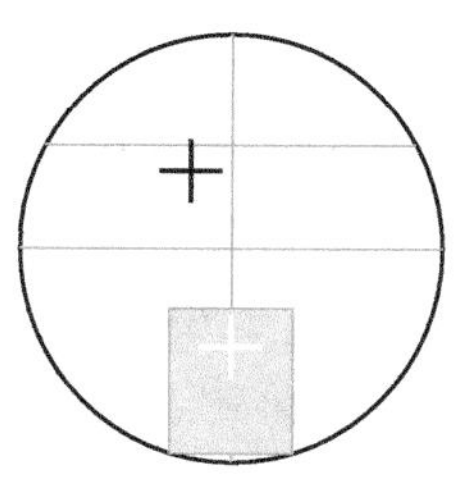

(c) 望远镜目镜、物镜焦距已调好

图 7-2-9 望远镜初调情况

⑤ 观察反射面随载物台旋转 180°后，正反面反射回来的绿十字像是否都能进入望远镜视场，若否需再次进行光路初调。

(3) 用自准直法对望远镜光路细调

观察 5∶5 分束镜正反面反射的绿十字像在目镜视场中的位置，存在高度差时说明分束镜位置并未竖直，如图 7-2-10 所示。可使用自准直法调节：

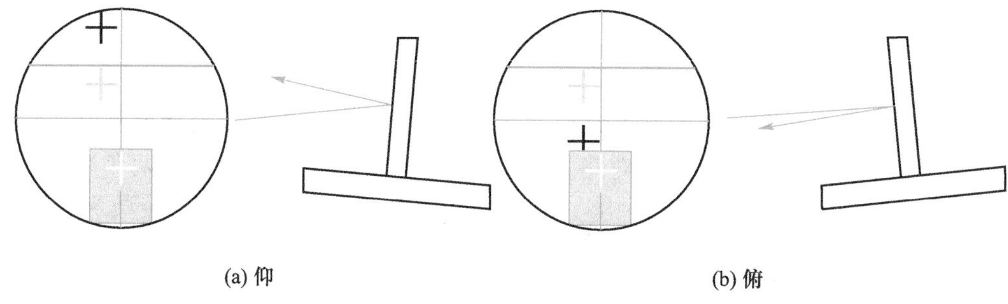

(a) 仰　　(b) 俯

图 7-2-10 分束镜倾斜对绿十字像高度影响

① 在分束镜正反两面反射都能看到清晰绿十字像的情况下，估计正反面反射绿十字像的中间位置，如图 7-2-11(a)所示，然后调节载物台下方 a、b 螺钉，将其中一面的反射像调到中间位置，图 7-2-11(b)所示。

② 调整望远镜筒水平调节螺钉，使绿十字像上移到上十字叉位置，如图 7-2-11(c)所示。

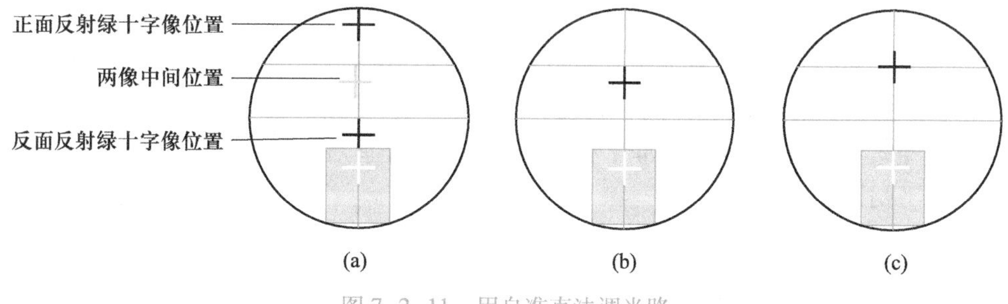

(a)　　(b)　　(c)

图 7-2-11 用自准直法调光路

③ 观察反射面随载物台旋转 180°后，绿十字像是否也在上十字叉位置，若否则重复上述①、②两步骤，直到正反两面反射绿十字像均在上十字叉处出现。

除了自准直法,还可以使用各半调节法(又叫逐次逼近法)调节光路准直。方法如下:在目镜视场能看到分束镜正、反面反射绿十字像时,如果绿十字像与上十字叉不重合,则先调节 a、b 螺钉使绿十字像与上十字叉的距离减少一半;再调节望远镜筒水平调节螺钉使绿十字像与上十字叉重合(即减少另一半距离)。然后转动游标盘带动载物台与分束镜旋转 180°,对反面反射绿十字像进行同样的操作,直到绿十字像与上十字叉重合。反复进行以上调整,直到正、反面反射的绿十字像均能与上十字叉重合。

(4) 调节载物台平台与分光计旋转主轴垂直

① 旋转游标盘带动分束镜绕竖直轴旋转 90°,再将分束镜按图 7-2-5(c)所示的分束镜第二调节位摆放。

② 旋转游标盘带动载物台与分束镜小角度转动,直到绿十字像再次出现在望远镜视场。

③ 调节载物台下方 c 螺钉,使绿十字像移动到上十字叉处,此时载物台与分光计旋转主轴垂直。

(5) 平行光管的调节

① 将平行光管对准光源。

② 沿光轴调节狭缝套筒位置,使望远镜视场中分划板上的狭缝会聚像清晰。

③ 调节狭缝宽度,在保持亮度前提下尽可能窄。若狭缝亮度不够,可以将光源靠近狭缝。

④ 将狭缝套筒旋转 90°,调节平行光管水平调节螺钉使狭缝与分划板第二条横丝重合。

⑤ 再将狭缝套筒旋转 90°,此时狭缝与纵丝重合,并被第二条横丝平分,则平行光管光轴与望远镜筒光轴重合。

6. 思考题

(1) 用自准直法将望远镜调焦到无穷远的主要步骤是什么?怎样判断望远镜已调焦到无穷远?

(2) 为什么分光计要设置两个角度游标?只记录一个角度游标的值可以吗?

实验 7.3 用最小偏向角法测棱镜折射率

1. 引言

棱镜是由透明材料(光学玻璃)做成的多面体,在光学仪器中应用很广。棱镜按其性质和用途可分为若干种,例如:在潜望镜、双目望远镜等仪器中改变光的传播方向,从而调整其成像位置的“全反射棱镜”(多采用直角棱镜);在光谱仪器中把复合光分解为光谱的“色散棱镜”(一般采用等边三棱镜)。

制作棱镜的光学玻璃具有高度的透明性以及化学、物理上的高度均匀性,是光电技术产业的重要组成部分。随着光学与电子信息科学、新材料科学的不断融合,作为光电子基础材料的光学玻璃在光传输、光储存和光电显示三大领域的应用更是突飞猛进。光学玻璃按色散又分为两类：色散较小的为冕类（K），色散较大的为火石类（F）。

2. 实验目的

（1）理解用最小偏向角法测棱镜折射率的原理。

（2）掌握使用分光计进行三棱镜顶角测量的方法。

（3）了解棱镜的色散，并用最小偏向角法测三棱镜折射率。

3. 实验原理

（1）用最小偏向角法测棱镜折射率

文档：最小偏向角的条件证明

文档：掠入射法测棱镜折射率

棱镜是由折射率为 n 的透明介质做成的棱柱体，截面呈三角形的棱镜叫三棱镜。与棱边垂直的平面称为棱镜的主截面。如图 7-3-1 所示，$\triangle ABC$ 是三棱镜的主截面，沿主截面入射的光线 DE 在 E 点发生第一次折射。光线在这里是由光疏介质进入光密介质，折射角 i_2 小于入射角 i_1，光线偏向底边 BC。进入棱镜的光线 EF 在 F 点发生第二次折射，在这里光线是由光密介质进入光疏介质的，折射角 i_1' 大于入射角 i_2'，出射光线进一步偏向底边 BC。光线经两次折射，传播方向总的变化可用入射线 DE 和出射线 FG 延长线的夹角 δ 来表示，δ 称为偏向角。

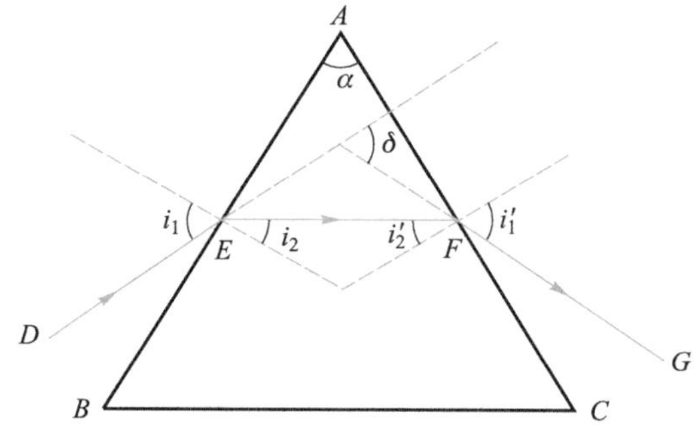

图 7-3-1 光在三棱镜主截面内的折射

由图 7-3-1 可以看出，$\delta=(i_1-i_2)+(i_1'-i_2')=(i_1+i_1')-(i_2+i_2')$。考虑到 $\alpha=i_2+i_2'$，故有 $\delta=i_1+i_1'-\alpha$。因此，对于给定的棱角 α，偏向角 δ 随 i_1 而变化，在 δ 随 i_1 的变化过程中，有一个最小值 $\delta_{\min}$，称为最小偏向角。

可以证明，产生最小偏向角的充要条件是 $i_1=i_1'$ 或 $i_2=i_2'$，故有

$$n=\frac{\sin\dfrac{\alpha+\delta_{\min}}{2}}{\sin\dfrac{\alpha}{2}} \tag{7-3-1}$$

在棱角 α 已知的条件下，通过最小偏向角 $\delta_{\min}$ 的测量，可以得到棱镜的折射率 n。

实验中测量光线的偏转角，要确定光线的传播方位。只有平行光才具有确定的方位，因此也只有聚焦到无穷远的望远镜才能判定平行光的传播方位。因此在使用分光计进行方位角测量时，需要将平行光管、望远镜、刻度盘、游标盘调节到合适的状态。

（2）测量三棱镜的顶角

① 反射法

三棱镜的棱边 A 正对平行光管，分光计平行光管发出的一束平行光由顶角方向射入，如图 7-3-2 所示，分别在三棱镜的两个侧边被反射，形成两束平行光，由反射定律和几何关系可知两束反射光线的夹角 φ 和三棱镜的顶角 α 之间关系为

$$\alpha=\frac{\varphi}{2} \tag{7-3-2}$$

② 自准直法

自准直法是利用分光计望远镜筒自身产生的绿十字平行光进行调节的方法，如图 7-3-3 所示，需要将三棱镜 AB 面和 AC 面反射的光线在望远镜分划板上重新与上十字叉重合。此时两自准直光线的方位角之和 γ 与三棱镜顶角 α 之间关系为

$$\alpha=180°-\gamma \tag{7-3-3}$$

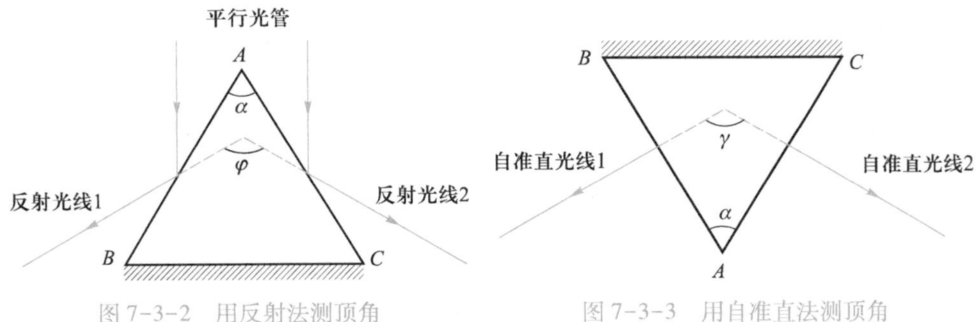

图 7-3-2　用反射法测顶角　　图 7-3-3　用自准直法测顶角

（3）棱镜的色散

除了直角棱镜的全反射用途以外（如图 7-3-4 所示），棱镜最主要的应用是分光。同一材料的折射率对不同波长的光波不一致，这一现象叫作色散（图 7-3-5）。一束复色光射入棱镜时，不同波长的光具有不同的偏向角 δ。折射率 n 实为波长 λ 的函数 $n(\lambda)$。通常而言，棱镜折射率 n 是随波长 λ 的增加而减少，同时也可以利用棱镜对不同波长的光有不同折射率的性质来分析光谱。一些常见光学玻璃的色散参量见表 7-3-1。

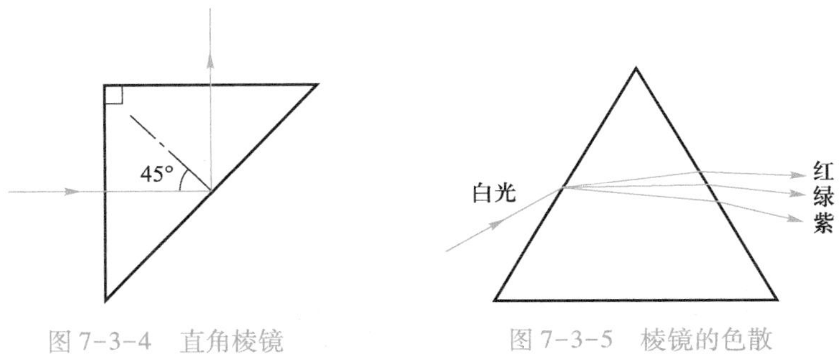

图 7-3-4　直角棱镜　　图 7-3-5　棱镜的色散

表 7-3-1 常见光学玻璃的色散

波长 λ/nm	不同光学玻璃的色散参量				
	冕牌玻璃 K9	钡冕牌玻璃 BK7	重冕牌玻璃 ZK6	轻火石玻璃 QF3	重火石玻璃 ZF1
435.8	1.526 26	1.581 54	1.625 73	1.592 80	1.672 45
546.1	1.518 26	1.571 30	1.615 19	1.578 32	1.652 18
589.3	1.516 30	1.568 80	1.612 60	1.574 90	1.647 50
656.3	1.513 89	1.565 82	1.609 49	1.570 89	1.642 07

4. 实验仪器

JJY 型分光计、三棱镜、光源。

5. 实验内容

(1) 对分光计进行调整,参考实验 7.2 相关内容。

(2) 使用反射法或自准直法测三棱镜顶角 α

① 由于三棱镜的两底面不一定垂直棱边,因此放置三棱镜后,需要进一步调节三棱镜通光面与光轴垂直:

如图 7-3-6 所示,调节三棱镜通光面与望远镜光轴垂直有两种摆放方式。图 7-3-6(a)的方式,是三棱镜的三个面分别与载物台调平螺钉 a、b、c 的连线平行,即 *AB* 面//ab,*AC* 面//ac,*BC* 面//bc。当需要调节 *AB* 面与望远镜光轴垂直时,只需要将望远镜光轴旋转到面向并垂直 *AB* 方向,然后调节 c 螺钉使反射绿十字像与上十字叉重合。同理,调节 *AC* 面与望远镜光轴垂直时,也只需要将望远镜光轴旋转到面向并垂直 *AC* 方向,然后调节 b 螺钉使反射绿十字像与上十字叉重合。重复上述步骤,直到 *AB* 面与 *AC* 面均与望远镜光轴垂直即可。对于图 7-3-6(b)的摆放方式,则在调 *AB* 面和 *AC* 面时分别调 a 螺钉和 c 螺钉即可。

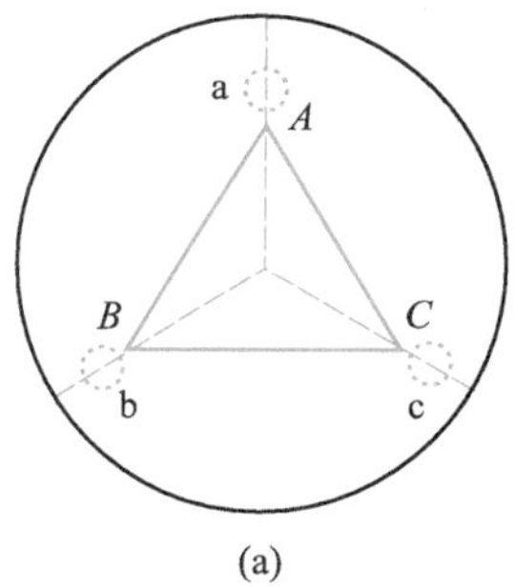

(a)

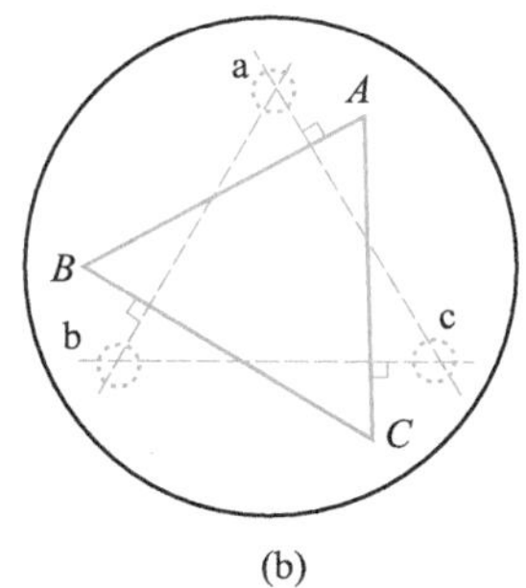

(b)

图 7-3-6

② 使用反射法或自准直法测三棱镜顶角 α,并完成表 7-3-2。

(3) 测量三棱镜的最小偏向角 δ_{min}

① 微调载物台与三棱镜位置,让平行光管发出的平行光能进入三棱角其中一

个通光面。

② 从三棱镜另一通光面看去，向折射光线传播方向（底边）寻找平行光管镜筒像。

③ 将望远镜转动到第②步观察到平行光管镜筒像的方向，小范围调节望远镜支臂，并在目镜视场中寻找狭缝的折射像。

④ 找到狭缝像以后，微调物镜焦距，此时折射光线的方位角为 $\delta(\delta \geqslant \delta_{min})$。

⑤ 从望远镜中继续寻找最小偏向角 δ_{min}：

a. 从目镜中观察某波长光波的折射像。

b. 通过游标盘带动载物台和棱镜以微小角度转动（连续改变入射角 i_1），若折射光线向三棱镜顶角方向移动并超出目镜视场，则转动望远镜继续追踪。

c. 直到折射光线移动到顶角方向一临界方位后，反向移动，将望远镜分划板中纵丝对齐该波长光波的临界方位角，此时折射光线的方位角为 δ_{min}。

d. 拧紧游标盘止动螺钉和刻度盘止动螺钉，读取折射光线方位角两个游标盘的读数 θ_1、θ_1'。

e. 取下三棱镜，转动望远镜到平行光管光轴方向（入射光方向），读取入射光线方位角两个游标盘的读数 θ_2、θ_2'。

f. 按式（7-3-4）计算最小偏向角，并完成表 7-3-3。

视频：用最小偏向角法测棱镜折射率的操作

$$\delta_{min}=\frac{1}{2}(|\theta_1-\theta_2|+|\theta_1'-\theta_2'|) \tag{7-3-4}$$

注意：由于刻度盘不能读出角度超过 360°时的情况，若（θ_1，θ_2）或（θ_1'，θ_2'）分别在 0°刻度线两侧时，需修正计算数据。具体为：自行在较小的读数上加上 360°后，再代入式（7-3-4）进行计算。

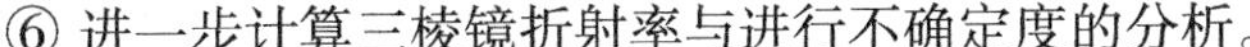

⑥ 进一步计算三棱镜折射率与进行不确定度的分析。

6. 数据记录及处理

（1）用反射法或自准直法对三棱镜顶角 α 进行测量

表 7-3-2　数据记录

使用的测量方法为：________

测量次数	光线 1 读数		光线 2 读数		α	$\overline{\alpha}$
	θ_1	θ_1'	θ_2	θ_2'		
1						
2						
3						

(2) 最小偏向角测量

表 7-3-3 数据记录

光波波长 λ:________

测量次数	折射光方位角读数		入射光方位角读数		δ_{min}	$\bar{\delta}_{min}$
	θ_1	θ_1'	θ_2	θ_2'		
1						
2						
3						
4						
5						

(3) 计算棱镜顶角及其不确定度 $\alpha=\bar{\alpha}\pm u_{\alpha}$

(4) 计算最小偏向角及其不确定度 $\delta_{min}=\bar{\delta}_{min}\pm u_{\delta_{min}}$

(5) 计算棱镜折射率和不确定度

$$\bar{n}=\frac{\sin\dfrac{\bar{\alpha}+\bar{\delta}_{min}}{2}}{\sin\dfrac{\bar{\alpha}}{2}};u_n=\sqrt{\left(\frac{\partial n}{\partial\alpha}\right)^2u_{\alpha}^2+\left(\frac{\partial n}{\partial\delta_{min}}\right)^2u_{\delta_{min}}^2};n=\bar{n}+u_n$$

7. 注意事项

若光线经过折射后成像变得模糊,可以微调望远镜物镜使之清晰。

8. 思考题

(1) 测量最小偏向角时,能否先记录入射光的位置,再记录折射光的位置?

(2) 若(θ_1,θ_2)或(θ_1',θ_2')分别在 0°刻度线两侧时,不做数据修正而直接按式(7-3-4)计算,会对结果造成何种影响?

实验 7.4 光的单缝衍射

1. 引言

光的衍射现象是光波动性的重要特征之一。在近代光学技术中,如光谱分析、晶体分析、光信息处理等领域,光的衍射已成为一种重要的研究手段和方法。所以,研究衍射现象及其规律,在理论和实践上都有重要意义。

2. 实验目的

(1) 观察单缝衍射现象。

(2) 测定单缝衍射的相对光强分布。

3. 实验原理

光在传播过程中遇到障碍物时绕开,改变光的直线传播的现象,称为光的衍射。衍射现象按光源、单缝(障碍物或开孔)、观察屏(衍射场)三者间距离的大小可分为菲涅耳衍射和夫琅禾费衍射两类。菲涅耳衍射是近场衍射,常常涉及球面波和柱面波,光源和观察屏两者或两者之一到单缝的距离比较小,如图 7-4-1 所示。夫琅禾费衍射是远场衍射,光源和观察屏均离单缝无限远,如图 7-4-2 所示。

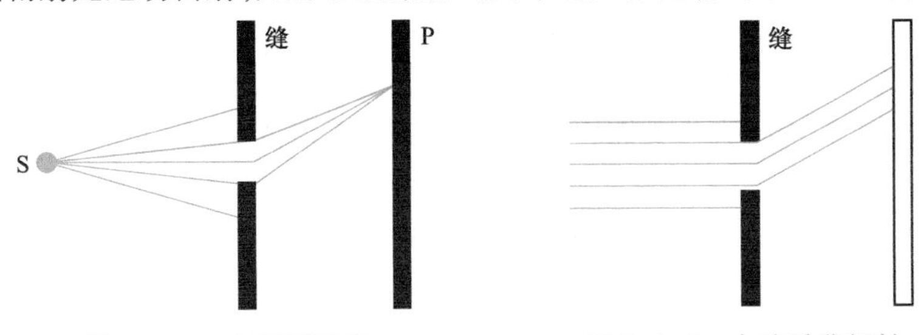

图 7-4-1 菲涅耳衍射　　图 7-4-2 夫琅禾费衍射

夫琅禾费衍射的入射波和衍射波都可看作平面波。其衍射的图案较简单,但它在实际应用上有很重要的意义,可以用较简单的公式计算单缝衍射的相对分布。

单缝的夫琅禾费衍射可用图 7-4-3 表示。l 为单缝到接收屏的距离,a 为缝宽。当 $l \gg a^2/8\lambda$ 时,若采用亮度强、单色好、发散角极小的氦氖激光作为光源,就可以省去透镜 L_1 和 L_2,简化的实验装置如图 7-4-4 所示。

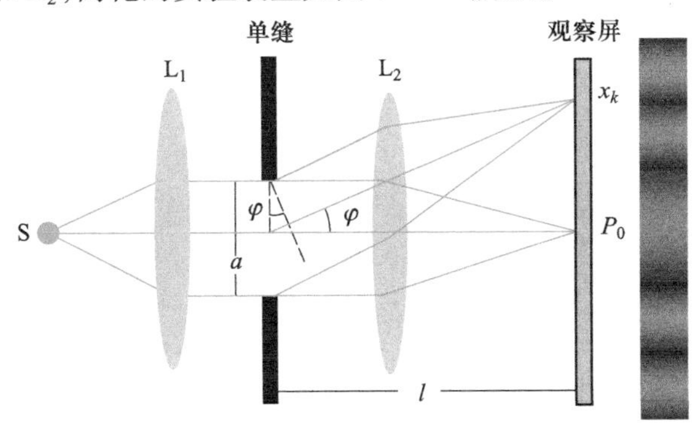

图 7-4-3 单缝的夫琅禾费衍射

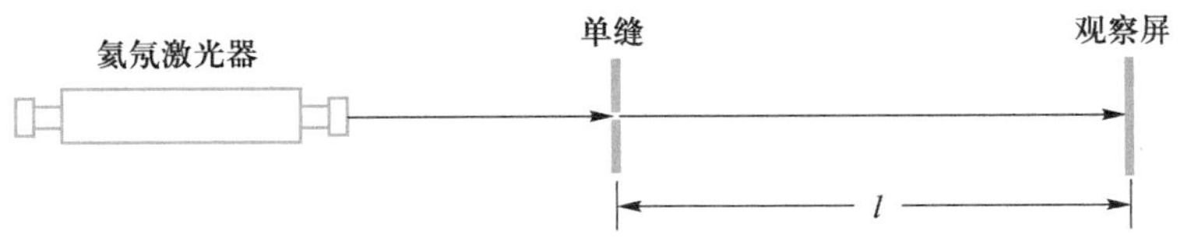

图 7-4-4 单缝衍射实验装置图

根据惠更斯-菲涅耳原理,可导出单缝衍射的光强分布规律为

$$I/I_0=(\sin u/u)^2, u=\pi a\sin\varphi/\lambda \tag{7-4-1}$$

当衍射角 $\varphi=0$ 时,根据式(7-4-1)有

$$\lim_{u\to 0}\left(\frac{\sin u}{u}\right)=1 \tag{7-4-2}$$

故 $I=I_0$,衍射图样中心点 P_0 的光强达到最大值,称为主极大,对应中央零级衍射斑。

当衍射角 φ 满足 $\sin\varphi=k\lambda/a(k=\pm1,\pm2,\pm3,\cdots)$ 时，$u=k\pi$，则 $I=0$，对应点的光强为极小（暗纹），k 称为极小值级次。若用 x_k 表示光强极小值点到中心点 P_0 的距离，因衍射角 φ 甚小，则 $\varphi\approx\sin\varphi=k\lambda/a$，故

$$x_k=l\varphi=kl\lambda/a \tag{7-4-3}$$

当衍射角不变，即 λ、l 固定时，x_k 和 a 成反比，即缝宽 a 越大，衍射条纹越密；缝宽 a 越小，衍射条纹越疏。出现主极大时，为零级衍射斑，该处 $u=0$，相当于各衍射线之间无光程差；次极大为其高级衍射斑，出现在以下位置上：

$$\frac{\mathrm{d}}{\mathrm{d}u}\left(\frac{\sin u}{u}\right)=0 \tag{7-4-4}$$

它们是超越方程 $u=\tan u$ 的根，其数值为 $u=\pm1.43\pi,\pm2.46\pi,\pm3.47\pi,\cdots$。

各级极大的位置和相应的光强见表 7-4-1，其相对光强分布如图 7-4-5 所示。

表 7-4-1 单缝夫琅禾费衍射各级极大的位置及光强

k	0	±1	±2	±3	…
u	0	$\pm1.43\pi$	$\pm2.46\pi$	$\pm3.47\pi$	…
I	I_0	$0.047I_0$	$0.017I_0$	$0.008I_0$	…

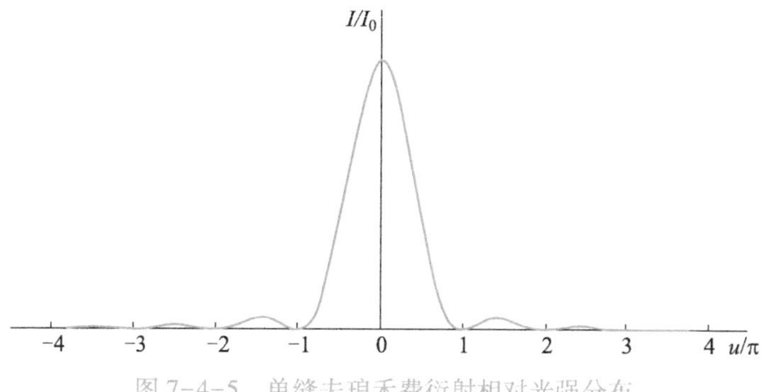

图 7-4-5 单缝夫琅禾费衍射相对光强分布

4. 实验仪器

光学平台、激光器、狭缝、扩束镜、光屏、光电转换器和数字式灵敏检流计。

5. 实验内容

文档：单缝衍射实验装置

（1）夫琅禾费衍射

按图 7-4-4 布置实验仪器和光路，打开激光器电源，调节各光学元件共轴，使激光垂直照射狭缝，在距狭缝 $l\gg a^2/8\lambda$ 处的衍射屏上观察夫琅禾费衍射现象。

① 改变缝宽 a，观察衍射条纹的变化规律，并记录衍射条纹变化情况。

② 改变缝到屏之间的距离 l，观察衍射条纹的变化规律，并记录衍射条纹变化情况。

③ 测量中央主极大光强 I_0 和前三级次极大 $k=\pm1,\pm2,\pm3$ 的光强 I_k，计算相对光强值 I_k/I_0，验证理论结果。

④ 测出狭缝与观察屏之间的距离 l 和 $k=\pm1,\pm2,\pm3$ 的暗纹的距离 x_k 值，根据

式(7-4-3)计算狭缝宽度 a 与不确定度。

⑤ 观察圆孔夫琅禾费衍射。

(2) 菲涅耳衍射

若夫琅禾费衍射的条件得不到满足,则夫琅禾费衍射转化为菲涅耳衍射。在图 7-4-4 所示的激光器与狭缝之间加入扩束镜,使激光束发散照射单缝产生菲涅耳衍射。

① 改变缝宽 a,观察单缝衍射条纹的变化规律,并记录衍射条纹变化情况。

视频:单缝衍射的操作

② 改变缝到屏之间的距离 l,观察衍射条纹的变化规律,并记录衍射条纹变化情况。

③ 观察直边菲涅耳衍射。

④ 观察圆孔菲涅耳衍射。

6. 数据处理

(1) 估计 $a^2/8\lambda$ 的值,调节狭缝到屏之间距离 $l \gg a^2/8\lambda$。

(2) 在表 7-4-2 中记录单缝夫琅禾费衍射各级极大的相对光强值,跟理论数据进行比较并分析。

表 7-4-2 单缝夫琅禾费衍射主极大与次极大的相对光强

k	0	±1	±2	±3
I_k				
I_k/I_0				

(3) 根据式(7-4-3)测量 x_k 值,计算狭缝宽度 a,求平均值,数据记录于表 7-4-3 中,并计算不确定度。测量 l 值记录于表 7-4-4 中。

表 7-4-3 测 量 a

暗纹级次	x_k	a	$\bar{a}$
$k=+1$			
$k=-1$			
$k=+2$			
$k=-2$			
$k=+3$			
$k=-3$			

表 7-4-4 测 量 l 值

	1	2	3	4	5
l/mm					

7. **注意事项**

(1) 激光器出射光应射向屏风内侧,同时注意不要用眼睛直接迎着激光观察,以免灼伤眼睛。调节光路时,应尽量避免眼睛与光路所在平面等高。

(2) 激光电源有高压,拔插激光器前,请先断开电源。

(3) 不要触摸光学镜片的表面,不然会在镜片表面留下指纹,影响实验效果,损伤镜片。

(4) 要检查器件各部分之间是否拧紧(包括镜片和镜架、镜架和支杆、支杆和杆筒、杆筒和底座)。

(5) 移动器件后要打开磁性开关,防止碰翻、摔坏器件。

8. **思考题**

(1) 如何判断夫琅禾费衍射的远场条件是否满足?

(2) 若在单缝和观察屏之间的空间放入折射率为 n 的透明介质,衍射条纹与不放介质时有什么区别?

实验 7.5 光的等厚干涉

1. **引言**

等厚干涉是非平行薄膜产生的一种薄膜干涉现象。利用这种干涉效应可以测量光波长,检验表面的平整度、球面度、光洁度,测量微小形变,精确测量长度、角度,以及研究工件内应力的分布等。本实验利用劈尖空气薄膜和牛顿环两种典型的等厚干涉现象进行观察和学习。

2. **实验目的**

(1) 理解等厚干涉的特性。

(2) 掌握用牛顿环测定透镜曲率半径的方法。

(3) 熟悉读数显微镜的使用方法。

3. **实验原理**

当一束单色光入射到透明薄膜上时,通过薄膜上下表面依次反射而产生的两束相干光将在膜表面处相遇发生干涉。两束反射光相遇时的光程差取决于薄膜的折射率 n 与厚度 d。同一级干涉条纹(条纹连续)对应的薄膜厚度相等,称之为等厚干涉。劈尖干涉、牛顿环都是典型的等厚干涉。通过干涉条纹的走向,还可以检验薄膜表面平整度与微小形变等。

(1) 劈尖干涉

如图 7-5-1 所示,在两片平板玻璃的一端的中间放入一微细线径对象(薄片或细丝),则在两平板玻璃中形成一楔形空气薄膜,称为空气劈尖。两平板玻璃的交线为棱边,平行于棱边的直线处空气膜厚度相等。当一束平行单色光垂直照射劈尖时,劈尖的上下表面反射的两束相干光叠加,形成干涉条纹,如图 7-5-2 所示。其中一束从光密介质表面反射,由于空气折射率近似为 1,空气层厚度为 d 处的光

程差为

$$\Delta=2d+\frac{\lambda}{2} \tag{7-5-1}$$

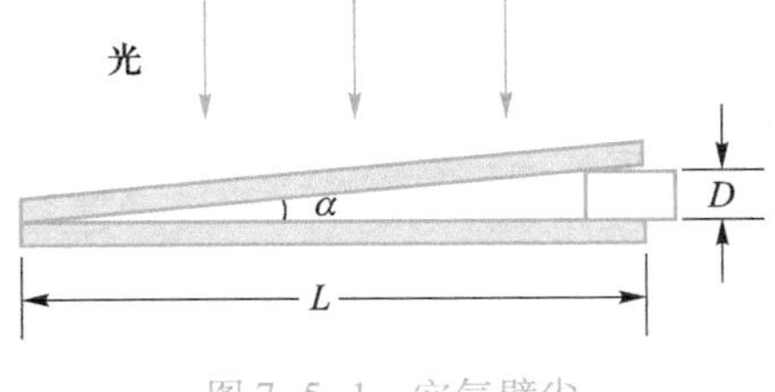

图 7-5-1 空气劈尖

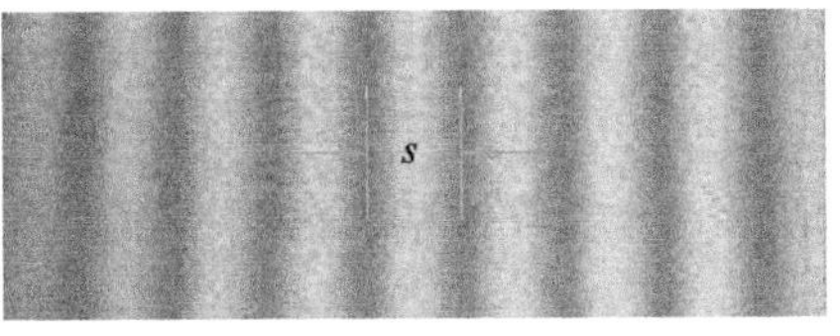

图 7-5-2 空气劈尖干涉图样

显然,同一连续明纹或者暗纹都对应相同厚度的空气层,两相邻明纹或者暗纹间厚度差都为波长一半($\lambda/2$)。由暗纹条件,第 m 级暗条纹处有光程差为

$$\Delta=2d_m+\frac{\lambda}{2} \quad (m=1,2,3,\cdots) \tag{7-5-2}$$

假设相邻暗纹间距离间隔为 s,由三角形相似条件有

$$\alpha\approx\tan\alpha=\frac{\frac{\lambda}{2}}{s}=\frac{D}{L} \tag{7-5-3}$$

则细微线径对象的线径 D 为

$$D=\frac{\lambda L}{2s} \tag{7-5-4}$$

由于同一级连续明纹或者暗纹代表空气具有相同厚度,因此当空气劈尖中的任意一块平板玻璃表面不平整时,将呈现出条纹弯曲,图 7-5-3。

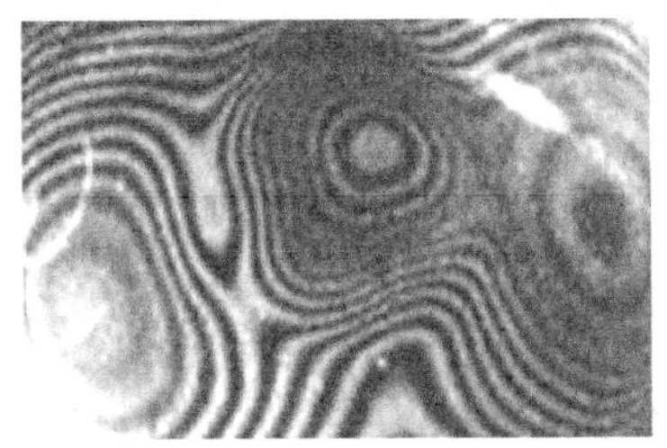

图 7-5-3 不规则表面形成弯曲条纹

(2) 牛顿环

如图 7-5-4 所示,将一个曲率半径为 R 的平凸透镜放在平板玻璃上,凸面与平板玻璃接触,则平凸透镜与平板玻璃间将形成与平凸透镜曲率半径变化规律相关的空气薄层。假设接触点为 O,该空气薄层的特点是从接触点 O 向外逐渐增厚,因此同一级等厚干涉条纹是以 O 为中心的同心圆环。这种干涉条纹是牛顿首先观察到并加以描述的,故称为牛顿环(Newton's ring)。由于有半波损失,中心点 O 为暗点。如图 7-5-4 所示,假设第 m 级暗环距 O 距离为 r_m,该处空气厚度为 d:

$$r_m^2=R^2-(R-d)^2=2Rd-d^2 \tag{7-5-5}$$

由于 $R \gg d$,故式(7-5-5) d^2 项可以省去,第 m 级暗环对应空气层的厚度具有如下关系:

$$r_m^2 = 2Rd = 2Rm\frac{\lambda}{2} = mR\lambda \quad 或 \quad r_m = \sqrt{mR\lambda}\,(m=0,1,2,\cdots) \tag{7-5-6}$$

同级空气薄膜干涉明环比暗环厚度减少 $\lambda/2$,有第 m 级明条纹半径:

$$r'_m = \sqrt{(2m-1)R\lambda/2} \tag{7-5-7}$$

利用上述关系,可测量 R 或者 λ。

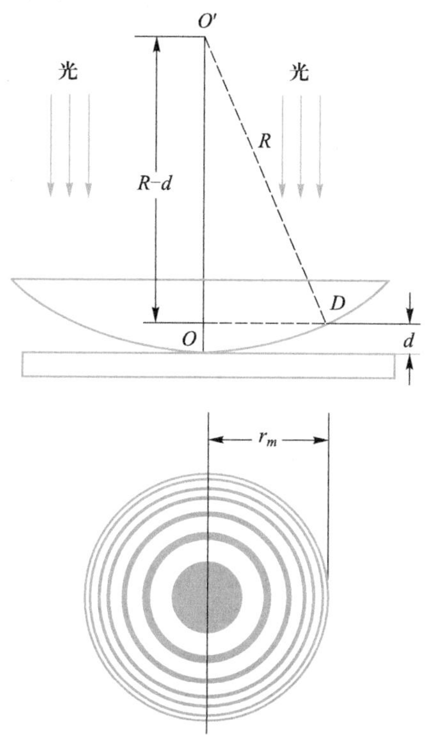

图 7-5-4 牛顿环

由于采用等厚干涉条纹测量长度的精度在波长数量级,因此可以达到纳米级的测量精度,然而由于条纹具有一定宽度,测量过程中较难准确判断条纹中心位置,因此需要选择合适的测量方法。如劈尖干涉中,可通过多次测量连续多级条纹总宽度后计算单一条纹宽度 s。

而牛顿环中,由于 O 点位置难以确定,且低级次条纹较宽,高级次条纹较窄,因此可以采用较高级次且可分辨的条纹的级数 m 到 n 的级数差 $m-n$ 进行测量。

假设 r_m 与 r_n 分别为第 m 级、第 n 级暗环半径,D_m 与 D_n 分别为第 m 级、第 n 级暗环直径,由式(7-5-6)有

$$r_m^2 - r_n^2 = (m-n)R\lambda \tag{7-5-8}$$

$$R = \frac{r_m^2 - r_n^2}{(m-n)\lambda} = \frac{D_m^2 - D_n^2}{4(m-n)\lambda} \tag{7-5-9}$$

式(7-5-9)表明:只需测量 m、n 两级暗环级数差 $m-n$ 即可,该方法不取决于级数

本身,消除了由于级数不准带来的误差。

4. 实验仪器

JXD-Bb 型读数显微镜(介绍见实验 7.1C)、牛顿环、钠光灯(波长 589.3 nm)、劈尖装置、待测细丝。

视频:光的等厚干涉的操作

5. 实验内容

(1) 利用劈尖干涉测量细微线径 D

① 将劈尖放置在 JXD-Bb 型读数显微镜工作台面上,调节目镜使叉丝清晰。

② 将 45°透光反射镜旋转到正对钠光灯位置,在通过目镜观察到亮视场时,调节物镜使干涉条纹清晰。

③ 调节劈尖位置,使目镜视场中纵丝与条纹平行。

④ 旋转测微鼓轮,保持纵丝沿单向移动,测出 21 条干涉暗条纹之间的总长度 S,在不同位置测量多次。

⑤ 计算单位暗条纹平均宽度 s($s=S/20$),记录于表 7-5-1。

⑥ 计算薄块厚度 D。

⑦ 进行误差分析。

(2) 测量平凸透镜的曲率半径 R

① 将牛顿环放在 JXD-Bb 型读数显微镜工作台面上,调节目镜使叉丝清晰。

② 将 45°透光反射镜旋转到正对钠光灯位置,在通过目镜观察到亮视场时,调节物镜使干涉条纹清晰。

③ 移动牛顿环,使其 0 级暗环落在视场内纵丝与横丝交点正下方。

④ 为避免空回误差,测量 D_m 与 D_n 时应保证单向调节测微鼓轮。方法如下:调节测微鼓轮向左移动,直至纵丝对准左侧第 33 个暗环,然后反向调节测微鼓轮,使纵丝从左向右依次经过第 30,29,…,19 级暗环的右侧中线,并记录暗环左边位置读数 $x_{左}$;继续调节测微鼓轮同方向移动到第 19,20,…,30 级暗环右侧中线,并记录暗环右边位置读数 $x_{右}$,该级暗环直径 $D=|x_{左}-x_{右}|$,记录于表 7-5-2 中。

⑤ 使用逐差法对第 19~30 级的暗环直径数据进行处理,并计算级数差 $m-n=6$ 对应的直径相关数据 $D_m^2-D_n^2$,一共 6 组。

⑥ 计算平凸透镜曲率半径 R,并进行不确定度分析。

6. 数据处理

(1) 根据式(7-5-4),利用劈尖干涉测量细微线径 D,完成表 7-5-1。

表 7-5-1

次数	位置读数 x_i/mm	位置读数 x_{i+20}/mm	S/mm	s/mm	$\bar{s}$/mm
1					
2					
3					

(2) 测量平凸透镜的曲率半径 R,完成表 7-5-2。

表 7-5-2

暗环级数 m	暗环读数		D_m	暗环级数 n	暗环读数		D_n	$(D_m^2-D_n^2)/\mathrm{mm}^2$
	$x_{左}$	$x_{右}$			$x_{左}$	$x_{右}$		
30				24				
29				23				
28				22				
27				21				
26				20				
25				19				

$\overline{D_m^2-D_n^2}$ = ________ mm^2，其 A 类不确定度：________，B 类不确度：________。

根据式(7-5-9)计算牛顿环曲率半径 R = ________ mm；计算不确定度 u_R = ________ mm；$R \pm u_R$ = ________ mm。

7. 注意事项

(1) 在实验中，应调节光源与 45°透光反射镜高度一致，且尽量靠近读数显微镜，保证有足够的光强，才能得到清晰明亮的干涉图样。

(2) 物镜下方 45°透光反射镜应转向光源并向光源倾斜。

8. 思考题

(1) 在劈尖干涉中，如微细线径截面为圆形时，D 是否要修正？

(2) 为何不能直接用暗环半径 r_m 计算平凸透镜曲率半径 R？

(3) 在实验时，应如何避免读数显微镜的空回误差？

实验 7.6　偏振光特性的研究

1. 引言

光的干涉和衍射现象揭示了光的波动性，而振动方向对于传播方向的不对称性称为偏振，它是横波区别于纵波的一个最明显的标志，只有横波才有偏振现象。而光的偏振现象直接有力地证明了光波是横波。后来，人们更发现光束的自旋角动量也与偏振态有关，从而可以利用旋光效应、磁光效应去探索物质的微观结构。光的偏振现象已广泛运用于科研和生产实际中。我们平时接触到的液晶屏、偏光太阳镜、3D 立体电影等都运用了光的偏振原理。本实验通过对偏振光的观察和分析，加深对光偏振基本规律的理解。

文档：偏振光的应用

2. 实验目的

(1) 了解线偏振光及其产生方法。

(2) 掌握马吕斯定律。

(3) 了解波片的工作原理。

(4) 掌握椭圆/圆偏振光的产生和检验方法。

3. 实验原理

(1) 自然光和偏振光

光波是横波,光波矢量的振动方向垂直于光的传播方向。普通光源发出的光波,其电矢量的振动在垂直于光的传播方向上的取向是无规则的。在与传播方向垂直的平面内,光矢量有各种各样的振动状态称为光的偏振态。按照光矢量振动的不同状态通常把光波分为自然光、线偏振光、圆偏振光、椭圆偏振光。

如果光波的电矢量的振动方向只局限在一确定的平面内,则这种偏振光称为平面偏振光,因其电矢量末端的轨迹为一直线,故又称为线偏振光,如图 7-6-1 所示。如果光波的电矢量随时间有规则地改变,即电矢量末端在垂直于传播方向的平面上轨迹呈椭圆形或圆形,则称为椭圆偏振光或圆偏振光,如图 7-6-2 所示。

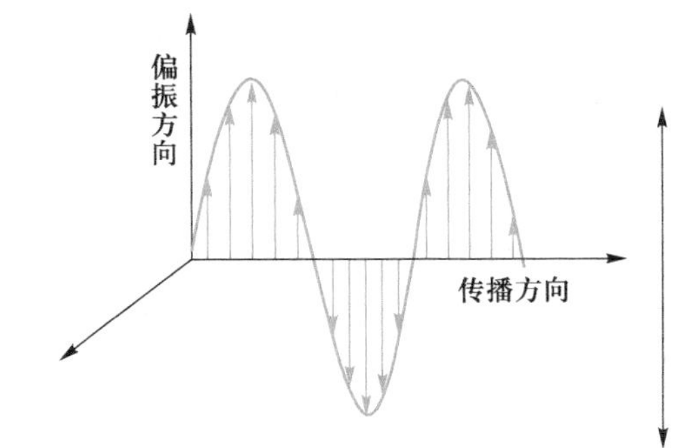

图 7-6-1 平面偏振光

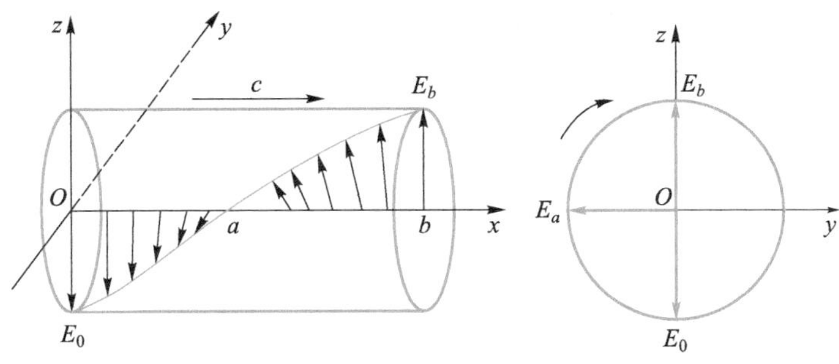

图 7-6-2 圆偏振光

(2) 线偏振光的产生和特性

产生线偏振光的方法有反射产生偏振、多次折射产生偏振、双折射产生偏振和选择性吸收产生偏振等。

① 利用反射和折射产生偏振

一束单色自然光从不同角度入射到介质表面,其反射光和折射光一般是部分偏振光。当以特定角度即布儒斯特角(Brewster's angle,一般用 θ_B 表示)入射时,折射光与反射光之间成 90°。此时不管入射光的偏振状态如何,反射光将成为线偏振光,其电矢量垂直于入射面。一般情况下,同一块玻璃片在布儒斯特角下对光的反射产生的线偏振光强度太小,难以利用。从玻璃片透射的光强度虽大,但不是线偏振的，是部分偏振光，并且偏振度很小。如果让自然光以布儒斯特角入射并通过一叠表面平行的玻璃片堆，由于自然光可以被等效为两个振动方向互相垂直、振幅相等且没有固定相位关系的线偏光，又因为光通过玻璃片堆中的每一个界面，都要反射掉一些振动方向垂直于入射面的线偏光，经多次反射，最后从玻璃片堆透射出来的光一般是部分偏振光，如果玻璃片数目较大，则透过玻璃片堆的折射光就成为振动方向平行于入射面的线偏光，并且折射光的强度也比较大，这就是透射起偏法。

② 利用二向色性

二向色性是指某些各向异性晶体对不同方向的光振动具有不同吸收本领的性质。当自然光通过二向色性晶体时，振动的电矢量与晶体透过轴垂直时几乎被完全吸收；电矢量与透过轴平行时几乎没有损失，于是透射光就成为平面偏振光。

③ 利用晶体的双折射

一束光在晶体内传播时被分成两束折射程度不同的光束，这种现象叫作光的双折射现象，能产生双折射的晶体常叫作双折射晶体。晶体内一束折射光线符合折射定律，称为寻常光（o 光），而另一束折射光线不符合折射定律，所以称为非寻常光（e 光）。当光沿着某个特殊的方向传播时，不会分成 o 光和 e 光，我们称这个方向为晶体的光轴。只有一个光轴的晶体叫作单轴晶体，例如冰、石英、红宝石和方解石等。同理，双轴晶体具有两个光轴方向。利用单轴晶体的双折射，所产生的寻常光（o 光）和非寻常光（e 光）都是线偏振光。前者的电矢量垂直于 o 光的主平面（晶体内部某条光线与光轴构成的平面），后者的电矢量平行于 e 光的主平面。

④ 马吕斯定律

如图 7-6-3 所示，MM' 和 NN' 分别表示起偏器和检偏器的偏振方向，夹角为 θ。若 A_0 为通过起偏器的振幅，将 A_0 正交分解为 $A_0\cos\theta$ 和 $A_0\sin\theta$，其中只有平行于检偏器方向 NN' 的分量 $A_0\cos\theta$ 可以通过检偏器。设 I_0 和 I 分别为透过起偏器和检偏器的光强，因光强与振幅平方成正比，所以

$$I=(A_0\cos\theta)^2=I_0\cos^2\theta \tag{7-6-1}$$

式（7-6-1）称为马吕斯定律。

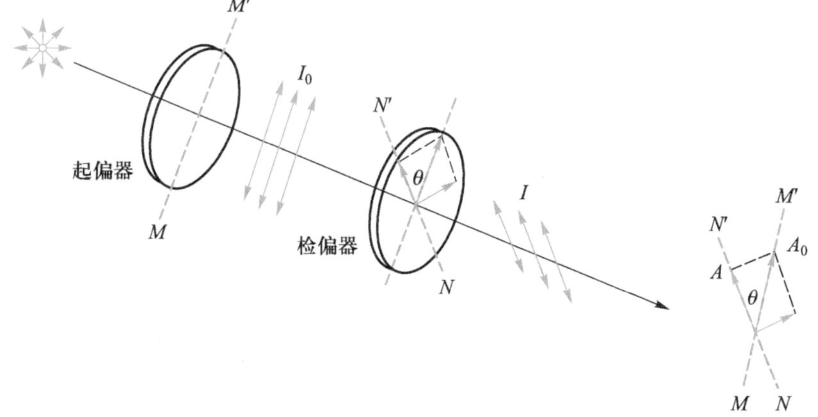

图 7-6-3 自然光通过起偏器和检偏器的变化

(3) 椭圆和圆偏振光的产生与1/4波片的作用

① 椭圆和圆偏振光

设有振动方向相互垂直的线偏振光 E_x、E_y：

$$E_x = A_x \cos \omega t \tag{7-6-2}$$

$$E_y = A_y \cos(\omega t + \delta) \tag{7-6-3}$$

式中A表示振幅，ω为光波的角频率，t表示时间，δ是两光波的相位差。将式(7-6-2)和式(7-6-3)合并得到

$$\frac{E_x^2}{A_x^2} + \frac{E_y^2}{A_y^2} - 2\frac{E_x E_y}{A_x A_y}\cos\delta = \sin^2\delta \tag{7-6-4}$$

这是一个椭圆方程，这说明如果将式(7-6-2)和式(7-6-3)的两束光叠加，可以得到椭圆偏振光，其光矢量在垂直于传播方向的平面内按一定频率旋转，光矢量的端点轨迹形成一个椭圆。椭圆的形状跟两光波的相位差δ有关，如图7-6-4所示。

当$\delta = \pm\pi/2$，且$A_x = A_y = A$时，式(7-6-4)变为一个圆方程

$$\frac{E_x^2}{A^2} + \frac{E_y^2}{A^2} = 1 \tag{7-6-5}$$

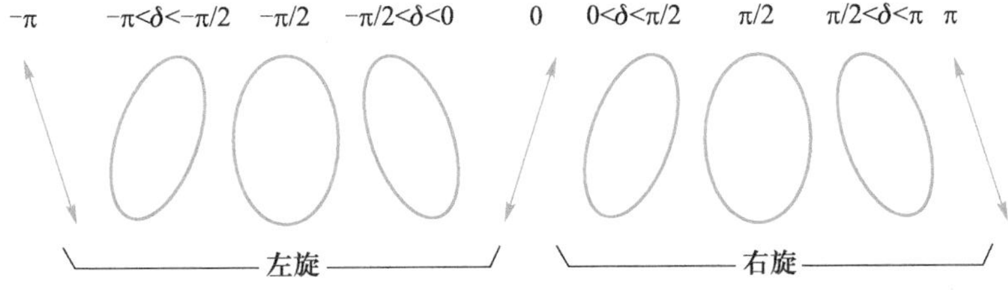

图7-6-4 不同相位差δ下的椭圆偏振光

② 1/4波片

波片是从单轴双折射晶体上平行于光轴方向截下的薄片。若平面偏振光垂直入射波片，且其振动面(振动方向与传播方向所确定的平面)与波片的光轴成α角，则在波片内入射光被分解成振动方向互相垂直的两束平面偏振光，称为o光和e光，它们的传播方向一致，但因在晶体内传播速度不同而产生一定的相位差，当它们经过厚度为d的波片时间，光程差为$(n_o - n_e)d$，其相应的相位差为

$$\Delta\varphi = \frac{2\pi}{\lambda}(n_o - n_e)d = \frac{2\pi}{\lambda}l \tag{7-6-6}$$

式中，λ为入射光波长，n_o和n_e分别为波片对o光和e光的折射率，l为光程差。当波片厚度d满足$(n_o - n_e)d = \lambda/4$时，此波片称为1/4波片。

如图7-6-5所示，振动方向与波片光轴的夹角为α的线偏振光通过1/4波片后，分成偏振方向相互垂直的线偏振光o光和e光。由于o光和e光的振幅不等，相位差为$\pi/2$，且振动方向互相垂直，一般合成为椭圆偏振光。当$\alpha = 45°$时，则o光和e光的振幅相等，合成为圆偏振光。

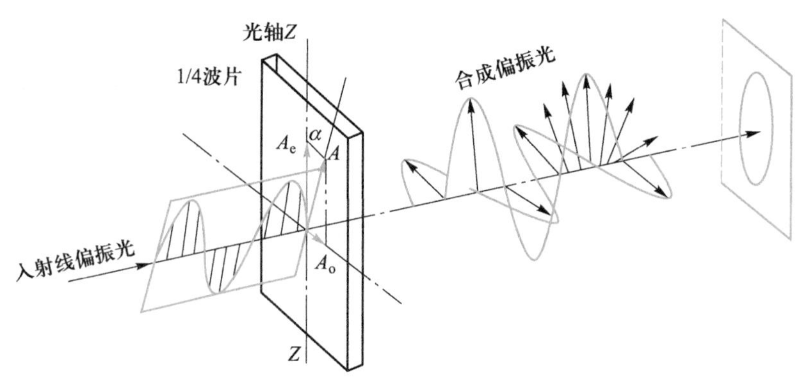

图 7-6-5 1/4 波片与椭圆偏振光

4. 实验仪器

光学平台、激光器、激光功率计、扩束镜、偏振分光棱镜、偏振片、1/4 波片、光屏。

5. 实验内容

（1）偏振片透过轴和 1/4 波片快慢轴的标定

① 按图 7-6-6 搭建好实验光路（不安装 1/4 波片），确保所有光学元件共轴；旋转偏振片，观察激光功率计示数，当激光功率计示数最大时，此时偏振片的透光轴为水平方向。

② 按图 7-6-6 搭建好实验光路，先取下 1/4 波片，旋转偏振片，观察激光功率计示数，使激光功率计示数最小；放上 1/4 波片，旋转其方向，当激光功率计示数再次达到最小，此时 1/4 波片的快（慢）轴在水平方向。

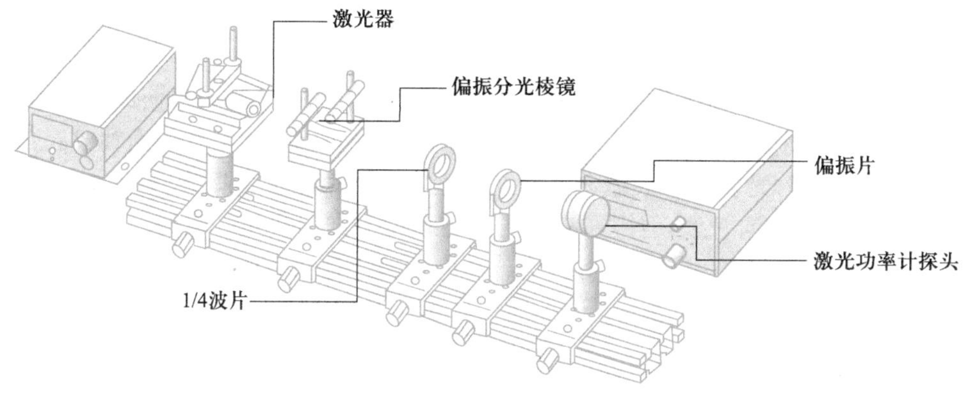

图 7-6-6 偏振光/波片快慢轴标定光路图

（2）线偏振光的产生和马吕斯定律的验证

① 按图 7-6-7 搭建好光路，确保所有光学元件共轴。

② 激光器通过起偏器之后产生线偏振光，通过旋转检偏器，观察激光功率计示数的变化，当激光功率计示数最大时，此时检偏器与起偏器的透光轴方向一致，为线偏振光的光矢量方向。

③ 记录激光功率最大值的示数，每旋转检偏器 10°，记录一次激光功率值。

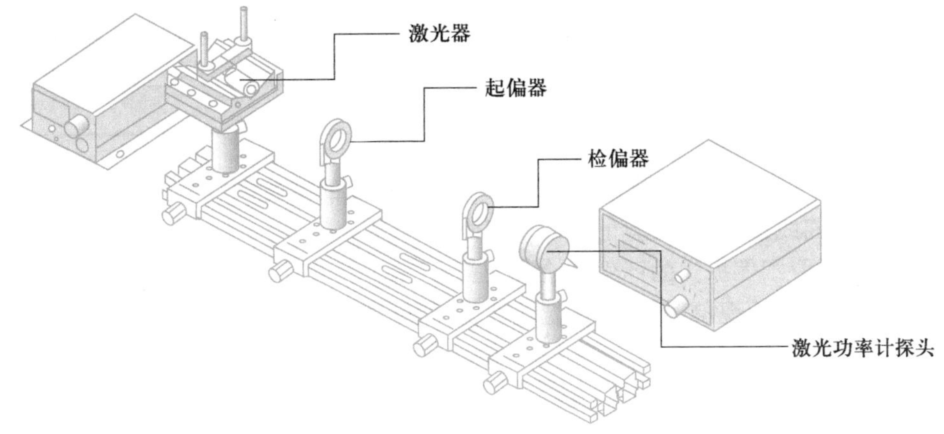

图 7-6-7　马吕斯定律的验证光路图

(3) 椭圆/圆偏振光的产生和检验

① 按图 7-6-6 搭建好光路,确保所有光学元件共轴。

② 将 1/4 波片的快(慢)轴方向调到水平方向。

③ 旋转偏振片(检偏器)360°,记录所观察到的现象,判断从 1/4 波片出来的偏振光属于什么性质的偏振光。

④ 再将 1/4 波片转动 15°,同样将偏振片转动 360°,又观察到什么现象? 判断这时从 1/4 波片出来的偏振光属于什么性质的偏振光。

⑤ 继续将 1/4 波片转动 30°、45°、60°、75°、90°,每次都将偏振片转动 360°,记录所观察到的现象,判断从 1/4 波片出来的偏振光属于什么性质的偏振光。

视频:偏振光实验的操作

6. 数据处理

(1) 偏振片透过轴和 1/4 波片快慢轴的标定

数据记录于表 7-6-1 中。

表 7-6-1　偏振片透过轴和 1/4 波片快慢轴方向

配件	偏振片 1	偏振片 2	1/4 波片
透过轴(快慢轴)			

(2) 线偏振光的产生和马吕斯定律的验证

数据记录于表 7-6-2 中。

表 7-6-2　验证马吕斯定律

角度/(°)	0	10	20	30	40	50	60	70	80
功率/mW									
角度/(°)	90	100	110	120	130	140	150	160	170
功率/mW									
角度/(°)	180	190	200	210	220	230	240	250	260
功率/mW									

续表

角度/(°)	270	280	290	300	310	320	330	340	350
功率/mW									

根据表 7-6-2 绘制光强随起偏器和检偏器角度的变化曲线，与式(7-6-1)计算出的理论曲线进行比较，验证马吕斯定律。

(3) 椭圆/圆偏振光的产生和检验

根据观察到的现象，判断偏振光的性质，填到表 7-6-3 中。

表 7-6-3 偏振光性质检验

1/4 波片转动角度	偏振片旋转 360°观察到的现象	偏振光性质
0°		
15°		
30°		
45°		
60°		
75°		
90°		

7. 注意事项

(1) 不要用眼睛直接迎着激光观察，以免灼伤眼睛。

(2) 激光电源有高压，拔插激光器前，请先断开电源。

(3) 不要触摸光学镜片的表面，不然会在镜片表面留下指纹，影响实验效果，损伤镜片。

(4) 要检查器件各部分是否拧紧(包括镜片和镜架、镜架和支杆、支杆和杆筒、杆筒和底座)。

(5) 移动器件后要打开磁性开关，防止碰翻、摔坏器件。

8. 思考题

(1) 从偏振分光棱镜出来的光是什么性质的偏振光，偏振方向如何？其原理是什么？

(2) 如何用实验方法鉴别自然光、部分偏振光、线偏振光、椭圆偏振光、圆偏振光。

实验 7.7 光栅常量及光波波长的测定

1. 引言

具有周期性的空间结构或者光学性能(如透射率、折射率等)的衍射屏统称光栅。例如在一块反光效果较好的有机玻璃板上以较小间隔等距地划上一系列平行刻痕,就可以得到一种简单的一维多缝光栅。晶体由于内部原子排列具有空间周期性,也可以是天然的三维光栅。光栅和棱镜一样,是一种重要的分光元件,它可以把入射光中不同波长的光分开。利用光栅分光制成的单色仪和光谱仪已被广泛使用。光栅的种类很多,例如:按透射光还是反射光来分,有透射光栅和反射光栅(即闪耀光栅)两种。利用光栅衍射可以分析光谱,也可以分析物质结构。

2. 实验目的

(1) 熟悉分光计的调节与使用。

(2) 了解光栅的作用和基本特性,测定光栅常量。

(3) 掌握使用光栅测定光波波长的方法。

3. 实验原理

(1) 夫琅禾费多缝衍射与光栅

实验使用透射光栅,如图 7-7-1(a)所示,可看作一系列宽度为 a 的等间隔平行排列的狭缝。光栅透明部分宽度 a,不透明部分宽度 b,光栅常量 $d=a+b$,即为狭缝的空间周期。

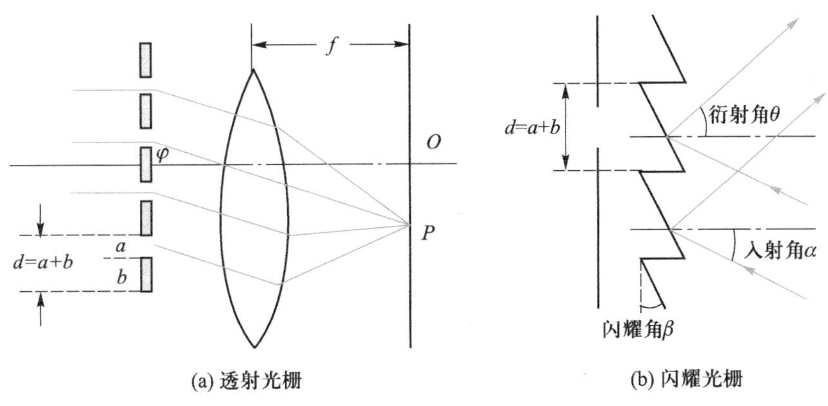

(a) 透射光栅　　(b) 闪耀光栅

图 7-7-1　光栅类型

考虑单色光单缝夫琅禾费衍射,衍射场中相对强度为

$$I_{\varphi}=a_0^2\left(\frac{\sin u}{u}\right)^2 \tag{7-7-1}$$

其中 a_0 为中央主极大振幅,而 a 为缝宽,有

$$u=\frac{\pi a}{\lambda}\sin \varphi \tag{7-7-2}$$

若有 N 条狭缝等距平行排列,将形成多缝夫琅禾费衍射。N 条狭缝的衍射光实际上是相干的,且它们之间有相位差,因此多缝衍射图样与单缝将不一样。假设经物镜聚焦后的 N 条狭缝衍射光聚焦在屏上一点 P,则该点的振动是所有这些衍射光相干叠加的结果。其在屏上的光强分布如图 7-7-2 所示,分布特征为:

① 多缝衍射图样中出现了一系列新的强度极大和极小。

② 主极大的位置与缝数 N 无关,但它们的宽度随 N 增加而减小。

③ 相邻主极大间有 $N-1$ 条暗纹和 $N-2$ 个次极大。

④ 强度分布中保留了单缝衍射的痕迹,即曲线的包络(外部轮廓)与单缝衍射强度曲线的形状一样。

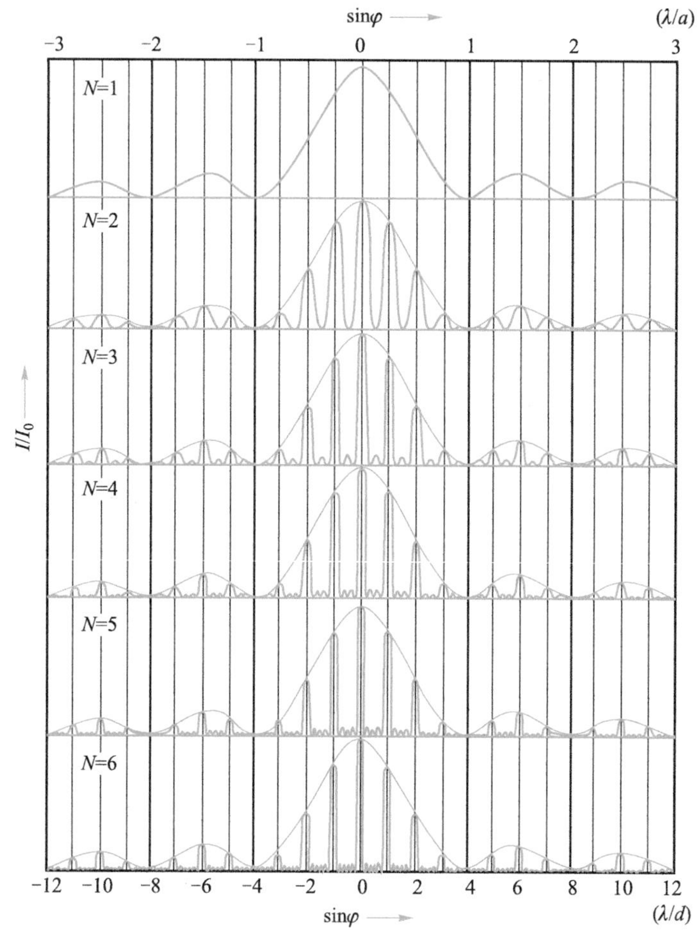

图 7-7-2 多缝夫琅禾费衍射强度曲线

N 缝夫琅禾费衍射的光强分布既有来源于单缝衍射的影响,也有来源于缝间的干涉的影响。当只考虑缝间干涉因子的主极大时,意味着光栅衍射角满足光栅方程的条件:

$$d\sin\varphi=k\lambda \qquad (k=0,\pm1,\pm2,\cdots) \tag{7-7-3}$$

就是说 N 缝衍射时,凡是在衍射角满足上式的方向上将出现主极大,它的强度将是 N 条单缝衍射在该方向强度的叠加,即 N^2 倍。主极大的宽度将随 N 增加而减小。

若入射光束于光栅法线不垂直时,则光栅方程需要修正为

$$d(\sin\varphi\pm\sin i)=k\lambda \qquad (k=0,\pm1,\pm2,\cdots) \tag{7-7-4}$$

式中 i 为入射光线与光栅法线的夹角,当入射光与衍射光在法线同侧时取"+"号,反之取"-"号。

光栅作为一种色散元件,其基本特性可以用角色散率 D 和分辨本领 R 来表征。

(2) 光栅的角色散率 D

光栅的角色散率表征光栅对不同波长的谱线分开的程度。定义为同一级两条谱线衍射角距离 $\Delta\varphi$ 与它们的波长差 $\Delta\lambda$ 的比值：

$$D=\frac{\Delta\varphi}{\Delta\lambda} \tag{7-7-5}$$

又由于光栅方程，可得 $d\cos\varphi \mathrm{d}\varphi=k\mathrm{d}\lambda$，因此光栅的角色散率为

$$D=\frac{\Delta\varphi}{\Delta\lambda}=\frac{k}{d\cos\varphi} \tag{7-7-6}$$

从上式可知，光栅常量 d 越小，光栅的角色散率越大，高级次 k 的光谱有较大的角色散率。当衍射角很小时，$\cos\varphi\approx1$，角色散率可以看作常量。

(3) 瑞利判据与光栅分辨本领 R

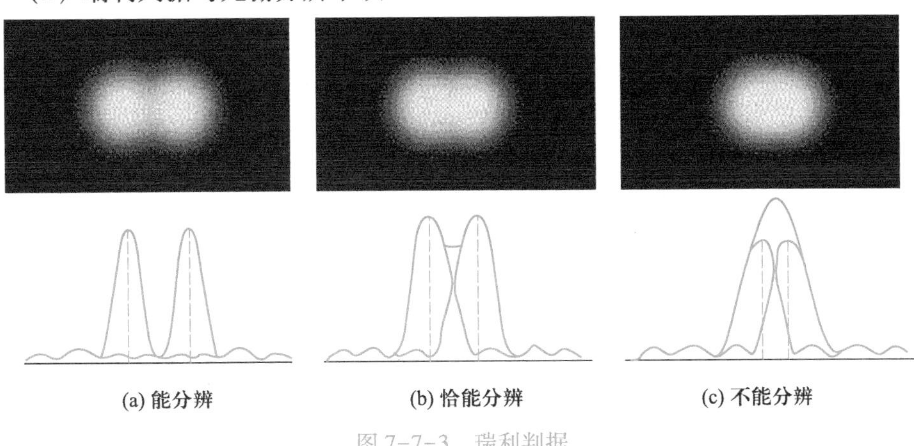

图 7-7-3　瑞利判据

由于衍射光谱实际为有一定宽度的衍射斑（艾里斑），若两条谱线靠得太近就彼此重叠，使细节模糊不清。因此对于高放大率的精密光学仪器来说，衍射效应是提高分辨本领的一个严重障碍。为了给光学仪器规定一个最小分辨极限，通常采用瑞利判据（Rayleigh criterion），如图 7-7-3 所示。该判据规定：一条谱线的强度极大正好落在另一条谱线的强度极小上，两条谱线恰能分辨。光栅分辨本领 R 的公式为

$$R=\frac{\lambda}{\Delta\lambda}=kN \tag{7-7-7}$$

式中 k 为谱线的级次，N 为光栅有效使用面积内的狭缝数。可见，有效使用面积内的狭缝数越多，光栅的分辨本领就越大。同时在较高的谱线级次 k 上，光栅的分辨本领也越大，但由于实验室使用光栅级数 k 一般不大于±2，因此决定分辨本领的为有效使用面积内的狭缝数 N。

4. 实验仪器

JJY-1 型分光计、平面镜、光栅、汞灯。

5. 实验内容

(1) 观察光栅的衍射现象，对光栅条纹的方向进行判断。

(2) 调节分光计状态与光栅位置至满足夫琅禾费衍射条件(参考实验 7.2)。

(3) 以汞灯绿光波长 $\lambda=546.07$ nm 作为已知量,测定光栅常量 d。

(4) 测定汞灯黄色双线($\lambda_{黄1}$、$\lambda_{黄2}$)的光波波长,并计算该光栅的角色散率 D、分辨本领 R。

6. 数据处理

由于±1 级衍射角的夹角为 2φ,用分光计测量后,数据记录于表 7-7-1 中,采用式(7-7-8)对衍射角进行计算:

$$\varphi=\frac{1}{4}(|\theta_1-\theta_2|+|\theta_1'-\theta_2'|) \tag{7-7-8}$$

表 7-7-1 光栅常量和光波波长测量数据

谱线		k=+1		k=−1		k=±1 级衍射角 φ
		θ_1	θ_1'	θ_2	θ_2'	
绿(546.07 nm)	1					
	2					
	3					
黄 1	1					
	2					
	3					
黄 2	1					
	2					
	3					

光栅常量 d=______nm,$\lambda_{黄1}$=______nm,$\lambda_{黄2}$=______nm,D=______rad · nm^{-1},R=________。

7. 注意事项

(1) 对光谱级次 k 进行判断时,应注意先将望远镜筒与平行光管对齐($k=0$),然后再分别向两个方向计数。

(2) 为使谱线能被分辨,应在保证亮度的前提下,调节狭缝使其尽可能小。

8. 思考题

(1) 光栅分光原理与棱镜分光原理有何不同?

(2) 是否可以采用钠光灯测定光栅常量 d?

(3) 若采用单个狭缝间隔与本实验光栅常量一致,但狭缝数目为 5 的多缝装置代替光栅,角色散率 D 和分辨本领 R 会产生何种变化?

第 三 篇

进 阶 篇

第 8 章 综合性实验

实验 8.1 pn 结物理特性的研究

1. 引言

采用不同的掺杂工艺，使半导体的一部分成为 p 型区，另一部分成为 n 型区，在 p 型区和 n 型区的交界面处就形成了 pn 结。pn 结是二极管、晶体管、太阳能电池、半导体激光器及其他结型半导体器件的最基本单元和组成部分，因此半导体器件的特性与工作过程也均与 pn 结有密切联系。

2. 实验目的

(1) 测量室温时 pn 结电流与电压关系，证明此关系符合指数分布规律并测量玻耳兹曼常量。

(2) 测量 pn 结电压与温度的关系，求出该 pn 结温度传感器的灵敏度。

(3) 计算在温度为 0 K 时，半导体硅材料的近似禁带宽度。

3. 实验原理

(1) 本征半导体与热平衡状态

在完全纯净的、结构完整且不含任何杂质和缺陷的半导体(本征半导体)内有两种载流子:导带电子和价带空穴。本征激发时，每当有一个电子激发到导带，就同时在价带中出现一个空穴，因此本征激发时的电子和空穴是成对产生的。而激发到导带去的电子也可以放出其能量返回到价带中的空能级上，即电子与空穴相遇，该过程称为电子与空穴复合。

在本征半导体中，载流子是由价带电子受晶格热运动的影响激发到导带中而产生的，热激发有使载流子增加的倾向。而更多的导带电子又会放出原来吸收的能量与空穴复合。显然载流子的产生与复合是互相联系着的一对矛盾:在一块半导体中，如果载流子的产生率高于复合率，其载流子浓度就要增加，而随着载流子浓度增加，复合过程也会增加，直到两边达到动态平衡。载流子的热激发与复合达到平衡的状态称为半导体的热平衡。热平衡载流子的浓度是随温度变化的，当温度升高时，热运动变得更激烈，热激发作用就会增强，从而使电子与空穴的产生率超过复合率，打破原来温度下的热平衡而建立新的平衡;在新的平衡状态下，载流子浓度的数值要比原来低温时的数值大，因此半导体内平衡载流子浓度是随温度升高而增加的。

(2) pn 结的形成与空间电荷区

在本征半导体两侧采用不同的掺杂方法，分别形成 p 型半导体(多数载流子为空穴)和 n 型半导体(多数载流子为电子)。在 p 型和 n 型半导体的交界面处，就形成了 pn 结,见图 8-1-1。

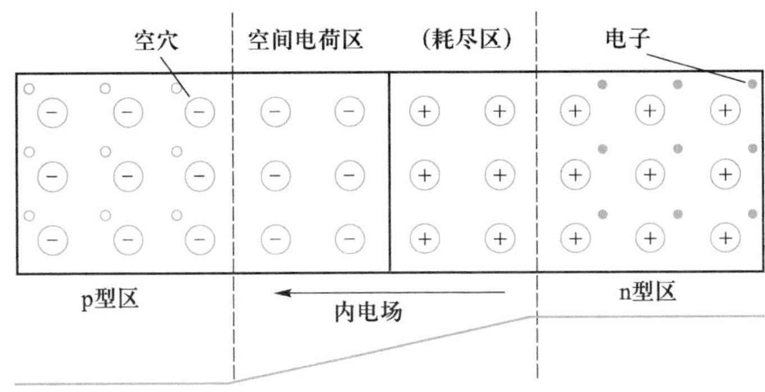

图 8-1-1 半导体 pn 结

在该交界面处,因为空穴和电子浓度有一个突然跃变,带来多子扩散:p 型区中空穴向 n 型区扩散,留下带负电的电离区;n 型区中电子向 p 型区扩散,留下带正电的电离区。这样就在交界面两侧形成带正、负电荷的区域,形成内电场,电场方向从 n 型区指向 p 型区。该区域就是空间电荷区,又叫耗尽区,其存在将阻止多子扩散,促使少子在电场力下"飘移"。当扩散和漂移运动达到平衡后,空间电荷区的宽度和内电场电势就相对稳定下来。此时,有多少多子扩散到对方,就有多少少子从对方飘移过来,二者产生的电流大小相等,方向相反。因此,在相对平衡时,流过 pn 结的电流为 0。

(3) pn 结的伏安特性及玻耳兹曼常量 k

① 正向偏置

当 pn 结上施加正向偏置电压时,如图 8-1-2(a)所示,p 型区接外电源正极,n 型区接外电源负极。此时 pn 结处于非平衡状态,电流从 p 型区流向 n 型区,则外电场方向与内电场方向相反,空间电荷区内电场强度被削弱,空间电荷区变窄。此时 pn 结呈低阻性,所以电流大。pn 结的正向电流与电压关系如下:

$$I=I_0[\exp(qU/kT)-1] \tag{8-1-1}$$

式中 I 是通过 pn 结的正向电流,I_0是反向饱和电流,T 是热力学温度,q 是电子电荷量的绝对值,k 为玻耳兹曼常量,U 为 pn 结正向压降。由于在室温(300 K)时,$kT/q\approx 0.026$ V,而 pn 结正向压降为零点几伏,则 $\exp(qU/kT)\gg 1$,式(8-1-1)中括号内-1 项完全可以忽略,于是有

$$I=I_0\exp(qU/kT) \tag{8-1-2}$$

即当温度 T 恒定时,pn 结正向电流随正向电压按指数规律变化。若测得 pn 结 $I-U$ 关系值,则利用式(8-1-1)可以求出 q/kT。在测得温度 T 后,就可以得到 q/k 常量,把电子电荷量绝对值 q 作为已知值代入,即可求得玻耳兹曼常量 k。

② 反向偏置

同理,若 pn 结上施加反向偏置电压,即 n 型区接外电源正极,p 型区接外电源负极,外电场方向与内电场方向相同,空间电荷区电场强度将增强,如图 8-1-2(b)所示,pn 结呈现高阻性。pn 结的伏安特性如图 8-1-2(c)所示。

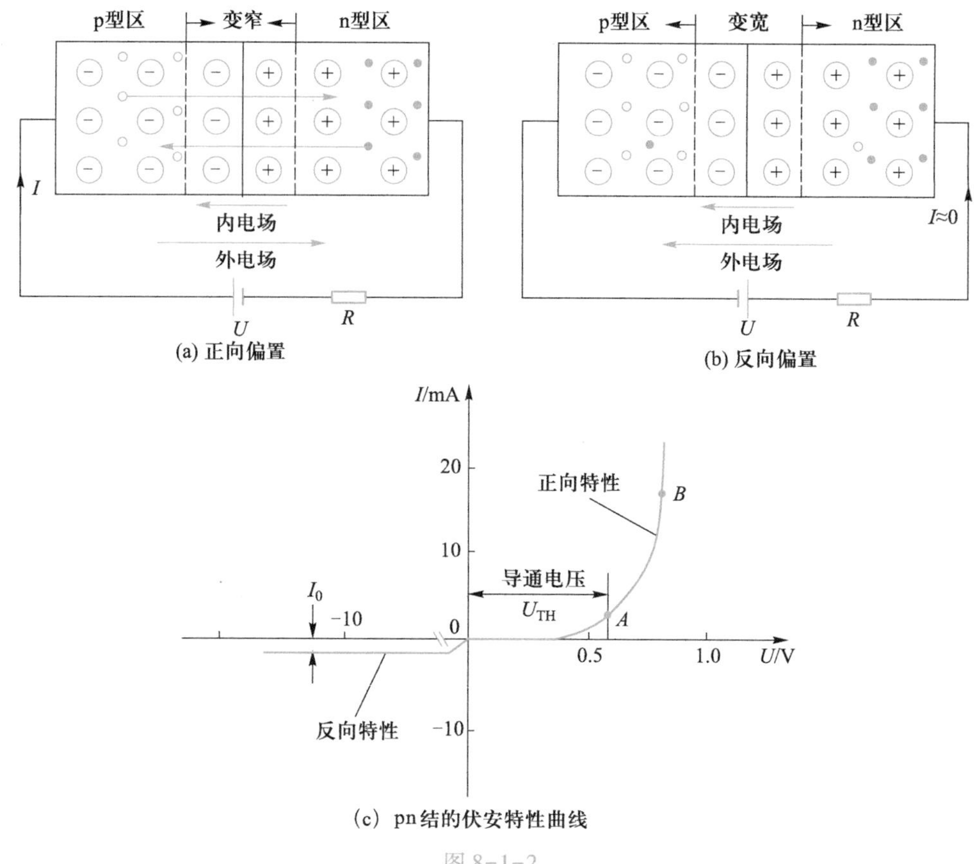

图 8-1-2

从 pn 结伏安特性曲线可以看出,正向特性和反向特性两部分不对称。在外加正向电压下,正向电流随正向电压的增加而快速增高,说明 pn 结正向的电阻很小,导电性能良好;而外加反向电压时,反向电流很小,而且随着电压的增加趋于一个饱和值 I_0,说明反向电阻很大,导电性能很差。

(4) pn 结的正向结电压 U 与温度 T 关系

根据半导体理论,式(8-1-2)中的 I_0为反向饱和电流:

$$I_0=CT^{\gamma}\exp(-qU_{g(0)}/kT) \tag{8-1-3}$$

式(8-1-3)中 C 为与 pn 结的结面积、掺杂浓度、掺杂区长度等有关的常量,T 为热力学温度,γ 在一定范围内也是常量,$U_{g(0)}$为热力学温度 0 K 时 pn 结材料的导带底与价带顶的电势差。代入式(8-1-2),两边取对数,整理可得 pn 结正向电压:

$$U=U_{g(0)}-\left(\frac{k}{q}\ln\frac{C}{I}\right)T-\frac{kT}{q}\ln T^{\gamma} \tag{8-1-4}$$

I 为正向电流。尽管方程中$(kT/q)\ln T^{\gamma}$是非线性项,但是实验和理论证明,在温度变化范围不大时,其引起的非线性误差可以忽略不计。对于通常的硅材料 pn 结,这个温度区间为-50~150 ℃。由半导体理论可得当 pn 结通过恒定小电流(通常电流 $I=1$ mA)时,U 与 T 近似关系为

$$U=ST+U_{g(0)} \tag{8-1-5}$$

式中

$$S=\frac{k}{q}\ln\frac{C}{I} \tag{8-1-6}$$

S 为 pn 结温度传感器灵敏度，q 是电子电荷量的绝对值，k 为玻耳兹曼常量，C 为结电容，是与结面积、掺杂浓度、掺杂区长度等有关的常量。

（5）半导体禁带宽度 E_{g0}

半导体禁带宽度与温度和掺杂浓度等有关：半导体禁带宽度具有负的温度系数，能随温度发生变化。$U_{g(0)}$ 为 0 K 时 pn 结材料的导带底与价带顶的电势差，对于给定的材料，$U_{g(0)}$ 是定量。由 $U_{g(0)}$ 可求出 0 K 时半导体材料的近似禁带宽度：

$$E_{g0}=qU_{g(0)} \tag{8-1-7}$$

已知 Ge、Si、GaAs、GaN 和金刚石的禁带宽度在室温下（300 K）分别为 0.66 eV、1.12 eV、1.42 eV、3.44 eV 和 5.47 eV。

4. 实验仪器

pn 结物理特性测试实验仪，包含直流电源、电压电流测量显示模块、测温控温装置等。

视频：pn 结物理特性的研究实验操作

5. 实验内容

（1）测定 pn 结伏安特性曲线（I–U 关系），验证式（8-1-2），并计算玻耳兹曼常量 k。

① 实验中选取 TIP31 型硅三极管（线路图见图 8-1-3），由于有较低的正向偏压，这样表面电流影响可以忽略，所以此时 c 点（集电极）电流与 e 点（发射极）、b 点（基极）间电压表 V_1 所测电压 U_1 将满足式（8-1-2）。

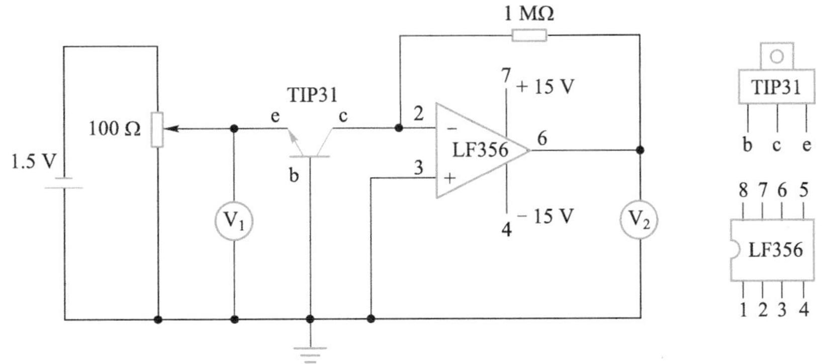

图 8-1-3　pn 结伏安特性曲线测量线路图

其中 U_1 为结电压，结电流 I 由运放放大器的计算推导可得

$$I=-U_2/R_f \tag{8-1-8}$$

其中 R_f 为反馈电阻，即图 8-1-3 中的 1 MΩ 电阻，结合式（8-1-2）可得

$$U_2=R_fI_0\exp(qU_1/kT) \tag{8-1-9}$$

文档：微弱电流的测量

在室温情况下，测量 V_1 电压表示数 U_1 和 V_2 电压表示数 U_2。改变 U_1 值，每隔 0.01 V 测一点数据，约测 10 组数据，直到 U_2 值达到饱和时（U_2 值变化较小或基本不

变)结束测量,数据记录于表 8-1-1 中。在开始和结束时都要记录恒温井的温度 T,取温度平均值 $\overline{T}$。

② (选做)改变恒温井温度,待 pn 结与恒温井温度一致时,重复测量 U_1 和 U_2 的关系数据,并与室温下测得的结果进行比较。

③ 曲线拟合求经验公式:以 U_1 为自变量,U_2 为因变量,运用最小二乘法,将实验数据代入指数函数 $U_2=a\exp(bU_1)$,求出函数相应的 a 和 b 值。

④ 计算 q/k,将电子电荷量绝对值 1.602×10^{-19} C 代入,求出玻耳兹曼常量 k 并与公认值($k=1.381\times10^{-23}$ J/K)进行比较。

(2) 当电流 $I=1$ mA 时,测定 $U-T$ 关系,求 pn 结温度传感器的灵敏度 S,计算 0 K 时硅材料的近似禁带宽度 E_{g0}。

① 实验图线路如图 8-1-4 所示。其中 V_2 用于对电阻 R 两端的电压进行采样,$R=1$ kΩ,调节恒流源使 V_2 示数为 1.000 V,则电流为 $I=1$ mA。

② 从室温开始每隔 5~10 ℃测一组 U 值(即 V_1 示数)与温度 T(单位℃),求得 $U-T$ 关系,至少测 6 组以上数据,数据记录于表 8-1-2 中。

③ 用最小二乘法对 $U-T$ 关系进行直线拟合,求出 pn 结温度传感器的灵敏度 S,以及求得温度为 0 K 时硅材料近似禁带宽度 E_{g0}。

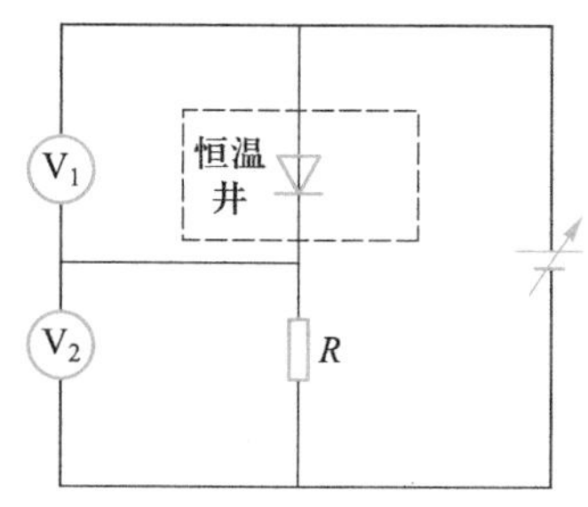

图 8-1-4 pn 结 $U-T$ 关系测量实验线路图

6. 数据处理

视频:在 Excel 中进行线性拟合

(1) 以 U_1 为自变量,U_2 为因变量,进行指数函数 $U_2=a\exp(bU_1)$ 的曲线拟合,计算玻耳兹曼常量 k,与公认值 $k=1.381\times10^{-23}$ J/K 对比,求相对误差。

室温条件下:$T_1=$________℃,$T_2=$________℃,$\overline{T}=$________℃

表 8-1-1 pn 结扩散 $I-U$ 关系测量数据表

U_1/V	0.230	0.240	0.250	0.260	0.270	0.280	0.290	0.300	0.310	0.320
U_2/V										
U_1/V	0.330	0.340	0.350	0.360	0.370	0.380	0.390	0.400	0.410	0.420
U_2/V										

(2) 当电流 $I=1$ mA 时,测定 $U-T$ 关系,对 $U-T$ 数据进行直线拟合,求斜率,并计算温度传感器灵敏度 S,求直线截距(即 0 K 时的 $U_{g(0)}$),求出硅材料的近似禁带宽度 E_{g0},与硅在 0 K 时禁带宽度公认值 $E_{g0}=1.205$ eV 做对比,求相对误差。

视频:如何在 Excel 中拟合指数函数

表 8-1-2 $U-T$ 关系测定数据表

T/℃	30	35	40	45	50	55	60	65	75	80
T/K										
U/V										

7. **注意事项**

(1) 更换运算放大器必须在切断电源条件下进行,并注意管脚不要插错,元件标志点必须对准插座标志槽口。

(2) 请勿随便使用其他型号的三极管进行实验。例如 TIP31 型三极管为 npn 管,而 TIP32 型三极管为 pnp 管,所加电压极性不相同。

(3) 必须经检查线路接线正确,才能开启电源。实验结束应先关电源,才能拆除接线。

8. **思考题**

如何利用 pn 结的温度特性设计一个基于 pn 结温度传感器的温度计?

实验 8.2 太阳能电池光电特性的研究

1. **引言**

进入 21 世纪以来,传统能源短缺与环境污染问题日益严重。太阳能是一种清洁、绿色能源,因此太阳能发电及光伏产业近来受到了人们的高度重视。太阳能电池是利用光生伏特效应直接把太阳能转化成电能的一种器件。其中,硅太阳能电池发展相对成熟,但是与传统能源比较,硅太阳能电池的成本高、转化效率低等不足依然制约其应用领域的进一步拓展。本实验的目的是探讨硅太阳能电池的工作原理与伏安特性。

2. **实验目的**

(1) 学习太阳能电池的物理原理。

(2) 测量太阳能电池外加正向偏压时的暗伏安特性曲线,并求得电流与电压关系的经验公式。

(3) 测量太阳能电池在恒定光照时的输出伏安特性曲线。

(4) 测量太阳能电池的光照特性。

3. **实验原理**

(1) 太阳能电池的物理原理

太阳能电池是一种对光有响应并能将光能转化成电能的器件。制作太阳能电池的材料有许多种,如:晶体硅、硅基薄膜、化合物半导体薄膜和染料敏化 TiO_2 等。它们的发电原理基本相同,但现今光电转化效率也仅 20%左右,因此开发太阳能电池的关键就是提高转化效率和降低成本。下面以单晶硅太阳能电池为例进行介绍。

① 太阳能电池结构

单晶硅太阳能电池通常是以 p 型硅为衬底,扩散 n 型杂质,再在 p 型硅衬底的下表面制作下电极,在 n 型硅上表面制作上电极。为减少硅对太阳光的反射,还在光入射表面制作减反射膜来提高光透射效率,其结构如图 8-2-1 所示。

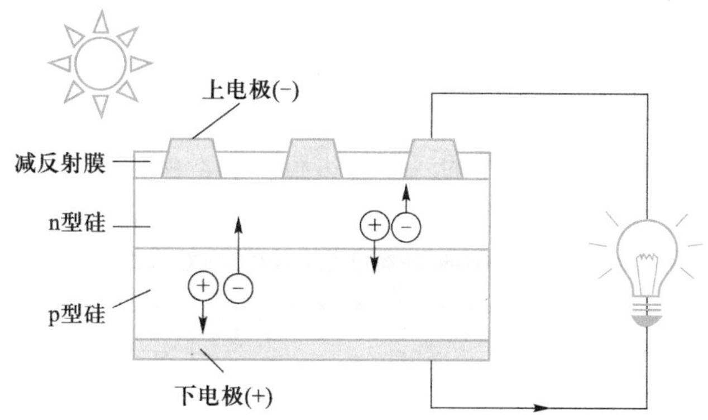

图 8-2-1 单晶硅太阳能电池结构

② 光生伏特效应

并非所有波长的光波能量都能转化为电能,值得注意的是光电效应与光辐照的强度大小无关;只有频率达到或超越可产生光电效应的阈值时,电流才能产生。能够使半导体产生光电效应的光的最大波长同该半导体的禁带宽度 E_g 相关,譬如晶体硅的禁带宽度在室温下约为 1.12 eV,因此只有波长小于 1 100 nm 的光线才可以使晶体硅产生光电效应。

在没有光照时太阳能电池可视为一个结面积更大的 pn 结。由实验 8.1 可知,在热平衡状态下,电子-空穴对不断产生与复合,达到动态平衡。但热平衡状态是相对的,当有能量为 $h\nu$,且 $h\nu>E_g$ 的光子照射半导体并进入结区时,价带电子在吸收了光子后被激发到导带,同时产生成对的电子和空穴,引起载流子浓度的增加,热平衡条件受到破坏。产生的电子-空穴对由于内电场的作用被相互分离,电子向带正电的 n 型区运动,空穴向带负电的 p 型区运动。通过 pn 结层界面的电荷分离,将在 p 型区和 n 型区之间产生一个向外的可测试电压。如果将上、下电极用导线相连,电路中出现电流。该现象为光生伏特效应,简称光伏效应。

光伏效应是太阳能电池基本原理,也是光电探测器等器件的工作原理。

(2) 太阳能电池的特性参量

在一定的光照条件下,太阳能电池产生了光伏效应。当外部开路时,光生载流子积累于 pn 结两侧,pn 结两端的电势差就是开路电压 U_{oc};外部短路时,短路电流 I_{sc} 在 pn 结内部从 n 型区指向 p 型区。

改变太阳能电池负载电阻的大小,测量输出电压与输出电流之间的关系如图 8-2-2 所示,U_{oc} 代表开路电压,I_{sc} 代表短路电流,图 8-2-2 中虚线围出的面积为太阳能电池的输出功率。与最大功率对应的电压称为最大工作电压 U_m,对应的电流称为最大工作电流 I_m。表征太阳能电池特性的基本参量还包括光谱响应特性、光电转化效率、填充因子等。填充因子 FF 定义为

$$\mathrm{FF}=\frac{U_m I_m}{U_{oc} I_{sc}} \tag{8-2-1}$$

填充因子是评价太阳能电池输出特性好坏的一个重要参量。它的值越高,表明太阳能电池输出特性越趋近于矩形,电池的光电转换效率越高。

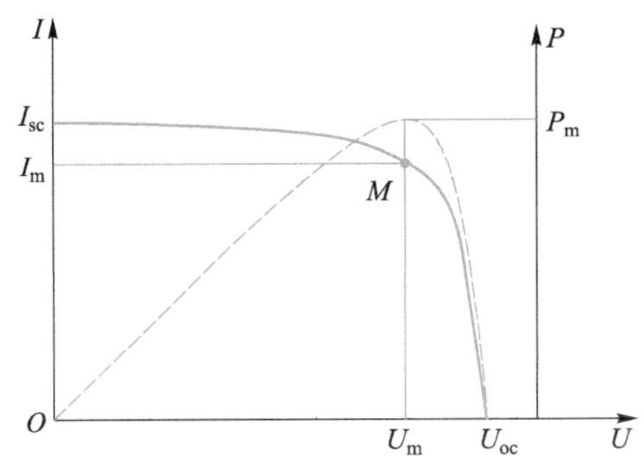

图 8-2-2 太阳能电池的特性

4. 实验仪器

光源、光具座、带暗盒的太阳能电池、光功率计、电阻箱、电流表、电压表(或数字式万用表)。

文档:FD-OE-4 型太阳能电池基本特性测定

5. 实验内容

(1) 在没有光照(太阳能电池被完全遮挡)的条件下,测量太阳能电池外加正向偏压时的 $I-U$ 特性曲线,测量电路如图 8-2-3 所示。

① 改变电源电压使太阳能电池正向偏压从 0 增大到 3 V,测量流过太阳能电池的电流 I 和输出电压 U。

② 利用测得的 $I-U$ 关系数据,画出 $I-U$ 曲线。

③ 根据实验 8.1 式(8-1-2)计算 I_0。

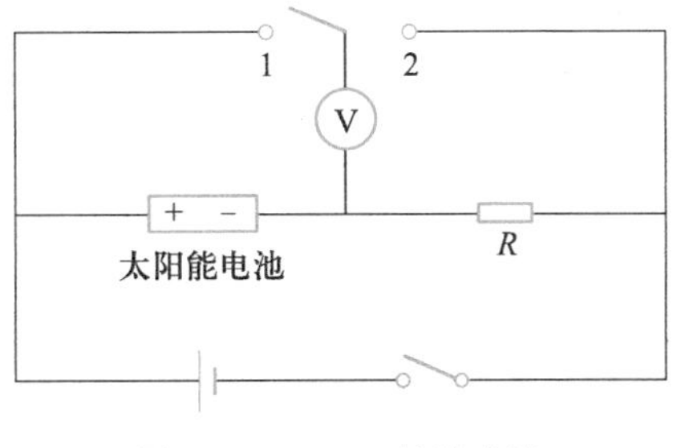

图 8-2-3 $I-U$ 特性曲线测量电路图

(2) 在不加偏压时,用白色光源照射,测量太阳能电池的一些特性。注意此时光源到太阳能电池距离保持为 20 cm。

视频:太阳能电池物理特性测定的操作

① 画出测量线路图。

② 测量电池在不同负载电阻下,I 对 U 的变化关系,画出 $I-U$ 曲线图。

③ 用外推法求短路电流 I_{sc} 和开路电压 U_{oc}。

④ 画出 $P-U$ 曲线图,求太阳能电池的最大输出功率及最大输出功率时负载电阻。

⑤ 计算填充因子 FF。

(3) 测量太阳能电池的光照特性

取离白光源水平距离 20 cm 处的光强作为标准光强,用光功率计测量该处的光强 J_0;改变太阳能电池到光源的距离 x,用光功率计测量 x 处的光强 J,求光强 J 与位置 x 关系。测量太阳能电池接收到的相对光照强 J/J_0 改变时,相应的 I_{sc} 和 U_{oc} 的值。

① 描绘 I_{sc} 和相对光强 J/J_0 之间的关系曲线,求 I_{sc} 与相对光强 J/J_0 之间近似关系函数。

② 描绘出 U_{oc} 和相对光强 J/J_0 之间的关系曲线，求 U_{oc} 与相对光强度 J/J_0 之间近似函数关系。

6. **数据处理**

（1）在全暗的情况下，测量太阳能电池外加正向偏压时流过太阳能电池的电流 I 和太阳能电池的输出电压 U，完成表 8-2-1，画出 $I-U$ 曲线图。R=________ Ω。

表 8-2-1　全暗情况下太阳能电池在外加偏压时伏安特性

U_1/V	U_2/mV	I/μA

（2）不加偏压，保持白光源到太阳能电池距离 20 cm，测量太阳能电池的输出 I 对输出电压 U 的关系，完成表 8-2-2，画出 $I-U$ 曲线图，求短路电流 I_{sc} 和开路电压 U_{oc}，画出 $P-U$ 曲线图，求太阳能电池的最大输出功率及最大输出功率时负载电阻 R_m。计算填充因子 FF。

表 8-2-2　恒定光照下太阳能电池在不加偏压时伏安特性

R/kΩ	U/V	I/mA	P/mW

续表

R/kΩ	U/V	I/mA	P/mW

(3)（选做）测量太阳能电池 I_{sc} 和 U_{oc} 与相对光强 J/J_0 的关系，短路电流直接用万用表的电流挡量出，开路电压直接用万用表的电压挡量出，表格自拟。

① 描绘 I_{sc} 和相对光强度 J/J_0 之间的关系曲线，求 I_{sc} 与相对光强 J/J_0 之间近似关系函数。

② 描绘出 U_{oc} 和相对光强度 J/J_0 之间的关系曲线，求 U_{oc} 与相对光强度 J/J_0 之间近似函数关系。

7. 注意事项

(1) 光源温度比较高，小心烫手。

(2) 电池不适宜长时间在短路情况下工作，外电路短接时应尽快完成测量。

(3) 暗电流与光照时电流相差比较多，合理设计电路，保护测量仪器。

8. 思考题

(1) 测量电流时，如使用电流表，怎样进行过流保护？如使用电压表应该如何设计？优点在哪？

(2) 在测量 I–U 曲线过程中，外接电阻 R 为什么不均匀递增？

实验 8.3　氢燃料电池输出特性的测量

1. 引言

燃料电池以氢和氧为原料，通过电化学反应直接产生电力。它的能量转化效率高于燃烧燃料的热机。此外，燃料电池的反应生成物为水，对环境无污染；单位体积氢的储能密度远高于现有的其他电池。因此，各国都投入巨资进行研发，将燃料电池从最早的宇航等特殊应用领域延伸到电动汽车、手机电池等日常生活的各个方面。在未来的能源系统中，太阳能将作为主要的一次能源替代目前的煤、石油和天然气，而燃料电池将成为取代汽油、柴油和化学电池的清洁能源。

2. 实验目的

(1) 了解燃料电池的工作原理。

(2) 观察氢燃料电池输出特性实验仪的能量转化过程。

(3) 测量燃料电池的伏安特性曲线以及输出功率随电压的变化曲线。

(4) 测量质子交换膜电解池的特性,验证法拉第电解定律。

3. 实验原理

(1) 燃料电池

质子交换膜(proton exchange membrane,PEM)燃料电池在常温下具有启动快速、结构紧凑的优点,最适宜作汽车或其他可移动设备的电源,近年来发展很快,其基本结构如图 8-3-1 所示。目前广泛采用的全氟璜酸质子交换膜为固体聚合物薄膜,厚度 0.05~0.1 mm,它提供氢离子(质子)从阳极到达阴极的通道,而电子或气体不能通过。催化层是将纳米量级的铂粒子用化学或物理的方法附着在质子交换膜表面形成的,厚度约 0.03 mm,对阳极氢的氧化和阴极氧的还原起催化作用。膜两边的阳极和阴极由石墨化的碳纸或碳布做成,厚度 0.2~0.5 mm,导电性能良好,其上的微孔提供气体进入催化层的通道,又称为扩散层。

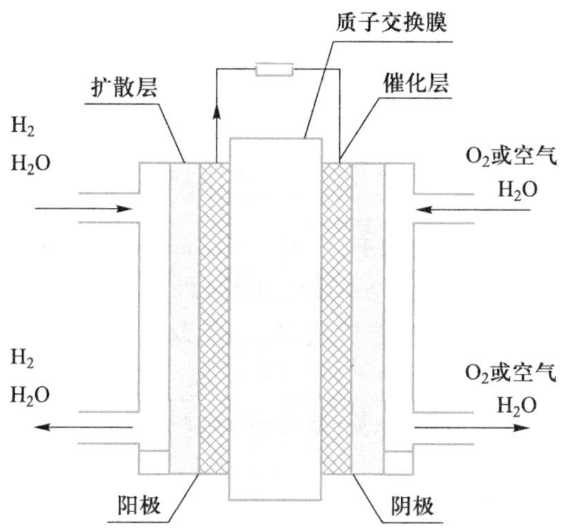

图 8-3-1 质子交换膜燃料电池结构图

商品化的燃料电池为了提供足够的输出电压和功率,需将若干单体电池串连或并联在一起。流场板一般由导电良好的石墨或金属做成,与单体电池的阳极和阴极形成良好的电接触,称为双极板,其上有供气体流通的通道。用于教学用途的燃料电池为直观起见,采用有机玻璃做流场板。

进入阳极的氢气通过电极上的扩散层到达质子交换膜。氢分子在阳极催化剂的作用下解离为 2 个氢离子(即质子),并释放出 2 个电子。阳极反应为

$$H_2=2H^++2e^- \tag{8-3-1}$$

氢离子以水合质子 $H^+(nH_2O)$ 的形式,在质子交换膜中从一个璜酸基转移到另一个璜酸基,最后到达阴极,实现质子导电,质子的这种转移导致阳极带负电。

在电池的另一端,氧气或空气通过阴极扩散层到达阴极催化层,在阴极催化层

的作用下，氧与氢离子和电子反应生成水，阴极反应为

$$O_2+4H^++4e^-=2H_2O \tag{8-3-2}$$

阴极反应使阴极缺少电子而带正电，结果在阴阳极间产生电压，在阴阳极间接通外电路，就可以向负载输出电能。总的化学反应如下：

$$2H_2+O_2=2H_2O \tag{8-3-3}$$

在一定的温度与气压下，改变负载电阻的大小，测量燃料电池的输出电压与输出电流之间的关系，如图 8-3-2 所示，称为燃料电池的极化特性曲线。

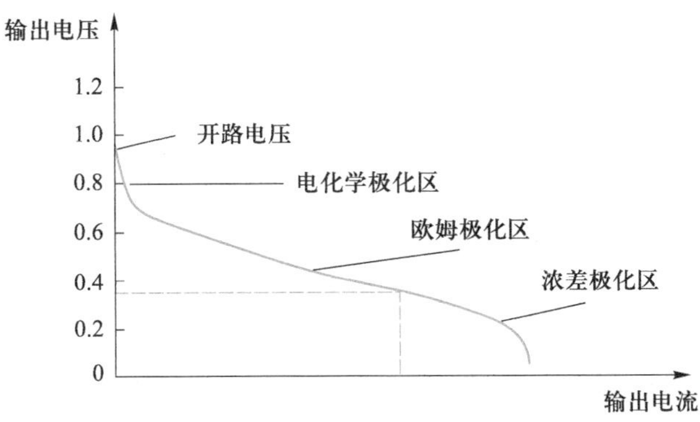

图 8-3-2　燃料电池的极化特性曲线

① 理论分析表明，如果燃料的所有能量都被转化成电能，则理想电动势为 1.48 V。实际燃料的能量不可能全部转化成电能，例如总有一部分能量转化成热能，少量的燃料分子或电子穿过质子交换膜形成内部短路电流等，故燃料电池的开路电压低于理想电动势。

② 随着电流从零增大，输出电压有一段下降较快，主要是因为电极表面的反应速度有限，有电流输出时，电极表面的带电状态改变，驱动电子输出阳极或输入阴极时，产生的部分电压会被损耗掉，这一段被称为电化学极化区。

③ 输出电压的线性下降区的电压降，主要是电子通过电极材料及各种连接部件，离子通过电解质的阻力引起的，这种电压降与电流成比例，所以被称为欧姆极化区。

④ 输出电流过大时，电极表面的反应物浓度下降，使输出电压迅速降低，这一段被称为浓差极化区。

燃料电池的效率为

$$\eta_{电池}=\frac{U_{输出}}{1.48\ \text{V}}\times 100\% \tag{8-3-4}$$

输出电压越高，效率越高，这是因为燃料的消耗量与输出电量成正比，而输出能量为输出电量与电压的乘积。某一输出电流时燃料电池的输出功率相当于图 8-3-2 中虚线围出的矩形区面积，在使用燃料电池时，应根据极化特性曲线，兼顾效率与输出功率，选择适当的负载匹配。

（2）水的电解与法拉第电解定律

水电解产生氢气和氧气，与燃料电池中氢气和氧气反应生成水互为逆过程。

水电解装置同样因电解质的不同而各异，碱性溶液和质子交换膜是最好的电解质。若以质子交换膜为电解质，可在图 8-3-1 右边电极接电源正极形成电解的阳极，在其上产生氧化反应 $2H_2O=O_2+4H^++4e^-$。左边电极接电源负极形成电解的阴极，阳极产生的氢离子通过质子交换膜到达阴极后，产生还原反应 $2H^++2e^-=H_2$。即在右边电极析出氧，左边电极析出氢。

燃料电池和电解器的电极在制造上通常有些差别，燃料电池的电极应利于气体吸纳，而电解器需要尽快排出气体。燃料电池阴极产生的水应随时排出，以免阻塞气体通道，而电解器的阳极必须被水淹没。

若不考虑电解器的能量损失，在电解器上加 1.48 V 的电压就可使水分解为氢气和氧气。实际由于各种能量损失，输入电压高于 1.6 V 电解器才开始工作。可以定义电解器的效率为

$$\eta_{电解}=\frac{1.48\ \text{V}}{U_{输入}}\times 100\% \tag{8-3-5}$$

输入电压较低时虽然能量利用率较高，但电流小、电解的速率低，故电解器输入电压通常在 2 V 左右。

根据法拉第电解定律，电解生成物的量与输入电量成正比。若电解器产生的氢气保持在 1.013×10^5 Pa，电解电流为 I，经过时间 t 生产的氢气体积（氧气体积为氢气体积的一半）的理论值为

$$V_{氢气}=\frac{It}{2F}\times 22.4\ \text{L}\cdot\text{mol}^{-1} \tag{8-3-6}$$

式中 $F=eN_A=9.65\times10^4$ C/mol 为法拉第常量，$e=1.602\times10^{-19}$ C 为电子电荷量绝对值，$N_A=6.022\times10^{23}\ \text{mol}^{-1}$ 为阿伏伽德罗常量，$It/2F$ 为产生的氢分子的物质的量，22.4 $\text{L}\cdot\text{mol}^{-1}$ 为气体的摩尔体积。

由于水的相对分子质量为 18，且每克水的体积为 1 cm^3，故电解器消耗的水的体积为

$$V_{水}=\frac{It}{2F}\times 18=9.33It\times10^{-5}(\text{cm}^3) \tag{8-3-7}$$

应当指出，式（8-3-6）和式（8-3-7）的计算对燃料电池同样适用，只是其中的 I 代表燃料电池输出电流，$V_{氢气}$ 代表氢气消耗量，$V_{水}$ 代表电池中水的生成量。

4. 实验仪器

氢燃料电池输出特性实验仪、水容器、注射器、秒表。

5. 实验内容

文档：氢燃料电池实验装置

（1）燃料电池输出特性的测量

① 将两气水塔左侧两个软接头用透明软管与电解器分别相连，气水塔下层顶部软接头用透明软管与燃料电池上部接头相连（注意区分前后，不可扭接）。

② 用连接线将主机电流源与电解器正负接线座相连。

③ 将燃料电池正负接线柱与小风扇的正负接线柱用短连接线相连，注意开始前风扇开关应关闭。

④ 用注射器向两个气水塔中注水（也可用容器直接倒，但注射器更容易控制液面高度），先将电解器中注满水，气水塔中液面上升，直到液面接近气水塔下层顶端的出气孔下端，停止注水（要求水不能进入燃料电池）。

⑤ 开启主机电源，调节“电流源”，使输出电流至 300 mA（为提高氢气产生效率，一开始宜用大电流）。稳定一段时间可以打开小风扇开关，看到风扇风叶转动。

⑥ 将燃料电池的正负输出线与主机上的可变电阻相连接，调节合适的输出电流（如 100 mA 或者 150 mA），调节 1 kΩ 粗调电位器和 100 Ω 微调电位器（注意两个电位器配合调节），改变负载大小，测量输出电流和输出电压的变化。

（2）电解器的特性测量

① 拔掉两根连接燃料电池的透明软管，并用大夹子夹住传输氢气的气水塔的软接头（只测量氢气，氧气直接放至空气中）。

② 调节输出电流为 100 mA、200 mA、300 mA，测量产生一定量氢气的时间。列表格，计算氢气产生率并与理论值比较。

（3）太阳能电池的特性测量

① 将太阳能电池的两个输出端与主机面板上“可变电阻”红黑接线柱相连。

② 调节射灯与太阳能电池的距离（注意不能太近，因为射灯发热量比较大，以免烧坏太阳能电池），调节电位器，改变负载测量负载电压和电流的变化，列表并计算太阳能电池的特性。

6. 数据处理

（1）燃料电池输出特性的测量

① 改变负载大小，测量燃料电池输出电流和输出电压的变化，完成表 8-3-1。温度为 30 ℃，压力为 1.013×10^5 Pa，供电电流为 150 mA。

表 8-3-1　燃料电池输出特性的测量

输出电流 I/mA									
输出电压 U/mV									
功率 $P(=U\times I)$/mW									
输出电流 I/mA									
输出电压 U/mV									
功率 $P(=U\times I)$/mW									

② 根据表 8-3-1 作燃料电池的极化特性曲线。

③ 根据表 8-3-1 作燃料电池输出功率随输出电压的变化曲线。

④ 计算燃料电池的效率。

（2）质子交换膜电解器的特性测量

① 完成表 8-3-2。

表 8-3-2 电解器的特性测量

氢气产生量/ml	5	10	15	20	25
$t/s(I=100\ mA)$					
$t/s(I=200\ mA)$					
$t/s(I=300\ mA)$					

② 拟合得到不同电解电流时氢气产生率的测量曲线。

③ 比较氢气产生率的测量值及理论值,验证法拉第电解定律。

7. 注意事项

(1) 使用前请详细阅读使用说明书。

(2) 该实验系统必须使用去离子水或者二次蒸馏水,容器必须清洁干净,否则将损坏系统。

(3) PEM 电解池的最高工作电压为 4 V,最大输入电流为 300 mA,超量程使用将极大地损害电解器。

(4) PEM 电解器所加的电源极性必须正确,否则将损坏电解器并有起火燃烧的可能。

(5) 绝对不允许将任何电源加于 PEM 燃料电池输出端,否则将损坏燃料电池。

(6) 气水塔中所加入的水面高度必须在出气管高度以下,以保证 PEM 燃料电池正常工作。

(7) 该实验装置主体由有机玻璃制成,使用中必须小心,以免损伤。

8. 思考题

燃料电池的极化特性曲线(输出特性曲线)可分成哪几个部分?各个部分的特点是什么?为什么会有这些特点?

实验 8.4 用示波器法测量铁磁物质的居里温度

1. 引言

铁磁物质的居里温度是表征物质从磁有序的铁磁相向磁无序的顺磁相转变的特征温度。居里温度是体现铁磁材料磁学性能的一个基本参量。本实验采用示波器法,在交变磁场下测量铁磁物质的磁滞回线的特征参量随温度变化的规律,从而得到物质的居里温度。这种方法简单便捷,非常适用于磁性材料的工业化测试。

2. 实验目的

(1) 掌握磁性物质的居里温度的概念,加深对铁磁材料的理解。

(2) 了解铁磁物质在铁磁相时的特征物理量。

(3) 掌握用示波器法测量居里温度的基本原理和操作。

3. 实验原理

(1) 铁磁材料的居里温度

铁磁材料是具有铁磁相的磁性材料。所谓铁磁相，是指材料中相邻原子的磁矩方向为平行排列的一种磁有序的状态，如图 8-4-1 中的左图所示。为什么在铁磁材料中相邻的原子的磁矩方向会平行排列呢？这是因为两个相邻原子的磁矩之间存在交换作用，这是一种量子效应。这个交换作用的强度非常高，以铁为例，一个铁原子磁矩作用于另外一个铁原子磁矩的交换作用，相当于把该原子磁矩置于一个高达 10^3 T 的磁场中，在这么强的磁场下，该铁原子磁矩倾向于和另外一个铁原子磁矩平行排列，这样有助于降低系统的静磁能。但是，如果使铁磁物质的温度升高，热振动会使原子磁矩的排列趋向于无序。当温度升高到一定程度后，热振动会彻底破坏原子磁矩的一致排列，原子磁矩的排列变得杂乱无章，如图 8-4-1 中的右图所示，这种状态称为顺磁相。铁磁材料从磁有序的铁磁相变化到磁无序的顺磁相的转变温度称为居里温度，通常用 T_c 来表示。居里温度是体现铁磁材料基本性能的一个重要参量。在实际应用中，一般要求材料的居里温度高于室温。例如铁、钴、镍就是典型的铁磁材料，它们的 T_c 分别是 1 047 K、1 388 K 和 627 K。

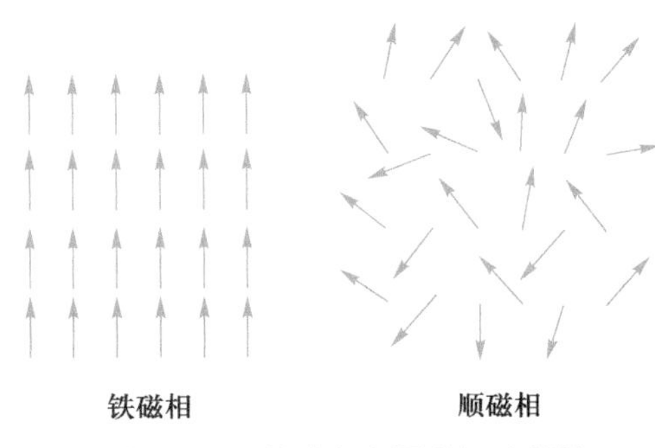

图 8-4-1　铁磁相和顺磁相示意图

通常用磁化强度 M 表征磁性材料中所有原子磁矩的矢量和。对于铁磁材料来说，当温度 $T<T_c$ 时，大部分原子磁矩都是平行排列的，即使外加磁场为零，铁磁体的 M 也不为零，即存在自发磁化。随着温度升高，当温度 $T\geqslant T_c$ 时，$M=0$。因此，零磁场下的自发磁化强度 M 可以作为铁磁相的序参量，用来表征铁磁相的特征。从铁磁相到顺磁相的转变属于二级相变，图 8-4-2 为铁磁材料自发磁化强度随温度变化的曲线。实验表明，在 T_c 附近，自发磁化强度 M 与温度 T 的关系可由幂次定律描述：

$$M=C(T_c-T)^{\beta} \qquad (8-4-1)$$

其中 C 为与温度无关的常量，β 为临界指数，其典型值为 0.3 到 0.4 之间。

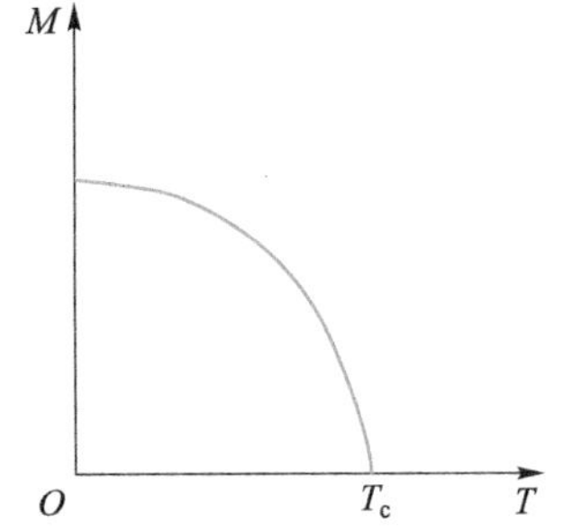

图 8-4-2　铁磁材料自发磁化强度随温度变化的曲线

在实际的铁磁材料中，并不是所有的原子磁矩在零磁场下都像图 8-4-1 左图那样具有整齐划一的朝向。由于各向异性场、退磁场、杂质以及缺陷的存在，当材料的尺寸大于某一阈值(一般是几十到几百纳米,与材料的各向异性场有关),材料内部会分割成很多区域,每个区域内原子磁矩的排列是一致的,称为磁畴。不同磁畴之间隔着畴壁,不同磁畴的磁化强度一般不同。铁磁物质就是以这种方式来降低整个体系的静磁能的。在外磁场的作用下,畴壁移动和磁畴翻转会使磁化过程发生不可逆的现象,从而产生磁滞回线。在居里温度以上,磁畴内的原子磁矩的一致排列被热振动破坏,磁畴消失,磁化曲线就不能表现出不可逆的性质。因此,磁滞回线是铁磁物质的另外一个重要特征。图 8-4-3 是铁磁材料在不同温度下测量得到的磁化曲线。由图可见,当 $T<T_c$ 时,材料显示出磁滞回线,具有较高的剩余磁感应强度 B_r 和矫顽力 H_c。随着温度的升高,B_r 和 H_c 会下降。当 $T>T_c$ 时,材料没有表现出磁滞现象,剩余磁感应强度和矫顽力均为零。在顺磁相时,材料的磁化曲线可近似地由朗之万函数描述。

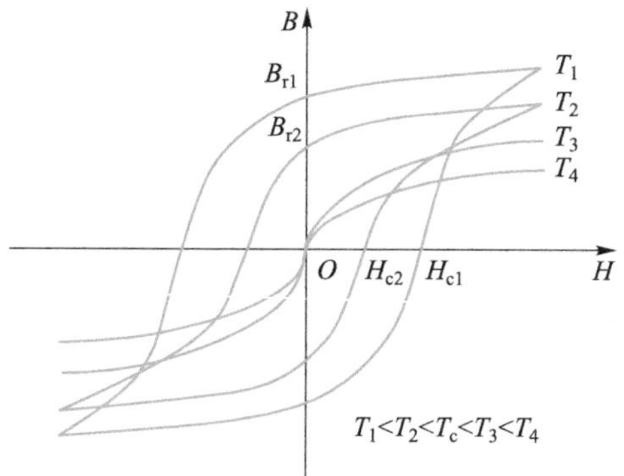

图 8-4-3 铁磁材料在不同温度下的磁化曲线

(2) 用示波器法测量居里温度

由式(8-4-1)可知,要确定材料的居里温度,可以通过测量材料的自发磁化强度随温度变化的曲线获得。较好的做法是,给样品加上一个很小的外磁场(如 1 mT),然后从高温顺磁相开始降温,同时记录材料的磁化强度。测量磁化强度的时,通常可以使用振动样品磁强计(英文缩写为 VSM)或者超导量子干涉仪(英文缩写为 SQUID)。这两种仪器的测量精度非常高,但是测量工序较复杂,成本也很高,并不适合大批量的测试。

铁磁材料的居里温度可以用示波器法测量。如图 8-4-4 所示的电路中,磁场强度 H、磁感应强度 B 分别与电阻 R_1 两端的电压 U_x、电容 C 两端的电压 U_y 成正比关系(详细推导可参考实验 8.5):

$$H=\frac{N_1}{LR_1}U_x,\quad B=\frac{R_2C}{N_2S}U_y \tag{8-4-2}$$

把电压 U_y 和 U_x 分别输入到示波器的 Y 通道和 X 通道,在磁化电流变化的一个周期内,电子束的径迹扫出一条完整的磁滞回线,以后的每个周期都重复此过程。结果在荧光屏上看到的是一条连续的磁滞回线。由此测量 $B-H$ 磁滞回线就可以转变成测量电压信号 U_y-U_x 的回线。由图 8-4-3 可知,铁磁材料在处于铁磁相的温度区间时，磁滞回线中的剩余磁化强度 B_r 和矫顽力 H_c 都不为零，这是铁磁材料的特征。随着温度升高，铁磁材料由铁磁相向顺磁相转变，物理量 B_r 和 H_c 会在居里温度附近变为零。因此可以用 B_r 和 H_c 作为铁磁相的特征参量来确定居里温度。另外，铁磁材料的饱和磁感应强度 B_s 在居里温度附近会急剧下降。在居里温度以上，磁化率降低，在相同磁场下，磁感应强度不再饱和。所以当精度要求不太高时，也可以用 B_s 作为一个特征量去测量居里温度。综上所述，可以测量与剩余磁化强度 B_r、矫顽力 H_c 以及饱和磁感应强度 B_s 所对应的电压随温度变化的规律去确定铁磁材料的居里温度。

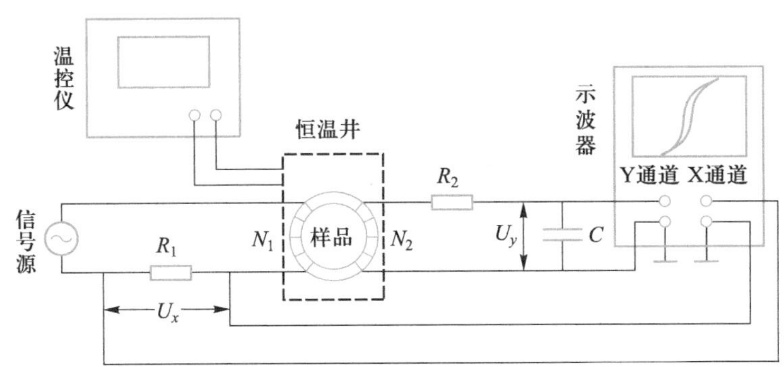

图 8-4-4　由示波器法测居里温度电路图

4. 实验仪器

FD-FMCT-B 型铁磁材料居里温度与磁滞回线测量实验仪、示波器、待测软磁样品、连接线等。

文档：铁磁材料居里温度与磁滞回线测量实验仪的介绍

5. 实验内容

（1）磁滞回线的观察

① 选取待测样品，把样品置于恒温井中。

② 按照图 8-4-4 所示连接样品和各元件，电压 U_x 连接到示波器的 X 通道，电压 U_y 连接到示波器的 Y 通道。

③ 调整示波器为 XY 工作模式。

④ 调节磁化电流的频率至 9 000 Hz 左右，增大磁化电流，直到在示波器上观察到磁感应强度 B 达到饱和。

⑤ 观察磁滞回线的形状，选取示波器控制面板上的光标测量功能进行测量。

（2）居里温度的测定

① 设定恒温井的温度，待恒温井内温度稳定后，记录当前温度以及示波器上 B_r 和 H_c 所对应的电压值 $U_y(B_r)$ 和 $U_x(H_c)$，以及 Y 通道的电压峰-峰值 U_{p-p}（或有效值）。

② 从室温开始升高温度，记录多组数据，填入表 8-4-1 中。应该在特征参量变化较大的温度区间增加温度的取值点。表中 U_y^+ 和 U_y^- 分别代表正向和反向剩余磁感应强度对应的电压读数，U_x^+ 和 U_x^- 则分别代表正向和反向矫顽力对应的电压读数。

6. 数据处理

表 8-4-1 特征物理量随温度变化的读数

温度 t/℃		30	35	40	……	70
U_y/mV	U_y^+					
	U_y^-					
	$(U_y^+-U_y^-)/2$					
	B_r/mT					
U_x/mV	U_x^+					
	U_x^-					
	$(U_x^+-U_x^-)/2$					
	$H_c/(\mathrm{A\cdot m^{-1}})$					
U_{p-p}/mV	U_y					
	$U_y/2$					
	B_s/mT					

(1) 根据表 8-4-1 和式(8-4-2)计算出不同温度下的剩余磁化强度 B_r、矫顽力 H_c和饱和磁感应强度 B_s，作出各参量随温度变化的曲线，求出居里温度 T_c。

(2) 根据式(8-4-1)拟合 B_r-T 曲线和 B_s-T 曲线，求出临界指数 β。

(3) 比较用剩余磁化强度 B_r、矫顽力 H_c以及饱和磁感应强度 B_s作为物理量测量居里温度的异同。

7. 注意事项

(1) 升温过程中，应等待温度稳定后再测量各物理量。

(2) 实验过程中，应保持样品与恒温井接触良好，以保证温度测量的准确性。

(3) 恒温井的温度较高，更换样品时应避免直接触摸加热的铜套件，以免被烫伤。

8. 思考题

(1) 实验测量得到的 B_r-T 曲线和 H_c-T 曲线的形状与 $M-T$ 曲线有何异同？

(2) 铁磁材料中的自发磁化强度有何物理意义？

实验 8.5 用示波器法测量铁磁物质的磁滞回线

1. 引言

铁磁材料磁化曲线和磁滞回线能反映磁性物质的主要特征。掌握这些特性的测量，无论对理论设计还是实际应用都具有重大的意义。本实验采用示波器法，在交变磁场下测绘铁磁材料的动态基本磁化曲线和磁滞回线，具有直观、方便、迅速等优点。这种方法在工业上广泛应用于快速检测和产品分类。此外，测绘磁性材料磁滞回线的方法还有静态的冲击电流法。它的操作比较复杂，较费时间，但在准确度要求较高时仍被普遍使用。

文档：铁磁材料介绍

2. 实验目的

（1）掌握磁化曲线和磁滞回线的概念，加深对铁磁材料的剩磁、矫顽磁力、磁滞和磁导率的理解。

（2）了解用示波器法显示动态磁化曲线和动态磁滞回线的基本原理和定量测绘的方法。

3. 实验原理

（1）铁磁物质的基本特性

铁磁材料按矫顽力的大小可分为硬磁材料和软磁材料。硬磁材料（如铸钢）的磁滞回线宽，剩磁和矫顽力大（可达 120~200 $A \cdot m^{-1}$，甚至更高），磁化后即使撤去磁场仍然保持较强的磁性，适宜制造永久磁铁。软磁材料（如硅钢片）的磁滞回线窄，矫顽力小（小于 120 $A \cdot m^{-1}$），容易磁化也容易退磁，同时，由于它的磁滞回线所包围的面积小，表明在交变磁场中磁滞损耗小，故广泛应用于制作电感元件、变压器、电机铁芯、电磁铁等。

铁磁物质在磁场中的磁化过程比较复杂，一般是通过测量磁化场的磁场强度 H 和铁磁材料中磁感应强度 B 之间的关系来研究其磁化规律的。磁性物质内部的磁感应强度 B 与磁场强度 H 之间，有以下关系：

$$B=\mu H \tag{8-5-1}$$

式中，μ 为该磁性物质的磁导率。对铁磁质物质来说，磁导率 μ 并非常量，它与磁场强度 H 有关，所以 B 与 H 表现为非线性关系。

下面以绕有线圈的硅钢片铁芯为例说明磁化性质。设通过线圈的磁化电流从零逐渐增大，则铁芯中的磁感应强度（工程上又称为磁通密度）B 随着磁场强度 H 的变化而变化，如图 8-5-1 所示。当 H 按 $O \to H_s \to O \to -H_c \to -H_s \to O \to H_c \to H_s$ 的顺序变化时，B 相应沿 $O \to B_s \to B_r \to O \to -B_s \to -B_r \to O \to B_s$ 的顺序变化。图中的 Oa 段曲线称为起始磁化曲线，封闭曲线 $abcdefa$ 称为磁滞回线。

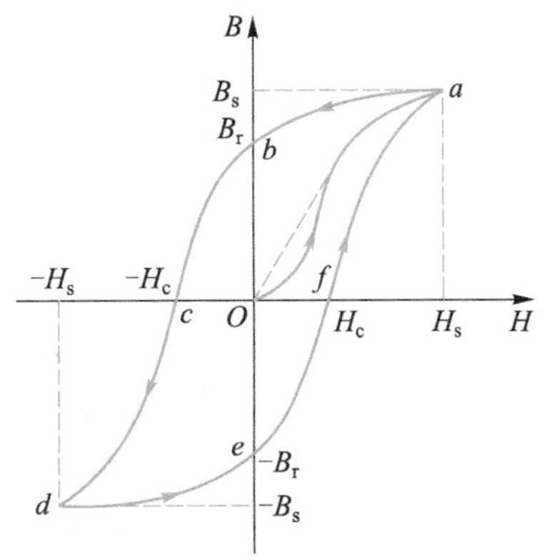

图 8-5-1　起始磁化曲线和磁滞回线

由图 8-5-1 可见，铁磁物质具有以下特性：

① 当铁磁物质开始磁化时，B 随 H 增加。H 增大到 H_s 时，B 几乎不变，说明磁化已达到饱和。由 $B=\mu H$ 可见，磁导率 μ 并非常量，即 $\mu=f(H)$，为非线性函数。

② 当 $H=0$，$B \neq 0$，说明铁磁材料还残留一定值的磁感强度 B_r，B_r 称为剩余磁化强度或剩磁。

③ 要使铁磁物质完全退磁，必须加一反向磁场 $-H_c$，称 H_c 为矫顽磁力或矫顽力。图中 bc 段曲线称为退磁曲线。

④ B 的变化始终落后于 H 的变化,这种现象称为磁滞现象。

本实验中,铁芯激磁线圈接信号源的交流电以产生交变磁场。由于正常的磁化曲线是从 $H=0,B=0$ 的状态下开始的,为了保证样品在开始时未被磁化,必须预先使样品退磁。退磁方法是:给铁芯线圈加大电流(即调高电压),使之达到饱和状态,然后边减少电流边改变电流方向,直到电流到零为止,即达到了退磁的目的。此过程中样品磁化状态的变化实际上如图 8-5-2 所示。

当样品退完磁之后,从 $H=0,B=0$ 开始单向逐渐增大 H,即逐渐增大信号源的输出电压,则可得到面积由小到大的一簇磁滞回线,如图 8-5-3 所示。其中面积最大的称为极限磁滞回线,亦称为饱和磁滞回线。把其他各磁滞回线的正顶点连接起来的 Oa 曲线,称为铁磁材料的基本磁化曲线。一般说来,磁化曲线是不重合的。

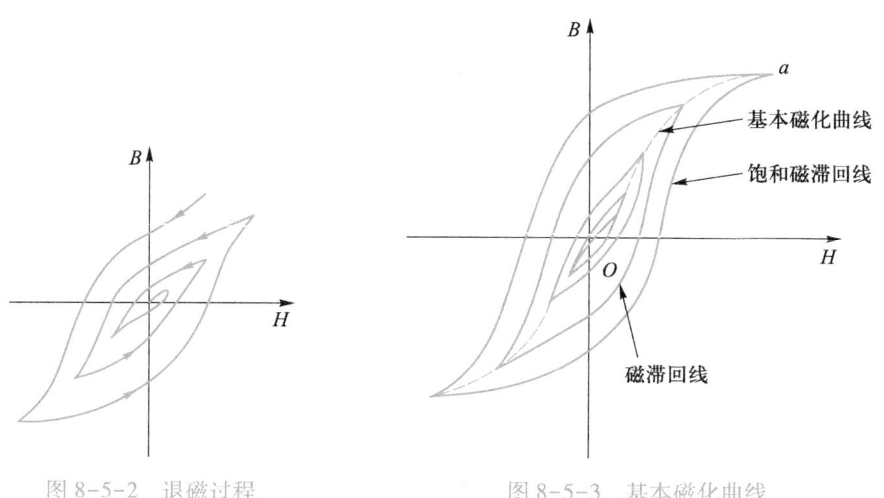

图 8-5-2 退磁过程　　　　图 8-5-3 基本磁化曲线

铁磁材料在磁化一周期内所损耗的能量(也称损耗)的大小就等于磁滞回线所包括面积的大小;显然,它是随 H(或 $B=\mu H$)的增大而增大的。另一方面,也跟铁磁材料和使用频率有关,如硅钢片材料在低频使用时损耗最小,而铁氧体材料则在高频使用时损耗最小。所以,在电机和电源变压器中使用的是硅钢片材料,而彩电和显示器中的行输出变压器则要用铁氧体材料。

铁磁材料的能量损耗以试件在工作状态时铁芯发热的形式表现出来。它是设计电机和电源变压器时必须考虑的因素之一。为了减少损耗,除了在不同频率使用时,正确选用铁磁材料外,则要求 H(或 B)要小,但这时电机或变压器的线圈匝数就要大量增加,这是非常不可取的。要综合考虑损耗和线圈匝数的因素,通常取恰好饱和时的 H(或 B)作为计算标准。这也是本实验的研究在工业和科研上的实际意义。

(2) 用示波器观测动态磁滞回线和磁化曲线

用示波器观测磁性材料的特性具有直观、方便和快速等优点。因为示波器直接观测的量是电压,因此,必须把磁场强度 H 和磁感应强度 B 变换为电压,然后把

与 H 成正比的电压加于示波器的 X 轴输入，把与 B 成正比的电压加于示波器的 Y 轴输入进行观察。本实验要观测的样品是铁磁材料制成的铁芯。

示波器显示磁滞回线的电路如图 8-5-4 所示，U 为信号发生器(信号源)，T 为被测铁芯。如将电阻 R_1(要求 R_1 比 N_1 上的阻抗小得多)上的电压 $U_x=I_1R_1$(I_1 是交变的)加在示波器的 X 轴。次级线圈 N_2 和后面的电阻 R_2 以及电容 C 串联成一回路。电容 C 两端的电压加到示波器的 Y 轴输入端上。

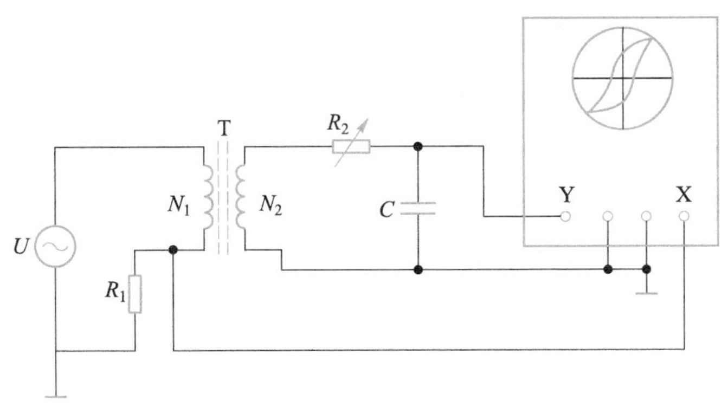

图 8-5-4　显示磁滞回线电路图

X 轴输入电压与磁场强度 H 成正比。根据安培环路定理，则有

$$I_1N_1=HL \tag{8-5-2}$$

式中 N_1 为原线圈匝数，L 为铁芯的平均磁路，I_1 是磁化电流，所以：

$$U_x=I_1R_1=\frac{LR_1}{N_1}H \tag{8-5-3}$$

式(8-5-3)中 N_1、R_1 和 L 皆为常量，可见，在交变磁场下，任一时刻 t_1，电子束在 x 轴的偏转与磁场强度 H 成正比。

与样品中磁感应强度瞬时值 B 成正比的电压 U_y，由次级线圈 N_2 和后面的 RC 电路给出。由于交变磁场 H 对样品产生交变磁感应强度 B，在 N_2 内出现的感应电动势为

$$\mathscr{E}_2=N_2\frac{\mathrm{d}\Phi}{\mathrm{d}t}=N_2S\frac{\mathrm{d}B}{\mathrm{d}t} \tag{8-5-4}$$

式中 N_2 为次级线圈匝数，Φ 为磁通量，S 为铁芯截面积。

当 $R_2\gg\dfrac{1}{2\pi fC}$ 时，忽略自感电动势，对于副线圈回路，有

$$\mathscr{E}_2=I_2R_2 \tag{8-5-5}$$

$$U_y=U_C=\frac{Q}{C}=\frac{1}{C}\int I_2\mathrm{d}t=\frac{1}{CR_2}\int\mathscr{E}_2\mathrm{d}t=\frac{N_2S}{CR_2}\int\mathrm{d}B=\frac{N_2S}{CR_2}B \tag{8-5-6}$$

上式表明：接在示波器 Y 轴的电压 U_y 正比于 B(Q 为电荷量)。

这样，在磁化电流变化的一个周期内，电子束的径迹扫出一条完整的磁滞回线，以后的每个周期都重复此过程。由于电源频率为 50 Hz，在荧光屏上看到的是一条连续的磁滞回线。

实验中使用的是数字示波器，它能用数字方式显示当前的 X 轴、Y 轴的增益值（显示在示波器荧光屏的左下方），即 S_x、S_y。由测量时所记录的坐标值(x,y)，则可换算为对应的电压值 $U_x=S_x\cdot x$，$U_y=S_y\cdot y$。

$$H=\frac{N_1S_x}{LR_1}x,\quad B=\frac{R_2CS_y}{N_2S}y \tag{8-5-7}$$

式中各量的单位：R_1、R_2为 Ω，L 为 m，S 为 m^2，C 为 F，S_x、S_y为 V/Div，H 为 A/m，B 为 Wb/m^2或 T。

文档：铁磁材料居里温度与磁滞回线测量实验仪介绍

4. 实验仪器

数字示波器、铁磁材料居里温度与磁滞回线测量实验仪。

5. 实验内容

按照实验原理，参照实验仪器说明书的接线要求连接仪器。分别对样品 A、B、C 进行测量。

（1）样品材料的基本磁化曲线和饱和磁滞回线的测绘及其磁损耗的定性观察。

① 连接好实验仪器，调节示波器，使电子束光点呈现在坐标中心。如使用数字示波器，则有关其使用方式的内容请参看实验 6.2B。

视频：磁滞回线测量的实验操作

② 对样品进行退磁。将信号源的"幅度"旋钮逆时针调到底（此时信号源的输出电压为零）。接通信号源的电源，将其输出频率调到参考频率，从零开始逐渐升高电压，屏上将出现由小向大扩展的磁滞回线图形。当达到饱和时（即 H 增大而 B 几乎不变），然后调节示波器 X 轴、Y 轴的增益，使图形的大小合适（即此时图形上下和左右都分别达到最大，但不超出荧光屏的刻度线）。以此确定 X 轴、Y 轴增益旋钮的位置，并保持不变，然后将输出电压逐渐减小到零。样品退磁完毕。

（2）测量参考频率下，测量样品的起始磁化曲线。

从零开始，分 8~10 次单向增加信号源的输出电压，分别记录每条磁滞回线上正顶点坐标（注意：示波器可能不稳定，会使回线的坐标原点发生变化，应随时调节 X 轴和 Y 轴的位移旋钮，使图线对称，或取上下回线顶点坐标值之和的一半作为正顶点坐标值）。

（3）饱和磁滞回线的测绘。

紧接实验内容（1），调节合适的电压使示波器上显示饱和磁滞回线。并通过描点的方式记录 12 个点的坐标［此时为电压平面的坐标，通过式（8-5-6）可以将其转化到 $H-B$ 平面］。

（4）设计并对比研究不同样品的磁损耗（选做）。

6. 数据处理

（1）计算样品在参考频率下工作时的 B_s、H_s、B_r、H_c，测量数据见表 8-5-1 和表 8-5-2。

表 8-5-1 起始磁化曲线测量

	1	2	3	4	5
$x(U_x)$					
$y(U_y)$					
H					
B					

表 8-5-2 饱和磁滞回线测量

	1	2	3	4	5	6	7	8	9	10	11	12
$x(U_x)$												
$y(U_y)$												
H												
B												

(2) 根据实验内容(2)、(3)绘制样品的起始磁化曲线和饱和磁滞回线。

7. 注意事项

(1) 实验采用变频变压供电,试件感抗 $Z_L(2\pi fL)$ 随频率 f 的改变而改变,所以在加电压到试件上之前,必须先调好相应的工作或测量频率,使线圈 N_1 产生一定的感抗。这样可以避免因感抗过小导致的大电流损坏电阻 R_1。具体操作为:实验时,频率从高往低调节时,必须先调好频率,然后升高电压。反之,则先调低电压,然后再调低频率。

(2) 在观察磁滞回线的时候,若磁滞回线图形顶部出现编织状的小环,可降低励磁电压 U 予以消除。

8. 思考题

(1) 简述铁磁材料的退磁原理。

(2) 如果用交流信号退磁,只要连续不断地减少电压的大小,直到电压降到零为止,退磁便能自动进行,为什么?

(3) 如果不用电流表,仅提供一块交流电压表,设 R_1、R_2、C 及其他常量皆为已知,是否可以进行 H 和 B 的标定? 如果可以,应如何进行? 简述实验方案。

实验 8.6 巨磁阻效应及应用

1. 引言

巨磁阻(giant magnetoresistance,GMR)效应是指磁性材料的电阻率在有外磁场作用时较之无外磁场作用时存在巨大变化的现象,它是一种产生于特殊层状结构材料中的量子力学效应。巨磁阻效应自发现以来,磁性材料的研究和应用得到了爆发式的发展。2007年诺贝尔物理学奖授予了巨磁阻效应的发现者:法国物理学家阿尔贝·费尔和德国物理学家彼得·格伦贝格尔。

2. 实验目的

(1)了解巨磁阻效应的原理。

(2)测量巨磁阻材料的磁阻特性曲线。

(3)了解巨磁阻梯度传感器的原理,用巨磁阻梯度传感器测量齿轮的角位移。

3. 实验原理

(1)巨磁阻效应

根据导电的微观机理,电子在导电时并不是沿电场直线前进,而是不断和晶格中的原子产生碰撞(又称散射),每次散射后电子都会改变运动方向,总的运动是电场对电子的定向加速与这种无规则散射运动的叠加。称电子在两次散射之间走过的平均路程为平均自由程,电子散射概率小,则平均自由程长,电阻率低。电阻定律 $R=\rho l/S$ 中,把电阻率 ρ 视为常量,与材料的几何尺度无关,这是因为通常材料的几何尺度远大于电子的平均自由程(例如铜中电子的平均自由程约为34 nm),可以忽略边界效应。当材料的几何尺度小到纳米量级,只有几个原子的厚度时(例如,铜原子的直径约为0.3 nm),电子在边界上的散射概率大大增加,可以明显观察到厚度减小,电阻率增加的现象。

电子除携带电荷外,还具有自旋特性,自旋磁矩有平行或反平行于外磁场两种可能取向。早在1936年,英国物理学家、诺贝尔奖获得者 N.F.Mott 指出:在过渡金属中,自旋磁矩与材料的磁场方向平行的电子,所受散射概率远小于自旋磁矩与材料的磁场方向反平行的电子。总电流是两类自旋电流之和;总电阻是两类自旋电流的并联电阻,这就是所谓的两电流模型。

在图8-6-1所示的多层膜结构中,无外磁场时上下两层磁性材料是反平行(反铁磁)耦合的。施加足够强的外磁场后,两层铁磁膜的方向都与外磁场方向一致,外磁场使两层铁磁膜从反平行耦合变成了平行耦合。电流的方向在多数应用中是平行于膜面的。

无外磁场时顶层磁场方向

顶层铁磁膜
中间导电层
底层铁磁膜

无外磁场时底层磁场方向

图8-6-1 多层膜结构图

图8-6-2是具有图8-6-1所示结构的某种GMR材料的磁阻特性。由图可见,随着外磁场增大,电阻逐渐减小,其间有一段线性区域。当外磁场已使两铁磁膜完全平行耦合后,继续加大磁场,电阻不再减小,进入磁饱和区域。磁阻变化率 $\Delta R/R$ 达百分之十几,加反向磁场时磁阻特性是对称的。注意到图8-6-2中的曲线有两条,分别对应增大磁场和减小磁场时的磁阻特性,这是因为铁磁材料都具有磁滞特性。

有两类与自旋相关的散射对巨磁阻效应有贡献:

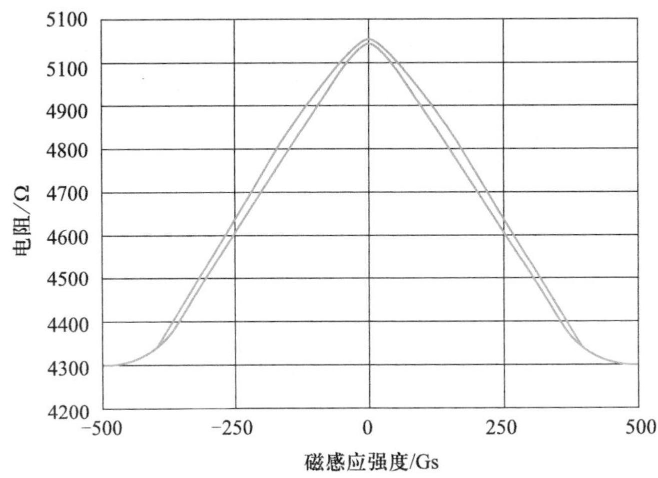

图 8-6-2　某种 GMR 材料的磁阻特性

① 界面上的散射。无外磁场时，上下两层铁磁膜的磁场方向相反，无论电子的初始自旋状态如何，从一层铁磁膜进入另一层铁磁膜时都面临状态改变（平行→反平行，或反平行→平行），电子在界面上的散射概率很大，对应于高电阻状态。有外磁场时，上下两层铁磁膜的磁场方向一致，电子在界面上的散射概率很小，对应于低电阻状态。

② 铁磁膜内的散射。即使电流方向平行于膜面，由于无规则散射，电子也有一定的概率在上下两层铁磁膜之间穿行。无外磁场时，上下两层铁磁膜的磁场方向相反，无论电子的初始自旋状态如何，在穿行过程中都会经历散射概率小（平行）的和散射概率大（反平行）的两种过程，两类自旋电流的并联电阻类似两个中等阻值的电阻的并联，对应于高电阻状态。有外磁场时，上下两层铁磁膜的磁场方向一致，自旋平行的电子散射概率小，自旋反平行的电子散射概率大，两类自旋电流的并联电阻相似一个小电阻与一个大电阻的并联，对应于低电阻状态。

多层膜 GMR 结构简单，工作可靠，磁阻随外磁场线性变化的范围大，在制作模拟传感器方面得到广泛应用。在数字记录与读出领域，为进一步提高灵敏度，人们发展出了自旋阀结构的 GMR，如图 8-6-3 所示。

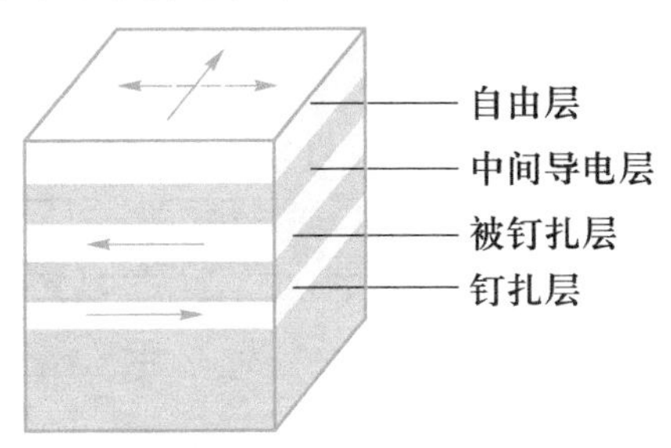

图 8-6-3　SV-GMR 结构图

自旋阀结构的巨磁阻（spin valve GMR，SV-GMR）由钉扎层、被钉扎层、中间导电层和自由层构成。其中，钉扎层使用反铁磁材料，被钉扎层使用硬铁磁材料，硬铁磁材料和反铁磁材料在交换耦合作用下形成一个偏转场，此偏转场将被钉扎层的磁化方向固定，使之不随外磁场改变。自由层使用软铁磁材料，它的磁化方向易随外磁场改变。这样，很弱的外磁场就会改变自由层与被钉扎层磁场的相对取向，所以具有很高的灵敏度。制造时，使自由层的初始磁化方向与被钉扎层垂直，磁记录材料的磁化方向与被钉扎层的方向相同或相反（对应于 0 或 1)，当感应到磁记录材料的磁场时，自由层的磁化方向就向与被钉扎层磁化方向相同(低电阻)或相反(高电阻)的方向偏转，检测出电阻的变化，就可确定记录材料所记录的信息，硬盘所用的 GMR 磁头就采用这种结构。

(2) 螺线管中的磁场

螺线管用于在实验过程中产生大小可计算的磁场，由理论分析可知，无限长直螺线管内部轴线上任一点的磁感应强度为

$$B=\mu_0 nI \tag{8-6-1}$$

式中 n 为线圈密度，I 为流经线圈的电流，$\mu_0=4\pi\times10^{-7}$ H/m，为真空中的磁导率。采用国际单位制时，由上式计算出的磁感应强度单位为特斯拉(1 T=10 000 Gs)。

(3) 巨磁阻梯度传感器的特性及其应用

将 GMR 电桥两对对角电阻分别置于集成电路两端，4 个电阻都不加磁屏蔽，即构成梯度传感器，如图 8-6-4 所示。

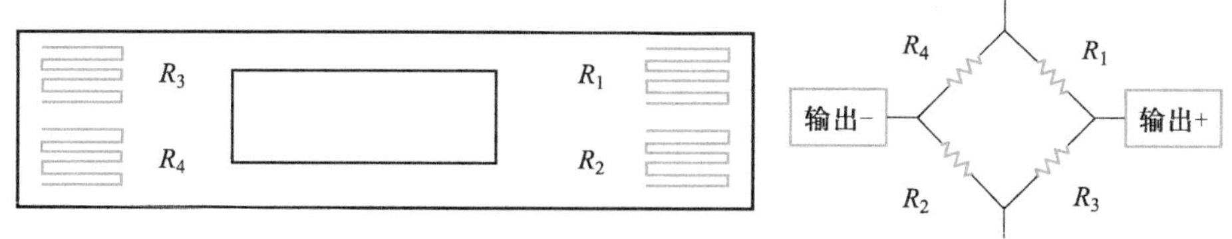

图 8-6-4 GMR 梯度传感器结构图

这种传感器若置于均匀磁场中，由于 4 个桥臂电阻的阻值变化相同，电桥输出为零。如果磁场存在一定的梯度，各 GMR 电阻感受到的磁场不同，磁阻变化不一样，就会有信号输出。以检测齿轮的角位移为例，说明其应用原理，如图 8-6-5 所示。

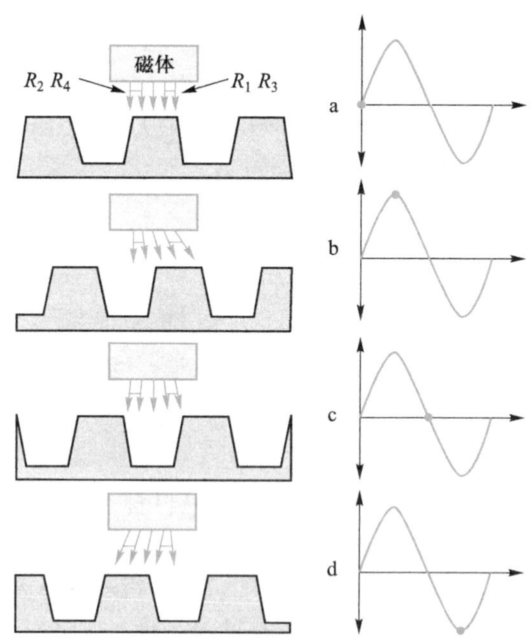

图 8-6-5 用 GMR 梯度传感器检测齿轮位移

将永磁体放置于传感器上方，若齿轮是铁磁材料，永磁体产生的空间磁场在相对于齿牙不同位置时，产生不同的梯度磁场。a 位置时，输出为零。b 位置时，R_1、R_2感受到的磁场强度大于 R_3、R_4感受到的磁场强度，输出正电压。c 位置时，输出回归零。d 位置时，R_1、R_2感受到的磁场强度小于 R_3、R_4感受到的磁场强度，输出负电压。于是，在齿轮转动过程中，每转过一个齿牙便产生一个完整的波形输出。这一原理已普遍应用于转速（速度）与位移监控，在汽车及其他工业领域得到广泛应用。

文档：巨磁阻效应及应用实验仪

4. 实验仪器

HZDH 型巨磁阻效应及应用实验仪、基本特性组件、角位移测量组件。

5. 实验内容

（1）巨磁阻的磁阻特性测量

① 根据原理和仪器要求接线。

② 从零增大励磁电流到测量所需的最大值。从最大值逐步减小励磁电流，进行测量，记录数据到表 8-6-1 中。直到电流测量到“零”后，交换恒流源的极性，增大励磁电流进行测量并记录数据。

视频：巨磁阻效应及应用实验仪的操作

（2）巨磁阻梯度传感器的特性及其应用

① 将实验仪 4 V 电压源与角位移测量组件“巨磁电阻供电”相连接，角位移测量组件“信号输出”与实验仪电压表相连接。

② 逆时针慢慢转动齿轮，当输出电压出现第一个极小值时记录起始角度，以后每转 3°记录一次角度与电压表的读数，完成表 8-6-2。转动 48°时齿轮转过 2 齿牙，输出电压变化 2 个周期。

6. 数据处理

表 8-6-1　巨磁阻的磁阻特性的测量

磁阻两端电压为 4 V

磁感应强度/Gs		磁阻/Ω			
		减小磁场		增大磁场	
励磁电流/mA	磁感应强度 B/Gs	磁阻电流/mA	磁阻/Ω	磁阻电流/mA	磁阻/Ω
100					
90					
80					
70					
60					
50					
40					
30					

续表

磁感应强度/Gs		磁阻/Ω			
		减小磁场		增大磁场	
励磁电流/mA	磁感应强度 B/Gs	磁阻电流/mA	磁阻/Ω	磁阻电流/mA	磁阻/Ω
20					
10					
5					
0					
-5					
-10					
-20					
-30					
-40					
-50					
-60					
-70					
-80					
-90					
-100					

根据螺线管上标明的线圈密度，由式(8-6-1)计算出螺线管内的磁感应强度 B。

由欧姆定律 $R=U/I$ 计算磁阻。

以磁感应强度 B 为横坐标，磁阻为纵坐标作出磁阻特性曲线。应该注意，由于模拟传感器的两个磁阻是位于磁通聚集器中，与图 8-6-2 相比，我们作出的磁阻特性曲线斜率大了约 10 倍，磁通聚集器结构使磁阻灵敏度大大提高。

不同外磁场强度时磁阻的变化反映了 GMR 的磁阻特性，同一外磁场强度下磁阻的差值反映了材料的磁滞特性。

表 8-6-2　齿轮角位移的测量

转动角度/°																	
输出电压/mV																	

以齿轮实际转过的度数为横坐标，电压表的读数为纵坐标作图。

7. 注意事项

(1) 由于巨磁阻传感器具有磁滞现象，因此，在实验中，恒流源只能单方向调节，不可回调。否则测得的实验数据将不准确。表 8-6-1 中的励磁电流只是作为参考,实验时以实际显示的数据为准。

(2) 在实验过程中,实验仪器不得处于强磁场环境中。

8. 思考题

(1) 在实际测量中,开始时励磁电流是往“增大”还是“减小”的方向测量？为什么要这样测量？

(2) 能不能将巨磁阻梯度传感器改造成转速传感器？如何制作和标定？

实验 8.7 用磁阻传感器测量地磁场

1. 引言

虽然地磁场的数值比较小,约 10^{-5} T 量级,但在直流磁场的测量,特别是弱磁场的测量中,往往需要知道其数值,并设法消除其影响。另外,地磁场作为一种天然磁源,在军事、工业、医学、探矿、科研等领域中也有着重要用途。本实验采用坡莫合金磁阻传感器测定地磁场磁感应强度(包括地磁场磁感应强度的水平分量和垂直分量)以及地磁场的磁倾角。磁阻传感器体积小、灵敏度高、易安装,因而在弱磁场测量方面有广泛应用前景。

2. 实验目的

(1) 了解磁阻传感器测量磁场的基本原理。

(2) 学会用磁阻传感器测定地磁场的方法。

(3) 了解地磁场的方向与强度。

3. 实验原理

(1) HMC1021Z 型磁阻传感器及其定标

磁阻效应是材料电阻随着外磁场的变化而改变的现象。磁阻传感器是利用材料的磁阻效应,使磁变化与磁感知形成一体,达到利用电学信号表达磁学量的目的。HMC1021Z 型磁阻传感器是由长而薄的坡莫合金(铁镍合金)制成的一维磁阻微电路集成芯片。它利用数个具有磁阻效应的铁镍合金电阻集成一个非平衡电桥和放大电路,如图 8-7-1 所示。该芯片系统所处环境磁场发生变化时,铁镍电阻阻

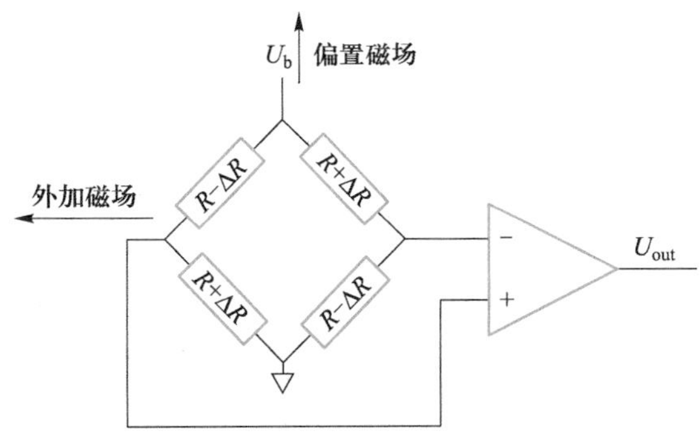

图 8-7-1 磁阻传感器的电路示意图

值会发生变化，非平衡电桥将产生一定的非平衡电压输出。据此反映出电压和环境磁场的关系。实际使用中一般可以将其加工成线性关系，即

$$U_{out}=U_0+KB \tag{8-7-1}$$

式(8-7-1)中，K 为磁阻传感器的灵敏度，B 为外界磁场的磁感应强度，U_0 为外加磁场为零时磁阻传感器的输出电压。

传感器的定标主要是建立传感器的输出电压与磁感应强度之间的一一对应关系。该实验中，我们采用的仪器是用亥姆霍兹线圈测量磁感应强度的，磁感应强度可以通过线圈电流按下式计算：

$$B=\frac{8}{5^{3/2}}\times\frac{\mu_0 NI}{R} \tag{8-7-2}$$

式(8-7-2)中 N 为线圈匝数，I 为线圈流过的电流，R 为亥姆霍兹线圈的平均半径，μ_0 为真空磁导率。实验中使用的亥姆霍兹线圈匝数 $N=500$ 匝，线圈的半径 $R=10$ cm。通过测量一系列电流下传感器的输出电压 U_{out}，通过式(8-7-2)可求出 B，基于式(8-7-1)，对 B 和 U_{out} 进行线性拟合，就可以确定传感器的灵敏度 K 和 U_0(如果已经调零，则 U_0 值为零或者很小)。从而达到定标的目的。

(2) 地磁场、空间矢量的搜索与测量

地球及其周围空间存在着的磁场叫地磁场。地磁场的北极和南极分别在地理南极和北极附近，地磁轴与地球自转轴并不重合，二者大约有 11.5°的交角，如图 8-7-2 所示。地磁场的强度和方向随地点、时间的不同而发生变化。

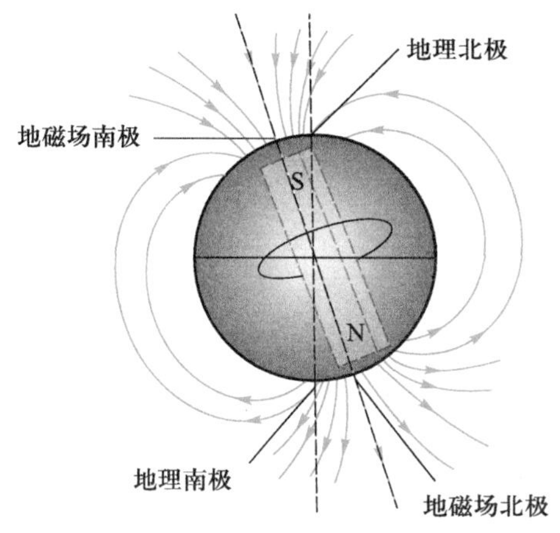

图 8-7-2 地磁场示意图

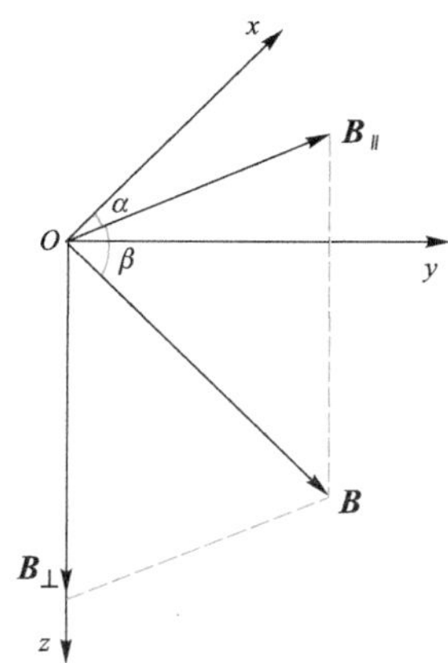

图 8-7-3 地磁场矢量

在一个不太大的范围内，地磁场基本上是均匀的。在地理直角坐标系中，地磁场矢量 $\boldsymbol{B}$ 如图 8-7-3 所示。O 点表示测量点，x 轴指向北，即为地理子午线(经线)的方向；y 轴指向东，即为地理纬线方向；z 轴垂直于地平面而指向地下。xOy 代表地平面。$\boldsymbol{B}$ 在 xOy 平面上的投影 $B_{/\!/}$ 称为水平分量，水平分量偏离地理北极的角度 α 称为磁偏角，地磁场矢量 $\boldsymbol{B}$ 偏离水平面的角度 β(地磁场矢量 $\boldsymbol{B}$ 与 xOy 平面的夹角)称为磁倾角。此外，地磁场矢量 $\boldsymbol{B}$ 沿 z 轴方向的投影(垂直分量 $B_\perp$)、水平分量 $B_{/\!/}$ 在 x 轴上的投影(北向分量 B_x)和在 y 轴上的投影(东向分量 B_y)也是 O 点的地

磁要素。但是，这些要素显然不是相互独立的，而是存在一定的变换关系，通常情况下，用磁偏角 α、磁倾角 β 和水平分量 $B_{/\!/}$ 三个参量表示地磁场的方向和大小。

地磁场矢量 $\boldsymbol{B}$ 作为三维空间中的矢量，实验中可以用磁阻传感器在三维空间的各个坐标方向上测量，即可得到地磁场矢量在各个坐标上的分量大小，然后用矢量合成方法得到地磁场。还可以先搜索测量某个平面中的分量，比如本实验的数据处理表格中先搜索测量 xOy 平面上的地磁场矢量分量 $\boldsymbol{B}_{/\!/}$。由于地磁场矢量与其水平分量在同一竖直平面内，即经过水平分量并垂直于 xOy 平面的平面，接下来就可以用磁阻传感器在此竖直平面内搜索测量，即可测到地磁场矢量 $\boldsymbol{B}$ 以及磁倾角 β。

4. 实验仪器

FD-HMC-2 型磁阻传感器和地磁场实验仪

文档：磁阻传感器和地磁场实验仪

5. 实验内容

磁阻传感器的定标

① 准备工作

a. 根据实验原理和仪器要求连接仪器，将亥姆霍兹线圈底座调水平。

b. 将传感器转台刻度对准零刻度，并调至水平平面。

② 定标

a. 在线圈电流为零时，将传感器输出电压调零。

b. 依次改变励磁电流，记录传感器输出电压（改变电流方向测量，取平均值）。

③ 地磁场的测量

a. 准备工作

按原理要求，将励磁电流调为零，并断开励磁电流导线。再次检查和调节搭载传感器的中间转盘，使其处于水平面。

b. 水平分量的测量

旋转中间转盘使电压输出达到极大值 U_1。继续旋转中间转盘记录输出电压的极小值 U_2。重复上述操作，多次测量。

c. 地磁场及磁倾角的测量

将中间转盘，旋转到读数极大值处。然后，翻转中间转盘到竖直平面。在竖直平面内旋转转盘，记录传感器在该平面内输出电压的极大值和极小值，以及其与水平面的夹角，并多次测量。

6. 数据处理

（1）传感器灵敏度的测定，数据记录于表 8-7-1 中。

表 8-7-1 传感器灵敏度的测量

励磁电流 I /mA	磁感应强度 B /10^{-4} T	传感器输出电压 U/mV		平均 $\lvert U\rvert$ /mV
		正向 U_1/mV	反向 U_2/mV	
10.00				
20.00				

续表

励磁电流 I /mA	磁感应强度 B /10^{-4} T	传感器输出电压 U/mV		平均 $\|U\|$ /mV
		正向 U_1/mV	反向 U_2/mV	
30.00				
40.00				
50.00				
60.00				

按式(8-7-1)算出 B,并对 $B-|U|$ 作最小二乘法拟合,求出磁阻传感器的灵敏度 K。

(2) 测量地磁场,数据记录于表 8-7-2 中。

表 8-7-2 地磁场的测量

		1	2	3	4	5	平均值
测 $B_{//}$	U_1/mV						
	U_2/mV						
β	β_1/(°)						
	β_2/(°)						
测 B	U_1'/mV						
	U_2'/mV						

① 由 $|U_1-U_2|/2=KB_{//}$,求得当地地磁场水平分量 $B_{//}$。

② 由磁倾角 $\beta=(\beta_1+\beta_2)/2$,计算 β 的值。

③ 由 $|U_1'-U_2'|/2=KB$,计算地磁场磁感应强度 B 的值。

④ 由 $B_{\perp}=B\sin\beta$,计算地磁场的垂直分量 $B_{\perp}$,由 $B_{//}=B\cos\beta$,计算地磁场水平分量 $B_{//}$,并将此结果与①的结果比较。

7. 注意事项

(1) 为保证测量结果的准确性,实验仪器周围的一定范围内不应存在铁磁性金属物体。

(2) 测量地磁场水平分量 $B_{//}$,需将转盘调节至水平;测量地磁场磁感应强度 B 和磁倾角 β 时,须将转盘面调至地磁子午面。

(3) 由于仪器的灵敏度限制,测量地磁场磁感应强度 B 和磁倾角 β 时,可以发现 β 角在一定的小范围内,传感器的输出电压都没有什么变化,因此,实验时应该测出传感器输出电压变化很小时的 β 的范围,然后求得平均值 $\overline{\beta}$ 作为磁倾角。

8. 思考题

(1) 磁阻传感器和霍耳传感器在工作原理和使用方法方面各有什么特点和区别?

（2）在测量地磁场时，如有一枚铁钉处于磁阻传感器周围，则对测量结果将产生什么影响？

（3）为何坡莫合金磁阻传感器遇到较强磁场时，其灵敏度会降低？用什么方法来恢复其原来的灵敏度？

实验 8.8　应用多普勒效应测量声速

1. 引言

1842 年，奥地利物理学家及数学家多普勒发现了多普勒效应（Doppler effect）。多普勒效应表明：对于机械波和电磁波而言，当波源、传播介质和观察者（或接收器）三者中任意两者或者三者同时发生相对运动时，观察者接收到的波的频率和声源发出的波的频率存在差异。多普勒效应在天文学、工程技术、交通管理、医疗诊断等方面有十分广泛的应用，如用于卫星测速、光谱仪、多普勒雷达、多普勒彩色超声诊断仪等。

2. 实验目的

（1）了解超声换能器（压电陶瓷换能器）的工作原理。

（2）了解测量空气介质中超声波速度的方法。

（3）掌握不同条件下多普勒效应测量声速的原理。

3. 实验原理

（1）超声波与压电陶瓷换能器

频率在 20 Hz～20 kHz 的声波为可听声波，高于 20 kHz 的为超声波；超声波的传播速度可以代表声波的传播速度。由于超声波具有波长短、易于定向发射等优点，更适合进行探测。超声波在空气、液体等弹性介质中主要以纵波传播，形成介质内密度疏密交替的传播场。由声扰动带来的介质中单位体积元内压强变化，即为声压，一般用符号 p 表示。考虑一维运动与传播情况，声源振动频率为 $f(2\pi f=\omega)$，接收点距离声源距离 x_0，并在 x 方向传播。声源、接收器和传播介质静止时，p_0 与 p 为发射与接收声压，则在 x 方向接收的声波的数学表达式为

$$p=p_0\cos\left(\omega t-\frac{\omega}{c_0}x_0\right) \tag{8-8-1}$$

实验中采用适宜在空气中传播的超声波，频率在 20～60 kHz 之间，在此频率范围内，采用压电陶瓷换能器作为声波的发射器、接收器效果最佳。

在温度为 T（℃）的空气中，声速的理论值 c_0 为

$$c_0=331.45\sqrt{1+\frac{T}{273.16}}\ (\mathrm{m\cdot s^{-1}}) \tag{8-8-2}$$

压电陶瓷（piezoelectric ceramics）工作原理见图 8-8-1，它受到微小外力作用时，能把机械能转化成电能，当加上电压时，又会把电能转化成机械能。它通常由几种氧化物或碳酸盐在烧结过程中发生固相反应而形成，其制造工艺与普通的电

子陶瓷相似。与其他压电材料相比，具有化学性质稳定，易于掺杂、方便塑形的特点。将压电陶瓷片封装在外壳中，可以得到压电陶瓷换能器，如图 8-8-2 所示。

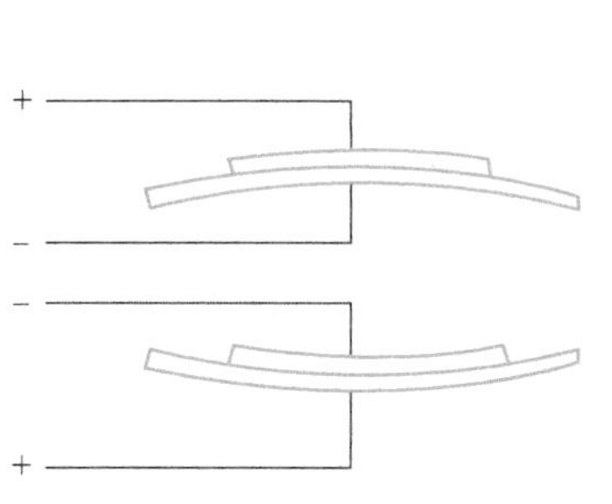

图 8-8-1 压电陶瓷的工作原理

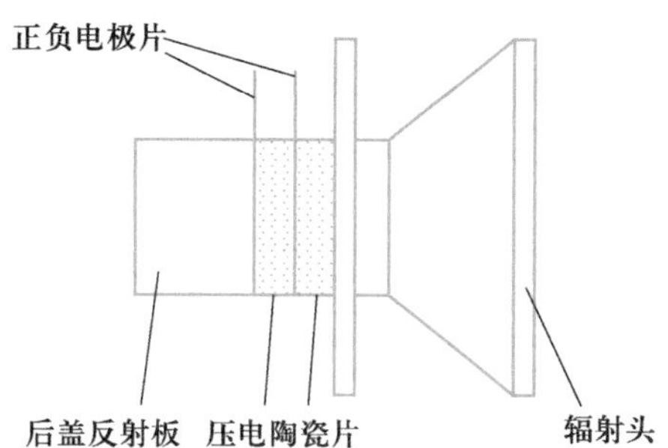

图 8-8-2 压电陶瓷换能器结构简图

(2) 压电振子

对压电陶瓷电特性进行分析时，可将之看作压电振子。压电振子是经过极化处理的压电体，是弹性体，具有固有振动频率 f_r。当加在压电振子上的电信号的频率等于其固有振动频率 f_r 时，压电振子的弹性能最大，发生谐振。此外，它还具有反谐振频率 f_a、串联谐振频率 f_s、并联谐振频率 f_p、最小阻抗频率 f_m、最大阻抗频率 f_n 等重要的临界频率。图 8-8-3 是压电振子的等效电路模型：L_1 是压电振子动态电感，C_0、C_1 分别为静电容和动态电容，R_1 为动态电阻；L_1、R_1、C_1 分别与压电振子的质量、内摩擦因数和弹性常量有关，并非电学量，只是为了处理方便才模拟成电学量，只有 C_0 是电学量。而压电振子材料的弹性、压电和介电常量都可以通过测量压电振子的集合尺寸、串联谐振频率、材料密度和电容等参量来测定。

当动态电阻 R_1 为 0 时，最小阻抗频率 f_m 和最大阻抗频率 f_n 分别为

$$f_m=\frac{1}{2\pi\sqrt{L_1C_1}} \tag{8-8-3}$$

$$f_n=\frac{1}{2\pi\sqrt{L_1\dfrac{C_0C_1}{C_0+C_1}}}=f_m\sqrt{\frac{C_0+C_1}{C_0}} \tag{8-8-4}$$

如图 8-8-4 所示，一般近似分析时，谐振频率 $f_0=f_m=f_n=f_r$，该近似偏差一般小于1%。

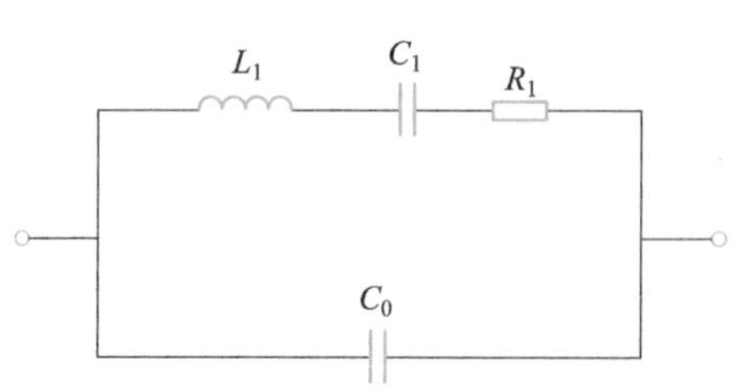

图 8-8-3 传统压电振子等效电路模型

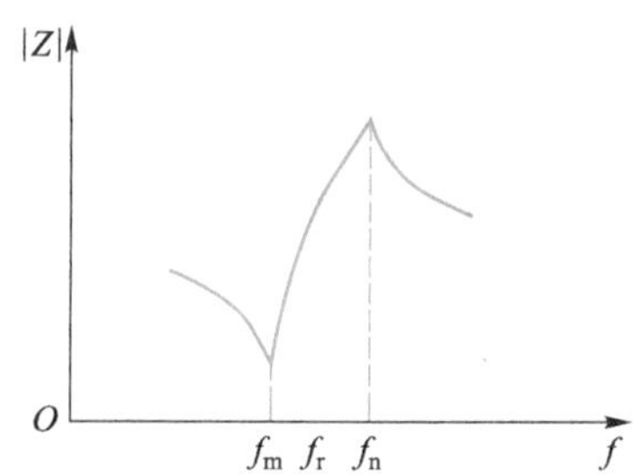

图 8-8-4 谐振频率 f_r、f_m 和 f_n

(3) 声波的多普勒效应

声波的发射与接收装置如图 8-8-5 所示，根据声波的多普勒效应公式，f_0 为声源发射频率(声源频率)，c_0 为声速，v_s 为声源的运动速度，v_r 为接收器的运动速度，α_1 为声源与接收器连线与接收器运动方向之间的夹角，α_2 为声源与接收器连线与声源运动方向之间的夹角，则声源接收器接收到的频率 f 为

$$f=\left(\frac{c_0+v_r\cos\ \alpha_1}{c_0-v_s\cos\ \alpha_2}\right)f_0 \tag{8-8-5}$$

当声源、接收器的运动方向均与声传播方向同一轴时，$\alpha_1=\alpha_2=0$，上式简化为

$$f=\left(\frac{c_0+v_r}{c_0-v_s}\right)f_0 \tag{8-8-6}$$

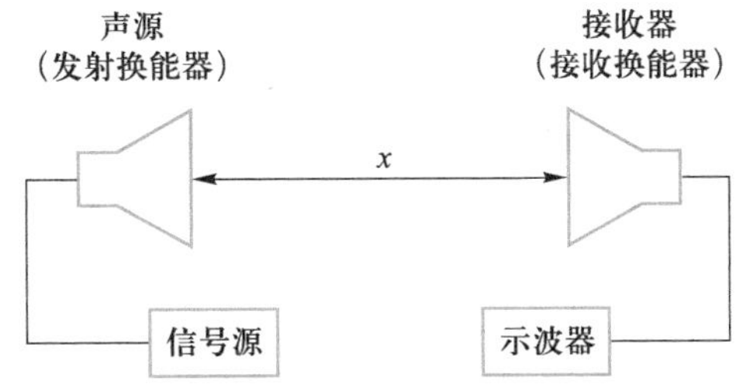

图 8-8-5　声波的发射与接收

① 声源、接收器与传播介质均无运动：

$$f=f_0 \tag{8-8-7}$$

② 声源不动，接收器接近声源移动：

$$f=\left(\frac{c_0+v_r}{c_0}\right)f_0=\left(1+\frac{v_r}{c_0}\right)f_0 \tag{8-8-8}$$

当接收器远离声源移动时，“+”号变为“-”。

③ 接收器不动，声源接近接收器移动：

$$f=\left(\frac{c_0}{c_0-v_s}\right)f_0=\frac{1}{1-\dfrac{v_s}{c_0}}f_0 \tag{8-8-9}$$

当声源远离接收器移动时，“-”号变为“+”。

④ 若声源、接收器不动，而传播介质向接收器运动，且运动速度为 v_m：

$$f=\left(1+\frac{v_m}{c_0}\right)f_0 \tag{8-8-10}$$

当传播介质远离接收器运动时，“+”号变为“-”。

(4) 光电门传感器与运动速度测量

光电门传感器是测定瞬时速度的仪器，结构如图 8-8-6 所示。通常封装在门型结构之内，一端安装发光元件(如发光二极管)，一端安装感光元件(如光电池、光敏电阻等)并与外部计时器连接。当物体上遮光片经过光电门时，光被遮挡，使感光元件电学参量改变，触发计时器工作。

本实验采用的遮光片如图 8-8-7 所示，遮光块 1、2 位于移动对象上同侧，两遮光片同侧端距离 $L=90$ mm，计时器记录两遮光片经过光电门的时间间隔 t，得到瞬时移动速度 $v=L/t$。

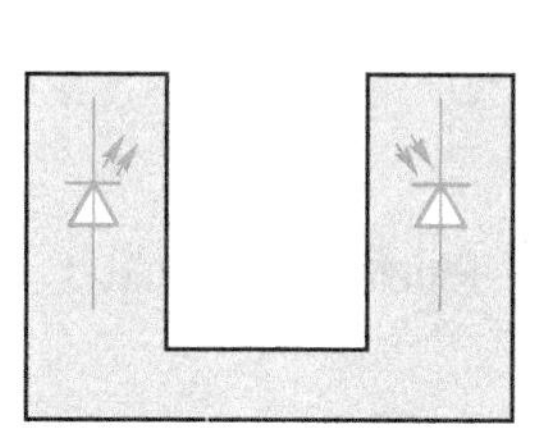

图 8-8-6 光电门

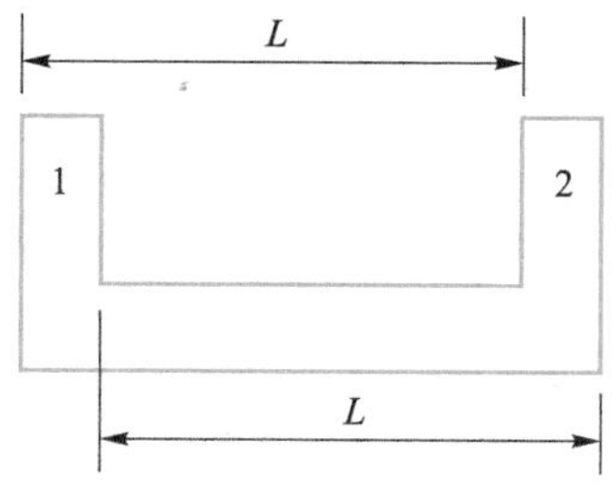

图 8-8-7 遮光片

文档：步进电机

(5) 步进电机与电机驱动器

步进电机是将电脉冲信号转变为角位移或线位移的开环控制电机，是现代数字程序控制系统中的主要执行元件，使用时需要配合电机驱动器。在非超载的情况下，电机的转速、停止的位置只取决于脉冲信号的频率和脉冲数，而不受负载变化的影响，当步进驱动器接收到一个脉冲信号，它就驱动步进电机按设定的方向转动一个固定的角度，称为“步距角”，它的旋转是以固定的角度一步一步运行的。可以通过控制脉冲个数来控制角位移量，从而达到准确定位的目的；也可以使用具有细分微步功能的电机驱动器达到高精度控制的目的。需要调速时，可以通过控制脉冲频率来控制电机转动的速度和加速度。

文档：DH-DPL 系列多普勒效应及声速综合实验仪使用说明

4. 实验仪器

DH-DPL 系列多普勒效应及声速综合实验仪、示波器。

5. 实验内容

(1) 了解 DH-DPL 系列多普勒效应及声速综合实验仪的主界面操作与功能

① 了解信号源操作模块与如何调节源频率(调谐原理见实验 5.8)。

② 了解步进电机、导轨与智能运动控制系统如何带动声源、接收器运动。

③ 了解导轨中部光电门如何对运动速度进行测量。

(2) 对信号源频率 f_0 进行测量(参考实验 5.8B)。

(3) 计算室温下声速理论值 c_0。

(4) 验证多普勒效应并测量声速。

视频：应用多普勒效应测声速的操作

6. 数据处理

(1) 调谐得到源频率 $f_0=$ ____ Hz。

(2) 室温 $T=$ ____ ℃，声速理论值为：$c_0=$ ____ m/s。

(3) 验证多普勒效应并测量声速：

① 声源不动，接收器运动时

完成表 8-8-1，测得接近与远离两个运动方向时的 $\Delta f=|f-f_0|$，以 Δf 为 y 轴，v_r 为 x 轴，作 $\Delta f-v_r$ 曲线，用最小二乘法拟合直线斜率 K，并计算声速 c，进行误差分析。

表 8-8-1

预设速度 /(m·s^{-1})	接近			远离			平均值 Δf
	实测速度	f	Δf_+	实测速度	f	Δf_-	
0.059							
0.115							
0.150							
0.177							
0.193							
0.235							
0.282							
0.367							
0.407							

② 接收器不动，声源运动时

完成表 8-8-2，测得接近与远离两个运动方向时的 $\Delta f=|f-f_0|$，参考①内容自行拟合数据得到声速 c，并进行误差分析。

表 8-8-2

预设速度 /(m·s^{-1})	接近			远离			平均值 Δf
	实测速度	f	Δf_+	实测速度	f	Δf_-	
0.059							
0.150							
0.250							
0.355							
0.450							

7. 注意事项

（1）实验室内多台仪器同时实验时，若不调谐，将引起多台仪器发射声源的叠加干扰；请先进行调谐，并将书包、外套等放于声源后侧，可以有效消除干扰声波。

（2）运动控制模块中步进电机是上电自锁的，若要手动调节请关闭导管上的电机开关，否则容易造成电极控制模块损坏。

（3）若实测速度与设定速度不符，应该是运动起点离光电门过近所致。

8. 思考题

（1）可否用示波器测量运动中接收到的声波信号频率，如何评价测量误差？

（2）请设计一个测量风扇风速的实验。

实验 8.9 用法布里-珀罗干涉仪测量波长

1. 引言

法布里-珀罗干涉仪,简称 F-P 干涉仪,是法布里(C.Fabry)和珀罗(A.Perot)于 1897 年发明的能实现多光束干涉的仪器。它最早用于分析光谱线的精细结构,具有很高的分辨本领和测量精度,在波长的精密测量、光谱线精细结构的研究以及长度计量等方面有着重要的应用。近年来,法布里-珀罗干涉仪又成为激光器的重要组成部分——共振腔,简称法-珀(F-P)腔。

文档:引力波的测量

2. 实验目的

(1) 了解法布里-珀罗干涉仪的原理、结构和使用。

(2) 学习用法布里-珀罗干涉仪测波长差的方法。

(3) 测定汞绿光和激光的波长。

3. 实验原理

(1) 多光束干涉

在等厚干涉实验中,认为两束相干光由薄膜两面反射形成。但仔细观察以后,就会发现一束光进入折射率为 n 的薄膜后,将进行多次反射和折射,振幅和强度会被一次次地分割。而只考虑两束反射光的近似情况,只有在薄膜表面反射率比较小时适用。如果薄膜表面反射率比较高,就需要按多光束干涉情况考虑,如图 8-9-1 所示。光束 0 为入射光束,在薄膜左表面分为反射光束 1 和折射光束,折射光束在右表面反射的同时又有部分能量透射出去(透射光束 1′)。而右表面反射的光束再次透射到左表面形成光束 2 的同时,又有一部分能量反射回去。如此反复地折射和反射,直到最后反射与透射光束强度都趋于零。

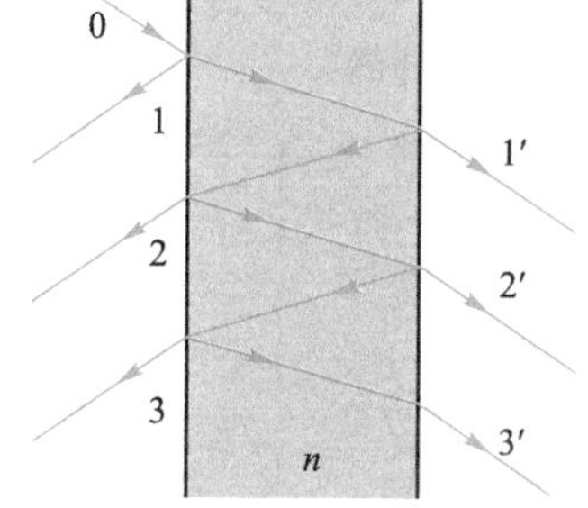

图 8-9-1 多次反射和折射时振幅的分割

(2) 法布里-珀罗干涉仪与 F-P 标准具

法布里-珀罗干涉仪主要由两块玻璃板 M_1、M_2 组成,玻璃平板相向的两个面上镀有高反射率膜(银膜、铝膜或多层介质膜)。仪器上装有精密调节装置,可将两个相向面调节成相互严格平行的状态,使膜面间形成平行平板形空气层(腔)。膜面间的间隔 d(腔长)亦可调节,以得到不同厚度的空气层,如图 8-9-2(a)所示。

若 M_1 与 M_2 之间放一间隔环,可使其间隔固定并且形成腔长 d 固定的平行平板形空气层。间隔环一般是用热膨胀系数很小的材料(如石英等)制成的,它的形状为两端面严格平行的圆环。由 M_1、M_2 和间隔环组成的装置就称为 F-P 标准具。为获得良好的干涉条纹,要求 M_1、M_2 镀膜的两平面与理想几何平面的偏差不超过 1/50 至 1/20 波长。为消除两平板外表面的反射光产生的干扰,每块平面玻璃板的两个表面应成一很小的偏角(约几分)。

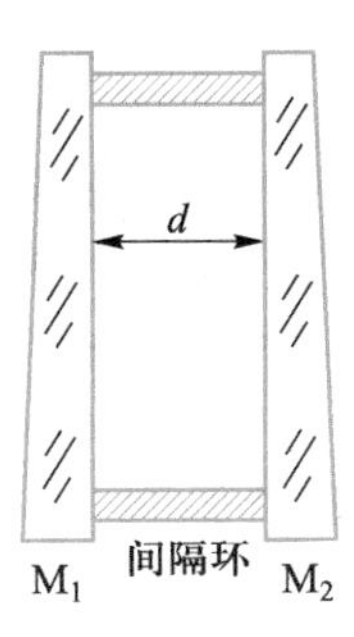

(a) F-P标准具示意图

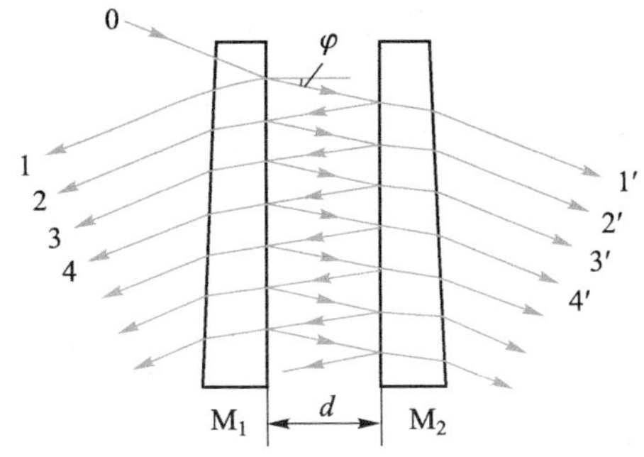

(b) 光在M_1和M_2之间进行多次反射和透射

图 8-9-2

设有从扩展光源 S 上任一点发出的光束入射在 M_1 上经折射后在两镀膜平面间进行多次来回反射，并形成多束相干光从 M_2 透射出来，如图 8-9-2(b)所示。d 为两膜面间的间距，φ 为光束在镀膜内表面上与法线的倾角，n 为空气折射率，一般近似地取 $n=1$，则相邻两透射光束的光程差为 $\Delta=2nd\cos\varphi$，相位差为 $\delta=2\pi\Delta/\lambda$。根据多光束干涉原理，可推出透射光的强度 I_T 为

$$I_T=\frac{I_0}{1+\frac{4R}{(1-R)^2}\sin^2\frac{\delta}{2}} \tag{8-9-1}$$

式中 I_0为入射光的强度，R 为镀膜面的反射率。若 $\delta=2m\pi$，m 为一整数，即

$$2d\cos\varphi=m\lambda \tag{8-9-2}$$

此时，I_T取极大值。I_T与 δ 的关系曲线如图 8-9-3 所示，可知，镀膜面反射率 R 越高，多光束干涉条纹就越细，与双光束干涉条纹(如迈克耳孙干涉仪产生的条纹)有明显的不同，由双光束干涉产生的亮条纹较粗。由于两镀膜面是平行的且光源为面光源，法布里-珀罗干涉仪所产生的是等倾干涉条纹。

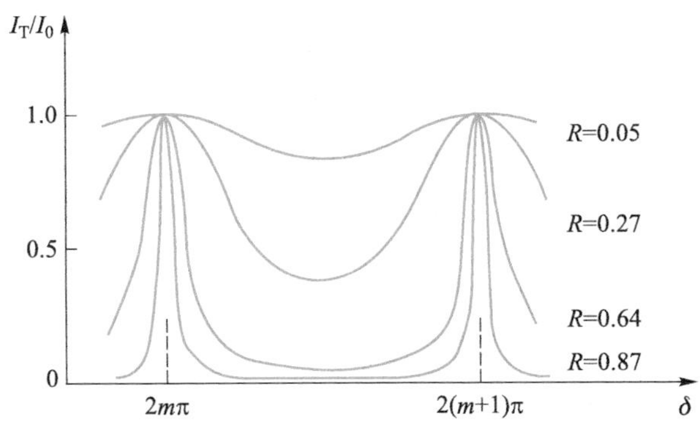

图 8-9-3　I_T与 δ 的关系曲线

在已知 I_T后，也可以计算得到反射光强度 I_R：

$$I_R=I_0-I_T=\frac{I_0}{1+\frac{(1-R)^2}{4R\sin^2(\delta/2)}} \tag{8-9-3}$$

显然,反射光和透射光的等倾干涉图样是互补的。

(3) 法布里-珀罗干涉仪及其主要性能

实验中使用的法布里-珀罗干涉仪是将 F-P 标准具安装在迈克耳孙干涉仪(见实验 10.4)上形成的,如图 8-9-4 所示。M_2 为固定平板,利用粗动手轮移动 M_1 可改变 M_1 与 M_2 之间的间隔 d,间隔的改变量可以从粗动手轮和微动手轮上读出。

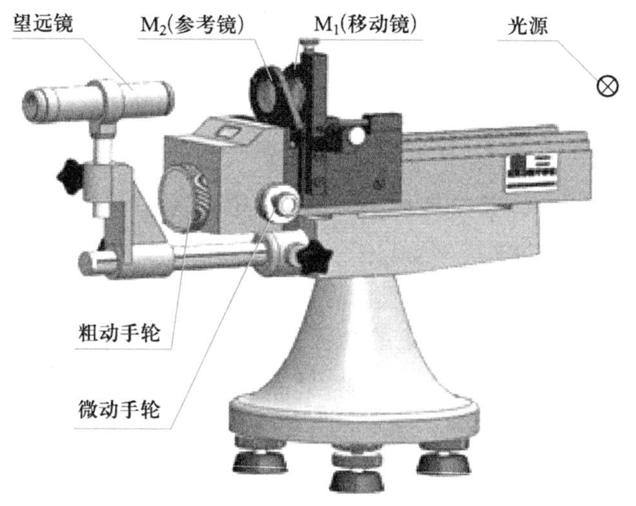

图 8-9-4 法布里-珀罗干涉仪

由于法布里-珀罗干涉仪所产生的干涉亮条纹宽度极窄,因此它常被用来研究光谱线的超精细结构。下面介绍两个在应用时需要了解的表征仪器基本性能的参量。

① 自由光谱范围(英文缩写为 FSR)

设有两种波长各为 λ 和 $\lambda+\Delta\lambda$ 的光照射在 F-P 标准具上,在视场中各产生一组同心圆环形的干涉亮条纹,如图 8-9-5 所示。当 $\Delta\lambda$ 为一合适值时,λ 的 $m-1$ 级干涉环与 $\lambda+\Delta\lambda$ 的 m 级干涉环正好重叠,此时的 $\Delta\lambda$ 称为该标准具的自由光谱范围。

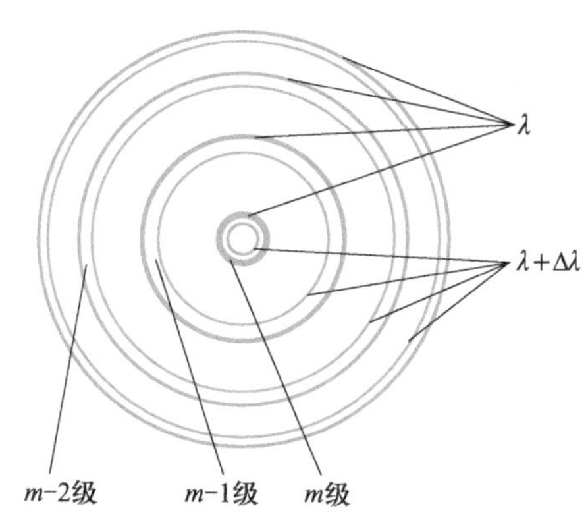

图 8-9-5 双谱线形成的法布里-珀罗干涉条纹

凡是波长在自由光谱范围 $\Delta\lambda$ 内的各种光照射在标准具上时,在视场中出现的各干涉圆环的级次不会相互交错,通常角度 φ 很小,可取 $\cos\varphi=1$。在此条件下,由以上定义可推出

$$\Delta\lambda=\lambda_0^{\ 2}/2nd \tag{8-9-4}$$

λ_0为入射光谱的中心波长。可见,$\Delta\lambda$ 与腔长 d 有关,因此为了使在一定波长范围内的两种波长的干涉条纹不与前一或后一级次的条纹发生重叠或交错,d 应满足一定要求。例如,要想使钠黄光中的 589.0 nm 谱线的 m 级条纹不与 589.6 nm 谱线的

$m-1$ 级条纹发生重叠，腔长 d 应小于 0.3 mm。

② 分辨本领

法布里-珀罗干涉仪的亮条纹很细。所以，即使是波长差很小的两种波长产生的同一级干涉条纹都能加以分辨。设 $\Delta\lambda$ 为能加以分辨的最靠近的两种波长之差，通常定义 $\lambda/\Delta\lambda$ 为仪器的分辨本领，可以证明，分辨本领可以写成

$$\lambda/\Delta\lambda = mN_{\text{eff}} \tag{8-9-5}$$

其中 λ 为两波长的平均值，m 是条纹的级次，N_{eff} 称为参加干涉的有效光束数。膜面的反射率 R 越大，则 N_{eff} 越大，分辨本领亦越高。例如腔长 $d=1$ cm 的 F-P 标准具，对于 $\lambda=500.0$ nm 的光，其干涉图样中央的级次约为 $m=40\ 000$。当反射率 $R=0.9$ 时，有效光束数 $N_{\text{eff}}=30$，分辨本领可达 10^6，比一般光栅 $10^4\sim10^6$ 的分辨本领大。

(4) 法布里-珀罗干涉仪测波长差的原理

如果选定一标准波长，可利用 F-P 标准具用干涉比较法精确测量其他谱线的波长。干涉比较法测量较复杂，本实验中只研究如何用较简单的方法精确地测量相近的二波长之差。

由于实际应用 F-P 干涉仪时，能在视场中形成干涉条纹的入射光线的 φ 角都很小，即 $\cos\varphi\approx1$，于是式(8-9-2)可简化为 $2d=m\lambda$，由此可得

$$\Delta d=\frac{\lambda}{2}\Delta m \tag{8-9-6}$$

式中 Δd 表示 d 的改变量，Δm 表示在改变 Δd 时视场中某处移过的条纹数。由式(8-9-6)可知，d 改变相同量时，对不同 λ 的光，移过的条纹数是不同的。因此，实验中将看到不同波长的光的干涉条纹移动速度不同。

当 d 在连续变化时，在某些 d 值处视场中的两组条纹会相重合，而在另一些 d 值处，这两组条纹一定会均匀相间。

设波长分别为 λ_1 和 λ_2（$\lambda_2<\lambda_1$）的两组条纹在视场中某一次出现均匀相间时的两板间隔为 d，这时在视场中央 λ_1 和 λ_2 的光强分别为极大和极小值，则应有

$$\begin{aligned}2d&=m_1\lambda_1\\2d&=\left(m_2+\frac{1}{2}\right)\lambda_2\end{aligned} \tag{8-9-7}$$

如果将间隔增大至 $d+\Delta d$ 时正好出现相邻的（即下一次）均匀相间，则有

$$\begin{aligned}2(d+\Delta d)&=(m_1+N_0)\lambda_1\\2(d+\Delta d)&=\left(m_2+\frac{1}{2}+N_0+1\right)\lambda_2\end{aligned} \tag{8-9-8}$$

其中 N_0 为一正整数。由式(8-9-7)和式(8-9-8)得 $N_0\lambda_1=(N_0+1)\lambda_2=2\Delta d$。从中消去 N_0 可得

$$\Delta\lambda=\frac{\lambda_1\lambda_2}{2\Delta d}=\frac{\overline{\lambda^2}}{2\Delta d} \tag{8-9-9}$$

式中 $\Delta\lambda=\lambda_1-\lambda_2$，$\lambda$ 为两波长的平均值，Δd 为出现相邻两次均匀相间条纹所对应的 d 的改变量。

(5) 法布里-珀罗干涉仪测波长原理

多光束干涉条纹非常细锐，在几乎全暗的背景上将出现细锐的亮条纹。当扩展面光源的各点以不同入射角入射到干涉仪上，在透镜焦平面或通过望远镜可观察到同心圆形的等倾干涉条纹，在条纹中心处条纹级次最高。由薄膜干涉公式可知，当 M_1 和 M_2 的间距 d 改变时，中心处就会有条纹不断冒出或向中心陷入。与迈克耳孙干涉仪测波长一样，可由式

$$\lambda=\frac{2\left|d_1-d_2\right|}{m} \tag{8-9-10}$$

通过对移动的条纹级数 m 的计数，求出所用光源的波长 λ。

4. 实验仪器

迈克耳孙干涉仪机座及法布里-珀罗干涉部件、望远镜部件、钠灯光源、汞灯光源、激光器、扩束镜。

文档：用法布里-珀罗干涉仪测量波长实验仪器

5. 实验内容

(1) 测量钠光双线的波长差

利用法布里-珀罗干涉仪测量钠光双线的波长差，并将测量结果与公认值 $\Delta\lambda=0.597$ nm 相比较。

转动粗动手轮，使法布里-珀罗系统的移动镜 M_1 和参考镜 M_2 保持一定的距离（2~3 mm）。光束从移动镜的背面射入，仔细调整两镜后面的调节螺钉，使两镜平行，此时可在望远镜处观察到干涉圆条纹（如图 8-9-5 所示）。根据式（8-9-9），完成表 8-9-1，并得到 $\Delta\lambda$。

(2) 测定汞绿光波长

① 将低压汞灯靠近法布里-珀罗干涉仪，取下观察屏，眼睛直接向 M_1 与 M_2 望进去，观察低压汞灯灯管上金属细丝的一系列虚像，调节 M_1 和 M_2 背面的调节螺丝，使一系列金属丝的像重合在一起，背景上就会出现干涉条纹，仔细调节，使干涉条纹清晰。若 M_1 与 M_2 已经调平行，则可看到同心圆环。

② 在汞灯与 F-P 干涉仪之间加上绿色滤光片，微调 M_2 镜座上的微调弹簧螺丝并转动微动鼓轮以改变 M_1 与 M_2 的间距，使条纹变得更清晰，并且干涉条纹中心不随观察者的眼睛的移动而冒出或陷入，这时在背景上出现一条条绿色的细同心圆条纹。

③ 干涉仪调整好后，转动粗调手轮，观察视场的条纹变化，然后按与粗调手轮相同的方向转动微调手轮，当有一条纹刚从中心陷入或冒出时，记下 M_1 的位置 d_1，继续转动微调鼓轮，使中心陷入或冒出 100 条条纹，记下 M_1 的位置 d_2利用式（8-9-10）测出波长，重复测量 5 次求平均值，与汞灯绿光波长理论值 546.1 nm 进行比较，求出百分误差。

(3) 测定激光波长

① 将汞灯换成激光器，在原望远镜处放置毛玻璃观察屏，在激光器和 F-P 干涉仪间固定好一个扩束镜。（注意：在测量激光波长的整个过程中，眼睛不能直视激光光源，而应借助毛玻璃观察屏观察。）

② 通过调整可以观察到激光的多光束干涉条纹,然后将同心圆环调到视场中央。读数时先消除读空回影响,然后才能开始记录测量数据。

③ 并将测量值与激光波长的标准值比较,求出百分误差。

6. 数据处理

(1) 钠光双线波长差测定,数据记录于表 8-9-1 中。

表 8-9-1

距离	1	2	3	4	5	6
d_1/mm						
d_2/mm						
Δd/mm						

$\Delta\lambda =$

(2) 汞绿光波长测定,数据记录于表 8-9-2 中。

表 8-9-2

距离	1	2	3	4	5	6
d_1/mm						
d_2/mm						
Δd/mm						

$\lambda_{绿} =$

(3) 激光波长测定,数据记录于表 8-9-3 中。

表 8-9-3

距离	1	2	3	4	5	6
d_1/mm						
d_2/mm						
Δd/mm						

$\lambda =$

7. 注意事项

(1) 不允许擦拭 F-P 标准具,如有灰尘可用吹气球吹掉。

(2) 传动部件应有良好的润滑。特别是导轨、丝杆、螺母与轴孔部分,应用精密仪表油润滑。使用时,调整各部位用力要适当,不要强拧、硬扳。

(3) 在钠光光源与 F-P 干涉仪之间加一聚光镜以增加光强,用望远镜观察条纹和进行测量。改变 d 时,注意不要让 F-P 标准具的两个内表面相接触。

(4) 要求测量出 $N>10$ 个均匀相间的间隔改变量。若有时间,可进行更多次的测量。用逐差法处理数据。

(5) 等倾条纹的调节与判断方法可以参考迈克耳孙干涉仪的调整和使用方法,注意一次测量过程中微调手轮只能按单方向连续转动。

8. **思考题**

(1) 在改变 d 时，若两平面玻璃的内表面相接触（$d=0$），将会出现什么现象？可能会发生什么安全上的问题？

(2) 为了能调节出便于观测的条纹，d 应尽量小一些还是大一些？

(3) 为什么要用望远镜观察条纹？怎样利用望远镜来判断条纹是否为等倾干涉条纹？

(4) 若已出现等倾干涉条纹，但条纹中心不在视场正中，原因是什么？如何解决？

(5) 为什么法布里-珀罗干涉仪的分辨本领和测量精度比迈克耳孙干涉仪高？

(6) 试分析本实验的主要误差来源，为什么要使 $N>10$？

实验 8.10 全息照相

1. **引言**

1947 年，英国科学家伽博（D.Gabor）为了提高电子显微镜的分辨本领首次提出了全息照相技术。然而，直到激光问世，1962 年利斯（F.N.Leith）等人才利用激光作为光源并采用离轴方法，成功地获得三维图像的全息照片。此后，全息技术得以迅速发展，在信息储存、处理技术，遥感技术，工业产品的检验和计量技术等领域都有广泛应用，已成为科学技术的一个新领域。1971 年，伽博因全息照相技术的发明荣获了诺贝尔物理学奖。

文档：全息照相技术的发展

2. **实验目的**

(1) 掌握全息照相的基本原理。

(2) 学习菲涅耳全息图的光路搭建与拍摄。

3. **实验原理**

(1) 全息照相

普通照相把从物体表面发出或反射的光经透镜会聚成像，然后用感光胶片把像记录下来。由于现有的记录介质的响应时间比光波振动的周期长得多，因此都只能记录光的振幅，而光的相位信息丢失了。全息照相与普通照相有着本质的区别。全息照相是根据波动光学原理（干涉和衍射）把物光的振幅与相位同时拍摄下来（全息记录），在底片上得到复杂的干涉条纹。在观察全息照片时，必须通过激光照射产生衍射恢复出原来的物光光场，从而看到全息像。因此，全息照相又分为全息记录和物像再现两个过程。

如图 8-10-1 所示，根据光的干涉原理，单色光源 S 通过分束镜分成两束相干光，一束为参考光 R，另一束为物光 O，物光 O 照在被摄物体上反射为物光波。这两束相干光在感光板上叠加产生干涉，形成明暗相间的干涉条纹，条纹的明暗反衬度记录了物光的振幅分布，而条纹的形状、间距、位置（几何特征）记录了物光的相位分布。从信息光学角度来说，即通过物光波对参考光进行调制，感光板记录下包含物光波的全部信息的全息干涉图，经过显影、定影处理后就得到与全息干涉图相似的全息照片。

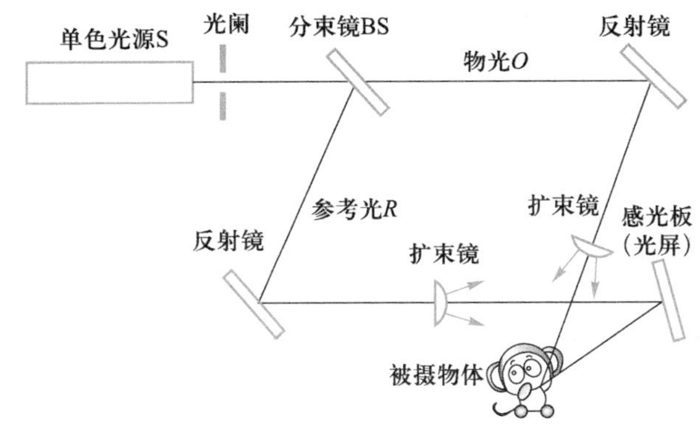

图 8-10-1　全息照相光路图

全息照相记录下来的不是被摄物的形象，而是复杂的干涉条纹，因此在观察照片时必须采用一定的再现手段。如图 8-10-2 所示，利用光波衍射原理，用一束参考光照射全息照片，照片上疏密的干涉条纹就相当于一个特殊的光栅（其光栅常量的变化反映了物光的相位信息），参考光 R 照到这个光栅上便产生衍射，它的一级衍射光波就将原来的物光波重新再现出来。因此，通过全息照片便可以看到与逼真的立体图像。观察时，从全息照片的背面（接受透射光）可看到在原物位置上有一个和原物完全相同的立体虚像 O'，而在全息照片对称的另一侧的屏幕上有一个共轭实像 O''。

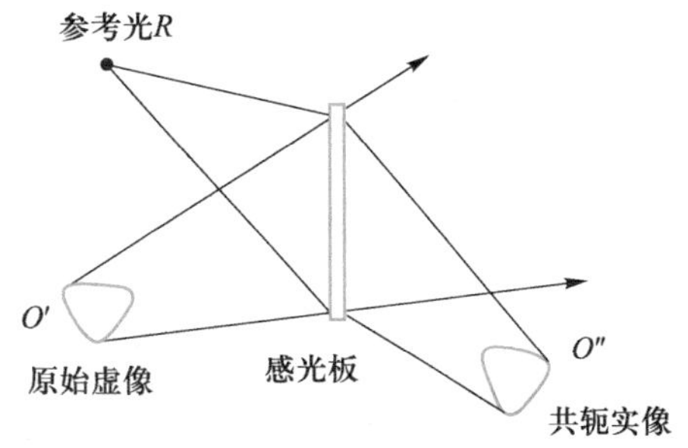

图 8-10-2　全息像再现

全息照相的种类很多，按全息图的类型来分，有菲涅耳全息、傅里叶变换全息、像面全息、彩虹全息等。图 8-10-1 为菲涅耳全息的拍摄光路。

(2) 数学表示

假设 xOy 为全息照相感光板平面，z 轴垂直于该平面，物光 O 和参考光 R 在该平面上分别表示为

$$O(x,y)=O_0(x,y)\mathrm{e}^{\mathrm{i}\varphi_O(x,y)} \qquad (8-10-1)$$

$$R(x,y)=R_0(x,y)\mathrm{e}^{\mathrm{i}\varphi_R(x,y)}$$

两列光波在底片平面上干涉后的合振幅 A 及光强 I 为

$$A=O+R \qquad (8-10-2)$$

$$\begin{aligned} I &= (O+R)(O^*+R^*)=OO^*+RR^*+OR^*+O^*R \\ &= O_0^2+R_0^2+O_0R_0\mathrm{e}^{\mathrm{i}(\varphi_O-\varphi_R)}+O_0R_0\mathrm{e}^{-\mathrm{i}(\varphi_O-\varphi_R)} \\ &= O_0^2+R_0^2+2O_0R_0\cos(\varphi_O-\varphi_R) \end{aligned} \qquad (8-10-3)$$

式(8-10-3)是全息干涉图的数学表示公式。

当把感光后的全息底片显影、定影处理后，用激光照射，有一个振幅透过率 T，

即透射光复振幅和入射光复振幅之比，在线性记录时，振幅透过率 T 和曝光时光强 I 成正比，即

$$T=\beta I \tag{8-10-4}$$

当用再现光 C 照射全息底片时，有

$$C(x,y)=C_0(x,y)\,\mathrm{e}^{\mathrm{i}\varphi_C(x,y)} \tag{8-10-5}$$

透射光振幅为

$$A=CT=C\beta(O_0^2+R_0^2)+C\beta OR^*+C\beta O^*R \tag{8-10-6}$$

其中 β 是一个常量，为了简便起见，将其略去放到 C_0 中，这样

$$A=C_0(O_0^2+R_0^2)\mathrm{e}^{\mathrm{i}\varphi_C}+C_0O_0R_0\mathrm{e}^{\mathrm{i}(\varphi_C+\varphi_O-\varphi_R)}+C_0O_0R_0\mathrm{e}^{\mathrm{i}(\varphi_C-\varphi_O+\varphi_R)} \tag{8-10-7}$$

这就是全息图再现的数学表示，也称波前再现公式，式中等号右边第一项是表示再现光波透过后继续直射的光波，第二项代表原始像，而第三项则代表共轭像。

(3) 全息照相的特点

由于全息照相是波前的记录和再现，因此它有着和普通照相不同的特点：

① 三维立体性：全息像记录了物光和参考光的干涉图，包括了物光的振幅和相位信息，经再现光照射，可以还原出原来物光的振幅和相位，因此物像具有真实物体的三维立体效果。

② 全息图具有弥散性：全息干涉图上的每个点，包含物体每个点的光的叠加，包含物体上每个点的信息，即使将全息图打碎，碎片仍可通过激光重现所拍摄物体的完整形象。

③ 全息照相可进行多重记录，每次拍摄时要改变参考光入射方向或物体空间位置。观察时，适当改变全息照片位置，就可以把这些不相同的景物图像无干扰地逐个再现出来。

④ 全息图可同时重现虚像和实像，尤其在参考光采用平行光照明的情况下，特别容易观察到。重现时，只需将全息底片翻转一次即可。

4. 实验仪器

光学平台、氦氖激光器、分束镜、扩束镜、被摄物体、全息干板、曝光定时器、暗室设备（显影液、定影液等）。

文档：全息照相实验装置

5. 实验内容

(1) 调节全息照相光路系统

① 首先了解、熟悉全息照相实验仪器和光学元件支架的调整与使用方法。

② 打开激光器，打开光闸，调节两者的高度使激光通过光闸。

③ 根据激光高度，调节各光学元件高度，使各个光学元件的中心等高。

④ 根据图 8-10-1，搭建好全息照相光路基本框架（暂不用扩束镜），使物光和参考光的夹角在 30°左右，物体和光屏的距离为 25 cm 左右，光屏向着参考光和物体之间的位置。

⑤ 测量参考光和物光光程（光程从分束镜起，到光屏止），调节参考光光程，使两路的光程接近。

⑥ 在光路中加入两个扩束镜，调节扩束镜位置，使扩束后的物光和参考光亮度

合适。

(2) 曝光

① 关闭光闸,设置好曝光定时器。

② 取下光屏,用感光板代替光屏并固定(药膜面向物体和参考光)。

③ 静置数分钟后,进行定时曝光(曝光过程中,不允许触及全息台及任何光学元件)。

(3) 冲洗

① 曝光完毕后,取下感光板放入显影液中显影(显影要适度,20 秒左右),然后在清水中漂洗。

视频:全息照相实验操作

② 放入定影液中定影(2 分钟以上),再次在清水中漂洗。

③ 用烘干机低温将感光板吹干。

(4) 全息像再现

① 虚像的观察

将感光板放回干板架上,使感光板药膜面朝向参考光。先遮住物光束,直接朝全息照片后观察,可以看到原物位置上的虚像。

② 实像的观察

为了观察方便,通常直接利用未扩束的激光照射感光板的反面,然后将透射光投射到光屏上,转动底片到适当的角度,在光屏上可得到比较清晰的实像。

6. 数据处理

根据实验时的光路以及表 8-10-1 记录的情况,绘制光路图,总结分析全息照相成败的原因。

表 8-10-1 全息照相拍摄情况记录

实验内容	项目	记录
光路调节	物光光程	
	参考光光程	
	物光与参考光夹角	
	物体到光屏距离	
	扩束镜到物体距离	
	扩束镜到光屏距离	
曝光冲洗	曝光时间	
	显影时间	
	定影时间	
全息再现	虚像描述	
	实像描述	

7. 注意事项

(1) 不要用眼睛直接迎着激光观察,以免灼伤眼睛。

(2) 激光器电源有高压,拔插激光器前,请先断开电源。

(3) 不要触摸光学镜片的表面,不然会在镜片表面留下指纹,影响实验效果,损伤镜片。

(4) 要检查器件各部分是否拧紧(包括镜片和镜架、镜架和支杆、支杆和杆筒、杆筒和底座)。

(5) 移动器件后要打开磁性开关,防止碰翻、摔坏器件。

8. 思考题

(1) 全息照相与普通照相有什么不同?

(2) 为什么要尽量让物光和参考光的光程相等?

(3) 为什么物光和参考光的夹角不能取得太大也不能太小?

(4) 为什么参考光的强度必须比物光强?

(5) 为什么全息的记录介质要采用高分辨率的感光材料?

实验 8.11 用光栅光谱仪测光谱

1. 引言

根据光栅方程,如果光源发出的是具有连续谱的白光,则光栅光谱中除 0 级仍近似为一条白色亮线外,其他级各色主极大亮线都排列成连续的光谱带。光栅光谱与棱镜光谱的区别在于:光栅光谱一般有许多级,每级是一套光谱,且衍射角最大不超过 90°,因此可能会发生相邻级光谱重叠现象;而棱镜光谱只有一套。

不同的元素由于原子结构不同,在激发作用下会发出一系列特有的光谱线(特征谱线)。谱线的波长和强度是由每种元素原子的能级结构和能级跃迁概率决定的。因此,通过激发物质获得其光谱,并根据光栅的分光原理,可以测出谱线波长和强度规律,就可以对某元素进行定性(是否存在)以及定量(有多少)分析。

2. 实验目的

(1) 了解闪耀光栅与光栅光谱仪的工作原理。

(2) 学习谱线测量与物质结构分析的方法与手段。

(3) 掌握光栅光谱仪的原理与操作。

3. 实验原理

在实验 7.7 中介绍过透射光栅,但其具有很多的缺点,主要是光能大部分集中在衍射图样中无色散的零级主极大上,导致每级光谱的强度都比较小。造成这种状况的原因是其中单一狭缝的衍射因子与单元间干涉因子主极大重叠。而实际使用光栅时只利用它的某一级光谱,所以需要将光能集中到这一级上来。

(1) 闪耀光栅

目前闪耀光栅多是平面反射光栅。以磨光了的金属板或镀上金属膜的玻璃板为基底,在表面刻出一系列锯齿状槽形成槽面;槽面与光栅之间的夹角为闪耀角 β,如图 8-11-1(a)所示。

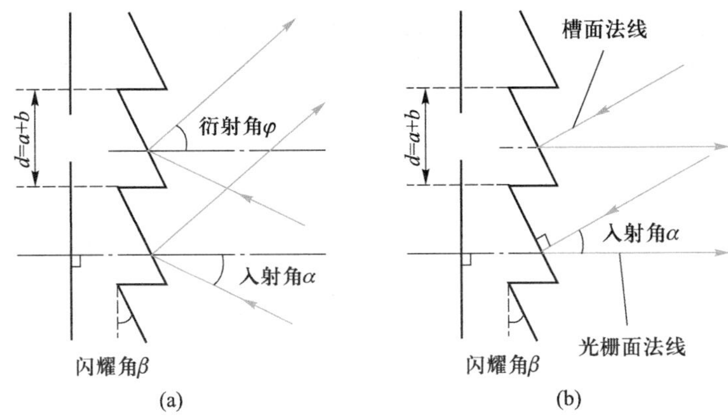

图 8-11-1　闪耀光栅

入射光与光栅面法线的夹角为入射角 α，衍射主极大与光栅面法线夹角为衍射角 φ：

$$d(\sin\varphi \pm \sin\alpha) = k\lambda \quad (k=1,2,\cdots) \tag{8-11-1}$$

当入射光与衍射光在法线同侧时取“+”号，反之取“-”号。

考虑如图 8-11-1(b)的特殊形式，如光线沿槽面法线方向入射，此时 $\alpha=\beta$，单槽衍射的零级沿几何光学的反射方向，即沿原方向返回。则相邻槽间有光程差：

$$\Delta = 2d\sin\beta \tag{8-11-2}$$

k 级闪耀波长 λ 满足关系：

$$2d\sin\beta = k\lambda \quad (k=1,2,\cdots) \tag{8-11-3}$$

当 $k=1$ 时，光栅的单槽衍射零级主极大正好落在 λ 的 1 级谱线上，此外由于 $a\approx d$，光谱的其他级($k\neq1$)都落在暗线位置。这样入射光能量的 80%~90%将集中到 1 级谱线上。同样，要把光强集中到 2 级闪耀波长时，可令 $k=2$。这样通过闪耀角 β 的设计，可以使光栅适用于某一特定波段的某级光谱。

(2) 光栅单色仪与光栅光谱仪

光栅单色仪是光栅光谱仪的核心组件，内部结构如图 8-11-2 所示，入射复色光从狭缝 S_1 入射，实际的光栅光谱仪使用凹面反射镜 M_1 获得平行光，并由受步进

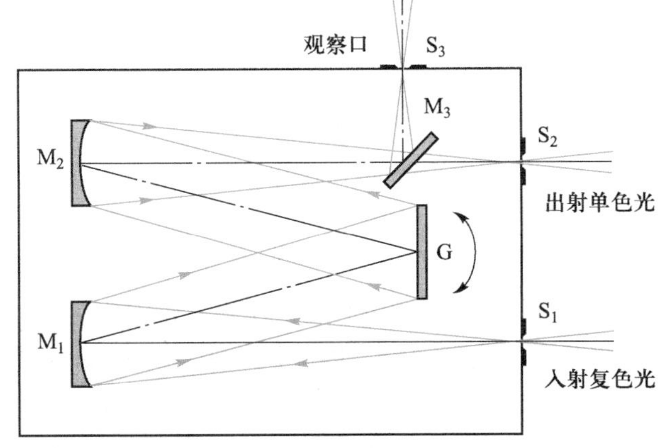

图 8-11-2　光栅单色仪原理图

文档：光栅单色仪的内部结构

电机控制角度转动的衍射光栅 G 分光，衍射光再受凹面反射镜 M_2 聚焦到狭缝 S_2 输出。这样可以避免透镜对光的吸收和色差，又可以缩短设备的长度。M_3 为一分束镜，将部分出射光反射到观察口 S_3 输出。

为了操作方便，狭缝 S_1、S_2、光源和光电元件都固定不动，而光栅平面的方位可以调节，通过光栅平面的转动，把不同波长的谱线调节到出射狭缝 S_2 处。在 S_2 处，可以用光电转换装置（光电倍增管）将光谱的强度信号转化为相应强度电信号输出，并进行数据采集和计算机处理，得到连续的光谱图。

光栅光谱仪既可以用来分析物质光谱，也可以当作单色仪使用，即将 S_2 的出射光当作单色光源。

（3）发射光谱与光谱分析

根据原子能级跃迁理论，处于激发态能级 E_1 状态下的原子会跃迁到较低能级 E_2，并同时发射出一个能量为 E_1-E_2 的光子。即某种波长的单色光的产生，是原子两个不同能级状态跃迁的结果。因此，若某种元素的发射光谱是一系列特定波长的单色光（线光谱），就可以证明原子能级的存在，并可以分析原子和分子的能级结构。c 为光速，h 为普朗克常量，光子的能量与其频率 ν 和波长 λ 之间的关系可以由普朗克关系式表示：

$$E_1-E_2=h\nu=\frac{hc}{\lambda} \tag{8-11-4}$$

以汞为例，汞原子的原子序数 $Z=80$，其可见光区有紫光、蓝光、绿光、黄光几条较明亮光谱线（跃迁概率大），相应跃迁能级为

文档：部分原子在可见光区域的发射光谱

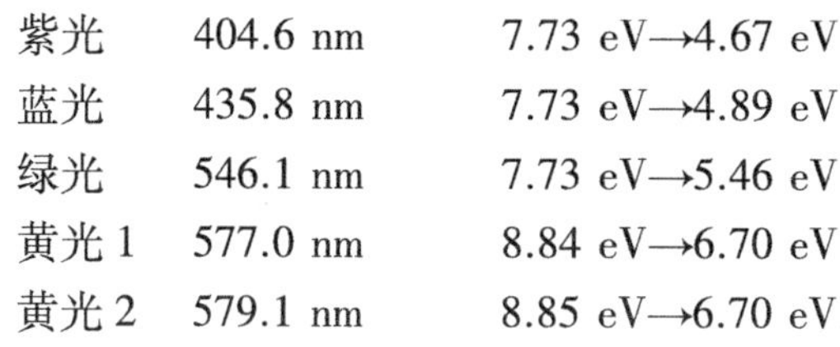

紫光	404.6 nm	7.73 eV→4.67 eV
蓝光	435.8 nm	7.73 eV→4.89 eV
绿光	546.1 nm	7.73 eV→5.46 eV
黄光 1	577.0 nm	8.84 eV→6.70 eV
黄光 2	579.1 nm	8.85 eV→6.70 eV

（4）吸收光谱

光通过任何介质，光强均会受到吸收损耗。假设某单色光入射光路中不含某介质时光强为 I_0，而加入厚度为 x 的介质后，光强变为 I。则定义某一波长的光波通过介质后的百分透射率：

$$T_\lambda=\frac{I_\lambda}{I_{0\lambda}}\times 100\% \tag{8-11-5}$$

根据朗伯-比尔定律，则某一波长的光波通过介质后的吸光度 ABS 为

$$\mathrm{ABS}_\lambda=KxC=\lg\frac{I_{0\lambda}}{I_\lambda} \tag{8-11-6}$$

其中，C 为物质浓度。因此，只需要测得某波长在放入介质前后的光强，即可计算得到该波长百分透射率 T 和吸光度 ABS。因此进行吸收光谱测量时，就需要先测量无介质时光强数据序列 $I_0[\lambda]$，又称基线；再测量放入介质后的光强数据序列 $I[\lambda]$，两组数据序列代入式（8-11-5）和式（8-11-6）即可得到百分透射率谱 $T[\lambda]$ 和吸

光度谱 ABS[λ]。

测量浓度 C 时,可以采用比较法,将待测浓度样品与已知浓度样品的吸收光谱数据进行对比。也可以采用直接计算法,利用式(8-11-6)中已知的样品吸收系数 K 进行计算。

(5) 全自动光栅光谱仪

全自动光栅光谱仪由带自动控制模块的光栅单色仪、带信号采集模块的光电转换器、计算机及软件组成。

光栅单色仪中的闪耀光栅由步进电机按衍射公式,精确地逐步转动,将不同波长以相应的偏向角缓慢调节扫过 S_2 射出。光栅单色仪中 S_2 射出的单色光,连接到光电倍增管进行光电转换与电信号放大,然后经过信号采集模块量化为光强相关数据,与光栅转动角度同步输入到计算机的寄存器。计算机寄存器中实际记录的是两个一一对应的数据序列——I[λ]。

进行光谱图再现时,在计算机界面上通过二维作图,x 轴上将光栅转动角度按光栅方程转换为波长,y 轴上显示采集的光强信息。由于光谱图实际是数据序列的再现,因此也可以在光谱图上进行光谱数据局部放大、峰/谷检索等测量。

4. 实验仪器

全自动光栅光谱仪、汞灯、溴钨灯、滤光片、计算机。

文档:全自动光栅光谱仪使用说明书

5. 实验内容

(1) 阅读全自动光栅光谱仪使用说明书

(2) 仪器设置

① 对照图 8-11-2 和图 8-11-3,识别光栅光谱仪各功能模块。

视频:光栅光谱仪的操作

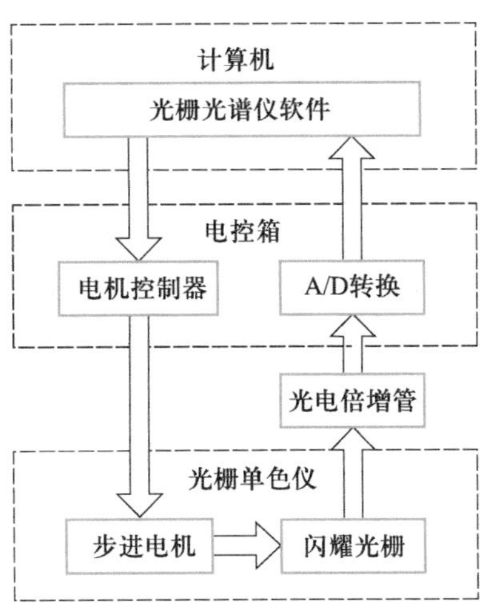

图 8-11-3　光栅光谱仪工作流程图

② 按顺序打开计算机、光栅光谱仪的电源,确认光栅光谱仪电控箱上"负高压调节"电位器的输出为 500 V。

③ 将汞灯放置在 S_1 狭缝前,打开电源,开始预热。

④ 打开计算机桌面全自动光栅光谱仪操作软件,并进行参量设置:模式选"能量",

间隔为 0.1 nm,起始波长为 300 nm,终止波长为 800 nm,寄存器:1,其余设置为默认。

⑤ 点击菜单栏“单程”按钮,开始“线光谱”单程扫描。

(3) 光栅光谱仪校准

完成一次单程扫描以后,可以得到汞光谱的初步扫描结果,若光谱峰值过高/过低(合适高度为屏幕高度 1/2 到 2/3 之间),或者谱线波长整体偏移,就需要进行仪器校准:

① 谱峰调节:若光谱峰值过高,逆时针微调光栅光谱仪电控箱上“负高压调节”电位器;反之顺时针微调。

② 波长修正:以汞光谱绿光波长 546.1 nm 计算偏差值;点击菜单栏“读取数据”→“波长修正”,并在弹出对话框中输入需修正的偏差值,回车。

③ 再次进行单程扫描,并检查谱峰高度是否合适,谱线波长是否正确,若否,再次进行上述①、②两步骤。

(4) 汞发射光谱的测量与谱图记录

对完成校准以后的汞灯光谱数据进行测量与记录,代入式(8-11-4),计算普朗克常量,并与标准值 $h=6.63\times10^{-34}$ J・s 比较,计算相对误差。

(5) 滤光片透射率谱的测量

① 将狭缝 S_1 前汞灯更换为溴钨灯,打开电源并预热数分钟。

② 进行参量设置:模式选“基线”,间隔:0.1 nm,起始波长:300 nm,终止波长:800 nm;寄存器:2;其余设置为默认。

③ 点击菜单栏“单程”按钮,开始“基线”单程扫描。

④ 将滤光片插入狭缝 S_1 前方侧面卡槽,然后进行参量设置:模式选“透过率”,寄存器:3,其余不进行改动。

⑤ 点击菜单栏“单程”按钮,开始“透过率”单程扫描。

⑥ 记录滤光片透过率曲线的峰值处高度 T_p 与波长 λ_p,并记录峰值半高处波长宽度 $\Delta\lambda$。

(6) 完成实验后,需将光栅光谱仪电控箱“负高压调节”电位器逆时针旋到零,并将光源、电控箱、计算机的电源关闭,将滤光片放回原位。

6. 数据处理

(1) 记录汞的光谱图,用测得的汞发射光谱数据计算普朗克常量 h,数据记录于表 8-11-1 中。

表 8-11-1

光谱颜色	波长 λ/nm	h	$\bar{h}$
紫			
蓝			
绿			
黄色 1			
黄色 2			

$\bar{h}$ 与标准值的相对误差为 ______。

（2）滤光片透射率谱的测量，数据记录于表 8-11-2 中。

表 8-11-2

T_p	λ_p	$\Delta\lambda$

7. **注意事项**

（1）实验过程中，光栅光谱仪电控箱“负高压调节”电位器不能调得过高，测量完成后必须将它调零才能关闭电源。

（2）被测对象为液体时，使用无样品的比色皿置于光路中测基线，再将有样品的比色皿置于光路中测透光率。

8. **思考题**

（1）用光栅光谱仪对溴钨灯、电子节能灯、汞灯、氦灯等光源的光谱进行测量，它们的光谱有什么异同？

（2）观察由光栅光谱仪测量的汞灯光谱，为何有些谱线在三棱镜色散实验中并不可见？

实验 8.12　用双光栅测量微弱振动位移

1. **引言**

由于光波频率极高，普通探测装置难以捕捉。但利用“拍”原理，将经过移动物体调制后产生多普勒频移的光束与同源参考光叠加，所形成的“光拍”信号的频率则低得多。本实验就是利用该原理，使同源光经过静止光栅与振动的移动光栅来进行振动位移的测量。如果移动光栅相对静止光栅运动，激光束通过这样的双光栅便可以产生光的多普勒效应，将频移和非频移的两束光直接平行叠加可以获得光拍，通过光电的平方律检波器进行检测，取出差频信号，就可以精确测量微弱振动的位移。

2. **实验目的**

（1）了解利用光的多普勒频移形成光拍的原理。

（2）了解精确测量微弱振动位移的方法。

（3）学习采用双光栅微弱振动测量仪测量音叉振动的微振幅。

3. **实验原理**

（1）移动光栅的多普勒效应

当光从透明物体中透射以后，可能发生光强度变化（幅度减少）与相位变化。而相位物体则是让透射光的空间相位发生变化，而光强度不变（物体内透明度一样）的物体。相位光栅就是由透明度一致的光密介质和光疏介质在空间内均匀相间形成的，使光波阵面的相位形成周期性变化，导致入射的平面波变成出射时的折曲波阵面的光学元件，如图 8-12-1 所示。相位光栅只改变入射光的相位，而不改变其振幅，可以使用光栅方程来表示：

$$d\sin\theta=k\lambda_0 \quad (k=0,\pm1,\pm2,\cdots) \tag{8-12-1}$$

其中 d 为光栅常量，θ 为衍射角，λ_0 为光波波长，k 为衍射级数。

满足夫琅禾费衍射的光波在 x 方向传播，当光栅在 y 方向以速度 v 移动，则出射波阵面也以速度 v 在 y 方向移动。从而在不同时刻，对应于同一级的衍射光线，它的波阵面上出发点在 y 方向也有一个 vt 的位移量，如图 8-12-2 所示。这个位移量相应于光波相位的变化量为 $\Delta\varphi(t)$，有

$$\Delta\varphi(t)=\frac{2\pi}{\lambda_0}\Delta s=\frac{2\pi}{\lambda_0}vt\sin\theta \tag{8-12-2}$$

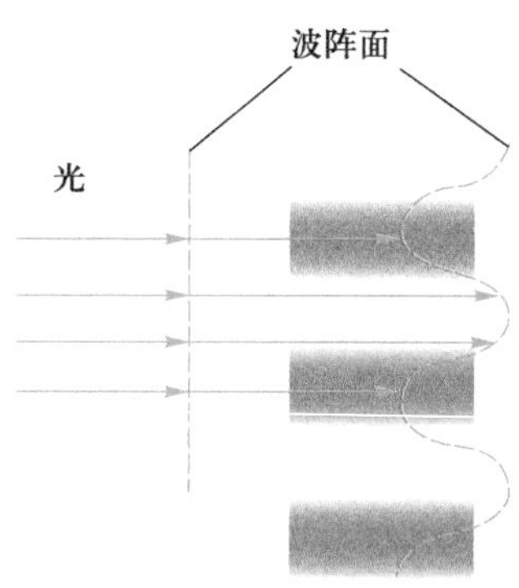

图 8-12-1 相位光栅示意图

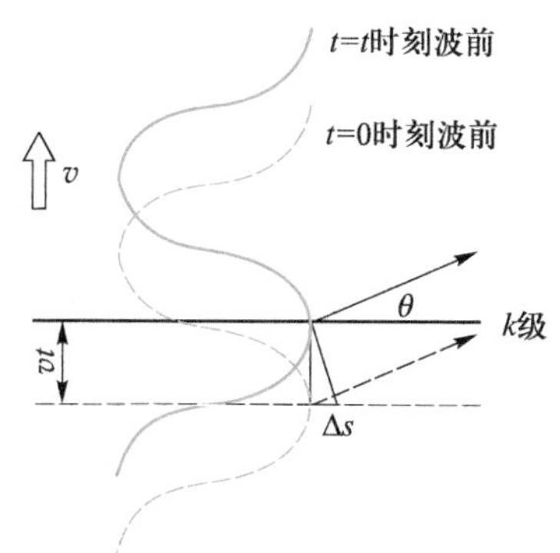

图 8-12-2 光栅移动时光波相位变化

将式(8-12-1)代入式(8-12-2)，有

$$\Delta\varphi(t)=2k\pi\frac{v}{d}t=k\Delta\omega t \tag{8-12-3}$$

式中

$$2\pi\frac{v}{d}=\Delta\omega \tag{8-12-4}$$

若激光从静止的光栅出射时，光波的电矢量为

$$E=E_0\cos\omega_0 t \tag{8-12-5}$$

则光从相应的移动光栅出射时，光波的电矢量为

$$\begin{aligned}E&=E_0\cos[\omega_0 t+\Delta\varphi(t)]\\&=E_0\cos[(\omega_0+k\Delta\omega)t]\end{aligned} \tag{8-12-6}$$

显然可见，相对于经静止光栅衍射后的 ω_0，移动光栅的 k 级衍射光波探测到的频率 ω_D 有一个多普勒频移 $\Delta\omega$，如图 8-12-3 和图 8-12-4 所示。

$$\omega_D=\omega_0+k\Delta\omega \tag{8-12-7}$$

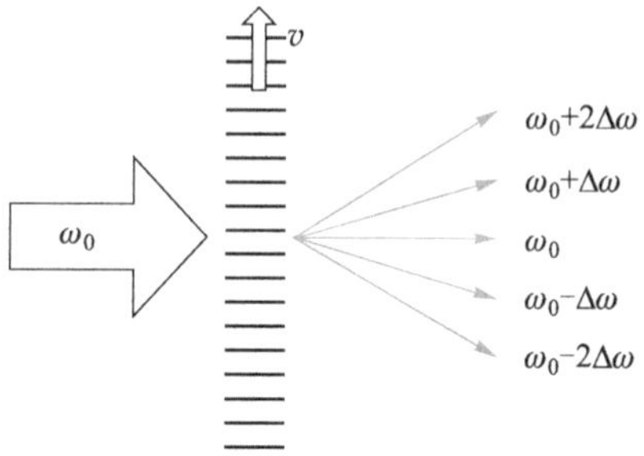

图 8-12-3 移动光栅多普勒频移

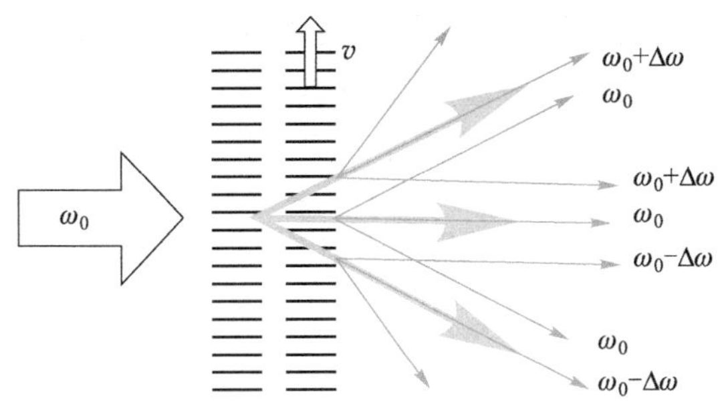

图 8-12-4 双光栅光拍的实现

(2) 光拍与高频光波的检测

按真空中光速计算,可见光波段的频率是非常高的,而现有光电探测器的响应时间远长于光波的周期,因此需要采用“拍”的方法进行检测。

根据叠加原理,两列振幅相同为 E_0、速度相同、偏转方向相同、有较小频差 $\Delta\omega$ 且同方向传播的波 E_1 和 E_2:

$$E_1=E_0\cos\ \omega_0 t \tag{8-12-8}$$

$$E_2=E_0\cos(\omega_0+\Delta\omega)t \tag{8-12-9}$$

叠加后的总场为

$$E=E_1+E_2=2E_0\cos\left[\left(\frac{2\omega_0+\Delta\omega}{2}\right)t\right]\cos\left[\left(\frac{\Delta\omega}{2}\right)t\right] \tag{8-12-10}$$

其波形如图 8-12-5 所示。实际为 $\omega_0+\Delta\omega/2$ 的高频振荡(周期为 T)受 $2E_0\cos(\Delta\omega t/2)$ 的信号调制,形成振幅在 $0\sim2E_0$ 之间变化的包络,包络幅度变化的频率为 $\Delta\omega$(周期为 T'),称为拍频。

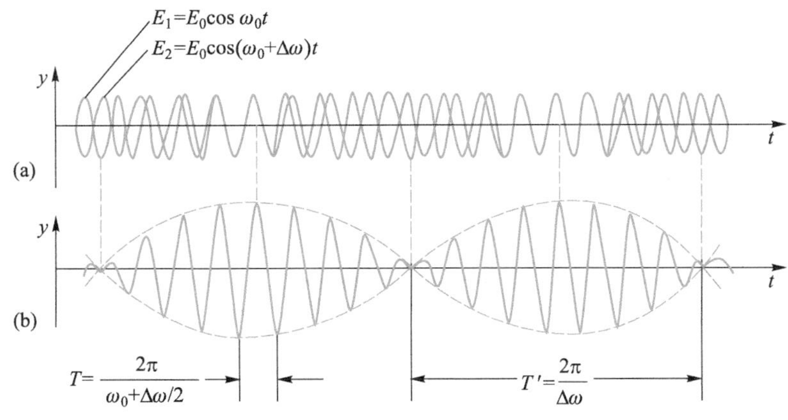

图 8-12-5 拍频的波场空间分布

若叠加的波为光波,光电探测器得到的光电流 i 将正比于叠加波的振幅平方,如果光电转换效率为 η,则有

$$\begin{aligned} i&=\eta E^2=\eta(E_1+E_2)^2\\ &=\eta E_0^2[\cos^2\omega_0 t+\cos^2(\omega_0+\Delta\omega_0)t+\cos(2\omega_0+\Delta\omega_0)t+\cos\ \Delta\omega_0 t] \end{aligned} \tag{8-12-11}$$

但由于光波频率极高($>10^{14}$ Hz),而光电探测器响应频率一般小于 10^9 Hz,因

此光电探测器所产生的光电流都只能是响应时间内的平均值。当两光波信号频差 $\Delta\omega$ 小于响应频率时，光电探测器能对式(8-12-11)中方括号内第四项有响应，其实际输出光电流为

$$I_s=\eta E_0^2\cos\ \Delta\omega t \tag{8-12-12}$$

考虑式(8-12-4)，拍频 $f_{拍}$ 与移动速度 v、光栅常量 d 的关系为

$$\frac{\Delta\omega}{2\pi}=\frac{v}{d}=f_{拍} \tag{8-12-13}$$

(3) 微弱振动位移量的检测

由式(8-12-13)可知，光栅常量 d 不变时，拍频只正比于光栅移动速度 v。如果把光栅粘贴在振动体上，由于 v 是周期性变化的，所以光拍信号也是周期性变化的。

对于简谐振动，一个振动周期内振动对象位移两次达到最大值 A，此时速度 v 为零；振动对象速度 v 两次达到最大值，但方向相反，并且位移为零。因此该特征也会呈现在简谐振动的双光栅测量对象的拍频特征上：即在每半个振动周期后，拍频信号出现一次倒相，并且拍频频率较大时(包络周期短)为过平衡点，拍频频率较小时(包络周期长)为最大位移点。

微弱振动的位移振幅为

$$A=\frac{1}{2}\int_0^{\frac{T}{2}}v(t)\,\mathrm{d}t=\frac{1}{2}\int_0^{\frac{T}{2}}f_{拍}(t)\,d\mathrm{d}t=\frac{d}{2}\int_0^{\frac{T}{2}}f_{拍}(t)\,\mathrm{d}t \tag{8-12-14}$$

实验中使用静止光栅与移动光栅的光栅常量 d 为 0.01 mm(每 1 mm 有 100 线)，使用音叉作为振动源，T 为音叉的振动周期，$\int_0^{\frac{T}{2}}f_{拍}(t)\,\mathrm{d}t$ 可以在示波器上计算音叉半个振动周期内波形个数而得到

$$波形数=整数波形数\ N+\frac{a}{l}+\frac{b}{l} \tag{8-12-15}$$

若一个完整波形长度为 l，对于不足一个完整波形的首部(a/l)与尾部(b/l)，可以以一个完整的正弦振荡的一半计算为 0.5 个拍，以一个完整正弦振荡的四分之一(须达到完整正弦振荡最大幅度)计算为 0.25 个拍，不足完整正弦振荡幅度一半的可忽略不计。

4. 实验仪器

FB-505 型双光栅微弱振动测量仪(见图 8-12-6，音叉谐振频率 505~508 Hz)、示波器。

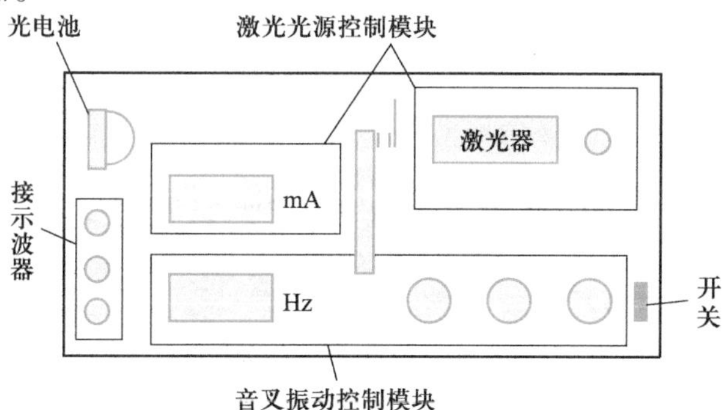

图 8-12-6 FB505 型双光栅微弱振动测量仪

5. 实验内容

(1) 双光栅微弱振动测量仪的 Y1 为光电探测器信号输出，Y2 为音叉驱动信号，X 为示波器提供“外触发”扫描信号。使用同轴线将示波器的 CH1 接入 Y1，CH2 接入 Y2。

(2) 将音叉激励信号的功率调到最小，打开双光栅微弱振动测量仪和示波器电源。

(3) 几何光路初调：使激光束穿过静止光栅和移动光栅并使某一级衍射光落入光电池前小孔内，锁紧激光器。

(4) 音叉谐振调节：将音叉激励信号功率旋钮居中，调节粗调频率与细调频率到音叉谐振频率附近，观察示波器上 $T/2$ 内光拍波形数，若过多应调小音叉激励信号功率，反之调大。

(5) 几何光路细调：得到更好的拍频波形。

(6) 在 505～509 Hz 范围，每隔 0.5 Hz 记录 $T/2$ 内光拍波形数。

(7) 在音叉谐振频率附近每隔 0.1 Hz 记录 $T/2$ 内光拍波形数。

(8) 将上述(6)、(7)两步数据整合，完成音叉振动幅频曲线 A-f。

视频：用双光栅测微弱振动位移的操作

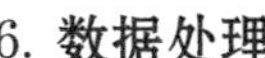

6. 数据处理

记录音叉在不同频率下振动的光拍波形数，完成表 8-12-1，画出幅频曲线 A-f。

表 8-12-1

f/Hz												
波形数												
A/mm												

7. 注意事项

(1) 接近音叉谐振频率时，光拍波形数突然增加，应调小音叉激励信号功率。

(2) 调整几何光路时，应使某一级衍射光落入光电池前小孔内。

(3) $T/2$ 内光拍波形数以 10～15 个为宜。

(4) 实验完毕，将音叉激励信号功率调节旋钮逆时针旋转到底，并关闭仪器电源。

8. 思考题

(1) 若静止光栅与移动光栅的刻痕不平行，对测量信号有何影响？

(2) 两列振幅不相等又存在频偏的信号叠加后，还会得到“拍”吗？

实验 8.13　超声光栅及其应用

1. 引言

超声波从透明介质中通过并使介质密度受扰，从而对光产生衍射的现象称为超声衍射(ultrasonic diffraction)。1921 年,布里渊(L.Brillouin)预言:如果让短波长压缩波穿过液体,并同时用可见光加以照射,将产生一种与光栅衍射相似的现象。在布里渊的预言提出近十年后,有许多研究者又对超声衍射中光入射角、超声波波长、入射光波长、超声波振幅、超声波束宽度等参量进行了深入研究。

1935 年,拉曼(Raman)和奈斯(Nath)仿效瑞利关于相位光栅的工作,对超声衍射求解后发现:在一定条件下,声光效应的衍射光强分布类似于普通光栅的衍射,这种声光效应被称作拉曼-奈斯声光衍射。它提供了一种利用机械波调控光束的方法。

2. 实验目的

(1) 理解超声光栅产生的原理。

(2) 观察超声光栅的衍射现象。

(3) 利用超声光栅测量超声波在液体中的传播速度。

3. 实验原理

(1) 液体中的超声(纵)波

超声波是一种机械波,其频率下限恰为人耳听觉阈值上限。根据不同用途,超声波的适用频率也不一样,例如:进行超声清洗的超声波频率在 10~100 kHz 范围,医学用途超声波频率在 1~10 MHz 范围。超声波在液体中以平面纵波的形式沿 x 轴方向传播,液体产生周期性的压缩与膨胀,其密度发生周期性的变化,形成疏密波。令 A_m 为振幅,T 为超声波周期,λ_s 为超声波波长,则波动方程为

$$y_1=A_m\cos 2\pi\left(\frac{t}{T}-\frac{x}{\lambda_s}\right) \tag{8-13-1}$$

若垂直于 x 轴方向上有一反射平面,则超声波被该平面反射沿 x 轴反方向传播,其波动方程为

$$y_2=A_m\cos 2\pi\left(\frac{t}{T}+\frac{x}{\lambda_s}\right) \tag{8-13-2}$$

两波叠加形成驻波,有

$$y=y_1+y_2=2A_m\cos 2\pi\left(\frac{t}{T}\right)\cos 2\pi\left(\frac{x}{\lambda_s}\right) \tag{8-13-3}$$

由式(8-13-3)可知,超声波在介质中形成驻波以后,驻波的振幅达到原发射波的两倍,从而进一步加剧了介质疏密变化程度:膨胀作用使液体折射率减小,而压缩作用使液体的折射率增加,从而使原来具有均匀折射率的透明液体变为具有周期性变化折射率的透明液体。

通常由于光密介质和光疏介质对光波的相位延迟作用,导致入射的平面波阵面变成出射时的折曲波阵面。在远场情况下,由于衍射波的干涉作用,某些点有光强极大值。这种调节只改变入射光的相位,而不改变其振幅。因此光通过周期性变化折射率的透明液体时,就像通过相位光栅一样,因波阵面各部分经历光程不一样而产生衍射现象。这种经超声波调制而变为具有周期性变化折射率的透明液体

就是布里渊预言的“超声光栅”，如图 8-13-1 所示。其光栅常量 d 就是超声波在液体中传播的波长 λ_s，声光作用长度近似为声束宽度 L。此外，超声波输出频率可以在一定范围中调节，因此“超声光栅”也是一种可动态调节光栅常量的实时光栅。

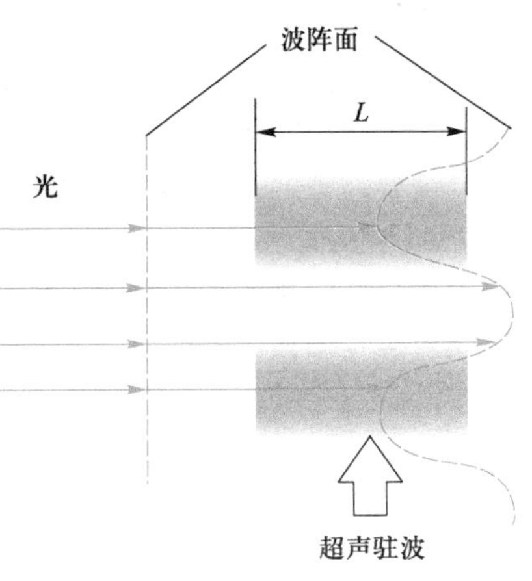

图 8-13-1 声光效应相位调节示意图

(2) 拉曼-奈斯衍射(面光栅)

当超声波与入射光垂直，并且声光作用长度 L 较短时，$L \ll \lambda_s^2/2\pi\lambda_0$，即满足拉曼-奈斯近似。可以应用光栅方程进行分析：

$$d\sin\varphi_k = k\lambda_0 \quad (k=0,\pm1,\pm2,\cdots) \tag{8-13-4}$$

其中 λ_0 是光波波长。实验装置如图 8-13-2 所示，当第 k 级衍射角 φ_k 很小时，若望远镜物镜焦距为 f，k 级衍射亮纹与零级亮纹之间距离为 x_k 时，有

$$\sin\varphi_k = \frac{x_k}{f} \tag{8-13-5}$$

超声波波长为

$$d = \frac{k\lambda_0}{\sin\varphi_k} = \frac{k\lambda_0 f}{x_k} \tag{8-13-6}$$

若 x 为各级衍射条纹间隔，ν 为信号源输出频率，再利用

$$c = \lambda_s\nu = d\nu = \frac{\lambda_0 f\nu}{x} \tag{8-13-7}$$

就可以得到介质中超声波的传播速度 c。

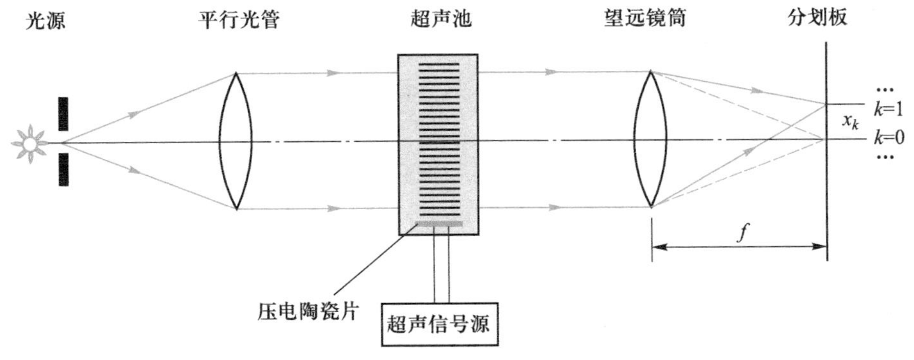

图 8-13-2 拉曼-奈斯衍射装置

虽然超声衍射与平面光栅衍射在现象上几乎没有区别，但在物理本质上仍然有一些区别：由于介质中波疏/波密区是介质粒子与波传播方向同轴振荡引起的，因此空间中一点在一个振荡周期内将发生波疏/波密的交替。视觉中的衍射光谱

像其实是两个相位差为 π 的光栅交替出现造成的平均效应，因此衍射光的频率会发生多普勒频移。利用这个现象也可以观察拍频。

（3）布拉格衍射（立体光栅）

需要注意的是，如果声波频率较高（>10 MHz），且声光作用长度 L 较长时，即满足 $L \gg \lambda_s^2/2\pi\lambda_0$。此时的声扰动介质也不再等效于平面相位光栅，而形成了立体相位光栅。此时将产生布拉格（Bragg）衍射，此时的声光介质相当于一个立体光栅，其衍射满足布拉格公式：

$$2d\sin\varphi_B = k\lambda_0 \quad (k=0,\pm1,\pm2,\cdots) \tag{8-13-8}$$

这时，相对声波方向以一定角度入射的光波（非垂直），其衍射光在介质内相互干涉，使高级衍射光相互抵消，在屏上观察到的是较强的 0 级光斑和+1 级光，或者 0 级光斑和-1 级光，并且+1 级与-1 级不同时出现，而其他各级的光强则非常弱。

4. 实验仪器

SG-1 型超声光栅仪、超声池、分光计、读数显微镜、低压汞灯或钠灯。

5. 实验内容

文档：超声光栅实验装置

（1）调整分光计光路，使其满足拉曼-奈斯衍射条件。

（2）将待测液体倒入超声池内，液面高度以完全浸泡压电陶瓷片为宜。

（3）将超声池放置于分光计载物台上，调节 a、b、c 三颗螺钉，并使用自准直方法微调光路。

（4）将分光计望远镜取下，换上读数显微镜，并调节读数显微镜使目镜视场清晰，再调节物镜使分光计平行光管发出的狭缝像清晰并处于视场中央。

（5）打开超声光栅仪电源，调节超声光栅仪输出信号频率使其与压电陶瓷片发生共振，频率为 ν。此时读数显微镜目镜视场中可观察到明显的光栅衍射现象，并且衍射光谱级次显著增多且明亮，一般需要观察到±3 级以上的衍射谱线。

（6）记录共振频率 ν。

（7）单向调节读数显微镜测微鼓轮，沿一个方向逐级测量-3，-2，-1，0，+1，+2，+3 级的条纹位置读数。

（8）计算各种颜色亮纹的间隔值 x，代入式（8-13-7）计算超声波在待测液体中的声速 c。

（9）由于声波在液体中的传播速度与液体的温度有关，实验时要记录待测液体的温度，并进行修正。如水温在 75 ℃以下，温度每降低 1 ℃，声速降低 2.5 m/s。表 8-13-1 为一些液体的相关声学量。

表 8-13-1 若干液体相关声学量

名称	温度/℃	密度/(10^3 kg · m^{-3})	声速/(m · s^{-1})
水	20	0.998	1483
乙醇	20	0.789	1168
甲醇	20	1.105	1388

续表

名称	温度/℃	密度/(10^3 kg · m^{-3})	声速/(m · s^{-1})
甘油	20	1.261	1923
氯仿	20	1.487	1001
水银	20	13.60	1451
四氯化碳	20	1.594	937.8

6. 数据处理

(1) 样品名称:________。

(2) 液体温度:________℃。

起始温度:________℃。

终止温度:________℃。

平均温度:________℃。

(3) 共振频率 ν:________;望远镜焦距 f:________。

(4) 测量并计算各色各级衍射亮纹间隔 x,数据记录于表 8-13-2 中。

表 8-13-2 各色各级衍射亮纹位置读数

单位:mm

颜色	波长 λ_0	$k=-3$	$k=-2$	$k=-1$	$k=0$	$k=+1$	$k=+2$	$k=+3$	x
黄									
绿									
蓝									

超声波波长 λ_s=________;

超声波在液体中声速 c=________。

7. 注意事项

(1) 通过自准直方法调节分光计光路,保证平行光束垂直于声波方向。

(2) 压电陶瓷片共振频率约 10 MHz,长时间处于共振状态下的压电陶瓷片也会由于热效应而使液体温度发生变化,影响声速值的测量;振荡线路过热,也会损坏振荡元件。

(3) 测量完毕,要将超声池内液体倒出,不能使压电陶瓷片长时间浸泡在液体内。

8. 思考题

(1) 要实现拉曼-奈斯衍射,对超声频率和超声池的宽度有何要求?

(2) 与驻波理论不同,为何超声光栅的光栅常量等于超声波的波长?

实验 8.14 传感器综合实验

1. 引言

传感器是能感受(或响应)规定的被测物理量,并按照一定规律转换成可用输出信号的器件或装置。现代信息产业的三大支柱是传感器技术、通信技术和计算机技术。它们分别构成信息系统的"感官""神经"和"大脑"。过去人们习惯地把传感器作为测量工程的一部分进行研究,但随着材料科学的发展和固体物理效应的不断发现,传感器技术已经形成一个新型学科技术领域,并在人工智能工程领域发挥相当重要的作用。

传感器一般由敏感元件、转换元件和测量电路三部分组成。市面上常用的传感器有数千种,并且随着材料技术、半导体技术、生物技术的发展,新型固体传感器、微流控芯片等还在不断涌现。本实验将对常见传感器的原理与应用进行集中介绍。同学们可以此为窗口,树立兴趣,为今后在传感器技术的广阔领域中继续探索打下基础。

2. 实验目的

(1) 了解常用传感器的原理与简单应用。

(2) 学会使用传感器对物理量进行测量。

3. 实验原理

(1) 传感器的主要性能指标

传感器的主要性能指标是指传感器的输入和输出量之间的关系,是对传感系统进行开发与评价的重要指标,主要包括:

① 输入量:X,即被测的力学、热学、光学、电磁学等物理量。

② 输出量:Y,一般为电学量。

③ 量程:敏感的输入量的上、下限,如电压、电流、波长、温度等的范围。

④ 精度:测量结果与被测量"真值"的靠近程度。

⑤ 重复性:多次重复一个相同输入量时,其输出值的一致性。

⑥ 线性度:用一条拟合直线(最小二乘法拟合直线)去代替反映输入和输出量的函数关系曲线,得到的最大偏差程度。

⑦ 灵敏度:输出量和输入量之比 $K=Y/X$,通常用工作直线的斜率表示,用于传感器标定。

(2) 电阻式传感器

电阻式传感器是可以把位移、力、温度、扭矩等非电学物理量转换为电阻值 R_s 的变化的传感器。使用时常通过与固定电阻 R 形成串联回路,如图 8-14-1 所示,或者使用电桥进行测量。

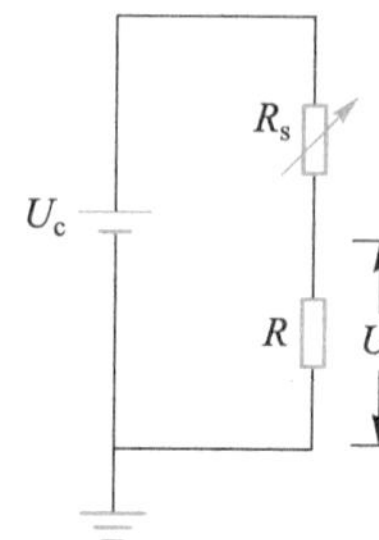

U_c R_s R U_o

图 8-14-1 电阻式传感器简单实现回路

当采用等臂电桥(四桥臂初始阻值均为 R)进行远程测

量时，为避免或减少过长的导电线电阻对测量结果的影响，需要采用三线制接法。即电阻传感元件的一端与一根导线相接，另一端同时接两根导线，假设这三根导线的直径长度均相等，阻值都是 r，如图 8-14-2 所示。在三线制接法中，其中一根导线串联在电桥的电源上，另外两根导线分别串联在电桥的相邻两臂里，则相邻两臂的阻值都增加相同的阻值 r。当电桥平衡时，有如下关系：

$$(R_s+r)R=(R+r)R \tag{8-14-1}$$

则 r 对电桥平衡毫无影响，可以消除测量连线过长对测量结果带来的影响。

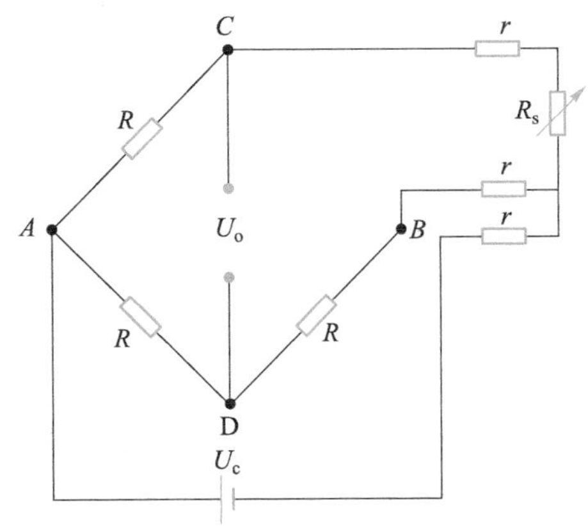

图 8-14-2 三线制电桥测量电路

① 气敏传感器(MQ3)

气敏传感器所使用的气敏材料是在清洁空气中电导率较低的二氧化锡(SnO_2)。当传感器所处环境中存在酒精蒸气时，传感器的电导率随空气中酒精气体浓度的增加而增大。使用简单电路就可以将电导率变化转换为相应的气体浓度输出信号。电路原理如图 8-14-3 所示，其中 U_c 为供电电压，U_h 为加热电压，供电的回路中气敏传感器电阻为 R_s(图中未画出)，R_s 与负载电阻 R 串联。实验通过使用万用表测量负载 R 两端电压 U_o 来反映酒精浓度变化，因此有如下关系：

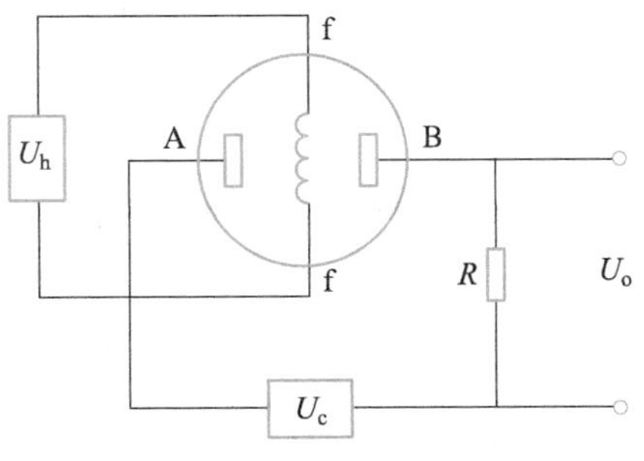

图 8-14-3 气敏传感器测试电路

$$\frac{R_s}{R}=\frac{U_c-U_o}{U_o} \tag{8-14-2}$$

实验时可用浸有酒精的棉球靠近传感器，并轻轻吹气，使酒精挥发进入传感器金属网内，同时观察万用表数值的变化，即可定性判断酒精浓度变化。

② 压阻式压力传感器

压阻式压力传感器结构如图 8-14-4(a)所示，它是利用单晶硅的压阻效应制成的器件，也就是在单晶硅的基片上用扩散工艺(或离子注入工艺)制成的应变元件。当它受到压力作用时,应变元件的电阻发生变化,从而使输出电压发生变化。普通应用电路如图 8-14-4(b)所示。

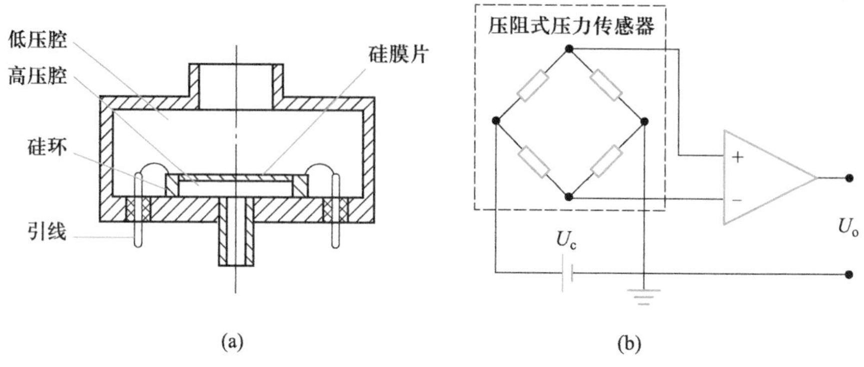

图 8-14-4 压阻式压力传感器

实验可将压力皮囊、压力表与传感器相连,U_c为供电电压,用万用表可测出输出电压 U_o 随压力表读数的变化关系。

③ 湿敏电阻

相对湿度 RH 表示在同一温度下,混合气体中存在的水蒸气分压 e 与混合气体中所含水蒸气压的最大值(即饱和蒸气压)e_s的百分比。通常温度越高,饱和蒸气压越大,由下式表示:

$$RH=\frac{e}{e_s}\times 100\% \tag{8-14-3}$$

湿敏电阻是利用湿敏材料吸收空气中的水分而导致本身电阻值发生变化的原理制成的。工业上使用的湿敏电阻主要有电解质型氯化锂湿敏电阻、陶瓷型金属氧化物湿敏电阻、有机高分子膜湿敏电阻以及硅单晶半导体型湿敏电阻几种。

氯化锂型湿敏电阻是在绝缘基板上制作一对电极,涂上氯化锂盐胶膜制成的。氯化锂极易潮解,并产生离子电导,随湿度升高而电阻减少。因此氯化锂电阻的变化可以反映出湿度变化。陶瓷型金属氧化物湿敏电阻则利用多孔陶瓷阻值对空气中水蒸气敏感的特点进行湿度测量。

实验需要将湿敏电阻与负载电阻连接,采用 U_c为供电电源,用万用表测量负载电压值。取两种不同潮湿度的海绵,分别轻轻地与传感器接触,观察万用表数值变化,了解传感器电阻 R 与相对湿度 RH 的变化规律。

④ 光敏电阻

光敏电阻具有在特定波长范围的光照射下,其阻值按指数关系迅速减小的特性。这是由于光照产生的载流子都参与导电,在外加电场的作用下作漂移运动,电子向电源的正极移动,空穴向电源的负极移动,从而使光敏电阻器的阻值迅速下降。光敏电阻属半导体光敏器件,除具灵敏度高、反应速度快、光谱特性及 β 值一致性好等特点外,在高温、多湿的恶劣环境下,还能保持高度的稳定性和可靠性。光敏电阻常应用于各种自动化过程的控制。

(3) 电感式传感器

电感式传感器是建立在电磁感应原理的基础上，利用线圈自感和互感的变化实现非电学量测量的一种装置。工作时，可以把输入的物理量的变化转换为线圈的自感系数 L 或者互感系数 M 的变化，通过信号调节电路的作用，再将 L、M 的变化转换为电压和电流的变化。

① 变磁阻型

对于如图 8-14-5 所示变磁阻型电感式传感器。线圈电感包括衔铁、铁芯、线圈三部分，满足

$$L=\frac{N^2}{R_m} \tag{8-14-4}$$

式中，L 为线圈电感，N 为线圈匝数，R_m 为磁路总磁阻。假设气隙很小时(0.1~1 mm)，气隙内磁场分布均匀，若忽略磁路铁损，则此磁路中总磁阻 R_m 可表示为

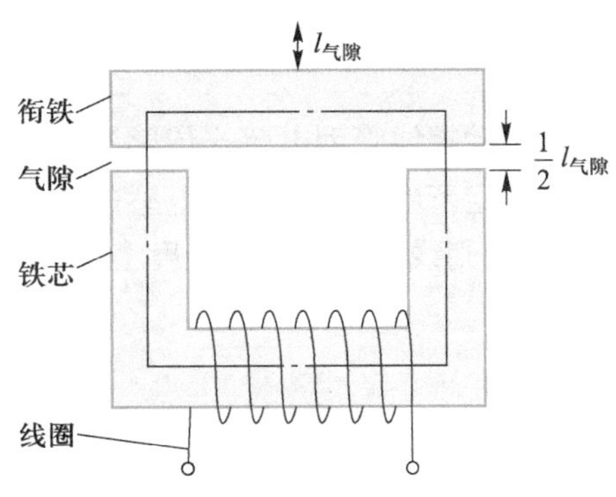

图 8-14-5 变磁阻型电感式传感器

$$R_m=\frac{l_{铁芯}}{\mu_{铁}S_{铁芯}}+\frac{l_{衔铁}}{\mu_{铁}S_{衔铁}}+\frac{l_{气隙}}{\mu_0 S} \tag{8-14-5}$$

其中 l 为磁路平均长度(单位 m)，S 为通磁截面面积(单位 m^2)，μ 为相应材质磁导率(单位 H/m)。当铁芯工作在非饱和磁化状态下时，其磁导率 μ 远大于空气的磁导率 μ_0(约为 $4\pi\times10^{-7}$ H/m)，则式(8-14-4)可简化为

$$L=\frac{N^2\mu_0 S}{l_{气隙}} \tag{8-14-6}$$

由式(8-14-5)可知，电感 L 是气隙截面面积 S 与长度 $l_{气隙}$ 的函数。保持一个不变而另一个变化，则可构成变隙型或者变截面面积型电感式传感器。

② 差动螺线管型

差动螺线管型电感式传感器的结构形式如图 8-14-6(a)所示，由铁芯和两个线圈组成。线圈的电感与磁芯插入线圈的深度有关，实验中可以将实际有限长的螺线管看作“无限长”螺线管处理，以简化问题。

线圈 1 作为差动变压器的激励，线圈 2 与线圈 1 结构尺寸和参量相同而反相串接。工作时，由于磁芯在线圈中移动，使两线圈的互感参量发生变化。

线圈 1 为 N 匝密绕空心螺线管，若线圈的长度为 l，半径为 r。当 $l\gg r$ 时，线圈的电感为

$$L=\frac{\mu_0\pi N^2 r^2}{l} \tag{8-14-7}$$

若插入一根相对磁导率为 μ_r，长度为 l_c，l_c 小于线圈长度 l 的磁芯，磁芯半径为 r_c，则线圈的电感为

$$L=\frac{\mu_0\pi N^2[lr^2+(\mu_r-1)l_c r_c^2]}{l^2} \tag{8-14-8}$$

若 l_c 增加 Δl_c，即磁芯相对线圈推进，则线圈 1 的电感 L 将增加 ΔL

$$\Delta L=\frac{\mu_0\pi N^2r^2(\mu_r-1)\Delta l_c}{l^2} \tag{8-14-9}$$

考虑线圈 1 中电感变化量，设一参量 K，满足

$$\frac{\Delta L}{L}=\frac{1}{\frac{l}{\Delta l_c}\frac{r^2}{r_c^2}\left(\frac{1}{\mu_r-1}\right)+1}\frac{\Delta l_c}{l_c}=K\frac{\Delta l_c}{l_c} \tag{8-14-10}$$

可见差动螺线管型电感式传感器将磁芯的位移量 Δl_c 转换为线圈电感的增量 ΔL，而且在一定范围内所引起的电感的增量与磁芯的位移量成正比。而当磁芯向线圈 1 移动时，则线圈 2 中磁芯长度会减少 Δl_c，其电感变化量为

$$\frac{\Delta L}{L}=-K\frac{\Delta l_c}{l_c} \tag{8-14-11}$$

此时，采用半桥差动式电桥（见实验 6.5）构造测量电路，则可将磁芯的位移量进一步转换为电学量输出。如图 8-14-6(b) 所示的荷重测量装置就是利用该原理制成的。

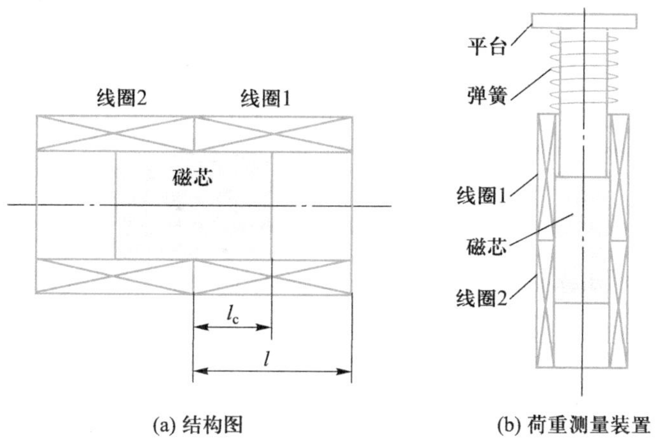

图 8-14-6 差动螺线管型电感式传感器

（4）电容式传感器

电容式传感器是将被测物理量测量变换成电容测量的装置。用两块金属平板作电极时，可构成最简单的电容器。如忽略边缘效应，其电容 C 为

$$C=\frac{\varepsilon_0\varepsilon_r S}{d} \tag{8-14-12}$$

其中 ε_0 为真空介电常量，ε_r 为相对介电常量，S 为两极板间相互覆盖的面积，d 为两极板间距离。ε_r、S、d 三个参量中，保持其中两个参量不变，改变另外一个就可以改变电容 C。表 8-14-1 列出了常见物质的相对介电常量。

表 8-14-1　常见物质的相对介电常量 ε_r

物质名称	ε_r	物质名称	ε_r
纯净水	80	玻璃	3.7
丙三醇(甘油)	47	松节油	3.2
乙醇	20~25	聚四氟乙烯	1.8~2.2
盐	6	纸	2
砂糖	3	真空	1

(5)光电传感器

光电传感器除了具有必要的光电转换功能以外,通常为达到更好的光信号接收效果,还需要配合外部光学系统来进行测量。

① 热释电传感器

热释电传感器又称人体红外传感器,多用于人员接近预报。钽酸锂、硫酸三甘肽等晶体受热时,晶体两端会产生数量相等、符号相反的电荷。热释电元件相当于一个以热释电晶体为电介质的平板电容器。

热释电传感器的工作原理如图 8-14-7 所示,主体是一薄片铁电材料,能在外加电场作用下极化,当撤去外加电场时,仍保持极化状态,这就是所谓的“自发极化”。自发极化强度与温度有关,温度升高,极化强度降低;当温度继续升高到铁电材料的居里温度时,自发极化强度完全消失。故其工作状态在居里温度以下,当人体体温相应波长(约 10 μm)附近的红外辐射照射到已极化的铁电材料上时,会引起薄片温度升高、极化强度降低,因而表面极化电荷可以用放大电路转变成输出电压。但如果相同强度的辐射继续照射铁电材料,薄片温度稳定在某一值上,将不再释放电荷,也就没有电压输出。所以热释电传感器不仅要有会聚辐射热量的能力,还应让会聚在热释电元件上的辐射热量有升降变化,为满足上述要求,目前绝大多数热释电传感器的光学系统采用数片菲涅耳透镜组成球面或者圆柱面结构。

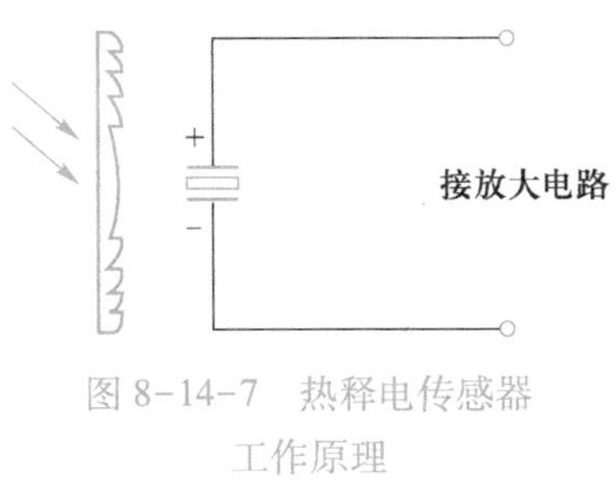

图 8-14-7　热释电传感器工作原理

② 位置灵敏传感器

位置灵敏传感器(position sensitive device,PSD)是一种能测量光点在探测器表面上连续位置的半导体器件,又称为坐标光电池。PSD 一般利用 pn 结制成,具有位置分辨率高、响应速度快和处理电路简单等优点。

如图 8-14-8 所示,假设 p 型层电阻均匀,1、2 两电极间距离为 $2L$,偏压电流 I_0 从电极 3 输入。当一个入射光点落在 PSD 表面距离中心点距离为 x 时,入射光引起的光电流流经器件,被分成两个输出电流,分别由电极 1 输出(I_1)和电极 2 输出(I_2),有

$$I_0=I_1+I_2 \tag{8-14-13}$$

光点入射位置 x 可由 L 与两输出电流计算得到：

$$x=\frac{I_2-I_1}{I_2+I_1}L \tag{8-14-14}$$

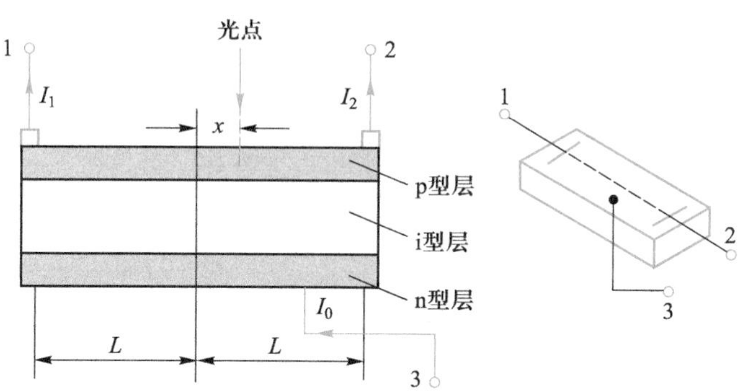

图 8-14-8 位置灵敏传感器示意图

由于 PSD 尺寸固定，因此在进行不同范围的光点移动距离测量时，可根据测量需求使用光学透镜组进行尺度变换。

③ 图像传感器

图像传感器利用光电器件的光电转换功能，将感光面上的像转换为与像成相应比例关系的电信号。与光敏二极管等只能对“点”进行测量的光敏元件相比，图像传感器是将其感光面上的像，分成许多小单元，并将其转换成可用的电信号的一种功能器件，分为 CMOS 和 CCD 两种，均已在个人随身电子设备上广泛应用。

利用镜头组与图像传感器总成拍摄目标对象，转变成数字化信号以后，再利用数字图像处理技术，提取所需要的特征，并传递到计算机系统即为机器视觉识别过程。如今，基于图像传感器的机器视觉识别技术的应用范围涵盖了工业、农业、医药、军事、航天、气象、天文、公安、交通、科研等各个领域。

4. 实验仪器

FB716-II 型物理设计性（传感器）实验装置、PSD、稳压电源、示波器、光学透镜、万用表、摄像头、Tracker 软件等。

5. 实验内容

（1）选择两种传感器进行实验。

（2）对所选择的传感器主要性能指标进行分析与评价。

6. 数据处理

（1）自行设计数据记录表格。

（2）拟合实验数据，对所选择的传感器主要性能指标进行分析与评价。

7. 注意事项

（1）采用稳压电源对传感器应用电路供电，接线前需确认是单电源供电还是双电源供电，并确保接线正确。

（2）为避免损坏传感器，应在测量电路连接好后，确定电源输出为零的情况下，打开稳压电源开关，一边观察仪表示数是否正常，一边慢慢将电压调到预设值。

（3）实验完成后，应关闭仪器电源，将连接线拆除，将传感器放回原处。

8. 思考题

（1）如何对使用普通手机/相机拍摄得到的静态图片进行图像畸形校准？

（2）试从日常生活中找出传感器的应用实例。

实验 8.15　蔡氏电路特性的研究

1. 引言

混沌（chaos）是指发生在确定性系统中的貌似随机的不规则运动。混沌是非线性系统的固有特性，是非线性系统中普遍存在的现象。能够用牛顿确定性理论处理的多为线性系统，而线性系统大多是由非线性系统简化来的。因此，在现实生活和实际工程技术中，混沌是无处不在的。只要初始条件稍有偏差或有微小的扰动，就会使得系统的最终状态出现巨大的差异，因此混沌系统的长期演化行为是不可预测的。

1963 年，洛伦茨（Lorenz）发表了《决定性的非周期流》一文，指出在气候不能精确重演与长期天气预报的无能为力之间必然存在着一种联系。这就是非周期与不可预见性之间的联系。1983 年，蔡少棠提出一种简单的非线性电子电路设计，它可以表现出标准的混沌理论行为。这个电路的制作容易程度使它成了一个无处不在的现实世界混沌系统的例子，这个电路后来被称为蔡氏电路（Chua's circuit）。

2. 实验目的

（1）理解和调试蔡氏电路。

（2）观察倍周期分叉、单涡旋吸引子、双涡旋吸引子等现象。

（3）测量电路中有源非线性负阻的 $I-V$ 特性。

3. 实验原理

（1）蔡氏电路与非线性负阻元件

文档：忆阻器

蔡氏电路原理如图 8-15-1 所示。电感 L 与电容 C_1 并联成一个损耗可以忽略的振荡电路，可变电阻 R 与电容 C_2 将振荡电路产生的正弦信号输出到 R_m 上。

根据电路原理，U_{C_1}、U_{C_2} 是 C_1、C_2 上的电压，i_L 是电感 L 上的电流，电导 g 为 U_{C_2} 的函数，满足 $I=gU_{C_2}$。可得方程组

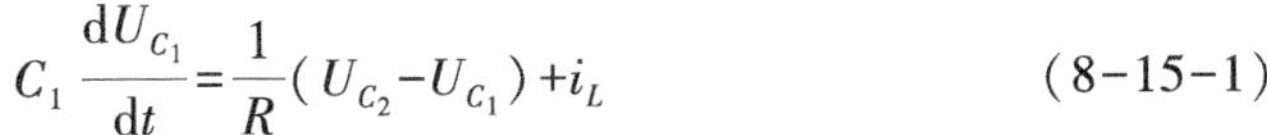

$$C_1\frac{\mathrm{d}U_{C_1}}{\mathrm{d}t}=\frac{1}{R}(U_{C_2}-U_{C_1})+i_L \tag{8-15-1}$$

$$C_2\frac{\mathrm{d}U_{C_2}}{\mathrm{d}t}=\frac{1}{R}(U_{C_1}-U_{C_2})-gU_{C_2} \tag{8-15-2}$$

$$L\frac{\mathrm{d}i_L}{\mathrm{d}t}=-U_{C_1} \tag{8-15-3}$$

如果 R_m 是线性的，则 g 为常量，电路就是一般的振荡电路，得到的就是正弦信号。电阻 R 的作用是调节 C_1 和 C_2 的相位差，把 C_1 和 C_2 两端的电压 U_{C_1} 和 U_{C_2} 输入到示波器的 X 轴和 Y 轴，显示的图像为椭圆。实际蔡氏电路中 R_m 是一个非线性负阻元件，具有分段线性电阻特性，如图 8-15-2 所示。可以看出，加在此非线性负阻元件上电压与通过它的电流极性是相反的。由于加在此元件上的电压增加时，通过它的电流却减小，并且每一段的伏安特性并不一致，因此整体呈现非线性。此时式(8-15-1)~式(8-15-3)的三元非线性方程组没有解析解。

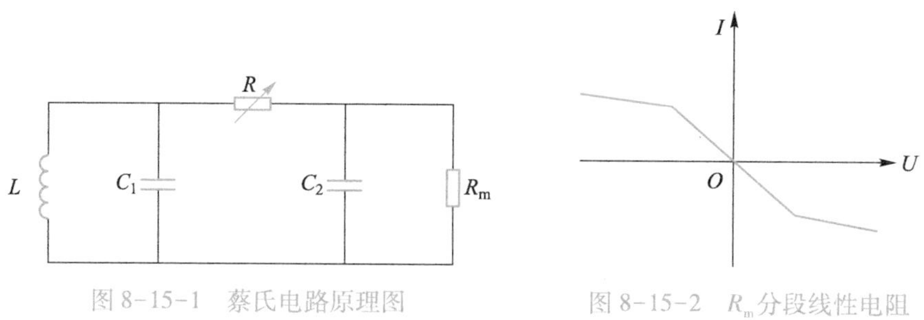

图 8-15-1 蔡氏电路原理图

图 8-15-2 R_m 分段线性电阻

(2) TL072 双运算放大器与有源非线性负阻元件的实现

非线性负阻元件是蔡氏电路表现出分岔和混沌等一系列非线性现象的关键。实现的方法有很多种，其中一种是采用一个 TL072 双运算放大器和六个电阻组合来实现。

TL072 是一款通用的双运算放大器，其内部框图与引脚功能如图 8-15-3 所示。实验电路接线如图 8-15-4 所示，虚线框中的组合相当于一个非线性负阻元件 R_m。TL072 的前级和后级的正、负反馈同时存在，正反馈的强弱与比值 R_3/R_0、R_6/R_0 有关，负反馈的强弱与比值 R_2/R_1、R_5/R_4 有关。当正反馈大于负反馈时，LC_1 振荡电路才能维持振荡。若调节 R_0，正反馈就发生变化，而双运算放大器处于振荡状态，因此是一种非线性应用。

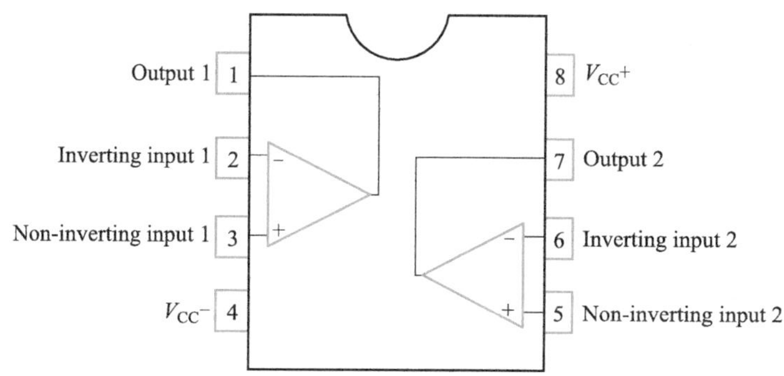

图 8-15-3 TL072 内部框图与引脚功能

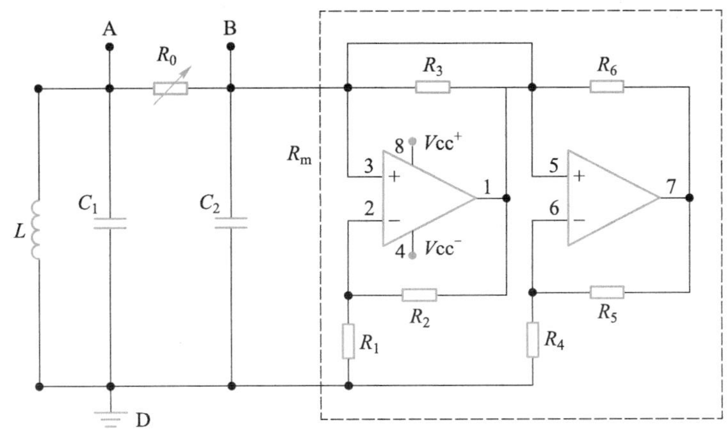

图 8-15-4 非线性混沌电路接线图

(3) 混沌现象

按如图 8-15-4 进行电路连接,其中 L 约为 20 mH,R_0由一个 2.2 kΩ 的粗调电位器和一个 220 Ω 的细调电位器串联而成,$C_1=100$ nF,$C_2=10$ nF,$R_1=3.3$ kΩ,$R_2=R_3=22$ kΩ,$R_4=2.2$ kΩ,$R_5=R_6=220$ Ω,$V_{CC^+}=12$ V,$V_{CC^-}=-12$ V。

① 单周期吸引子

将 A、B 点接入示波器 CH1、CH2 的信号接入端,将示波器调至 XY 工作模式。调节可变电阻器 R_0的阻值,可以从示波器上观察到一系列现象:最初时,电路中有一个短暂的稳态响应现象。这个稳态响应被称作系统的吸引子(attractor)。这意味着系统的响应部分虽然初始条件各异,但仍会变化到一个稳态。在本实验中初始电路中的微小正、负扰动,各对应于一个正、负稳态。当电导 g 继续平滑增大,到达某一值时,可以发现响应部分的电压和电流开始周期性地回到同一个值,产生了振荡。这意味着观察到了一个单周期吸引子(penod-one attractor)。它的频率决定于电感 L 与非线性电阻组成的回路的特性。

文档:分岔图

② 周期分岔

继续调节 R_0,可以观察到一系列非线性现象。先是电路中产生了一个不连续的变化:电流与电压的振荡周期变成了原来的二倍,也称分岔(bifurcation);继续增加电导,还会观察到二周期倍增到四周期,四周期倍增到八周期的现象。如果精度足够,当连续地、越来越小地调节 R_0 时就会发现一系列永无止境的周期倍增,最终在有限的范围内会成为无穷周期的循环,从而显示出混沌吸引子(chaotic attractor)的性质。这些一系列难以计数的无首尾的环状曲线,是一个单涡旋吸引子。

继续微调 R_0,单周期吸引子突然变成双涡旋吸引子(double scroll chaotic attractor),只见环状曲线在两个向外涡旋的吸引子之间不断填充与跳跃,这就是"蝴蝶效应"的图像,它也是一种奇异吸引子,奇异吸引子的特点是整体上的稳定性和局域上的不稳定性同时存在。奇异吸引子是混沌运动的主要特征之一。奇异吸引子的出现与系统中包含某种不稳定性有着密切关系,它具有不同属性的内外两种方向:在奇异吸引子外的一切运动都趋向(吸引)到吸引子,属于"稳定"的方向;一切到达奇异吸引子内的运动都互相排斥,对应于“不稳定”方向。

由于示波器上图形的每一点对应着电路中的一个状态,出现双涡旋吸引子就意味着电路最终会到达哪一个状态完全取决于初始条件。

在实验中,尤其需要注意的是,如果示波器的扫描频率选择不合适,可能无法观察到正确的现象。这时,就需仔细分析,可以通过使用示波器的不同的扫描频率挡来观察现象,以期得到最佳的扫描图像。

一些典型的吸引子如图 8-15-5 所示。

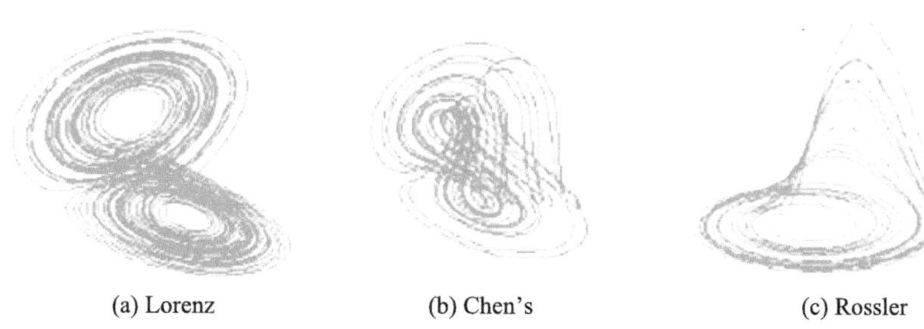

(a) Lorenz　　(b) Chen's　　(c) Rossler

图 8-15-5　几种典型的吸引子

4. 实验仪器

数字式存储示波器、电学九孔板、稳压电源、非线性负阻元件、可调电位器、电容、电感。

文档:蔡氏电路实验装置

5. 实验内容

(1) 电路连接

① 按照图 8-15-4 进行接线,注意双运算放大器的电源极性不要接反。

② 将示波器的 CH1、CH2 信号输入端连接到 A、B 点,接地端连接到 D 点。

③ 调节示波器到 XY 工作模式。

④ 打开电源开关。

(2) 非线性电路混沌现象的观察:

① 首先把电感值调到 20 mH 或 21 mH。

② R_0 由粗调电位器 W_1 和微调电位器 W_2 组成。右旋微调电位器 W_2 到底,调节粗调电位器 W_1,使示波器屏幕上出现一个略斜向的椭圆,如图 8-15-6(a)所示。

③ 左旋微调电位器 W_2 少许,示波器屏幕上会出现二倍周期分岔,如图 8-15-6(b)所示。

④ 继续左旋微调电位器 W_2 少许,示波器屏幕上会出现三倍周期分岔,如图 8-15-6(c)所示。

⑤ 继续左旋微调电位器 W_2 少许,示波器屏幕上会出现四倍周期分岔,如图 8-15-6(d)所示。

⑥ 继续左旋细调电位器 W_2 少许,示波器会出现双涡旋吸引子现象,如图 8-15-6(e)所示。

⑦ 观测的同时可以调节示波器相应的旋钮,来观测不同状态下,Y 轴输入或 X 轴输入的相位、幅度和跳变情况。

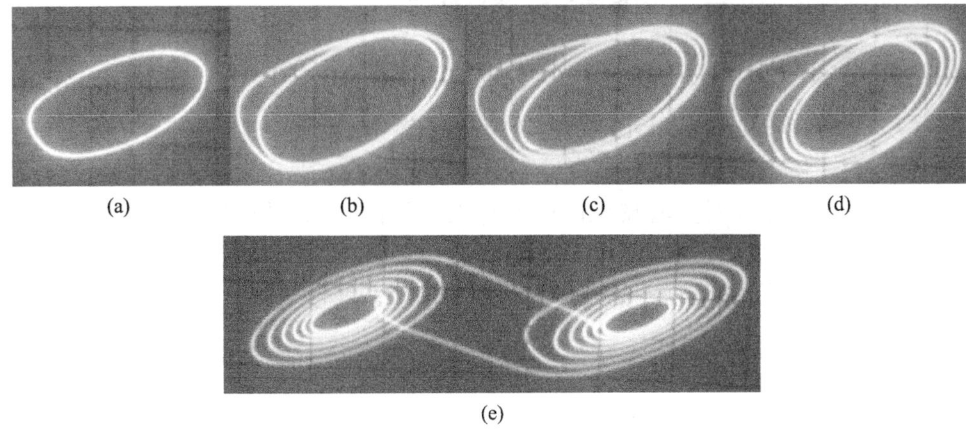

图 8-15-6

(3) 非线性负阻元件伏安特性的测量

① 测量接线如图 8-15-7 所示，其中电流表可选用数字式万用表，电阻箱可以选用 ZX21 型六位电阻箱，注意电流表的正极接电压表的正极。

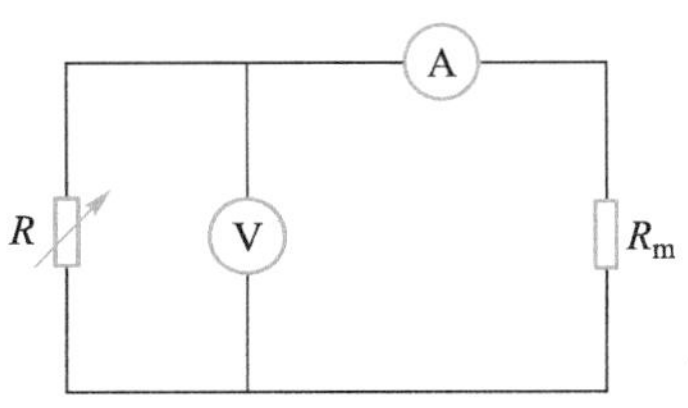

图 8-15-7

② 检查接线无误后即可开启电源。

③ 从 99 999.9 Ω 起由大到小调节电阻箱电阻，记录电阻箱的电阻、电压表以及电流表上的对应读数，填入表 8-15-1 中。在坐标轴上描点作出非线性负阻元件特性曲线（即 I–V 曲线，通过曲线拟合作出分段曲线）。

④ 分析非线性负阻元件的伏安特性。

6. 数据处理

(1) 混沌现象的观察。

(2) 按图 8-15-7 接线，测量非线性负阻元件的电学参量，完成表 8-15-1，并画出其 I–V 特性曲线，分析非线性负阻元件的伏安特性。

表 8-15-1

电压/V	电阻/Ω	电流/mA

7. 注意事项

(1) 双运算放大器的正负极不能接反，电源必须良好接地。

（2）关掉电源以后，才能拆除实验板上的接线。

（3）使用前仪器先预热 10~15 分钟。

8. 思考题

（1）试解释非线性负阻元件在本实验中的作用是什么？

（2）简述倍周期分岔、混沌、奇异吸引子等概念的物理含义。

（3）电感的选择对实验现象的影响很大，只有选择合适的电感和电容才可能观测到最佳的现象。尝试改变电感和电容的值来观测不同情况下的现象，并分析产生此现象的原因，并从理论的角度去认识和理解非线性电路的混沌现象。

第 9 章 设计性实验

学生根据设计性实验要求，查阅教材、参考文献以及仪器说明书进行实验设计并测量，具体包括以下内容。

1. 实验方案的选择：简要写出所选实验方案的原理、理论计算公式及公式所适用的条件等。

2. 实验仪器的选配：画出实验用的电路图、光路图或仪器配置图，了解需要用到的实验仪器工作原理和性能（规格、精度及使用条件）。

3. 拟定实验步骤：根据所测物理量，安排测量顺序，拟定实验步骤，分析实验过程中的注意事项。

4. 进行实验：根据设计的实验方案，正确接线，合理布局。按拟定的步骤进行相关物理量的测量。

5. 数据处理与分析：设计数据记录表格，进行数据处理以及误差分析。

6. 完成思考题。

7. 写出完整的实验报告。

9.1 设计性实验的引导

本节对如何设计实验进行引导，以供参考。

1. 实验方案的选择

实验方案的选择包括实验原理和方法的选择。实验原理是实验的理论依据，实验原理和实验方法是紧密联系在一起的，选用不同的实验原理就有不同的实验方法，同一实验原理也可能有不同的实验方法。例如测量重力加速度有自由摆方法和自由落体方法。而对电阻值的测量，根据欧姆定律和基尔霍夫定律分别有伏安法和比较法（电桥法和电势差计法）。

学生应根据被研究的对象，收集各种实验原理和实验方法，再根据被测量和可测量之间的关系，找出各种可能使用的实验方法，然后比较各种实验方法所能达到的实验精确度、使用条件和实施的现实可能性，最后确定实验方案。例如：测定金属的杨氏模量 E，要求相对不确定度 $E_E \leqslant 5\%$，通过查阅资料发现，可采用的实验方法有拉伸法、弯梁法和共振法等。当研究对象是圆棒时，可考虑采用共振法；当研究对象是钢丝时，就要采用拉伸法。

2. 实验仪器的选择与配套

选定实验方案后，就要考虑仪器的选择，一般从分辨率、精确度、实用性和价格等四个方面考虑。作为教学设计实验，实用性和价格由实验室现有条件所确定，所以学生主要考虑如下两个方面。

（1）分辨率。即为仪器能够测量的最小值。

（2）精确度。以最大误差 $\Delta_{仪}$ 的标准不确定度 $u_{仪}$ 和各自的相对不确定度来表征，所以要根据被研究对象的相对不确定度范围，来确定对仪器 $u_{仪}(\Delta_{仪})$ 数值大小的要求，进而确定选用哪一种测量仪器配套最为合适。

设物理量 N 由直接测得量 x、y、z、…间接测得，且有 $N=f(x,y,z,\cdots)$，则 N 的标准不确定度为

$$u_N=\sqrt{\left(\frac{\partial f}{\partial x}\right)^2u_x^2+\left(\frac{\partial f}{\partial y}\right)^2u_y^2+\left(\frac{\partial f}{\partial z}\right)^2u_z^2+\cdots}\tag{9-1-1}$$

考虑到仪器配套一般先采用“不确定度等分配”原则，即考虑 n 个直接测得量 x、y、z、…的不确定度对物理量 N 的总不确定度的影响相同，则有

$$u_N=\sqrt{n}\left(\frac{\partial f}{\partial x}\right)u_x=\sqrt{n}\left(\frac{\partial f}{\partial y}\right)u_y=\sqrt{n}\left(\frac{\partial f}{\partial z}\right)u_z=\cdots\tag{9-1-2}$$

则：

$$u_x=\frac{u_N}{\sqrt{n}}\Bigg/\left(\frac{\partial f}{\partial x}\right),u_y=\frac{u_N}{\sqrt{n}}\Bigg/\left(\frac{\partial f}{\partial y}\right),u_z=\frac{u_N}{\sqrt{n}}\Bigg/\left(\frac{\partial f}{\partial z}\right)\tag{9-1-3}$$

例 9-1-1 测量金属丝的杨氏模量，要求相对不确定度 $E_E=u_E/E\leqslant5\%$，已知研究对象金属丝直径 $d\approx0.5$ mm，长度 $L\approx0.8$ m。实验时选用光杠杆平面镜与测量仪标尺间距 $D\approx1.20$ m，光杠杆常量 $b\approx70$ mm，每一个砝码质量为 0.5 kg，共 8 组数据，最后采用逐差法处理数据，同时查资料可知金属丝所用材料普通低合金钢的杨氏模量：

$$E=(2.0\sim2.2)\times10^{11}\mathrm{N\cdot m^{-2}},u_E=(0.10\sim0.11)\times10^{11}\mathrm{N\cdot m^{-2}}$$

从实验原理可知

$$E=\frac{8FLD}{\pi d^2bl}\tag{9-1-4}$$

则钢丝在逐差重量 F 下的延伸量 l：

$$l=\frac{8FLD}{\pi d^2bE}=\frac{8\times2\times9.8\times0.8\times1.2}{3.14\times0.5^2\times10^{-6}\times7.0\times10^{-2}\times2.0\times10^{11}}\ \mathrm{mm}\approx14\ \mathrm{mm}$$

$$u_l=\frac{u_E\partial l}{\sqrt{n}\,\partial E}=\frac{u_E\pi d^2bl^2}{8\sqrt{n}\,FDL}\approx0.28\ \mathrm{mm},\quad \Delta_l=\sqrt{3}\,u_l\approx0.48\ \mathrm{mm}$$

$$u_L=\frac{u_E\partial L}{\sqrt{n}\,\partial E}=\frac{u_E\pi d^2bl}{8\sqrt{n}\,FD}\approx1.6\ \mathrm{cm},\quad \Delta_L=\sqrt{3}\,u_L\approx2.8\ \mathrm{cm}$$

$$u_D=\frac{u_E\partial D}{\sqrt{n}\,\partial E}=\frac{u_E\pi d^2bl}{8\sqrt{n}\,FL}\approx2.0\ \mathrm{mm},\quad \Delta_D=\sqrt{3}\,u_D\approx3.5\ \mathrm{cm}$$

$$u_F=\frac{u_E\pi d^2bl}{8\sqrt{n}\,DL}\approx0.40\ \mathrm{N},\quad u_m=0.41\ \mathrm{kg},\quad \Delta_m=\frac{\sqrt{3}\,u_m}{4}\approx0.018\ \mathrm{kg}$$

$$u_b=\frac{u_E\pi d^2b^2l}{8\sqrt{n}FDL}\approx 1.4\text{ mm},\quad \Delta_b=\sqrt{3}u_b\approx 2.5\text{ mm}$$

$$u_d=\frac{u_E\pi d^3bl}{16\sqrt{n}FDL}\approx 5.1\times 10^{-3}\text{ mm},\quad \Delta_d=\sqrt{3}u_d\approx 8.8\times 10^{-3}\text{ mm}$$

所以钢丝直径 d 选用分度值为 0.01 mm 的螺旋测微器进行测量，光杠杆常量 b 选用最小分度为 0.02 mm 的游标卡尺进行测量，钢丝伸长量 l 用最小刻度为 1 mm 的直尺测量，L 和 D 值选用毫米刻度或厘米刻度的直尺测量就能满足要求了，要保证每个砝码质量误差 $\Delta_m\leqslant 1$ g。

由于实验过程中影响测量不确定度的因素是多方面的和复杂的。比如：每个砝码的质量误差不一致，所以引起钢丝伸长量 l 的不同，对总的误差的影响也就不同。所以选配仪器时，在条件许可的情况下，可选取精度比估算的精度稍高些的仪器。

物理实验的内容十分广泛，实验方法和手段非常丰富，同时误差的影响错综复杂，是各种因素相互影响、相互制约的综合结果。因此，在设计中，要综合分析得到较为合理的实验方案。

3. 测量条件的选择

测量结果通常与许多条件有关，但当测量方法和仪器选定之后，如何选择测量条件而使测量精度最高呢？为使测量相对不确定度 E_N 为最小，则要求

$$\frac{\partial E_N}{\partial x_i}=0(i=1,2,\cdots,n) \tag{9-1-5}$$

由此可定出最佳的测量条件。

例 9-1-2 如图 9-1-1 所示，用滑线式电桥测电阻，当电桥平衡时

$$R_x=R_0\frac{l_1}{l_2}=R_0\frac{l_1}{L-l_2} \tag{9-1-6}$$

式中 R_0 为已知标准电阻，l_1 和 l_2 为滑线电阻的两臂长，$L=l_1+l_2$。

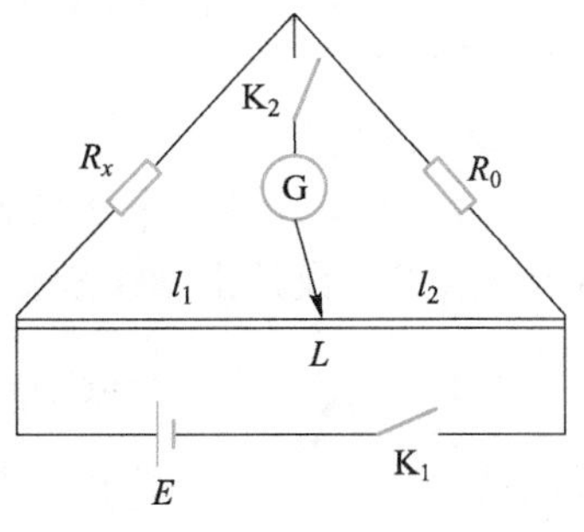

图 9-1-1 滑线式电桥原理图

其相对不确定度 $E_N=\frac{\Delta R_x}{R_x}=\frac{\Delta R_0}{R_0}+\frac{\Delta l_1}{l_1}+\frac{\Delta l_2}{l_2}=\frac{\Delta R_0}{R_0}+\frac{\Delta l_1}{l_1}+\frac{\Delta l_1}{L-l_1}=\frac{\Delta R_0}{R_0}+\frac{\Delta l_1 L}{(L-l_1)l_1}$ 是 l_1 的函数，进一步由 $\frac{\partial}{\partial l_1}\left(\frac{\Delta R_x}{R_x}\right)=0$ 得 $\frac{L(L-2l_1)}{l_1^2(L-l_1)}\Delta l_1=0$，可解得：$l_1=\frac{L}{2}$，因此 $l_1=l_2=\frac{L}{2}$ 是滑线式电桥测量电阻的最佳条件。

例 9-1-3 电学实验中常用多量程的电表,当所使用的电表选定,即准确度等级确定,这时如何根据所测量的大小,选择合适的量程,才能使测量结果的相对不确定度最小?

设电压表的等级为 a,量程为 U_{max}。根据不确定度的定义:$\Delta_{仪}=U_{max}\times a\%$;若待测电压为 U_x,则其相对不确定度为

$$u_N=\frac{\Delta_{仪}}{U_x}=\frac{U_{max}}{U_x}\times a\% \tag{9-1-7}$$

当 $U_x=U_{max}$ 时相对不确定度最小,量程与被测量的比值越大,相对不确定度越大。为了避免被测量超出量程范围,一般使被测量为所选电表量程的 2/3 左右。

实验 9.2 全息光栅的制作和参量测量

1. 引言

光栅是一种重要的分光元件,普通的平面透射光栅是在玻璃基板上刻出的一簇密集、相互平行且等间距的透光缝,它能将入射的复色光,按波长的长短以不同的角度进行衍射,从而达到分光的目的。早期的光栅大都由机械刻划制成(称机刻光栅),由于受到机械精度和重复性等技术的影响,使得光栅常量不能做得很小,并且误差也比较大,外加加工难度大,生产成本较高,所以机刻光栅应用较少,一般先制造母光栅,再通过复制,生产出产品(称复制光栅)。而采用全息照相的方法来制作光栅就方便得多,光栅常量可以做得很小,并且有体积小、重量轻、生产效率高、成本低等优点,使得全息光栅在各种光学仪器和装置中得到广泛的应用。

2. 实验要求

(1) 列出几种制作全息光栅的方法,分析比较各种方法的优、缺点,用你认为最佳的方法,设计出制作全息光栅的光路(画出光路图)。

(2) 制作一块空间频率 $f=100$ 条/mm 的全息光栅($f=\frac{1}{d}$,d 称为光栅常量),并考虑如何保证光栅常量的正确性。

(3) 检验所制作的光栅光栅常量 d,并对光栅质量作出评价,要求光栅常量 d 的相对不确定度 $u_N\leqslant 2\%$。

(4) 总结制作一块满足设计要求的优质光栅的要点和注意事项。

3. 可提供的实验仪器

GsZ-Ⅱ型光学实验平台、He-Ne 激光器、全息干板、吹气球、分束镜(5∶5 或 7∶3)、扩束镜、平面反射镜 2 个、准直透镜 2 个、带磁性的可调支架座、白屏、米尺、照片、冲洗设备等。

4. **关键问题提示**

(1) 双光束干涉：当两束相干的准直单色平行光成一定角度 θ 相交时，在两束光相交平面上产生干涉，形成干涉条纹。设两束平行光与入射平面的夹角分别为 θ_1、θ_2。那么干涉条纹之间的间距 d

$$d=\frac{\lambda}{2\sin\frac{\theta_1+\theta_2}{2}\cos\frac{\theta_1-\theta_2}{2}} \tag{9-2-1}$$

λ 为入射光的波长。特别是 $\theta_1=\theta_2=\frac{\theta}{2}$时：

$$d=\frac{\lambda}{2\sin\frac{\theta}{2}} \tag{9-2-2}$$

(2) 获得两束准直平行光的方法有多种，根据实验室提供的仪器考虑如何获得两束平行光。

(3) 要确定两束准直平行光与入射平面的夹角 θ，可采用不同的方法。若在两束平行光的重合区上放置一个已知焦距为 f 的透镜，两束平行光经透镜后，在焦平面上重新聚成两个亮点。根据几何光学原理，就可以求出两束光的 θ。

(4) 若将两束准直平行光的相交平面（白屏）换成全息干板，并把干涉条纹拍摄下来，经显影、定影及漂白处理后，便是一块全息光栅。

(5) 要制作一块好的全息光栅，两束光在感光板处的夹角、两束光的光强比、以及两束光的光强差等参量的选取都是非常重要的。可根据科学研究的方法，通过理论分析和改变参量进行实验去找到比较理想的结果。本实验中可以参考有关资料进行参量设置。此外，曝光时间、曝光时的稳定性和显影时间也非常重要。如果没有专用的曝光时间控制仪器和显影密度测定仪器，可通过实验方法来确定比较合适的曝光和显影时间。

(6) 显影液由实验室配制好（可选用 D-76 显影剂，按要求配制，再加入 8～10 倍清水稀释），显影速度要慢，显影密度比制作全息照相时要大（即显影后颜色要更深）。

(7) 经显影、定影后的光栅属于振幅型光栅，振幅型光栅衍射效率比较低（$\leqslant 6.25\%$），为了提高光栅的衍射效率，需要把振幅型光栅变为相位型光栅（衍射效率高达 33.9%），所用的方法通常是把定影后的光栅用清水漂洗，然后进行漂白处理。

(8) 漂白溶液由实验室配制好。（常用的漂白溶液配方：在 800 mL 清水中加入硫酸铜 100 g、氯化钠 100 g、浓硫酸 25 mL，最后加水至 1 000 mL。）

(9) 选择合适的方法来检测光栅常量 d 是否达到实验要求。

5. **思考题**

(1) 要制作一块优质的全息光栅应注意哪些环节？

(2) 为什么制作全息光栅的显影密度要比拍摄全息图像时大？显影密度的具

体数值与光栅常量的大小有什么关系？

(3) 制作全息光栅时两束平行光的光程差大还是小好？给出合适的光程差并说明理由。

(4) 结合实际光路，说明两束平行光相遇时的夹角大还是小好？给出合适的夹角并说明理由。

(5) 除了光栅常量外，还有哪些评价光栅的主要特性参量？

实验 9.3 多用电表的改装与调试

1. 引言

磁电式测量机构的可动线圈及游丝只允许通过很小（微安级）的电流，用这种测量机构直接制成的电表叫表头。表头只能测量很小的直流电流和直流电压，如果要测量较大的电流和电压，就必须对表头进行改装，经过改装调试后的多用电表，具有测量直流电流、直流电压、交流电流、交流电压和电阻等多种功能和多个量程，在电学测量中得到广泛的应用。

2. 实验要求

(1) 内容一：将微安表头改装成大量程的直流电流表和交流电压表

① 将 500 μA 表头改装成 10 mA 量程的直流电流表。

② 将 500 μA 表头改装成 10 V 量程的交流电压表。

(2) 内容二：将微安表头改装成大量程的直流电压表和欧姆表

① 将 500 μA 表头改装成 5 V 量程的直流电压表。

② 将 500 μA 表头改装成倍率×1 挡的欧姆表。

(3) 内容三：用“FB308 型电表改装与校准实验仪”改装微安表头

① 将 100 μA 表头改装成 10 mA 量程的直流电流表。

② 将 100 μA 表头改装成 5 V 量程的直流电压表。

③ 将 100 μA 表头改装成×1 倍率挡的欧姆表。

(4) 内容四：将微安表头改装成大量程高内阻的电压表

① 将 100 μA 表头改装成 5 V 量程的高内阻直流电压表。

② 将 100 μA 表头改装成 5 V 量程的高内阻交流电压表。

(5) 要求

① 设计微安表头内阻 R_g 和满度电流 I_g（又称电流灵敏度）的测量电路，并进行测量。

② 绘出改装电表所用电路原理图，导出电路元件参量理论计算公式并计算出电路元件参量的理论值（对于欧姆表指调零时的元件参量理论值）。

③ 设计量程校准电路，校准改装电表的量程，记录元件参量的实验值。

④ 按量程校准电路，对改装电表刻度进行校验，画出刻度校验曲线（欧姆表以电阻箱为被测电阻作刻度校验曲线），以鉴别原刻度标尺的适用程度。

⑤ 确定改装电流表、电压表的内阻值，说明这些参量在实际应用中的意义。

⑥ 对欧姆表，要确定出相应倍率挡的中值电阻值。

⑦ 设计出把满度电流 I_g 为 500 μA，内阻 R_g 为 500 Ω 的微安表头改装成测量交流电流的电表的电路（画出改装电表的原理电路图），要求量程为 1 A。

3. 可供选择的实验仪器

（1）可供内容一、内容二选择的实验仪器

直流稳压电源（6 V）、交流电源（15 V）、DF1945 型数字多用表、1.5 V 干电池（欧姆表用）、2CP 型整流二极管 2 只（交流表用）、QJ-23 型惠斯通电桥、ZX-21 型六位电阻箱、滑动变阻器（0～4 kΩ）、直流毫安表（0～5 mA，内阻 R_g = 92 Ω；0～10 mA，内阻 R_g = 91 Ω）、直流电压表（0～5 V～10 V，内阻 R_g = 200Ω/V）、微安表头（500 μA）。

（2）可供内容三选择的实验仪器

FB308 型电表改装与校准实验仪、ZX-21 型六位电阻箱、未知电阻、专用连接线等。

（3）可供内容四选择的实验仪器

直流稳压电源（6 V）、交流电源（15 V）、DF1945 型数字多用表、整流二极管（1N4007）4 只、QJ-23 型惠斯通电桥、电位器（5 kΩ、10 kΩ 各 1 只）、电阻（56 kΩ）、运算放大器（HA17741）1 块、微安表头（100 μA，内阻约 2 kΩ）1 个、九孔插件方板（SJ-010）1 块、短接桥和连接导线若干（SJ009 和 SJ301）。

4. 关键问题提示

（1）表头的内阻和电流灵敏度是表头两个最基本的参量，改装电表之前，必须首先测量出这两个参量的精确数值。

（2）测量表头内阻时，通过表头的电流不得超过额定值，更不允许电流倒流，这主要依靠正确连接电源极性，控制电源电压的大小和限流的方法来实现。

（3）供内容一、内容二选择的直流毫安表和直流电压表是指针式电表，作为校准电表时的标准表使用，如果用来测量微安级电流，误差可能比较大。

（4）供内容三选择的 FB308 型电表改装与校准实验仪中的标准电压表和标准电流表是数字式电表，只要选择适当量程，测量结果一般都能满足精度的要求。

（5）用直流电表测量交流信号，必须首先把交流信号变为直流信号，通常采用整流的方法。经半波整流电路整流后的电压 $U \approx 0.45$ V（不加滤波电容）；经全波整流电路整流后的电压 $U \approx 0.90$ V（不加滤波电容）。

（6）在进行测量时，电表的接入不应影响被测电路的原工作状态，这就要求电压表具有无穷大的输入电阻，电流表的内阻为零。但实际上，万用表表头的可动线圈总有一定的电阻，如像 100 μA 的表头，其内阻 R 约为 2 kΩ，用它进行测量会影响测量结果。此外，交流电表中的整流二极管的压降和非线性特性也会产生误差。如在电表中使用运算放大器，就能大大降低这些误差，提高测量精度。

HA17741 运算放大器同相输入电路如图 9-3-1 所示，由于运算放大器的开环电压放大倍数（电压增益）$A_u = \infty$，输入阻抗 $r_i = \infty$（即输入偏置电流 $I_{ib} = 0$），所以有

$U_2=U_3$，反馈电流 I 与反馈支路元件参量无关，只与输入电压 U_i 有关：

$$I=\frac{1}{R_1}U_i \tag{9-3-1}$$

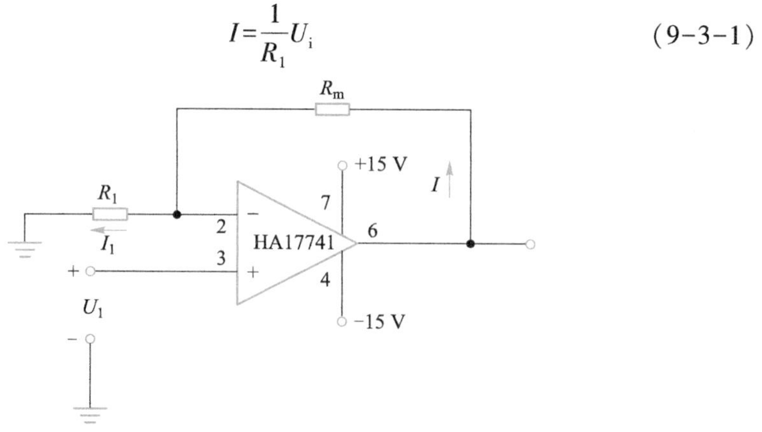

图 9-3-1 运算放大器同相输入电路

可见，将微安表头置于运算放大器的反馈支路中，流经表头的电流 I 与表头的参量无关。实验中可以用一个电阻 R_2 和微安表头串联代替反馈电阻 R_m。

调节 R_1 可以进行量程校准，改变 R_1 值可进行量程切换。实际设计的过程中 R_1 可以用标准电阻，也可采用一个定值电阻串联一个电位器来进行调节。

整流二极管的桥式整流电路如图 9-3-2 所示，利用它可以把交流信号变为直流信号。如果把整流二极管桥路和表头置于运算放大器的反馈回路中，就可以将微安表头改装成交流电压表。被测交流电压 U_i 加到运算放大器的同相端，表头电流 I 与被测电压 U_i 的关系为

$$I\propto\frac{U_i}{R_1} \tag{9-3-2}$$

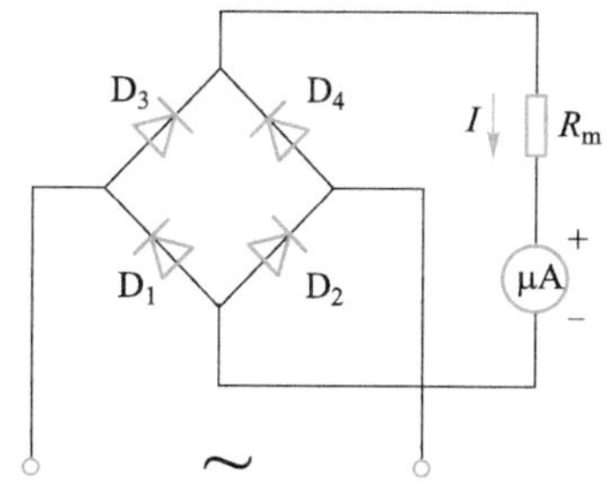

图 9-3-2 桥式整流电路

电流 I 全部流过桥路，其值仅与 $\frac{U_i}{R_1}$ 有关，与桥路和表头参量（如整流二极管的死区等非线性参量）无关。表头中电流与被测电压 U_i 的全波整流平均值成正比，若 U_i 为正弦波，则表头可按有效值来刻度，设计中通过调节 R_1 的值来实现相应量程。由于运算放大器的输入阻抗很高，所以改装后的电压表仍具有较高的内阻。

应当指出，用图 9-3-1 改装的电压表只适用于测量电路与运算放大器共地的有关电路。此外，当被测电压较高时，应在运算放大器的输入端设置衰减器。

(7) HA17741 运算放大器芯片管脚排列图如图 9-3-3 所示。

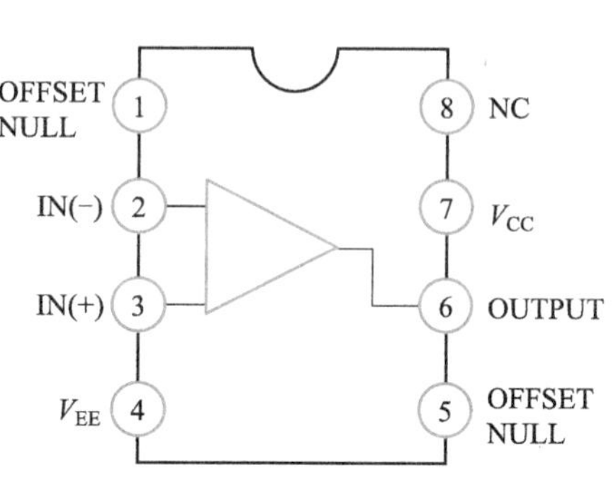

图 9-3-3 HA17741 管脚排列图

(8) 刻度校验曲线是指标准值与改装

表刻度（格数）之间的关系曲线。

（9）电表内阻是检验电表质量的重要指标，对于电流表，要求内阻越小越好；而对于电压表，则要求其内阻越大越好，电压表的内阻通常以“Ω/V”表示。

（10）欧姆表内阻 R_0 也就是欧姆表的中值电阻，是指已调节好零点的欧姆表指针在中心刻度时所对应的电阻值。在多挡欧姆表中，各个挡位的内阻一般按 10 倍率改变，所以表头面板只需一条欧姆标尺，就可以适应所有的挡位，这条标尺一般是×1 挡的欧姆尺，其余挡位的读数等于该标尺视读数×10，×100，×1 k 等。

（11）把微安表头改装成交流电流表，通常采用的方法是变流法，所谓变流法就是在铁芯上绕制两个线圈，连接被测电流 I_1 的称初级线圈（匝数 n_1），连接改装表电路电流 I_2 的称次级线圈（匝数 n_2）。由于 $I_1n_1=I_2n_2$，故有 $I_2/I_1=n_1/n_2=\frac{1}{N}$，电流和匝数呈反比关系，用它就可以进行电流变换。也可以采用采样法，所谓采样法就是让被测电流通过采样元件，在采样元件两端测出被测量，但取样元件参量不能过大。

（12）改装后的电表要满足量程的要求，需采用校准电路对改装电表进行调试。

5. 思考题

（1）为什么要计算改装电表元件参量的理论值？能否把这些理论值作为改装电表元件参量的实际使用值，为什么？

（2）校准电表量程时，元件参量置于理论值，如果电表指针已超过满刻度或未到满刻度，说明理论值是大了还是小了，应如何进行调节？（对电流表和电压表进行分别讨论。）

（3）欧姆表长期使用电池电压会下降，调零电阻有时短路会使表头烧毁，为此，对调零电阻有何要求？如何利用欧姆表中值电阻来扩大欧姆表的量程？

（4）能否改装出测量更小的电流（小于原表头分度值电流）和电压的电表？若可以，画出改装电表电路原理图，并简要说明工作原理。

实验 9.4　非线性元件的伏安特性研究

1. 引言

若元件的电流随电压的变化不是线性关系，即称这种元件为非线性元件。如白炽灯、热敏电阻、光敏电阻、半导体二极管和半导体三极管都是典型的非线性元件。由于元件伏安特性曲线与一定的物理过程相互联系，所以对非线性元件的伏安特性研究在生产和应用中都具有指导作用。

2. 实验要求

（1）设计测量非线性元件伏安特性曲线的电路。

（2）测量半导体稳压二极管（2 CW 型，稳定电压 4～5 V、稳定电流 5～10 mA，最大稳定电流<20 mA)的正反向伏安特性曲线。

（3）根据测得的半导体稳压二极管(以下简称二极管)伏安特性曲线解释它的稳压原理,找出二极管的最佳运行参量(工作电流、稳定电压等)。

（4）根据测定的伏安特性曲线设计一个简单的稳压电路,标定电路元件参量和未经稳压的电源电压范围,以及负载电阻允许通过的电流变化范围。

3. 可供选择的实验仪器

直流电压表(0~10 V,内阻 $R_g=200\ \Omega/V$)、数字多用表、微安表(50 μA)、检流计、直流稳压电源、滑动变阻器、电阻箱、稳压二极管(2CW 型)、补偿法电路板。

4. 关键问题提示

（1）当二极管两端加上正向电压时,就会产生正向电流。但是,当这个电压比较小时,由于外加电场还不足以克服内建电场对载流子扩散所造成的阻力,正向电流仍然很小,二极管呈现的电阻很大。当加到二极管两端电压超过一定的数值后(称为阈值电压),内建电场的作用大大地被削弱,电流会很快增长,二极管的电阻会变得很小。测量时正向电流不能超过二极管的最大允许电流值,否则将导致二极管损坏。

当对二极管加反向电压时,外加电场与内建电场方向相同,反向电流随反向电压变化很小(仅 μA 级),这个电流称为反向饱和电流。但反向电压增加到一定值后,反向电流会突然增大,出现反向击穿现象。这种击穿叫电击穿,电击穿是可逆的,但击穿后,若反向电流过大,pn 结发热,就会产生热击穿,热击穿是不可逆的,所以测量时反向电流不能超过额定电流值。

（2）非线性元件的电阻是一种动态电阻,即 $r=\frac{du}{di}$,它代表着对应工作状态(U、I)下的特性电阻值,可从伏安特性曲线上某点的斜率求得(计算时采用 $r=\frac{\Delta U}{\Delta I}$)。

（3）测量二极管伏安特性最简单的方法是伏安法,伏安法包括内接法、外接法和补偿法。内接法和外接法都存在一定的系统误差,二极管工作状态(U、I)下特性电阻相差很大,所以在设计电路时要考虑电表的量程、内阻和灵敏度对测量结果的影响,确定采用何种测量方法进行测量,并对实际测量值进行理论的修正。图 9-4-1所示为补偿法测量电路。通过调节电路中 R_0 和 R_0',可以使检流计电流 $I_G=0$,从而消除了因电表内阻影响而产生的系统误差。图 9-4-2 是补偿法测量接线图。

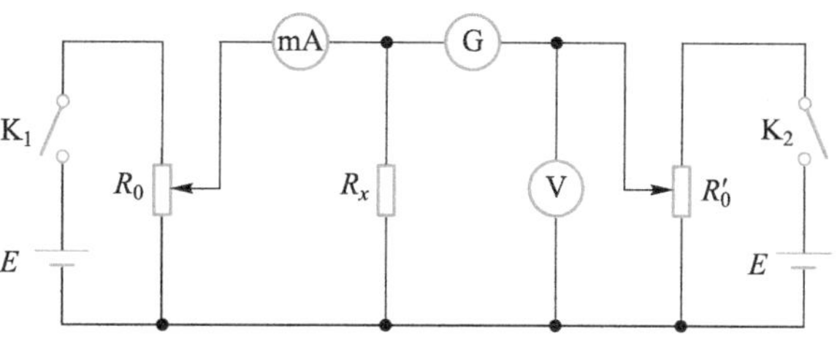

图 9-4-1　补偿法测量电路原理图

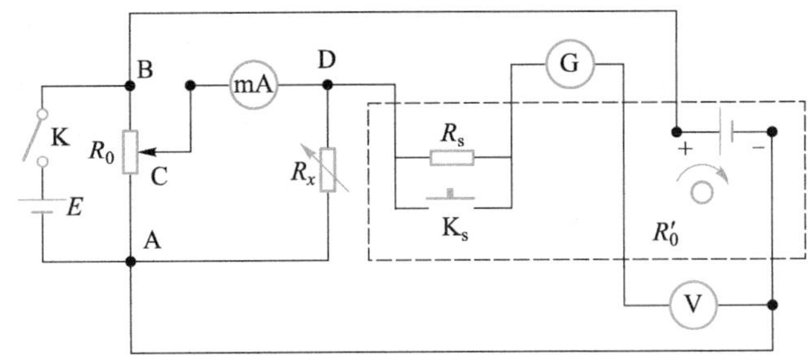

图 9-4-2　补偿法测量接线图

（4）二极管伏安特性曲线一般是在同一坐标、不同的象限上绘制。由于二极管的正、反向电压之间，正、反向电流之间数值相差很大，所以作图时坐标轴可以选取不同的标度值。

5. 思考题

（1）根据你所测得的二极管伏安特性曲线，总结该元件的特性。

（2）本实验用伏安法测量非线性元件伏安特性曲线，可以设计其他测量方法吗？若可以，请画出测量原理图，并加以简要说明。

（3）把一节 1.5 V 的干电池以正向连接法直接接到二极管（2CP 型或 2CW 型）的两端，会出现什么问题？

（4）根据二极管的特性，我们可以用万用表简易地判别二极管的极性，在测量二极管正向电阻时，常发现用不同的欧姆挡测出的电阻值并不相同，用×1 挡测出的电阻值偏小，而用×100 挡测出的电阻值偏大，为什么？

（5）如果有两个 2CW15 稳压二极管，一个稳定电压为 8 V，另一个稳定电压为 7.5 V。试问，将这两个二极管串联后稳定电压是多少？若将这两个二极管并联使用，其稳定电压又是多少？

实验 9.5　温差测量装置的设计与调试

1. 引言

温度是一个基本的物理量，它与人们生活、生产、科研活动密切相关。随着科学技术的发展，各类的温度测量和控制技术得到广泛的应用，本实验要求采用温度传感器，配合适当的信号转换及放大电路，设计出一台能精确测量温差的装置，并进行安装调试。

2. 实验要求

（1）把微安表改装成一个能测量 0 ℃～100 ℃温差范围，测量精度为±0.1 ℃的温差测量装置。

（2）画出温差测量装置的线路图，并标出各元件的参量值。

（3）对所制作的温差测量装置进行定标。

（4）对所制作的温差测量装置的测量线性度进行分析，并指出影响测量线性度的因素。

3. 可提供的实验仪器

热敏电阻、半导体二极管（以下简称二极管）或半导体三极管（以下简称三极管）、电桥、电阻箱、微安表、数字毫伏表、直流稳压电源、运算放大器、开关、保温瓶、冰、水、电热杯、水银温度计、导线等。

4. 关键问题提示

（1）热敏电阻是利用半导体热电效应做成的器件，它的阻值随温度上升而迅速下降。

（2）由半导体物理学知道，组成二极管或三极管的 pn 结，在正向偏置下，其 pn 结正向电压与温度有关，温度每上升 1 ℃，pn 结正向电压下降约 2 mV。利用 pn 结电压与温度相关的特性，可直接用二极管，或用三极管短接成的二极管（将集电极与基极短接）作为温度传感器，这种温度传感器测温范围为 -50 ℃～150 ℃，它有较好的线性度，较高的灵敏度，并且热惰性小、体积小、重量轻。

（3）用热敏电阻、二极管（或三极管）作为测温元件，可将两只性能基本相同（温度系数基本相同）的热敏电阻、二极管（或三极管）和两只电阻连接成非平衡电桥作为温度传感器输出调节电路，非平衡电桥的输出接一个微安表（或毫伏表），这样就可以把微安表（或毫伏表）改装成能测量温差的装置（简称温度表）。

（4）输出调节电路（非平衡电桥）的桥臂电阻大小对电路有影响，应从对测温元件的限流作用、非平衡电桥的灵敏度和线性度等方面考虑，进行合理选择。

（5）如果选用数字式电表来显示温度，可将电桥输出接到运算放大器的输入端，数字式电表接到运算放大器的输出端，就可以组成灵敏度较高的数字式温差测量装置。

（6）通过调节电桥中某一桥臂电阻值就可以实现输出调零，即让温度为 0 ℃时电桥的输出电压为 0。调整运算放大器的闭环增益就可以实现数字式温差测量装置的满度调节，即在温度 100 ℃时，调整运算放大器的放大倍数，使数字式电表显示 100.0 mV（满度），这样就可以直接显示被测的温度值了。

（7）定标时可采用冰水共存时的混合液体温度作为 0 ℃，用沸腾的水实现 100 ℃。沸腾的水的实际温度与气压有关，可用水银温度计进行校正或查找有关资料进行修正。

（8）实验时要注意热敏电阻和 pn 结自身发热的影响，电路设计时要考虑通过测温元件的电流值。

5. 思考题

（1）为了提高测量温差装置的灵敏度，应如何改进线路？

（2）能否将一个微安表改装为多量程的温差测量装置？若可以，请说明改装方法。

（3）温度传感器输出调节电路能否采用平衡电桥？若可以，试简述测量原理和方法。

实验 9.6　物质光谱的定性分析和色散规律研究

1. 引言

由于各种元素原子结构不相同,其激发发光产生的光谱的数量、波长和强度等都互不相同,所以光谱线是元素的固有特征,称特征光谱线。根据某物质光谱是否存在某种元素的特征光谱线,可以定性判断这种物质中是否含有该种元素。根据物质中某种元素含量越大,它的特征谱线响应越强的规律,可以准确测量特征谱线的强度,以此定量分析物质中该种元素的含量。

2. 实验要求

(1) 用光栅作为色散元件,对实验室提供的光源进行定性光谱分析。测量出待分析物质发射的各光谱线的波长,与表 9-6-1 中各种元素的特征光谱线的波长进行比较,确定被测物质是何种元素。

(2) 研究三棱镜折射率 n 随入射光谱波长 λ 变化的规律。测出各光谱线通过三棱镜的折射率,画出其色散曲线($n-\lambda$ 曲线)。

3. 可提供的实验仪器

分光计、水平仪、光栅、三棱镜、光源等。

4. 关键问题提示

(1) 分光计必须处在良好的工作状态下,才能精确测量光谱线偏角,所以实验中首先要调整好分光计。

(2) 进行光谱分析时,首先要将来自被分析物质的光,按不同的波长分开,形成按一定规律排列的光谱,光栅和三棱镜都具有这种作用,所以它们都被称为色散元件。

(3) 如果采用光栅作为色散元件,根据夫琅禾费衍射理论,导出实验中采用的光栅的光栅方程,实验时要注意满足光栅方程的条件以及光栅条纹与分光计转轴平行的条件。

(4) 光栅常量是表征角色散能力的重要参量,光栅常量 d 越小,色散能力越大,越容易将两条光谱线分开。本实验提供的光栅,其光栅常量 $d=(3333\pm3)\,\text{nm}$。

(5) 光束经过三棱镜后,会产生折射,产生折射后的光线偏离入射光 δ 角,δ 与三棱镜的顶角 α、三棱镜折射率 n 和入射角 i_1 有关,对于给定的三棱镜,α 和 n 是一定的,所以偏向角 δ 只跟随光线的入射角 i_1 而变化。可以证明,δ 随 i_1 变化的过程中有一极小值 $\delta_{\min}$,这个极小值称为折射棱镜的最小偏向角 θ_0。以同一角度入射到棱镜上的不同波长的单色光,有不同的最小偏向角。偏向角和折射率有一一对应的关系,利用这一关系就可以测定出棱镜折射率 n 和波长 λ 的关系曲线($n-\lambda$ 曲线)。

(6) 本实验使用的三棱镜顶角 $\alpha=60°00'\pm0°05'$。

(7) 实验时要考虑分光计可能存在偏心误差。

(8) 物质光谱分析的更为普遍的方法是在棱镜摄谱仪或光栅摄谱仪上拍摄光

谱,然后在读谱仪上进行定性分析。

5. 思考题

(1) 调节分光计时要注意什么?

(2) 将光栅放置于分光计载物台上的最佳方法是什么?

(3) 应用光栅方程 $d\sin\varphi=k\lambda$ 时应保证什么条件? 实验中如何保证和检查条件是否满足?

(4) 应用光栅方程 $d\sin\varphi=k\lambda$ 时,如果条件未得到充分的保证,用什么方法进行修正?

(5) 试比较用光栅和用三棱镜分光所得的光谱有什么区别。

(6) 如果光栅的条纹与分光计转轴不平行,会看到什么现象? 对测量结果有什么影响? 如何解决这个问题?

表 9-6-1 四种光源的谱线特征与波长

氦光谱		氖光谱		氢光谱		汞光谱	
谱线特征	波长 λ/nm	谱线特征	波长 λ/nm	谱线特征	波长 λ/nm	谱线特征	波长 λ/nm
红(亮)	706.5	红	640.2	红	636.3	黄(亮)	579.1
红(亮)	667.8	红	614.3	蓝绿	486.1	黄(亮)	577.0
黄(很亮)	587.6	橙	594.5	蓝	434.1	绿(亮)	546.1
绿(很暗)	504.8	黄	585.2	紫	410.2	蓝绿(暗)	491.6
绿(亮)	501.6	黄	576.0	紫	397.0	蓝(很亮)	435.8
蓝绿(暗)	492.2	绿	540.0			紫(很暗)	407.8
蓝(暗)	471.3	绿	533.0			紫(暗)	404.7
蓝(亮)	447.2	绿	503.1				
蓝(暗)	438.8	蓝绿	484.9				
紫(很暗)	414.4						
紫(暗)	412.1						
紫(暗)	402.6						

实验 9.7 弱电流(电压)的测量

1. 引言

普通磁电(指针)式电流计(又称表头)的灵敏度(满度电流)在几十微安至几百微安之间,也就是说表头测量分辨能力在微安数量级上,要测量更小的电流(电压),就必须用灵敏度更高的电流计。光点灵敏电流计就是其中的一种,它具有较高的灵敏度(10^{-9} A/div),但是工作在临界状态时,使用起来才比较方便,从而使它的应用范围受到限制。研制一种灵敏度高、工作稳定,而且使用方便的弱电流(电压)测量装置具有实际的意义。

2. 实验要求

(1) 把 100 μA 量程磁电式表头改装为具有 1 μA 和 10 μA 两个小量程的直流电流表。

(2) 把 100 μA 量程磁电式表头改装为具有 10 mV 和 100 mV 两个小量程的直流电压表。

(3) 把 100 μA 量程磁电式表头改装为具有 1 μA 和 10 μA 两个小量程的交流电流表。

3. 可提供的实验仪器

运算放大器及接线电路板、数字多用表、直流稳压电源(±15 V)、100 μA 量程磁电式表头、整流二极管(1N4007)4 只、QJ-23 型惠斯通电桥、干电池(1.5 V)、ZX-21 型电阻箱、电位器(5 kΩ、10 kΩ 各 1 只)、电阻若干(500 kΩ、200 kΩ、75 kΩ、56 kΩ、50 kΩ、30 kΩ、25 kΩ、20 kΩ、10 kΩ 等)、九孔插件方板一块(SJ-010 型)、短接桥和连接导线若干(SJ009 和 SJ301)。

4. 关键问题提示

(1) 运算放大器是一种具有很高电压放大倍数的直流放大电路。利用它可以实现信号的各种组合和运算。对应用电路进行理论分析时,一般可以认为运算放大器的开环电压放大倍数(电压增益)$A_u=\infty$,输入阻抗 $r_i=\infty$(即输入偏置电流 $I_{ib}=0$),放大器的闭环输出电阻 R_0 很小($R_0\approx 0$)。

(2) 不同型号的运算放大器其内部电路结构不同,它的管脚接线图也不同,图 9-7-1 是运算放大器 BG305 的框图及管脚接线图。

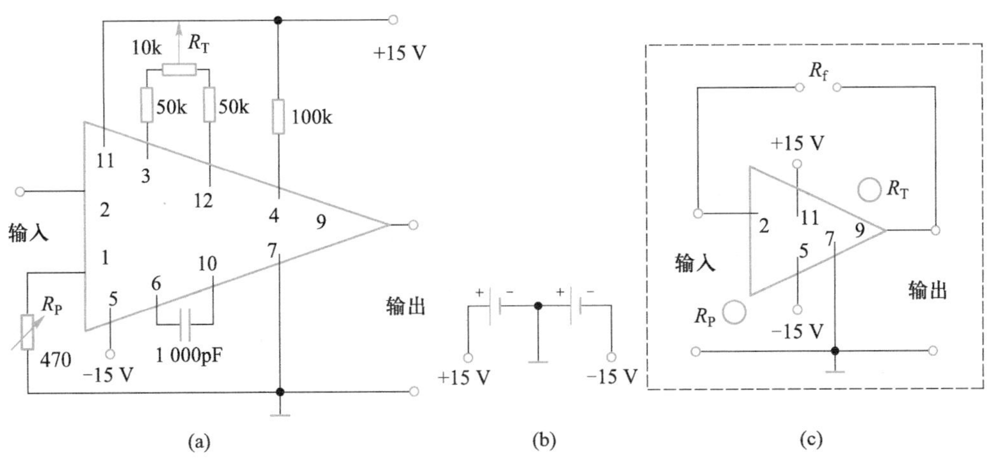

图 9-7-1 运算放大器 BG305 的框图和管脚接线图

(3) 图 9-7-1(a)中 2 为反向输入端,1 为同向输入端,9 为信号输出端,7 接地。电路采用正反 15 V 对称直流电源,可按图 9-7-1(b)连接好后接到放大器的 11 和 5 上,3 与 12 之间接调零电位器 R_T,6 与 10 之间接 1 000 pF 防振电容,同向输入端 1 接平衡电阻 R_p，实验室已将图 9-7-1(a)所示电路焊接好，其面板图如图 9-7-1(c)所示。

(4) 如果运算放大器外接一个 R_f，如图 9-7-2 所示：

信号经电阻 R_i 输入运算放大器的反向输入端，当外接负反馈电阻 R_f 后，形成闭环电路，根据运算放大器的基本特性，可以推导出运算放大器处于闭环状态下的增益 A'_u，A'_u 与运算放大器本身参量无关，而仅仅由外接电阻 R_i 和 R_f 决定。可见，通过调节外接电阻 R_i 和 R_f，可以准确地改变电路的闭环增益，从而实现弱电流(电压)放大。

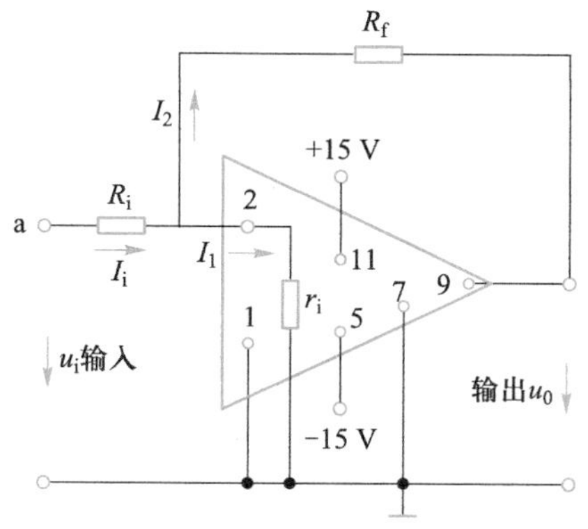

图 9-7-2 外接 R_f 电路图

(5) 运算放大器要接上电源才能工作，其供电电源(±15 V)极性决不能接错，否则会烧毁运算放大器。

(6) 一个理想的运算放大器要求输入电压为零时，输出电压也为零。但由于集成电路制造工艺的原因，使得实际运算放大器中的元件参量不可能完全匹配，所以在输入电压为零时，对应的输出电压不为零。这种现象称为放大器输入失调，放大器输入失调可以通过调零来解决。调零必须在闭环状态下进行，因为开环状态，放大器的增益很高，使得在开环状态下输出始终处于饱和状态，输出电压总是接近电源电压，无法调零。在运算放大器反向输入端接入输入电阻 R_i 的情况下，如图 9-7-2所示，使 a 点对地短路，通过调节 R_p 和 R_T 可以实现放大器零电压输入时输出电压为零的要求。

(7) 更换反馈电阻时，必须断开输入信号，并将输入短路，否则放大器处于开环状态，会损坏输出电表。

(8) 线路布局要合理，接线要牢固，否则放大器不能正常工作，严重时极易损坏输出电表。

(9) 观察安装后的灵敏电流表和灵敏电压表刻度的线性情况，对于电流表，可通过限流法改变输入电流的大小；对于电压表，可通过分压的方法改变输入电压值。

(10) 必须指出：用上述方法改装的电表要求测量电路与运算放大器共地。在电流测量中，浮地电流是普遍存在的。例如：若被测电流无接地点，就属于浮地电流。为此，应把运算放大器的电源也对地浮动，按此种方式构成的电流表就可像常规电流表那样，串联在任何电流通路中测量电流。如图 9-7-3 所示，电流 I 与被测电流间关系为

$$-I_1R_1=(I_1-I)R_2$$

$$I=\left(1+\frac{R_1}{R_2}\right)I_1 \tag{9-7-1}$$

可见，如果把 100 μA 表头置于反馈支路上代替 R_m，就可以把大量程表头改装

成能测量小电流的直流电流表。改变电阻比$\frac{R_1}{R_2}$,可调节流过 100 μA 表头的电流大小,以提高灵敏度。

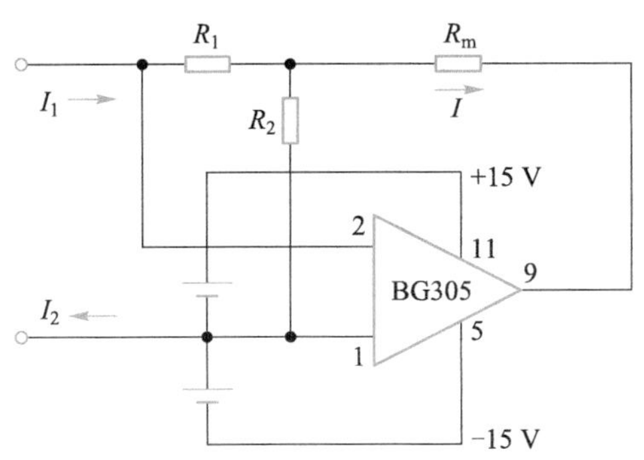

图 9-7-3　浮地电流的测量电路

(11) 图 9-7-4 所示为二极管全波整流电路,利用它可以把交流信号变为直流信号。如果把二极管桥路和表头代替 R_m 置于图 9-7-3 的反馈回路中,就可以将大量程直流微安表头改装成小量程浮地交流电流表。

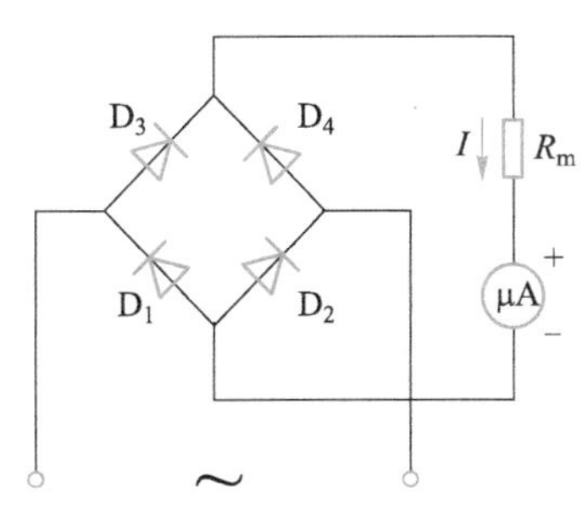

图 9-7-4　全波整流电路

改装好的浮地交流电流表,表头读数由被测交流电流 i 的全波整流平均值 I_{1AV} 决定,即

$$I=\left(1+\frac{R_1}{R_2}\right)I_{1AV} \tag{9-7-2}$$

如果被测电流 i 为正弦电流,即

$$i_1=\sqrt{2}I_1\sin\omega t \tag{9-7-3}$$

即上式可写为

$$I=0.9\left(1+\frac{R_1}{R_2}\right)I_1 \tag{9-7-4}$$

则表头可按有效值来刻度。

实际设计时,可通过改变$\frac{R_1}{R_2}$的值,并结合在表头并联分流电阻来实现要设计的量程。

(12) 按计算出的元件参量范围,选用相应的元件后,再连线,不要用改装的电表测量大电流。实验时,可以在电流回路中串接标准电流表来观察实际测量电流值并校准改装的电表。注意:要严格遵循"先接线、再检查,后通电;先关电,再拆线"的原则,确保器件安全。

5. 思考题

(1) 用运算放大器组装的灵敏电流计的优点之一是灵敏度较高,而内阻却很小,分析其内阻小的原因,并估算各量程的电表内阻值。

(2) 用运算放大器组装的灵敏电压计的优点之一是灵敏度较高,而内阻却很大,分析其内阻大的原因,并估算各量程的电表内阻值。

(3) 用一个运算放大器和一个直流电压表能否组装出能测量电阻值的欧姆表? 若可以,请设计电路,并分析其优缺点。

实验 9.8 小功率交流电路的功率测量

1. 引言

直流电路的功率等于电流与电压的乘积,但在交流电路中则不然。在计算交流电路的平均功率时,要考虑电压和电流之间的相位差 φ,即 $P=UI\cos\varphi$,式中 $\cos\varphi$ 称为电路的功率因数。电压和电流之间的相位差或电路的功率因数决定于电路负载的参量。功率因数在电工学中是一个重要的参量,提高功率因数,可以使电源和负载之间的功率交换得到充分的利用,从而减少功率的损耗。可见,测量交流电路的功率在工程技术上具有重要的意义。

2. 实验要求

(1) 测量某一交流电路的功率,其中信号源的频率为 1 000 Hz,输出电压为 10 V。

(2) 测出该交流电路的功率因数。

(3) 分析测量结果的不确定度。

3. 可提供的实验仪器

数字存储示波器(或双踪示波器)、函数信号发生器、低频小功率负载、已知电容(或电容箱)、电阻箱、数字多用表、连接线等。

4. 关键问题提示

(1) 测量交流电路功率的方法有多种,最常用的是瓦特计(又称功率计)法,瓦特计适用于测量直流或低频情况下的较大功率。由于本实验电路所消耗的功率比较小,且工作频率较高,故瓦特计法不适用。

(2) 示波器适用于测量较高频率下的较小功率。示波器测量功率的基本原理是,交流电路(负载)所消耗的功率正比于示波器荧光屏上的闭合曲线的面积。测量时可将待测负载 Z 与已知电容 C_0 串联,分别接到示波器的 Y 轴(CH2)和 X 轴(CH1)上,这样在示波器荧光屏上就出现如图 9-8-1 所示的闭合曲线。

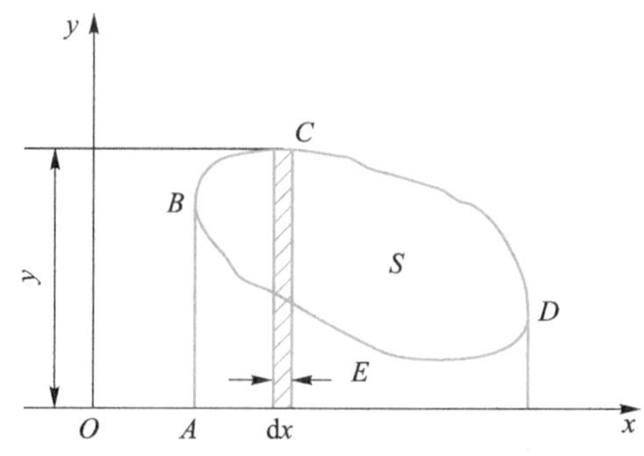

图 9-8-1 功率测量时闭合曲线示意图

设负载 Z 两端电压接到示波器 Y 轴,即

Y 轴获得电压信号为

$$u_y(t)=V_0\sin\ \omega t \tag{9-8-1}$$

Y 轴获得电流信号为

$$I_y(t)=I_0\sin\ (\omega t+\varphi) \tag{9-8-2}$$

电容 C_0 两端电压接到示波器 X 轴,即 X 轴获得电压信号为

$$u_x(t)=u_C(t)=\frac{I_0\sin\left(\omega t+\varphi-\dfrac{\pi}{2}\right)}{\omega C_0}=-\frac{I_0}{\omega C_0}\cos\ (\omega t+\varphi) \tag{9-8-3}$$

因为负载上的电压信号 $u_y(t)$ 使示波器荧光屏上的光点在 y 方向偏移,电容上的电压信号 $u_C(t)$ 使示波器荧光屏上的光点在 x 方向偏移,它们的偏移量 x、y 与 $u_y(t)$、$u_C(t)$ 的关系是

$$x=\frac{u_C(t)}{S_x} \tag{9-8-4}$$

$$y=\frac{u_y(t)}{S_y} \tag{9-8-5}$$

式中 S_x、S_y 分别为示波器 X 轴和 Y 轴的电压灵敏度,可由示波器 V/div 旋钮读数读出。可见,只要推导出荧光屏上闭合曲线所包围的面积 S 与电路损耗的功率 P 的关系,通过测量 S 的值就可以求出电路的损耗功率 P。为了方便地求出荧光屏上闭合曲线所包围的面积 S,可选择电压信号为正弦波,这时荧光屏所显示的闭合曲线为椭圆(或圆)。通过 $x=\dfrac{u_C(t)}{S_x}$和 $y=\dfrac{u_y(t)}{S_y}$,并令 $\omega t=n\pi(n=0,1,2,3\cdots)$,可推导出荧光屏上闭合曲线在 x 轴的交点坐标 x';只要测量出荧光屏上闭合曲线在 x 轴的交点坐标 x'和荧光屏上闭合曲线在 x 轴上的最大值投影 x_0,即可求出该电路的功率因数 $\cos\ \varphi$。

(3) 要获得准确的灵敏度 S_x 和 S_y,必须对示波器 X 轴和 Y 轴电压灵敏度进行校准。如果所使用的示波器不能直接读出电压灵敏度 S_x 和 S_y 的值,就要对示波器 X 轴和 Y 轴电压灵敏度进行定标。

(4) 要在示波器荧光屏上获得一个比较稳定的闭合曲线,要求示波器 X 轴和 Y 轴无系统固有的相位差,若有,可考虑附加相移电路,以消除示波器 X 轴和 Y 轴的系统固有相位差。

(5) 除了采用示波器测量小功率交流电路外,还可以采用交流电桥法,因为交流电路(负载)所消耗的功率为 $P=I^2r$,若利用交流电桥测出交流电路(负载)的有功电阻 r 和电抗 x,用电流表测出通过负载的电流 I,就可以求出功率 P。

5. 思考题

(1) 示波器电压灵敏度在荧光屏的不同部位是不一样的,这主要与荧光屏的曲率有关,在荧光屏的中央部分读数误差较小,故测量时应尽量将闭合曲线调节到荧光屏的中央,且图形不宜过大或过小。

(2) 不同型号的示波器 X 轴和 Y 轴输入阻抗不同,为了减少因示波器 X 轴和

Y 轴输入阻抗的偏差而引起的误差,实验时应选择高输入阻抗还是低输入阻抗的示波器?

(3) 用示波器法测量功率的缺点是精度不高,影响测量精度的原因除了思考题(1)、(2)提到的之外,还有哪些原因?

实验 9.9 转动速度的测量

1. 引言

人们常见的转动装置,如电动机、内燃机、涡轮机和水轮机等,是工业上常用的机器,它们的转动速度(简称转速)是否正常,直接影响生产过程中的各个环节,如机床的转速对产品加工的质量有着直接的影响。转速是反映转动物体特点的一个重要参量。对转速的测量和控制在工程技术中具有重要的意义。

2. 实验要求

(1) 设计一个测量小型低速电动机转动速度的方案。

(2) 对转动速度进行多次测量,并对测量结果进行评述。

3. 可提供的实验仪器

小型低速电动机、计数器、数字频率计等。

4. 关键问题提示

(1) 测量物体转动速度的方法很多。如霍耳效应法、光电转换法、电涡流的磁场测量法和光纤传输测量法等。霍耳效应法:在圆盘上粘贴一块磁钢,将开关型霍耳传感器放置在圆盘边缘附近,让霍耳传感器感应面正对磁钢。圆盘转动一周,霍耳传感器就输出一个脉冲,经信号放大、整形和输出电路后接到计数器即可测出转数。光电转换法:在转动物体上粘贴一块挡光片,当物体转动一周,光电管接收一个脉冲,经信号放大、整形和输出电路后接到计数器即可测出转数。通过查阅资料,了解各种测量方法的优缺点,然后根据测量对象,具体设计一种合理、可行的测量方案。

(2) 上述的几种测量方法,都是把转速变为电学量进行测量的。由于转变后的电信号比较弱,而且有许多干扰信号(噪声),所以要进行信号放大和整形。整形后的信号转变成脉冲信号,方便计数从而求得转动速度。

(3) 可以考虑采用运算放大器进行信号放大,关于运算放大器的工作原理、参量及应用方法,请参考有关模拟电子技术方面的教材。

(4) 信号的整形,常用门电路、施密特触发器或 555 触发电路等。

(5) 整形后的脉冲信号,通常要经过输出级,以便推动计数器,准确计数。

5. 思考题

(1) 在你的设计方案中,所使用的传感器,还有哪些其他可能的应用?

(2) 随着集成电路技术的发展,现在可将霍耳元件、放大器、整形电路、温度补偿电路以及稳压电路等集成在一个芯片上,制成集成霍耳传感器。UGN3000 系列开关型霍耳传感器,由霍耳元件、放大器、施密特整形电路和集电极开路输出等部分组成,如图 9-9-1 所示。应用时如何进行电路连接?有什么参量要求?

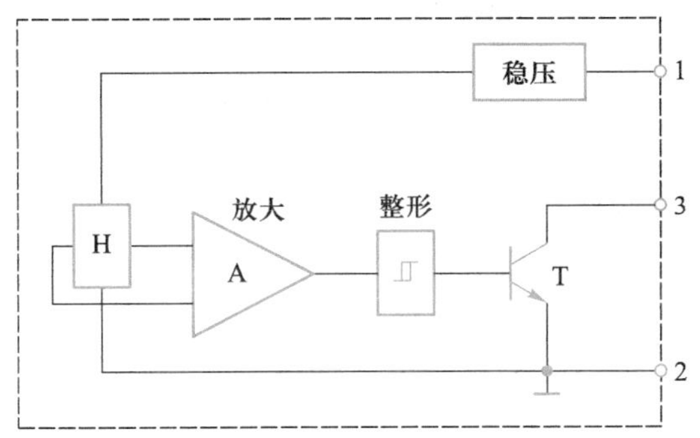

图 9-9-1　UGN3000 系列开关型霍耳传感器框图

(3) 如果用光电转换法测量物体的转速,从光束的发射到接收,可以有哪些方法?可以考虑采用哪些发射光源?常用的光接收器有哪些?比较它们的优缺点。

实验 9.10　液面位置的测量和控制

1. 引言

人们生活中面对各种的盛液装置,需要对其液面的位置有所了解,有的要测量液面的高低,并将液面高低控制在某一范围,如居民住宅楼上的储水箱、汽车油箱中的油位等。有的需要测量液面高低的变化速率,进行科学的预测,并提出预见报告。例如汛期各水文站对江河水面进行测量、分析,预测洪水的来势,及早提出警报,保护人民生命安全和减少国家财产损失。所以对液面位置的精确测量具有重要的意义。

2. 实验内容和要求

(1) 用水来模拟液面的变化,设计出能精确测量液面的位置,并在设定的最低液面和最高液面位置发出提示警报的实验方案。

(2) 从液面测量精度、液面控制精度、可靠性以及使用方便性等方面分析所设计的方案的优缺点和适用范围。

3. 可提供的实验仪器

本实验不选定所使用的仪器范围,可以根据实际方案从实验室现有的仪器设备中选配,如在特殊需要的仪器,允许超出实验室现有的仪器范围。(实验室现有仪器范围可以从学过的实验中了解,或向实验室老师了解。)

4. 关键问题提示

(1)随着各种传感技术的发展,液面测量和控制装置种类越来越丰富,如:光电式、磁电式、超声波传感式、浮球式等。可以通过查找资料,设计出一种合理、可行的测量和控制液面高度的方案。

（2）光电式液面测量方法又分为反射法、透射法、吸收衰减法。不管采用哪一种方法，都应该有光发射装置、光接收装置、光电转换装置、电信号处理电路、结果显示器和报警装置等。光发射装置应从光束的亮度、方向性、可靠性等方面选择；光接收与光电转换装置主要考虑灵敏度（光电转换效率）和稳定性。为了推动显示装置和报警装置，可能还需要放大、整形和输出电路。另外，也可以通过 A/D 转换实现数字运算、数字显示。

（3）利用超声波传感器设计液面测量装置，可以采用透射法和反射法。透射法基于的是超声波在介质中较强的透射能力，而反射法是通过测量从超声波发出至接收到液面反射波的时间间隔 t 来求得液面的距离 s，从而测出液面的位置的。

（4）浮球式测量装置工作原理简单，容易理解。利用这一简单而又古老的装置，结合现代科技，可派生出各种全新的测量手段，如霍耳效应传感式、光电传感式、磁电传感式、超声波传感式等。例如：在浮球上安装一块小磁钢，在两个设定位置上装上开关型霍耳传感器，当液面上升或下降到设定位置时，霍耳传感器就输出信号，通过对信号放大、整形，然后经输出电路控制电机开关，可以实现液面位置的自动控制。

5. 思考题

（1）不同的液体具有不同的性质。有些容易被光波、超声波穿透，而有些对光波、超声波有较强的吸收作用。有些液体是易燃、易爆物质，或者具有较强的腐蚀作用。液体也可能处于高温或者低温状态。所以在设计液面位置测量和控制装置时，要根据不同的研究对象，综合分析，设计出较为合理的方案。在设计中你考虑了哪些条件和因素？

（2）图 9-10-1 所示是一个简单的缺水声光报警电路，试简述其工作原理。

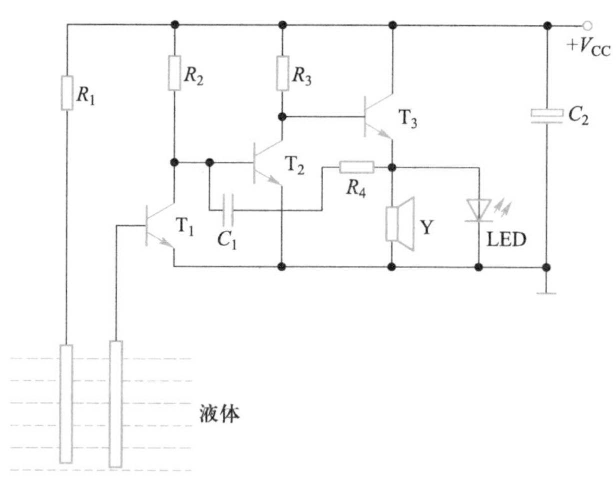

图 9-10-1　简单的缺水声光报警电路

实验 9.11　示波器在电磁测量中的应用

1. 引言

示波器可以用来观测电信号电压的大小。一切可以转化为电信号的电学量（如电流、功率、阻抗等）和非电学量（如温度、速度、位移、压力、强度、频率、相位等），都可以用示波器方便地观测。因此，示波器是一种用途广泛的测量仪器。

2. 实验要求

（1）考虑图形的取向和示波器公共接地，设计出用示波器显示硅稳压二极管正、反向伏安特性曲线的电路图。

（2）根据你设计的电路图接线，用示波器分别显示出硅稳压二极管正、反向伏安特性曲线。

（3）打印出硅稳压二极管正、反向伏安特性曲线。

（4）求出硅稳压二极管正向电流为 5 mA 时的动态电阻值和反向电流为 5 mA 时的动态电阻值。

（5）利用实验室提供的示波器，设计一个观察“拍”现象的线路连接图，并用示波器显示出“拍”振动曲线。

（6）打印出“拍”振动曲线。

（7）利用“拍”振动曲线测量未知信号源的频率 f。

3. 可提供的实验仪器

数字存储示波器、交流电源（15 V）、滑动变阻器、硅稳压二极管（2CW 型）、电阻箱、低频信号发生器、信号源等。

4. 关键问题提示

（1）设计测量电路时要注意接地问题。因为示波器的 Y 轴输入、X 轴输入有公共接地端（仪器外壳接地），所以设计电路时必须有公共接地点，否则接入示波器后，会导致待测线路短路而发生危险。

（2）硅稳压二极管加正向电压时，如果正向电压小于 0.5 V，正向电流很小，当正向电压大于 0.5 V 以后，正向电流开始随电压上升而快速上升，正向电流开始快速上升时对应的正向电压值，称为截止电压 U_f。实验时应注意正向电流值不能超过额定值。

（3）硅稳压二极管加反向电压时，随着反向电压的增加，反向电流很小。当反向电压增加到某一电压值时，反向电流急剧上升，此时所对应的反向电压值称为该稳压二极管的反向击穿电压。反向击穿是可逆的，但反向电流不能过大，否则，由于 PN 结的自身发热，会转变为热击穿，热击穿是不可逆的，一经出现热击穿，二极管就会永久性烧毁。故实验时要严格控制反向电流，不能超过额定电流值。

（4）用示波器测量电压的大小，要获得准确的值，必须对示波器 Y 轴和 X 轴的电压灵敏度（VOLTS/DIV）进行校准。

（5）用示波器所测得的电压是峰-峰值，要换算为有效值。

（6）要在示波器 Y 轴上显示稳压二极管的正、反向电流值，简单的方法是使用采样电阻，然后根据所测得的电压有效值和采样电阻的大小求出正、反向电流值。

（7）稳压二极管伏安特性曲线一般是在同一坐标、不同的象限上绘制。由于二极管的正反向电压，正反向电流数值相差很大，所以打印图线时 X 轴和 Y 轴可以选取不同的灵敏度。

（8）硅稳压二极管的动态电阻$\left(\text{即 } r=\dfrac{\mathrm{d}u}{\mathrm{d}i}\right)$，它代表着对应工作状态$(U,I)$下的特性电阻值，可从伏安特性曲线上某点斜率求得$\left(\text{计算时采用 } r=\dfrac{\Delta U}{\Delta I}\right)$。

（9）设两个同方向的简谐振动：

$$y_1(t)=A_1\cos(2\pi f_1 t+\varphi_1) \tag{9-11-1}$$

$$y_2(t)=A_2\cos(2\pi f_2 t+\varphi_2) \tag{9-11-2}$$

令它们的振幅相同$(A_1=A_2=A)$而且总可以得到两振动同相时刻$(\varphi_1=\varphi_2=0)$，则它们的合振动为

$$y_0(t)=y_1(t)+y_2(t)=2A\cos\ \pi(f_2-f_1)t\cos\ \pi(f_2+f_1)t \tag{9-11-3}$$

当$|f_2+f_1|\gg|f_2-f_1|$时，合振幅出现时而加强时而减弱的周期性变化现象，即称为“拍”。所谓拍实际上是频率为$(f_2+f_1)/2$的简谐振动受$2A\cos\ \pi(f_2-f_1)t$的信号调制，简谐振动的振幅在 0 到 $2A$ 之间变化，变化的频率是$\cos\ \pi(f_2-f_1)t$信号频率的两倍，称为拍频f，则$f=|f_2-f_1|$。

（10）由示波器上显示的拍振动曲线，可以测出振幅的调制周期 T 和振动周期 T'，即

$$T=\frac{1}{f}=\frac{1}{f_2-f_1} \tag{9-11-4}$$

$$T'=\frac{1}{(f_2+f_1)/2} \tag{9-11-5}$$

可见，若已知f_1或f_2中的一个，再测出振幅的调制周期 T 和振动周期 T'，就可以测得另一频率。注意测量振幅的调制周期 T 和振动周期 T' 时，要对每格扫描时间（SWEEP TIME/DIV），通过标准信号进行校准。

5. 思考题

（1）示波器的输入电阻虽高，但并非无穷大，讨论示波器接入引进的接入误差。

（2）要显示稳压二极管的正、反向伏安特性曲线，本实验采用正弦波，当然还可以采用锯齿波，你认为采用正弦波还是采用锯齿波更好？如果显示的是线性电阻伏安特性曲线，最好采用什么样的波形作为信号源？

（3）拍现象在声学、电磁振动和无线电技术中都有广泛的应用，列举有关例子。

实验 9.12 表头参量的测定

1. 引言

各种电流表、电压表和欧姆表等在电学测量中被广泛使用。它们都有一个共同的部件——表头,表头实际上就是"灵敏的直流电流表",表头内部有一个可动的线圈叫动圈,位于永久磁铁的中央,当电流通过时,它受到磁场的作用而偏转,带动了它上面的指针的偏转。动圈电阻就是表头内阻 R_g。当指针指示满刻度时,流过线圈的电流称为满度电流 I_g(又称灵敏度),流过线圈的实际电流和表头的示值有一定的偏离,其偏离的程度用表头等级 Δ 表示。表头内阻 R_g、灵敏度 I_g 和等级 Δ 是描述表头的三个重要参量,表头参量测定对生产和应用都具有重要意义。

2. 实验要求

(1) 微安表头参量的测定方法有多种,用电势差计测量是其中的一种。试设计用 UJ-31 型电势差计测量微安表头参量的附加电路。

(2) 测量有关实验数据,作出校验曲线,求出表头等级。

3. 可提供的实验仪器

UJ-31 型电势差计(17.1 mV 和 171. mV 两个量程)、标准电池(t=20 ℃时,其电动势为 1.018 6 V)、数字灵敏电流计、ZX-21 型六位电阻箱(0~99 999.9 Ω)、精密稳压电源(6 V,两组输出)、标准电阻(10 Ω)、微安表头(R_g<340 Ω,I_g≈500 μA)。

4. 关键问题提示

(1)R_g可以取不同的"I"值进行测量,但不能超过其满度值,更不允许电流倒流;I_g只能对满标电流值进行多次测量;Δ 通过校准曲线,由 Δ 定义求出。

(2) UJ-31 型电势差计是测量微小电势的精密仪器,其测量精度为 0.1 级。在测量上述参量时要通过附加电路才能进行,所以测量前必须做好附加电路的设计,并根据仪器参量要求对电路参量做理论验算。

(3) 电势差计的测量原理是比较法,它的操作程序很严密,在实际操作时应尽可能预置测量值。

5. 思考题

(1) 使用电势差计时,为什么首先要进行校准?如何校准?测量时通常要预置测量值,为什么?

(2) 使用电势差计时,发现检流计读数始终不能为零,这有哪些可能情况?

(3) 测量表头内阻 R_g除了电势差计法外,还有哪些方法?试举例说明。

(4) 能否用 UJ-31 型电势差计测量非线性元件的伏安特性曲线,若可以,试设计出其测量的附加电路,说明测量原理。

实验 9.13 用光学法测微细线径

1. 引言

各种线材、棒材、管材规格品种越来越多,应用也越来越广泛。使用的材料有金属、塑料、玻璃等,小至直径只有微米数量级的光纤,大至直径达几米的管道。直径较大的材料可以用仪器进行直接测量,对于细小直径材料的测量,由于仪器分辨率的限制,直接测量具有一定的困难,而利用光学的方法进行间接测量具有许多优点,所以在科研和生产中得到广泛的应用。

2. 实验要求

(1) 设计测量微细线径(0.1 mm 以下)的实验装置。

(2) 简述为提高测量准确性所采取的方法与措施。

3. 可供选择的实验仪器

1.5 m 以上的光具座及其配件、未知焦距的凸透镜、米尺、游标卡尺、He-Ne 激光器、细线(待测单丝)、支架、读数显微镜、光学平板玻璃(两块)、钠光灯等。

4. 关键问题提示

(1) 根据巴俾涅原理,单缝的夫琅禾费衍射图样和与其互补的单丝衍射图样,在自由光场为零的区域内是相同的。所谓自由光场,是指无衍射屏阻碍的光场。巴俾涅原理对菲涅耳衍射也成立。

(2) 夫琅禾费衍射要求光源与狭缝(单丝)、狭缝与观察屏的间距为无穷远,当采用激光作为光源时,由于激光的散角很小,为了实验方便,光源与狭缝(单丝)的距离可以很近,而狭缝(单丝)到观察屏之间的距离要足够远,才能满足远场的条件。

(3) 实验时要采用像平面(或焦平面)观察单丝的夫琅禾费衍射图样,所以调节光路时,一定要使激光与单丝及观察屏垂直,让衍射条纹处于水平状态。

(4) 微细线径也可以采用劈尖干涉的方法测量。

5. 思考题

(1) 从实验条件和方法上讨论测量结果的误差,并提出改进意见。

(2) 分析单丝衍射法与劈尖干涉法的优缺点。

(3) 考虑设计一套对单丝直径进行快速测量的装置。所谓快速测量,是指不需要逐条测定各级衍射条纹的宽度,而是只要调整好衍射图样后,从有关的标志(如刻度)即可读出和单丝直径有关的读数。

实验 9.14 钠光 D 双线波长差的测定

1. 引言

钠光灯是一种气体放电灯,分低压和高压两种。实验室常用低压钠灯,它的发光物质为金属钠蒸气，它的光谱在可见光范围内有两条强黄色谱线，我们平常所说的钠光波长 $\lambda=589.3$ nm，是指此两条谱线的平均波长，钠光是一种比较好的单色光源，在科学实验中得到广泛的使用，精确测定钠光 D 双线波长差，对了解该光源的特性具有重要的意义。

2. 实验要求

(1) 设计测定钠光波长的光路。

(2) 采用多次测量，用逐差法求出结果，并对结果进行评述。

3. 可供选择的实验仪器

迈克耳孙干涉仪、低压钠灯、仪器升降架、扩束透镜(毛玻璃)等。

4. 关键问题提示

(1) 本实验可供选择的实验仪器是迈克耳孙干涉仪，有关迈克耳孙干涉仪的调整与使用请参考相关资料。

(2) 对于 He-Ne 激光光源的波长，可用非定域等倾干涉条纹进行测量，而对于钠光光源的波长，必须用定域等倾干涉条纹来测量。

(3) 借助镜面成像规律，细致调节动镜 M_1、定镜 M_2 的方位角，使 M_1 和 M_2'平行，即可得到等倾干涉条纹——同心圆。当 M_1 和 M_2'严格平行时，得到的干涉圆环的大小不因观察者眼睛上下、左右微微移动而发生变化，而仅仅是圆心位置随视线平移而已。若眼睛上下移动时干涉圆环大小发生变化，则应微调垂直微动调节螺钉，若眼睛左右移动时干涉圆环大小发生变化，则应微调水平微动调节螺钉。

(4) 如果光源是理想单色的，则当动镜 M_1 缓慢移动时，虽然视场中心条纹不断涌出或陷入，但条纹的视见度不变。一般的光源都不是理想的单色光，例如本实验中使用钠光光源，它包含有波长相近的两种光波 λ_1 和 λ_2，则当动镜 M_1 缓慢地移动时，视场中心条纹不断"涌出"或"陷入"，而且条纹的视见度会出现周期性变化。设开始两臂等光程，即光程差 $\delta=0$，此时 λ_1 和 λ_2 两种波长的光形成的亮条纹重合，它们相互加强，使视见度最大，条纹最清晰。缓慢移动动镜 M_1，改变光程差 δ，由于两谱线波长不同，两套条纹的亮暗位置逐渐错开，条纹的视见度下降，直到错开半根条纹，即 λ_1(或 λ_2)产生的亮条纹与 λ_2(或 λ_1)产生的暗条纹正好重合，视见度达最小。继续移动动镜到错开一根条纹时，亮条纹与亮条纹再一次重合，条纹再次变为最清晰……即条纹的视见度会出现周期性的亮暗变化。

(5) 为了提高测量精度，测量前，应通过缓慢移动动镜 M_1，仔细观察视场中心条纹视见度的变化规律，正确判断视见度最小时的位置(因为钠光 D 双线的光强不相等，所以最小可见度不为零)，以减小测量误差。

(6) 为了减少测量误差，实验应采用多次测量，并用逐差法处理数据。

(7) 测量时要注意消除仪器的系统误差。

5. 思考题

(1) 分析扩束激光和钠光产生的干涉条纹的差别。

(2) 如何利用干涉条纹圆心的"涌出"和"陷入"测定光波的波长？

(3) 如何利用干涉条纹视见度的变化来测定钠光 D 双线的波长差？

(4) 如果用白光做光源,试分析产生干涉条纹的条件。

(5) 如何测量白光的相干长度?

实验 9.15 里德伯常量的测定

1. 引言

由于里德伯常量的测定比起一般的基本物理常量测定而言可以达到更高的精度,因而精确测定里德伯常量,成为测量其他一些基本物理常量值的重要依据之一,具有重要的意义。氢原子是最简单的原子,其光谱线按波长(或波数)大小的排列次序表现出简单的规律性。本实验通过测量氢灯在可见光范围中各谱线的波长值,计算出里德伯常量。

2. 实验内容要求

测量氢灯在可见光范围中各谱线的波长,计算里德伯常量,并与公认值比较,求相对不确定度。

3. 可供选择的实验仪器

WGD-3 型组合式多功能光栅光谱仪(波长范围 200~800 nm,焦距 302.5 mm,相对孔径 $D/F=1/7$,波长精度±0.4 nm,波长重复性±0.2 nm,杂散光$\leqslant 10^{-3}$)、计算机、氢灯。

4. 关键问题提示

氢原子是最简单的原子,而氢原子光谱又是最简单的光谱,它有如下特点:

(1) 光谱是线状的,谱线有确定的彼此分立的波长值。

(2)谱线之间有一定的关系,例如谱线构成谱线系(氢原子光谱有莱曼线系、巴耳末线系、帕邢线系、布拉开线系和普丰德线系等)。根据玻尔理论,氢原子发出光波的波数 σ(波长 λ 的倒数,单位是cm^{-1}),可由下式表示:

$$\sigma=\frac{1}{\lambda}=R_{\text{H}}\left(\frac{1}{m^2}-\frac{1}{n^2}\right) \tag{9-15-1}$$

式中 $R_{\text{H}}=1.096\ 775\ 8\times10^{7}\ \text{m}^{-1}$称为里德伯常量。

(3) 对于氢原子光谱在可见光范围的巴耳末线系有

$$\sigma=\frac{1}{\lambda}=R_{\text{H}}\left(\frac{1}{2^2}-\frac{1}{n^2}\right)\quad(n=3,4,5,\cdots) \tag{9-15-2}$$

氢原子光谱巴耳末线系的四条谱线分布在可见光范围,它们分别是

H_{α}　$\lambda=656.28$ nm(红)

H_{β}　$\lambda=486.13$ nm(深绿)

H_{γ}　$\lambda=434.05$ nm(蓝)

H_{δ}　$\lambda=410.17$ nm(紫)

谱线的间隔和强度都向短波方向递减。可见只要扫描出氢原子光谱,测出可见光范围各谱线的波长,找出合适的 n(主量子数)值,就可以计算出里德伯常

量 R_H。

(4)有关 WGD-3 型组合式多功能光栅光谱仪的操作请参阅相关实验。

5. 思考题

(1) 氢原子光谱具有什么规律? 用 WGD-3 型组合式多功能光栅光谱仪扫描所得的光谱曲线,哪些是巴耳末线系的谱线?

(2) 对于氢原子的非可见光谱系,要用什么方法来测量?

(3) 分析本实验的误差来源。

(4) 通过本实验能否测出普朗克常量?

实验 9.16　电容与电感的测量

1. 引言

电容和电感的测量方法已经非常成熟,有专门的测量仪器,如交流电桥等。而本实验从实际出发,以最简单的实验仪器和"一题多解法"的形式,对电容、电感进行定量测量。

2. 实验要求

(1) 根据实验室所提供的仪器拟定测量电容、电感的实验电路,各构思三种以上的测量方法,写出实验步骤及运算公式。

(2) 各选择两种最佳测量方法进行定量测量,并比较测量结果。

(3) 讨论本实验的测量方法存在哪些主要系统误差,对测量结果影响如何?

(4) 本实验的测量方法在大范围的测量中存在哪些不足? 如何解决?

3. 可供选择的实验仪器

交流电源(50 Hz、9 V)、电阻箱、交流电压表(0~10 V)、待测电容、待测电感、连接线等。

4. 关键问题提示

(1) 实验室所供选择的交流电源频率为 50 Hz,可以认为是准确的。但输出电压是一个不准确的值。

(2) 实验室所供选择的交流电压表由 500 μA 直流微安表头简单改装后得到,改装后面板刻度仍保留原表头刻度,未经标准交流表校对,精度不高。

(3) 交流电路中的电容和电感对电路呈现出一种阻抗作用,分别称之为容抗 $X_C(X_C=1/\omega C)$ 和感抗 $X_L(X_L=\omega L)$,其中 $\omega=2\pi f$ 称为角频率。

(4) 在直流电路和交流电路中,其外电路各测量值的合成方法是不同的,前者是代数和,而后者却是矢量和。

(5) 在交流电路中,纯电阻上的电压与流过的电流同相位,但纯电容上的电压相位却滞后电流 $\pi/2$,纯电感上的电压的相位则超前电流 $\pi/2$。又因为在串联电路中电流处处相等,所以 RL(或 RC)串联电路的总电压与总电流的相位不相同,各电压间相位也不相同。在分析和计算交流电路时必须时刻清楚交流的概念,RL(或

RC)串联电路的总电压一般不等于它们各自电压的代数和,而是等于它们各自电压的矢量和。

(6) 由于所提供的测量仪器精度不高,必然带来较大的测量误差,所以要从测量方法上多加考虑进行改良。

5. 思考题

(1) 在 RL(或 RC)串联电路中,任何时刻电源的电压都等于两元件端电压之和,对吗? 为什么?

(2) 在纯电感(纯电容)电路中,电压(电流)的相位超前于电流(电压),是否意味着电路中先有电压(电流),后有电流(电压)呢?

(3) 交流电桥是测量电容、电感的专门仪器,它的测量原理是什么? 测量电容和测量电感所用的电桥形式是否一样? 如果不一样,试画出它们的测量电路。

(4) 电感、电容的测量除了交流电桥法和本实验所使用的方法外,还可以采用什么方法? 试列举之,并简述其测量原理。

实验 9.17 自组显微镜和望远镜

1. 引言

为了观察近距离的微小物体,要求光学系统有较高的视觉放大率,必须采用复杂的组合光学系统,如显微镜就是这种光学系统。而望远镜是用来观察远处物体细节的仪器,有开普勒望远镜光学系统和伽利略望远镜光学系统两类。开普勒望远镜由两个正光焦度的物镜和目镜组成,因此望远镜系统成倒像,为使经系统形成的倒像转变成正立的像,需要加入一个透镜或棱镜转像系统,因为开普勒望远镜的物镜在其后焦平面上形成一个实像,故可在中间像的位置放置一分划版,用作准线或测量。而伽利略望远镜是由一个正光焦度的物镜和一个负光焦度的目镜组成,其视觉放大率大于1,形成正立的像,它不需要加转像系统,但无法安装分划版,故应用比较少。

2. 实验要求

(1) 比较各种测量薄透镜焦距的方法,设计出合适的测量薄透镜焦距的光路图,并测量出实验室所提供的透镜焦距,从中选择出适合组成显微镜和望远镜的透镜组。

(2) 设计出自组显微镜的光学系统,画出它的光路图,说明其结构和简单原理。并用你所选择的透镜组成显微镜。

(3) 设计出自组望远镜的光学系统,画出它的光路图,说明其结构和简单原理。并用你所选择的透镜组成望远镜。

(4) 测量自组显微镜的视觉放大率,画出测量光路,说明测量原理和步骤。

(5) 估测出自组望远镜的视觉放大率。

3. 可供选择的实验仪器

GsZ-Ⅱ光学平台、带有毛玻璃的白炽灯、薄透镜、分束镜 1∶1、可调支架座、分划版(0.1 mm、0.2 mm 和 1 mm)、白色像屏等。

4. 关键问题提示

(1) 最简单的显微镜和望远镜都是由两个正焦透镜组成的,靠近被观察物的是物镜,靠近人眼的是目镜。物镜的作用是使物体成像于目镜物方焦点以内,并且靠近物方焦点或位于物方焦点处;而目镜起到放大镜的作用。显微镜和望远镜虽然基本结构相同,但功能却大不一样,显微镜是用来观察近处微小物体细节的,而望远镜则用来观察远处大物体的细节,它们都能够大大提高人眼的分辨率,是延展人眼功能的工具。

(2) 显微镜中的物镜焦距要求比较短,这样易使位于其物方焦点稍远点的物体 y_1 形成一个放大的实像 y_2,然后通过目镜在人眼的明视距离 D(约 25 cm)处形成一个放大了的虚像 y_3。

(3) 显微镜物镜和目镜之间通常有一定的光学间隔,一般选择 18 cm 左右。

(4) 显微镜的放大率用视角放大率 M 来衡量,M 定义为像对人眼的张角 α' 与被观察的物体 y_1 在明视距离 D 处对人眼的张角 α 之比,由于 α' 和 α 都很小,故有

$$M=\frac{\alpha'}{\alpha}=\frac{y_3}{y_1}=\beta \tag{9-17-1}$$

β 称显微镜的横向放大率。可见,当最后的像 y_3 位于明视距离时,显微镜的视角放大率 M 与横向放大率 β 是相等的。

(5) 测量显微镜的放大率可用目测的方法,选择目镜和物镜光学间隔为 18 cm,并调节它们处于等高共轴状态,用 0.1 mm 分划版 A_1 作为物,另外在目镜后面放置一块与光轴成45°的分束镜,在与光轴垂直方向相距 25 cm(明视距离)处放置另一分划版 A_2,通过调节分划版 A_1 位置,使人眼同时看清两块分划版,且二者无视差,读出未经显微镜放大的分划版上的刻线格数 N_2,以及 N_2 格所对应的被显微镜放大的分划版上的格数 N_1,则显微镜的测量放大率为

$$M=\frac{N_2}{N_1} \tag{9-17-2}$$

(6) 望远镜的物镜焦距比较长,它的作用是使远处的物体 y_1 在像方一边成一个实像 y_2,然后再通过目镜将此实像放大,使之成像在明视距离到无限远处的任一位置上。

(7) 望远镜的视角放大率定义可分为两种情况。第一种是望远镜调焦于无穷远情况,此时望远镜的作用是把与光轴夹角 ω 很小的入射光束变为与光轴夹角 ω' 比较大的出射光束,由于 ω 和 ω' 都比较小,根据视角放大率的定义,得望远镜视角放大率 M 为

$$M=\frac{\omega'}{\omega} \tag{9-17-3}$$

实验时要测出 ω 和 ω' 并不容易,若画出望远镜对无穷远处近轴调焦光路,通过

简单的几何关系可求出 M 值。

第二种情况是观察有限距离物体时，由于物镜和目镜的光学间隔不为零。处于某一距离的物体 y_1 直接对人眼的张角为 ω，而通过望远镜目镜所看到的虚像 y_3 对人眼的张角为 ω'，可根据视角放大率的定义式(9-17-3)求出 M。实验时估测自组望远镜的视角放大率的方法是，在望远镜光路上，以一分划版作为物，用一只眼睛通过目镜和物镜看清分划版上的刻线 N_1 格，再用另一眼睛直接观察分划版上的刻线，读出对应于通过望远镜读得的 N_1 格的格数 N_2，则估测望远镜视角放大率为

$$M=\frac{N_2}{N_1} \tag{9-17-4}$$

5. 思考题

(1) 你知道的测量薄凸透镜的焦距的方法有哪些？分别对这些方法进行评述。

(2) 显微镜有视角放大率 M 和横向放大率 β，它们什么时候相等？

(3) 开普勒望远镜是由两个正光焦度的物镜和目镜组成的，因此望远镜系统成倒像，如何使经系统形成的倒像转变成为正立的像？

第 四 篇

探 索 篇

第 10 章
近代物理实验初步

实验 10.1　密立根油滴实验——测电子电荷量

1. 引言

电子是人类最早认识到的一种粒子。电子电荷量是一个重要的基本物理量,它的准确测定具有重大的意义。1833 年,法拉第发现电荷不连续结构。1911 年密立根用个别油滴所带电荷量的方法来直接证明电荷的分立性,并准确测定电子电荷量的数值,这就是著名的密立根油滴实验。正是由于这个实验对物理学发展的贡献,密立根获得了 1923 年诺贝尔物理学奖。密立根油滴实验在近代物理学发展中占有非常重要的地位,该实验清楚地证明了电荷的粒子性,并确定了最小单位电荷的量值。开设这个实验,不仅是为了掌握一种实验方法,或验证一下前人已经验证过的定律,更重要的是通过实验使学生独立思考,掌握一种发现物理规律的方法——通过本实验发现电荷的粒子特性,并确定电荷的最小值。

文档:密立根油滴实验史话

2. 实验目的

(1) 验证电荷的不连续性。

(2) 测定电子的电荷量。

3. 实验原理

密立根油滴实验测量电子的电荷量绝对值 e,通常采用静态(平衡)测量法(简称静态法)或动态(非平衡)测量法(简称动态法),也可以通过改变油滴的带电量,用静态法或动态法测量油滴带电量的改变量。

(1) 静态(平衡)法

如图 10-1-1 所示,两极板间电压为 U,间距为 d。当一质量为 m、电荷量为 q 的油滴处于两极板时,调节极板间电压,使油滴静止不动,此时油滴受到重力和电场力,两力平衡,即

$$mg=q\frac{U}{d} \tag{10-1-1}$$

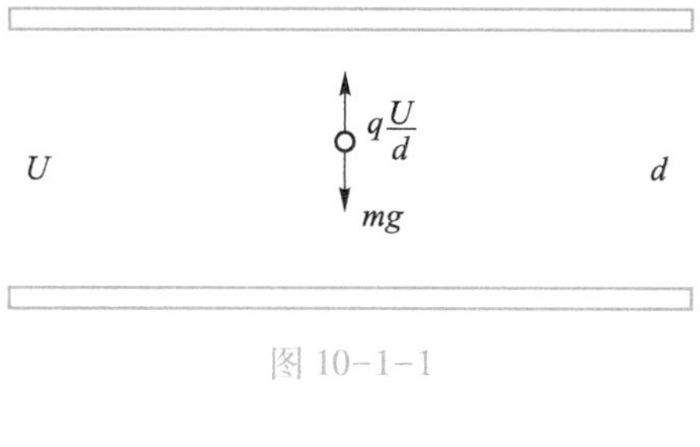

图 10-1-1

撤去极板电压,油滴在重力的作用下降,同时受到空气阻力(黏性阻力)的作用,油滴的速度达到一定值后,黏性阻力和重力相等,油滴匀速下降。根据斯托克斯定律,有

$$f=6\pi\eta r v_{g}=mg \tag{10-1-2}$$

由于表面张力的作用,油滴可看作小球,有

$$mg=\frac{4}{3}\pi r^{3}\rho g \tag{10-1-3}$$

式(10-1-2)和式(10-1-3)中,r 为油滴的半径,η 为空气的黏度,v_g 为油滴的运动速度,ρ 为油滴的密度。则油滴的半径为

$$r=\sqrt{\frac{9\eta v_{g}}{2g\rho}} \tag{10-1-4}$$

由于斯托克斯定律只适用于连续介质,本实验中油滴的直径与空气分子的间隙相当,空气已不能看成是连续介质,因此需将黏度 η 修正成 η',即

$$\eta'=\frac{\eta}{1+\frac{b}{pr}} \tag{10-1-5}$$

式中 p 为空气压强,$b=8.23\times10^{-3}$ m · Pa 为修正常量,r 经修正后为

$$r_{0}=\sqrt{\frac{9\eta v_{g}}{2g\rho}\frac{1}{1+\frac{b}{pr}}} \tag{10-1-6}$$

那么,有

$$q=\frac{18\pi\eta^{\frac{3}{2}}}{(2g\rho)^{\frac{1}{2}}}\cdot\frac{d}{U}\cdot v_{g}^{\frac{3}{2}}\cdot\left(\frac{1}{1+\frac{b}{pr}}\right)^{\frac{3}{2}} \tag{10-1-7}$$

当两极板电压 $U=0$ 时,测出油滴匀速下降距离为 l 时对应的时间 t_g,则有

$$v_{g}=\frac{l}{t_{g}} \tag{10-1-8}$$

代入式(10-1-7)得

$$q=\frac{18\pi}{(2g\rho)^{\frac{1}{2}}}\cdot\frac{d}{U}\cdot\left[\frac{\eta l}{t_{g}\left(1+\frac{b}{pr}\right)}\right]^{\frac{3}{2}} \tag{10-1-9}$$

上式即为静态(平衡)法测量油滴带电量的公式。式中尽管还包含油滴的半径 r,但因为它在修正项中,可以不用十分精确,因此可用式(10-1-4)计算 r。

(2) 动态(非平衡)法

当两平行板加上电压为 U_e 时,调节电压,使油滴向上作加速运动,在重力、电场力、空气阻力的作用下,油滴上升一段距离后以一定的速度 v_e 匀速上升,此时油

滴受力达到平衡,则有

$$6\pi\eta r v_{e}+mg=q\frac{U_{e}}{d} \tag{10-1-10}$$

若油滴匀速上升距离 l 时对应的时间 t_e,即可得其速度 v_e 为

$$v_{e}=\frac{l}{t_{e}} \tag{10-1-11}$$

联立式(10-1-4)、式(10-1-6)和式(10-1-8),可得动态(非平衡)法测量油滴带电量的公式如下:

$$q=\frac{18\pi}{(2g\rho)^{\frac{1}{2}}}\cdot\frac{d}{U_{e}}\cdot\left[\frac{\eta l}{t_{g}\left(1+\frac{b}{pr}\right)}\right]^{\frac{3}{2}}\cdot\left(1+\frac{t_{g}}{t_{e}}\right) \tag{10-1-12}$$

文档:CCD 显微密立根油滴仪的介绍

视频:CCD 显微密立根油滴仪的操作介绍

4. **实验仪器**

CCD 显微密立根油滴仪(简称油滴仪,见图 10-1-2)、监视器、喷雾器等。

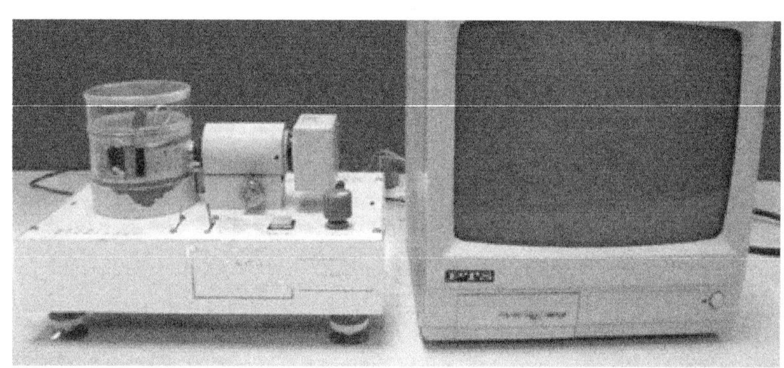

图 10-1-2 密立根油滴实验装置

5. **实验内容**

用静态法(或动态法)测量油滴电荷量。

(1) 仪器调节

① 油滴仪水平调节:调整油滴仪的调平螺钉,直到水准仪气泡正好处于中心,此时平行极板处于水平位置,电场方向与重力方向平行。

② 喷雾器使用:用滴管吸入少量钟表油滴入喷雾器的储油腔内,油不要太多,以免实验过程中不慎将油倾倒至油滴盒内堵塞落油孔。喷油时要将喷雾器竖起,喷嘴向上,用手挤压气囊,一次不要喷太多。

③ 开机使用:连接油滴仪和监视器,打开油滴仪和监视器电源;调节显微镜筒前端和底座前端对齐,喷油后可再前后微调即可。在使用中,前后调焦范围不要过大。

(2) 选择合适的油滴并练习控制油滴

① 选择合适的油滴,油滴的大小要选择适当,若油滴过小,布朗运动影响明显,平衡电压不易调整,时间误差也会增加;若油滴过大,下落太快,时间相对误差

增大。

② 练习操作油滴仪“平衡/提升”“0 V/工作”等按键，调节电压为一合适值（如 200 V 左右）。喷油后，选择那种上升缓慢的油滴作为暂时的目标油滴，调节相应按键，观察到油滴能够上下自如运动。将极板间的电压调节为 0 V，选择下落速度适当的油滴作为最终的目标油滴，微调调焦旋钮使该油滴最清晰，将其移动在屏幕上某刻度线上，油滴仪置于“平衡”挡。

③ 确定平衡电压，调节平衡时的“电压调节”使油滴静止在某一格线上，若其基本稳定在格线或只在格线上下做轻微的布朗运动，则可以认为油滴达到了力学平衡，这时的电压就是平衡电压。

(3) 用平衡法或动态法测量电子电荷量

① 平衡法

a. 将前面已选好并调平衡的油滴“提升”到屏幕顶端的“0”刻度线（一般是第一格的下线），切换至“平衡”。同时按下“0 V”和计时键，油滴开始下降的同时，计时器开始计时，待油滴下落到指定的终点刻度线时按下“平衡”和计时键，油滴立即静止，计时也停止，记录此时的电压与时间。

b. 重复 a. 的操作，每颗油滴共测量 5 次。

c. 改变平衡电压，重新选择适当的油滴，重复前面的操作。至少测量 5 颗油滴。数据记录于表 10-1-1 中。

表 10-1-1　平衡法测量数据

油滴编号	平衡电压 U/V						油滴下降时间 t_g/s						油滴的电荷量 q
	U_1	U_2	U_3	U_4	U_5	$\overline{U}$	t_1	t_2	t_3	t_4	t_5	$\overline{t_g}$	
1													
2													
3													
4													
5													

② 动态法

动态法分两步进行（表格自拟）：

a. 测量油滴下落的时间 t_g，其操作同平衡法（略）。

b. 测量油滴上升的时间 t_e 与提升电压 U_e，当 a. 完成后，调节“0 V/工作”“平衡/提升”键使油滴向下移动，偏离指定的终点刻度线一定距离。调节“电压调节”旋钮增大电压，使油滴上升，当油滴到达指定的终点刻度线时，立即按下计时键开始计时，当油滴上升到“0”刻度线时，再次按下计时键，停止计时。调节“电压调节”旋钮使油滴平衡在“0”刻度线以上。记录油滴上升的时间 t_e 与提升电压 U_e，重复测量 5 次。

c. 改变平衡电压,重新选择适当的油滴,重复前面的操作。至少测量 5 颗油滴。

6. 数据处理

(1) 用求最大公约数法求元电荷的值。

利用相应公式计算出各油滴的电荷后,求它们的最大公约数,即为元电荷 e 值。

(2) 作图法求元电荷 e。

① 计算出各油滴的电荷量为分别为 $q_1, q_2, \cdots, q_m$。

② 由于电荷的量子化特性,应有 $q_i = n_i e$,即 $n_i = q_i / e$。用测得的各油滴电荷量 q_i 除以元电荷 e,就得到 m 个 n_i,对 n_i 四舍五入取整。

③ 在直角坐标纸上以 n_i 为自变量,q 为因变量,描点作图。m 个油滴对应的数据应该在 $n-q$ 坐标中同一条过原点的直线上,其斜率即 e。

④ 将 e 的实验值与公认值比较,计算其相对误差。

7. 注意事项

(1) 实验前必须调节水准仪气泡居中。

(2) 每次选取油滴时都要重新调节平衡电压,要求每个油滴的平衡电压或下降时间都不相同。

(3) 擦拭极板时要关掉电源,以免触电;实验时严禁打开油滴盒盖,以免触电。

(4) 喷油雾前将漏油开关打开;喷油后应将风口盖住,防止空气流动对油滴的影响。

(5) 喷油时喷雾器应竖拿,食指堵住气孔,对准油雾室的喷雾口,轻轻喷入少许(喷 1~2 次)即可;喷油太多,易堵塞上电极板中的落油孔。喷油后,喷雾器应竖立放置。

8. 思考题

(1) 为什么要进行油滴仪水平调节?如果油滴仪不水平对实验结果有什么影响?

(2) 油滴的质量、电荷量对实验结果有什么影响?

(3) 影响实验结果的主要因素有哪些?

实验 10.2 弗兰克-赫兹实验——测原子第一激发电位

1. 引言

1914 年,德国物理学家弗兰克(J.Franck)和其助手赫兹(H.R.Hertz)在进行慢电子轰击稀薄气体原子的碰撞实验时,发现原子吸收能量是不连续的,进而第一次用实验直接证明了原子能级的存在。他们不仅证实了玻尔提出的原子存在分立能级的假设,而且改进后的实验装置可以直接测定两个分立能级之间的能量差,为量子理论的建立奠定了重要的基础,至今该方法仍用于探索原子内部结构。由于此项工作的卓越贡献,1925 年弗兰克和赫兹共同获得诺贝尔物理学奖。

文档：弗兰克-赫兹实验史话

2. 实验目的

（1）理解弗兰克-赫兹实验原理，加深对玻尔理论的认识。

（2）测定氩原子的第一激发电位，验证原子能级的存在。

（3）了解电子与原子碰撞时能量交换的微观现象。

3. 实验原理

（1）玻尔原子能级

① 原子具有分立的能量 $E_1, E_2, \cdots, E_n$，又称能级，正常状态下原子不辐射也不吸收能量，称为稳定状态。最低能级对应的定态称为基态，其他定态称为激发态，如果原子能量发生变化，它只能从一个定态跃迁到另一个定态；

② 原子从一个定态 E_m 跃迁到另一定态 E_n，必须要吸收或辐射一定的能量。原子状态的跃迁，通常有两种方式，一种是原子本身吸收或辐射电磁波，另一种是用电子轰击原子（即电子与原子碰撞）。实验采用后者。电子在加速电压 U 作用下获得能量，表现为电子的动能。如果满足

$$eU=\frac{1}{2}mv^2=E_m-E_n \tag{10-2-1}$$

即可实现跃迁。若原子吸收能量 eU_0 从基态跃迁到第一激发态，则 U_0 称为原子的第一激发电位。

（2）弗兰克-赫兹实验的物理过程

如图 10-2-1 所示，在充氩气的弗兰克-赫兹管中，电子从被 U_F 加热的灯丝阴极 K 表面逸出，在阴极和控制栅极 G_1 之间的加速电压（第一栅压）U_{G_1} 的作用下，电子离开阴极并被加速后通过控制栅极（控制栅极 G_1 可以消除电子在阴极附近的堆积效应，起到控制电子流大小的作用）。栅极 G_2 和阴极 K 之间也存在对电子的加速电压（第二栅压）U_{G_2}，电子在 G_1G_2 空间内一方面被加速，另一方面可能与氩原子相碰撞。在阳极 P 和栅极 G_2 之间存在使电子减速的反向拒斥电压 U_P。当电子通过栅极 G_2 进入 G_2P 空间时，只有那些动能够大、能克服 U_P 的电子才能通过栅极 G_2 到达阳极 P 形成阳极电流 I_P。将 U_{G_2} 从零逐渐增大，得到阳极电流 I_P 与加速电压 U_{G_2} 的关系曲线如图 10-2-2 所示。曲线反映了氩原子在 G_1G_2 空间与电子的能量交换情况。

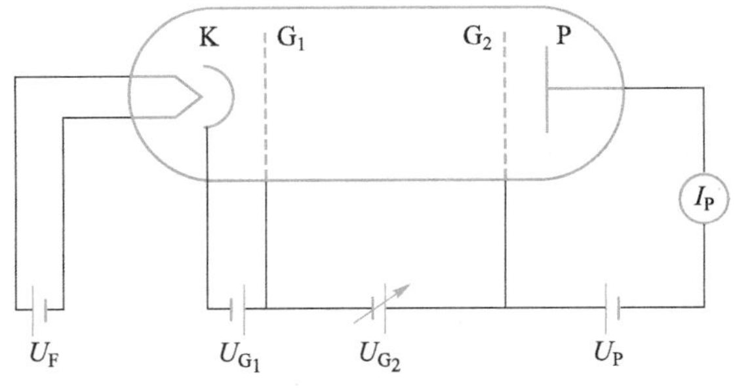

图 10-2-1　实验原理图

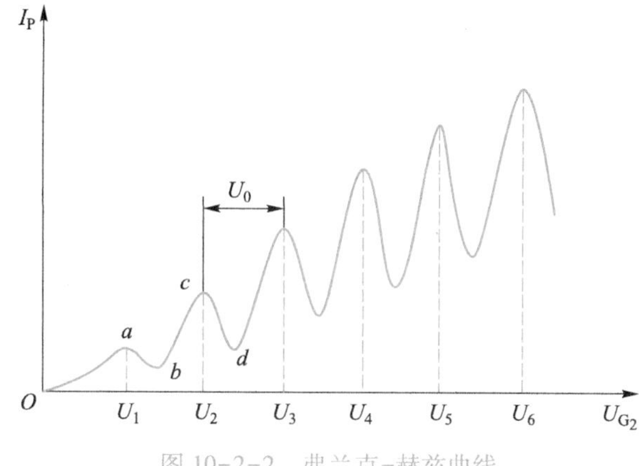

图 10-2-2 弗兰克-赫兹曲线

实验时，当 U_{G_2}逐渐增大时，电子被加速而获得越来越高的能量。在起始阶段，由于电压较低，电子能量较小，电子与原子的碰撞属于弹性碰撞，电子能量损失极小，碰撞后的电子有足够的能量克服反向拒斥电场的作用到达阳极，因而 I_P 随 U_{G_2} 的增加而增大（Oa 段）。当 U_{G_2}等于氩原子的第一激发电位 U_0 时，电子与氩原子发生非弹性碰撞，氩原子吸收了电子的全部动能从基态跃迁到第一激发态，电子因失去动能而不能克服 U_P 到达阳极，所以 I_P 明显减小（ab 段），出现第一个谷点；再继续增大 U_{G_2}，电子获得的能量重新增加，相应地 I_P 又开始上升（bc 段），直到 U_{G_2}两倍于氩原子的第一激发电位 U_0 时，电子又会因与原子的第二次非弹性碰撞而失去能量，从而出现阳极电流 I_P 的再次下降（cd 段）。由此可知，随着 U_{G_2}的增大，凡在 $U_{G_2}=nU_0(n=1,2,3,\cdots)$处，阳极电流 I_P 都会相应下降，形成规则起伏变化的 I_P-U_{G_2}曲线。曲线上相邻的两个 I_P 峰（或谷）对应的 U_{G_2}之差，就是氩原子的第一激发电位。

文档：弗兰克-赫兹实验仪的使用说明

4. **实验仪器**

弗兰克-赫兹实验仪（图 10-2-3）、示波器。

图 10-2-3 弗兰克-赫兹实验仪

5. **实验内容**

（1）示波器观察法

① 连接弗兰克-赫兹实验仪与示波器，将弗兰克-赫兹实验仪面板上“V_{G_2K}输

出”与示波器上的“X”输入端相连,“I_P 输出”与示波器“Y”输入端相连。

② 打开弗兰克-赫兹实验仪电源开关,稍等片刻(弗兰克-赫兹管需预热),调节扫描开关至自动;打开示波器电源开关,调节示波器为“X-Y”模式。

③ 依次调节 U_F、U_{G_1}、U_P 电压至参考值,调节“I_P”电流显示为合适挡位,从小逐渐增大 U_{G_2},观察示波器上显示的弗兰克-赫兹曲线,了解电子与原子碰撞和能量交换的过程。

④ 分别仔细调节 U_F、U_{G_1}、U_P,观察并记录它们对 I_P-U_{G_2}曲线的影响,并得到各电压的最佳值。

(2) 手动测量氩原子的第一激发电位

① 调节 U_{G_2}至最小,分别将 U_F、U_{G_1}、U_P 调至最佳值,实验仪扫描开关置于“手动”挡。

视频:弗兰克-赫兹实验的操作

② 以一定的间隔(峰值和谷值附近的间隔要更小点)逐渐增大 U_{G_2},记录对应的 U_{G_2}和 I_P 的值,直至调至 U_{G_2}最大。

6. 数据处理

(1) 以 U_{G_2}为横坐标,I_P 为纵坐标,在直角坐标纸上作出 I_P-U_{G_2}曲线。

(2) 在 I_P-U_{G_2}曲线上找出各峰(或谷)值对应的横坐标的值 U_i,将得到的 U_i 用逐差法计算,其结果即为氩原子的第一激发电位 U_0。

(3) 将计算得到 U_0 与理论值进行比较,求出相对误差。

7. 注意事项

(1) 开关电源前应先将各电位器逆时针旋转至最小值位置。

(2) 灯丝电压不宜过大,一般在 3 V 左右,如电流偏小再适当增加。

(3) 要防止电流急剧增大击穿弗兰克-赫兹管,如发生击穿应立即调低加速电压以免管子受损。

(4) 弗兰克-赫兹管为玻璃制品,不耐冲击,应重点保护。

(5) 实验完毕,应将各电位器逆时针旋转至最小值位置。

8. 思考题

(1) 温度对 I_P-U_{G_2}曲线有什么影响?

(2) 实验测定的 I_P-U_{G_2}曲线中,为什么各谷值对应的阳极电流 I_P 值均不为零且随着 U_{G_2}的增大而增大?

(3) 在 I_P-U_{G_2}曲线中,第一个峰值对应的 U_{G_2}是不是氩原子的第一激发电位?为什么?

实验 10.3　费米-狄拉克分布的实验测量

1. 引言

微观粒子可以分为两类:费米子和玻色子。费米子具有半整数的自旋量子数,包括质子、中子、电子、μ 子、τ 子等，它们的自旋量子数都是 1/2。玻色子的自旋量子数是整数，包括光子（自旋量子数为 1）、π 介子（自旋量子数为 0）等。在原子核、原子和分子等复合粒子中，凡是由玻色子构成的复合粒子是玻色子；由偶数个费米子构成的复合粒子也是玻色子，由奇数个费米子构成的复合粒子是费米子。由费米子组成的系统称为费米系统，遵从泡利不相容原理；由玻色子组成的系统称为玻色系统，不受泡利不相容原理的约束。由量子统计力学知道，费米系统和玻色系统具有不同的统计性质。费米系统服从费米-狄拉克统计律，玻色系统服从玻色-爱因斯坦统计律。本实验用理想二极管外加磁场的实验方法，验证真空中热电子发射的电子的动能分布符合费米-狄拉克分布，使复杂的微观量通过宏观量得以测量。

文档：费米子与玻色子

2. 实验目的

（1）验证费米-狄拉克分布。

（2）掌握一种通过宏观物理量的测量去反推微观量的实验方法和数据处理技巧。

3. 实验原理

（1）物理原理

金属中的价电子可脱离原子在整个金属中运动，被称为公有电子。在简单近似下，可以把公有电子视为封闭在金属体积中的自由电子，这就是自由电子模型。考虑绝对零度下具有 N 个电子的自由电子气系统，根据量子理论和泡利不相容原理，这些电子将按能量从低到高的顺序填充在不同的量子态，每个量子态最多只能填充一个电子，直到所有 N 个电子全部填完为止。此时，最高被填满的量子态的能量 ε_F 定义为该 N 个电子系统的费米能。即在绝对零度下，能量低于费米能的量子态全部被电子占据，而高于费米能的那些量子态全部空着，没有电子填充。

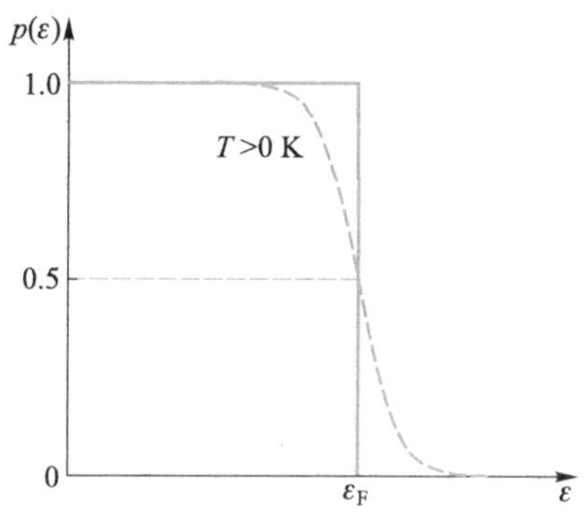

图 10-3-1 费米-狄拉克分布曲线

当温度升高时，电子气的动能增加，这时某些在绝对零度时原本空着的量子态将被占据，而某些在绝对零度时被占据的量子态将空出来，如图 10-3-1 中的虚线所示。当电子气处于热平衡时，能量为 ε 的量子态被电子占据的概率可用费米-狄拉克分布描述，为

$$p(\varepsilon)=\frac{1}{\exp[(\varepsilon-\varepsilon_F)/k_BT]+1} \tag{10-3-1}$$

其中，k_B 为玻耳兹曼常量。在 $T\to0$ 的极限下，当 $\varepsilon<\varepsilon_F$ 时，$p(\varepsilon)=1$；当 $\varepsilon>\varepsilon_F$ 时，$p(\varepsilon)=0$；当 $\varepsilon=\varepsilon_F$ 时，$p(\varepsilon)$ 的值将由 1（被填满）不连续地变到 0（空着），如图 10-3-1 中的实线所示。在一切非绝对零度下，当 $\varepsilon=\varepsilon_F$ 时，$p(\varepsilon)=\dfrac{1}{2}$。

对式（10-3-1）求导，可以得到：

$$p'(\varepsilon)=\frac{\mathrm{d}p(\varepsilon)}{\mathrm{d}\varepsilon}=\frac{-\exp[(\varepsilon-\varepsilon_F)/k_BT]}{k_BT\left[\exp\left(\frac{\varepsilon-\varepsilon_F}{k_BT}\right)+1\right]^2} \tag{10-3-2}$$

其理论曲线如图 10-3-2 所示。

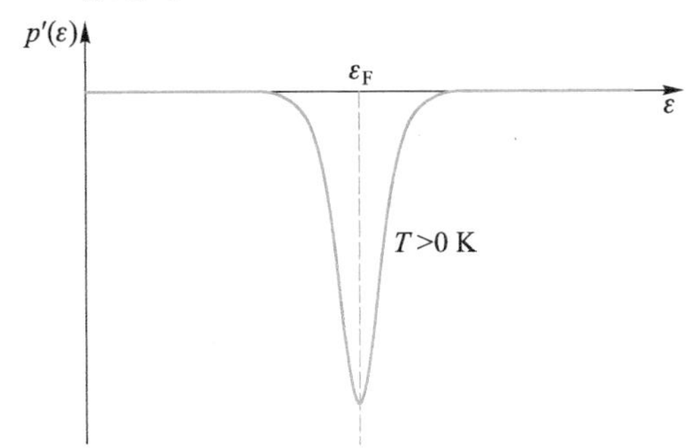

图 10-3-2　费米-狄拉克分布的一阶导数分布曲线

由于无法直接测量金属内部电子能量的分布，本实验对真空中热发射电子的动能分布进行测量。电子在金属内部的运动与电子刚脱离金属发射到真空中的运动情况是完全不相同的。电子逸出金属表面时，要消耗一部分能量用作逸出功 A，因此，真空中热发射电子的动能 ε_k 可表示为

$$\varepsilon_k=\varepsilon-A \tag{10-3-3}$$

此外，电子脱离金属后，不再受金属内部其他带电粒子的影响，ε_F 应该为零。但由于真空与金属表面接触处存在电子气形成的偶电层，也就是说逸出金属表面的电子还要消耗一些能量穿越偶电层。根据苏联科学家符伦克尔和塔姆的理论，电子穿越偶电层所需要的能量，也就是该金属的费米能级 ε_F。考虑到上述两个因素，对式(10-3-1)作适当的修正，即可得出修正后的费米-狄拉克分布函数：

$$p(\varepsilon_k)=\frac{1}{\exp[(\varepsilon_k-\varepsilon_F)/k_BT]+1} \tag{10-3-4}$$

对式(10-3-4)求导，可得：

$$p'(\varepsilon_k)=\frac{\mathrm{d}p(\varepsilon_k)}{\mathrm{d}\varepsilon_k}=\frac{-\exp[(\varepsilon_k-\varepsilon_F)/k_BT]}{k_BT\left[\exp\left(\frac{\varepsilon_k-\varepsilon_F}{k_BT}\right)+1\right]^2} \tag{10-3-5}$$

由此可见，真空中热发射电子的动能分布规律，与金属内部电子按能量分布的规律是相同的，都遵从费米-狄拉克分布。

(2) 实现原理

本实验将螺线管套在理想二极管(简称二极管)的外面，通以直流电流，在理想二极管不加阳极电压的情况下，直接测量阳极电流的变化情况。理想二极管的阴极和阳极为一同轴圆柱系统，由于结构的特殊性，从灯丝发射出的电子将沿半径方向飞向理想二极管的阳极。当阳极电压等于零时，电子将不受外电场力的作用，而保持着从金属表面逸出后的初动能，飞向阳极(即圆周)形成饱和阳极电流。因为电子从金属表面逸出时的初动能各不相同，如何将它们按相等的动能间隔区分开

来,并且求出电子数目的相对值,便成为本实验的关键。

由图 10-3-3 可知,从二极管灯丝(即圆心)发出的电子,沿半径方向飞向阳极(即圆周),在螺线管产生的磁感应强度 $\boldsymbol{B}$ 的作用下,电子将受洛伦兹力 $\boldsymbol{F}=e\boldsymbol{v}\times\boldsymbol{B}$ 的作用而作匀速圆周运动。由于 $\boldsymbol{v}\perp\boldsymbol{B}$,因此洛伦兹力不会改变电子的动能。洛伦兹力可以表示为

$$f_{\mathrm{L}}=Bev=\frac{mv^2}{R} \tag{10-3-6}$$

式中 v 是电子沿二极管半径方向的速度,R 是电子作匀速圆周运动的半径,m 是电子的质量,B 是螺线管中间部分的磁感应强度。从而得到

$$v=\frac{BeR}{m} \tag{10-3-7}$$

而螺线管中间部分的磁感应强度 B 可表示为

$$B=\frac{\mu_0 NI_B}{\sqrt{L^2+D^2}} \tag{10-3-8}$$

式中 $\mu_0=4\pi\times10^{-7}$ H/m 是真空中的磁导率,N 是螺线管的总匝数,L 和 D 分别是螺线管的长度和直径,I_B 是通过螺线管的电流。由此可得真空中电子的动能为

$$\varepsilon_{\mathrm{k}}=\frac{1}{2}mv^2=\frac{m\mu_0^2N^2}{2(L^2+D^2)}R^2\left(\frac{e}{m}\right)^2I_B^2 \tag{10-3-9}$$

由图 10-3-3 可以看出,若电子作匀速圆周运动的半径 $R>d/4$(d 是阳极圆柱面的直径),电子就能到达阳极,形成阳极电流。若 $R<d/4$,电子就不能到达阳极,这一部分电子对阳极电流无贡献。可见电子作匀速圆周运动的半径直接影响阳极电流的大小。将 $R=d/4$ 代入式(10-3-9)可得

$$\varepsilon_{\mathrm{kt}}=KI_B^2,K=\frac{\pi^2\times10^{-14}N^2d^2e^2}{2(L^2+D^2)m} \tag{10-3-10}$$

K 为常量,与螺线管的结构参量有关。

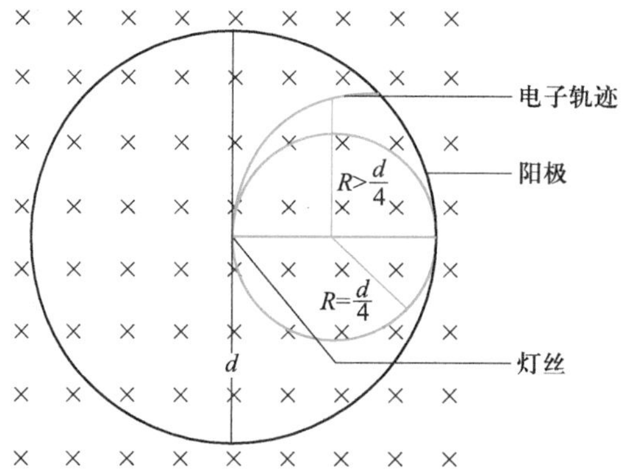

图 10-3-3 磁场中热电子做匀速圆周运动示意图

由此可见,当通过螺线管的电流 I_B 给定时,只有动能大于临界动能 $\varepsilon_{\mathrm{kt}}$ 的电子才能到达阳极。在这些能达到阳极的电子中,进一步增加通过螺线管的电流,电子

所受的洛伦兹力增大，将有相应数量的电子，因其圆周运动的半径小于 $d/4$ 而不能到达阳极，使阳极电流减小。

实验中，设灯丝电流稳定不变，阳极电压为零，理想二极管的饱和电流为

$$I_{P_0}=n_0e \tag{10-3-11}$$

式中 n_0 以及下面的 $n_1,n_2,\cdots$ 均为单位时间内到达阳极的电子数目。当 I_B^2 以相等的改变量依次增加下去，可得一组方程：

$$\begin{gathered}I_{P_1}=n_1e\\I_{P_2}=n_2e\\\cdots\cdots\cdots\cdots\end{gathered} \tag{10-3-12}$$

式(10-3-11)和式(10-3-12)联立可得

$$\begin{gathered}\Delta I_{P_1}=I_{P_1}-I_{P_0}=(n_1-n_0)=\Delta n_1e\\\Delta I_{P_2}=I_{P_2}-I_{P_1}=(n_2-n_1)=\Delta n_2e\\\cdots\cdots\cdots\cdots\end{gathered} \tag{10-3-13}$$

式(10-3-12)除以式(10-3-11)可得

$$\begin{gathered}I_{P_1}/I_{P_0}=n_1/n_0\\I_{P_2}/I_{P_0}=n_2/n_0\\\cdots\cdots\cdots\cdots\end{gathered} \tag{10-3-14}$$

式(10-3-13)除以式(10-3-11)可得

$$\begin{gathered}\Delta I_{P_1}/I_{P_0}=\Delta n_1/n_0\\\Delta I_{P_2}/I_{P_0}=\Delta n_2/n_0\\\cdots\cdots\cdots\cdots\end{gathered} \tag{10-3-15}$$

实验时，先选好 I_B^2 的值，使其等间隔地增加，然后以其平方根的值，作为实际测量时的电流值进行测量记录。用 I_B^2 代替变量 ε_k 进行数据处理，以 I_{P_i}/I_{P_0} 和 I_B^2 分别作为 y 和 x 轴就可得 $p(\varepsilon_k)-\varepsilon_k$ 曲线，以 $\Delta I_{P_i}/I_{P_0}$ 和 I_B^2 作为 y 和 x 轴就可得 $p'(\varepsilon_k)-\varepsilon_k$ 曲线。

4. 实验仪器

费米-狄拉克分布实验仪。

5. 实验内容

文档：费米-狄拉克分布实验仪

按事先选好的 I_B^2 值（见表 10-3-1），调节 I_B 值，依次记录相应的 I_{P_i} 电流值，绘制 $p(\varepsilon_k)-\varepsilon_k$ 曲线和 $p'(\varepsilon_k)-\varepsilon_k$ 曲线。主要操作步骤如下：

（1）打开理想二极管实验装置，将螺线管套在理想二极管上，接好线。

（2）接通电源，调节螺线管电源使螺线管电流（I_B）为零。调节灯丝电流到预定值，预热 8~10 分钟，直到灯丝电流稳定在预定值为止。

（3）记录 $I_B=0$ 时阳极电流表的示数，即为 I_{P_0} 值。

（4）按表 10-3-1 第二行的值依次调节 I_B，记录相应的阳极电流 I_{P_i} 值。

表 10-3-1 数据记录表格

I_B^2	I_B	I_{P_i}	I_{P_i}/I_{P_0}	$\Delta I_{P_i}=I_{P_i}-I_{P_{i-1}}$	$\Delta I_{P_i}/I_{P_0}$
0.000	0.000				
0.040	0.200				
0.080	0.283				
0.120	0.346				
0.160	0.400				
0.200	0.447				
0.240	0.490				
0.280	0.529				
0.320	0.566				
0.360	0.600				
0.400	0.632				
0.440	0.663				
0.480	0.693				
0.520	0.721				
0.560	0.748				
0.600	0.774				
0.640	0.800				
0.680	0.825				
0.720	0.848				
0.760	0.872				
0.800	0.894				
0.840	0.916				
0.880	0.938				
0.920	0.959				
0.960	0.980				
1.000	1.000				

6. **数据处理**

根据测量的实验数据，分别计算 I_{P_i}/I_{P_0}、ΔI_{P_i}和 $\Delta I_{P_i}/I_{P_0}$值，然后进行如下处理：

(1) 以 I_{P_i}/I_{P_0}作 y 轴，I_B^2 作 x 轴，在直角坐标纸上作出 $p(\varepsilon_k)-\varepsilon_k$ 曲线。

(2) 以 $\Delta I_{P_i}/I_{P_0}$作 y 轴，I_B^2 作 x 轴，在直角坐标纸上作出 $p'(\varepsilon_k)-\varepsilon_k$ 曲线。

(3) 求$\sum(\Delta I_{P_i}/I_{P_0})$,检查是否满足归一化条件。

7. 注意事项

(1) 灯丝电流不要调得太大。

(2) 一定要等灯丝电流稳定后才开始测量。

8. 思考题

(1) 如果理想二极管的阴极和阳极不是严格的同轴圆柱系统,测试的结果会怎样?

(2) 如果阳极电压不为零,测出的$p(\varepsilon_k)-\varepsilon_k$曲线和$p'(\varepsilon_k)-\varepsilon_k$曲线将发生怎样的变化?

(3) 试分析$p'(\varepsilon_k)-\varepsilon_k$曲线上$p(\varepsilon)=\frac{1}{2}$处所对应的$\varepsilon_k$值是否就是$\varepsilon_F$?

实验 10.4 迈克耳孙干涉仪的调整与使用

1. 引言

迈克耳孙(A.A.Michelson,1852—1931),著名的实验物理学家,近现代干涉仪的开山鼻祖。迈克耳孙设计干涉仪的初衷是为了证明“以太”的存在,用来测定地球相对于“以太”的运动;然而结果却证明“以太”根本就不存在,解决了当时关于“以太”的争论,并为狭义相对论的基本假设提供了实验依据。由于他在光学精密仪器设计制作的杰出成就及利用这些仪器所完成的光谱学与计量学研究,1907年迈克耳孙被授予诺贝尔物理学奖。

迈克耳孙干涉仪设计精巧、用途广泛。它曾被用于标定国际标准米尺,用来研究光谱线的精细结构等;还是许多近代干涉仪的基础,比如,在2015年9月首次探测到引力波的地面激光干涉引力波探测器,本质上就是在两个干涉臂上各装有一个法布里-珀罗谐振腔的迈克耳孙干涉仪。

文档:迈克耳孙与迈克耳孙-莫雷实验

2. 实验目的

(1) 了解迈克耳孙干涉仪的结构,学会迈克耳孙干涉仪的调整和使用方法。

(2) 了解迈克耳孙干涉仪干涉条纹的形成原理,掌握干涉条纹的特征类型和基本应用。

文档:激光干涉引力波探测器

(3) 观察等倾干涉条纹,测量He-Ne激光或钠光的波长。

(4) 观察等厚干涉条纹,用白光测量薄膜的折射率或厚度。

3. 实验原理

(1) 光路原理

迈克耳孙干涉仪的光路图如图10-4-1所示。从光源S发出的光束经分束板G_1后表面的半透明金属膜A的反射和透射,被分成光强近似相等的双光束——反射光1和透射光2。反射光1经反射镜M_1、透射光2经反射镜M_2反射后,再经G_1的透射或反射,沿E方向传播,部分将在此方向汇集,并产生干涉。光束1三次穿

过 G_1 分束板，而光束 2 只通过分束板 G_1 一次。补偿板 G_2 的设置是为了消除这种不对称，其材料性质、几何形状和厚度等都与 G_1 完全相同；而且，要保证 G_1 和 G_2 严格平行。在使用单色光源时，可以利用空气光程来补偿，不一定要补偿板；但在使用复色光源时，由于玻璃和空气的色散不同，补偿板则是不可或缺的。

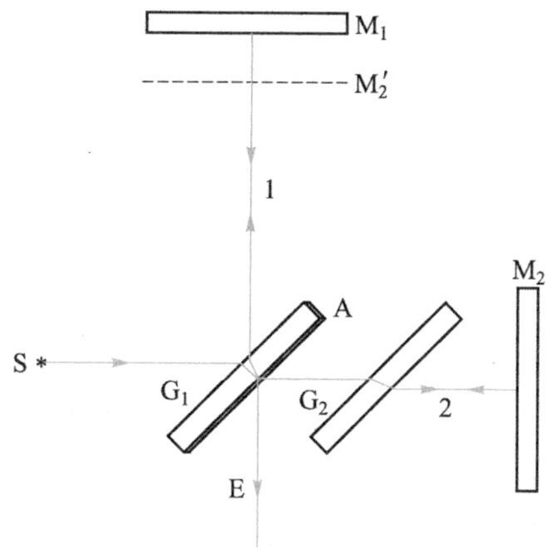

图 10-4-1 迈克耳孙干涉仪光路图

利用迈克耳孙干涉仪进行的所有测量都是对 E 方向所产生的光的干涉进行调整和观察的。光路结构中 M_2'是人眼从 E 方向观察时因为视觉效应产生的 M_2 的虚像。被 M_1 和 M_2 反射的两束光所产生的干涉，可以等价为经 M_1 和 M_2'间空气层上下表面反射的光所引起的干涉。而且由于 M_2'并非实物，因而通过任意移动 M_1 或 M_2 位置，就可使 M_2'在 M_1 之前或之后，或完全重叠或平行，还可通过 M_1 或 M_2 背面的倾角调节螺钉使它们从任意方向倾斜相交，可以实现等倾干涉和等厚干涉等各种情况的实效测量，体现了迈克耳孙干涉仪的巧妙之处。

（2）迈克耳孙干涉仪的干涉类型

从 E 方向能观察到什么样的干涉条纹，取决于 M_1 和 M_2'是否平行，二者间的距离，以及所使用的光源。

① 非定域干涉

激光器发出的平行光经凸透镜后汇聚成很强的单色点光源 S，以 45°角入射到分束板 G_1。如果将 M_1 和 M_2 调到刚好互相垂直，且与分束板 G_1 成 45°夹角的状态，则 M_1 和 M_2'处于标准的平行状态，经分束和 M_1、M_2 反射后的光束因为光的反射效应，等效于从 M_1 和 M_2'后面两个虚光源 S_1 和 S_2 发出的球面波相干光束，而且 S_1 和 S_2 之间的距离是 M_1 和 M_2'间距 d 的两倍。两光波在空间相遇处处相干，观察屏放在不同空间位置，都可以看到干涉图样，故称为非定域干涉。如图 10-4-2 所示，沿与 S_1 和 S_2 连线相重合的方向观察，将看到一组同心圆环形干涉条纹。S_1 和 S_2 连线方向两光程差即为 $2d$，当移动 M_1 使 d 减小时，可看到圆环向内收缩，圆环一个个地缩进圆心。反之，可看到干涉圆环向外扩展，圆环一个个从圆心冒出。每变化一个圆环对应 S_1 和 S_2 之间改变一个波长的距离。连续测量 N 个圆环的变化，从仪器读数装置读出相应改变的距离，由式（10-4-1）便可得到光波的波长。

$$2\Delta d = N\lambda \quad (10\text{-}4\text{-}1)$$

② 等倾干涉

在 M_1 和 M_2'处于标准平行状态下，将单色点光源 S 换成扩展的面光源，面光源可看成由很多点光源构成，每一个点光源 S_i 以不同的角度入射到空气层的上下表面。所有倾角相同的光都具有相同的光程差，将形成同一级干涉条纹，如图 10-4-3 所示，沿 E 方向观察，同样可以看到一组同心圆环干涉条纹，只不过这些干涉只在空间某些特定的区域发生，故被称为等倾（定域）干涉。改变 M_1 和 M_2' 的间距，同样可以看到圆环的“冒出”或“缩进”。由 M_1 和 M_2' 反射的光束 1、2 的光程差为

$$\delta=(AB+BC)-AC=2d\cos\alpha \tag{10-4-2}$$

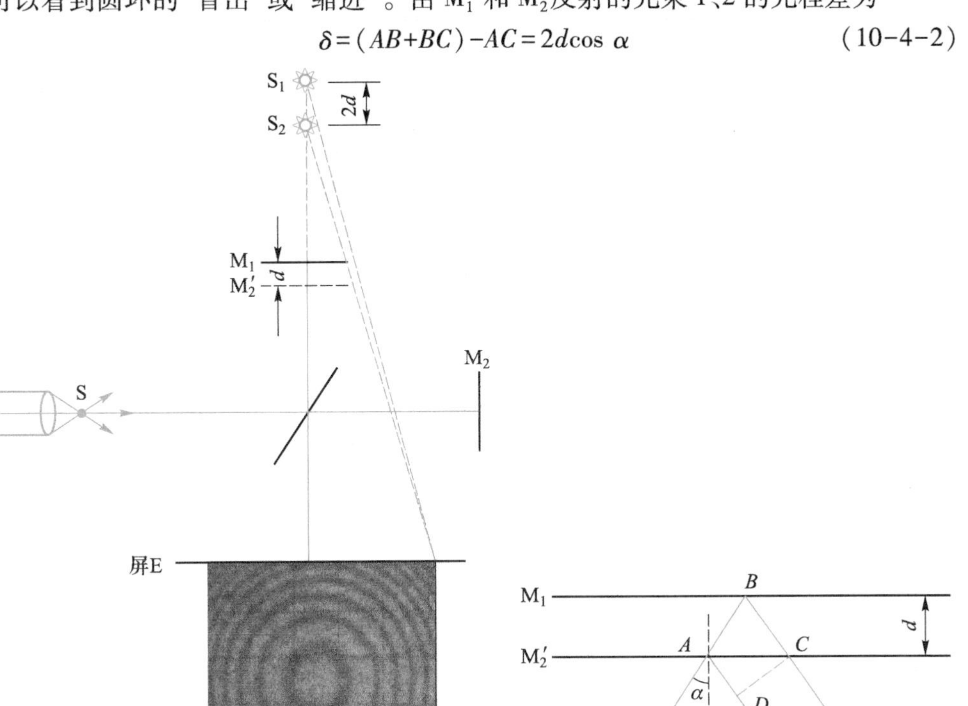

图 10-4-2　非定域干涉条纹图　　图 10-4-3　等倾干涉的形成示意图

人为改变 M_1 的位置，使干涉条纹在圆心处“冒出”或“缩进”N 个，对应的两束相干光光程的改变为 Δd，则可得光波的波长为

$$\lambda=\frac{2\Delta d}{N} \tag{10-4-3}$$

③ 等厚干涉

如果 M_1 和 M_2' 处于非平行状态，但它们之间的夹角很小，以扩展光源照射，将产生劈尖等厚干涉条纹。当夹角很小时，经 M_1 和 M_2' 间空气层上下表面反射的两束相干光的光程差仍然可近似写为

$$\delta=2d\cos\alpha \tag{10-4-4}$$

在劈尖相交处 $d=0$，出现的是与 M_1 和 M_2' 交线一样并且重合的直线干涉条纹，然而只是在交线附近才可以看到直线等厚干涉条纹。对于离交线较远的某一级干涉条纹，要保持光程差 δ 不变，随着离开交线处的 d 不断增大，入射角 α 也增大，$\cos\alpha$ 变小，则必须再增加 d 的厚度，干涉条纹将朝厚度 d 增加的方向弯曲，而凸向交线方向，如图 10-4-4 所示。

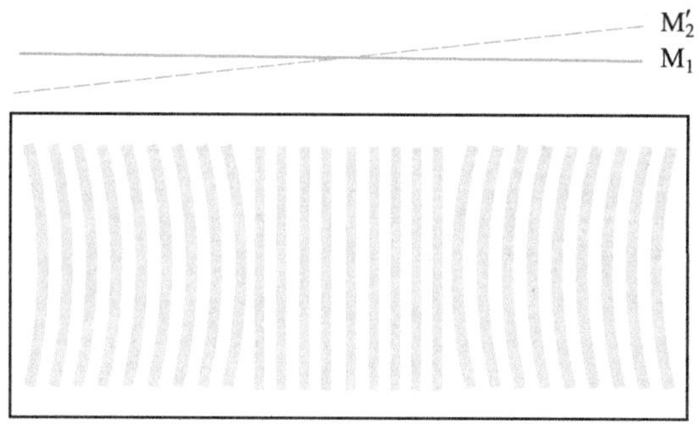

图 10-4-4 等厚干涉条纹示意图

④ 白光干涉现象

由于白光源是彩色连续光谱，其成分复杂，单色性非常差，所以平时只在肥皂泡或水面漂浮的油膜等表面，才能看得到薄膜干涉产生的彩色干涉条纹。若将上面等厚干涉的单色扩展光源换成白光扩展光源，则只有在 M_1 和 M_2'交线附近的范围内可看到关于交线暗条纹对称分布的彩色条纹。通过改变 M_1 和 M_2'的间距，当看到类似图 10-4-5 对称分布的彩色条纹时，说明已找到 M_1 和 M_2'的交线位置 x_0。此时将折射率为 n_x、厚度为 D 的薄膜插入 M_1 前光束 1 的光路中，由于 $n_x>n_0$（n_0 为空气折射率），因此等效于光束 1 的光程加大，结果是 M_1 和 M_2'交线的位置被改变，彩色条纹被移出视场。逐步减小光束 1 的光程，当再次看到对称分布的彩色条纹时，即重新找到了 M_1 和 M_2'交线位置 x，于是有

图 10-4-5 白光干涉彩色条纹

$$2(x_0-x)n_0=2(n_x-n_0)D$$

$$n_x=\frac{(x_0-x)n_0}{D}+n_0 \tag{10-4-5}$$

若已知薄膜厚度 D，便可得其折射率 n_x，反之亦然。

（3）实现原理

迈克耳孙干涉仪的整个光路结构装在有三个可调水平的螺钉的底座上。该装置通常将 M_2 的位置固定，M_1 则装在导轨上，通过粗调手轮转动螺距为 1 mm 的精密丝杆，在丝杆带动下可前后移动，粗调手轮每转一周从机体左侧的毫米刻尺上可读出 M_1 移动距离为 1 mm。粗调手轮读数窗口的读数盘有 100 个分度，因此分度值为 0.01 mm。微调手轮经 1∶100 蜗轮副传动，每转动一周将使粗调手轮移动一个分度，而微调手轮也有 100 个分度，分度值即为 0.000 1 mm。所以仪器最小分度值为 0.000 1 mm，能估读到 0.000 01 mm。测温读数时将毫米刻尺、粗调手轮读数窗口示值和微调手轮读数三者直接相加。例如，当三个刻度如图 10-4-6 所示时，读数应为 32.235 51 mm。

通过调节 M_1、M_2 背面的调节螺钉单独或者同时调节 M_1、M_2，可使它们按任意方向倾斜相交。此外，在 M_2 下方还装有两个方向互相垂直的拉杆微调螺钉，可以

更加缓慢精细地调节 M_1 和 M_2' 间的倾角，从而更平稳地观察干涉条纹变化。

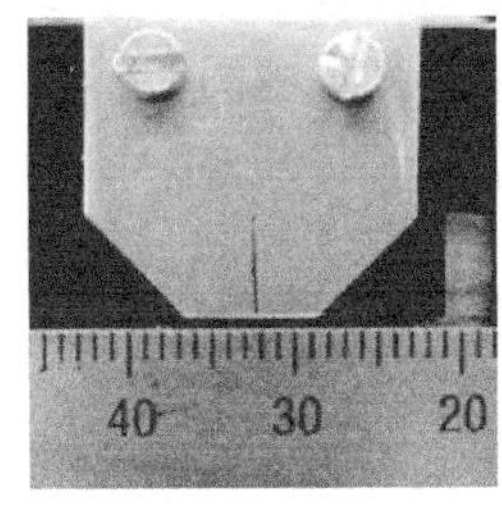

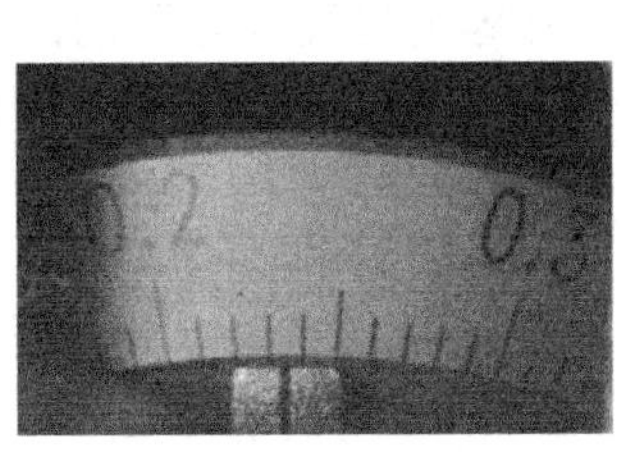

图 10-4-6　迈克耳孙干涉仪读数示意图

由于机械啮合等空隙的存在，所以测量读数前应注意消除空回误差。即将微调手轮朝前或后的某一方向连续转动直到所观察的干涉条纹开始出现连续的变化时，才能够开始读数测量数据，整个测量过程微调手轮只能按单方向连续转动，不允许有来回折返。

4. 实验仪器

迈克耳孙干涉仪、He-Ne 激光器、钠光灯、日光灯、待测薄膜。

文档：迈克耳孙干涉仪

视频：迈克耳孙干涉仪

5. 实验内容

(1) 迈克耳孙干涉仪的调整

① 将迈克耳孙干涉仪底座的三个螺丝调节水平；

② 调节两个平面镜 M_1 和 M_2 背面的调节螺钉，使 M_1 和 M_2 两镜镜面大致在竖直方向，各螺钉的松紧适度；

③ 调节水平拉杆和竖直拉杆微调螺钉至适度松紧；

④ 转动粗调手轮，使 M_1 和 M_2 到分束板后表面的距离大致相等；

⑤ 调节虚光源像重合直至出现干涉条纹，不同光源采用不同的调节方法；

⑥ 进一步调节两镜后面的倾角调节螺钉和水平/竖直拉杆微调螺钉，使圆形条纹中心或白光零级彩色条纹出现在视场的中心。

在整个调节过程中，应尽量将各个螺钉都调节到，避免因只调某一个螺钉导致该螺钉被拧死的情况。

(2) 测量激光或钠光波长

将同心圆环调到视场中央后，应先消除读数装置中由于机械啮合等因素带来的空回影响，即朝某一方向转动微调手轮直至干涉条纹开始连续变化，才能开始测量。继续沿原方向转动微调手轮，圆心每“冒出”或“缩进”50 或 100 个，记录一次 M_1 的位置 x，连续测量 10 组。整个测量过程不允许有来回折返。

用逐差法处理数据，计算光波波长、不确定度和相对不确定度。波长标准值可查阅本书的附录部分。

(3) 测量薄膜折射率或厚度

① 看到如图 10-4-5 的彩色干涉条纹后，沿顺时针方向转动微调手轮，使彩色条纹移出视场。

② 逆时针方向转动微调手轮，使零级中央暗纹再次回到视场中央，记下此时

M_1 的位置 x_0。

③ 在 M_1 和 G_1 之间放入待测透明介质薄膜，继续沿逆时针方向转动微调手轮，直至彩色条纹重现，且中央暗纹与放入介质前的位置大致相同（表明 M_1 移动的距离刚好抵消了由于介质插入而引起的光程增量），记下此时 M_1 的位置读数 x。

④ 重复测量 3~5 次，计算待测薄膜的折射率和不确定度。

6. 数据处理

（1）测量激光或钠光波长，数据记录在表 10-4-1 中。要求用逐差法处理数据，计算光波波长、不确定度和相对不确定度。

表 10-4-1 激光或钠光波长测量数据（以每次变化 50 个条纹为例）

N	0	50	100	150	200	250	300	350	400	450	500
x/mm											

（2）测量薄膜的折射率，数据记录于表 10-4-2 中。要求计算出待测薄膜的折射率和不确定度。

表 10-4-2 薄膜折射率的测量数据

测量次数	1	2	3	4	5
x_0/mm					
x/mm					
(x_0-x)/mm					

7. 注意事项

（1）迈克耳孙干涉仪是精密的光学仪器，在调节螺钉和转动手轮时一定要谨慎细心，用力要适当，决不能强扭硬扳。

（2）千万不要手触摸各光学组件的镜面，不可用纸巾擦拭各光学组件的镜面。

（3）两反射镜背后的调节螺钉切不可旋得太紧，防止镜面变形。

（4）测量过程中，微调手轮只能缓慢地沿一个方向前进（或后退），不可中途来回折返，否则会引起较大的空回误差。

8. 思考题

（1）分析干涉条纹由细变粗或由粗变细的过程的原理，条纹由直或弯曲变为同心圆环又是什么过程？

（2）定域干涉圆条纹与非定域干涉圆条纹有什么不同？是否圆形干涉条纹都是等倾干涉条纹？

（3）为什么测薄膜折射率要用日光灯而不直接用普通的白炽灯？

（4）本实验仪器装置最小读数为 10^{-5} mm，若要进一步提高测量精度，可采取哪些措施？

实验 10.5 用半影偏振器测物质旋光率

1. 引言

平面偏振光通过处于磁场中的某些物质时，振动面会发生旋转，这种现象称为法拉第磁光效应。物质(或介质)的这种性质称为磁致旋光性，它表明光现象与磁现象之间有联系。介质的旋光性质反映了光与物质相互作用过程的宏观现象，由此可获得物质分子结构的重要资料。通过对物质旋光度的测定，可以分析和确定物质的浓度、含量及纯度等。旋光仪是测定物质旋光度的仪器，它广泛用于医药、食品、有机化工等各个领域。

2. 实验目的

(1) 了解物质的旋光特性和学习测量物质旋光率的方法。

(2) 学习旋光仪的调节和使用。

(3) 研究物质的磁致旋光特性。

3. 实验原理

(1) 物质的旋光性

如果两个正交的偏振片之间放入某种物质，并以单色光透过，那么在检偏振片背后就可以看到明亮的视场；但只要把检偏偏振片向左或向右旋转一定角度，又会使明亮的视场消失。上述事实说明某种物质具有使偏振面旋转的本领，我们称具有这种本领的物质为"天然旋光物质"，如：石英、朱砂、石油、糖溶液等。研究表明：

① 当偏振光通过具有旋光的特性的固体物质后，偏振面旋转角度 φ 正比于光通过固体物质的厚度 L，即

$$\varphi=\alpha L \tag{10-5-1}$$

② 当偏振光通过具有旋光特性的液体后，偏振面旋转角度 φ 正比于光通过溶液的厚度 L 和溶液的浓度 C，即

$$\varphi=\alpha LC \tag{10-5-2}$$

式(10-5-1)、式(10-5-2)中的 α 称为物质的旋光率，它与入射光波长和旋光物质有关。例如：对于固体样品——石英晶体，当入射光波长 $\lambda=589\ \mathrm{nm}$ 时，$\alpha=21.7°\ \mathrm{mm}^{-1}$；$\lambda=405\ \mathrm{nm}$ 时，$\alpha=48.9°\ \mathrm{mm}^{-1}$；$\lambda=215\ \mathrm{nm}$ 时，$\alpha=216°\ \mathrm{mm}^{-1}$。若采用白光，当石英晶片放在正交的两个偏振片之间时，可以看到彩色光，当转动任一个偏振片时光的色彩会发生变化。这种旋光率随着波长而变的现象，称为旋光色散。物质旋光率 α 还与温度有关。对于大多数物质，当温度升高时，其旋光率会减少。所以，要求测量精度较高的时候，最好能在 20±2 ℃的条件下进行。

旋光物质有左旋和右旋之分。当观察者迎着光线观看时，振动面顺时针方向转动的物质称为右旋物质，反之为左旋物质。大多数旋光物质的旋光性都有右旋和左旋两种。左旋或右旋反映物质的分子结构区别。药物的左旋性和右旋性有着不同的治疗效果。例如：抗生素氯霉素的天然品是左旋物质，而人工合成的氯霉素

却左、右旋各半,其中只有左旋成分有疗效。所以测量药物的旋光性是药物检验的一种有效方法。

(2) 物质的磁致旋光性

有些物质没有天然旋光的特性,但把它放入磁场中却发现偏振光通过它时偏振面发生旋转。这种现象由法拉第首先发现,故称为法拉第磁致旋光效应。物质具有这种性质称为物质的磁致旋光性。

实验表明:具有磁旋光性的物质,偏振光通过它之后,偏振面转动的角度 Ψ 与偏振光在该物质中所经路径的长度 L 和物质所处的磁感应强度 B 成正比,即

$$\Psi = VLB \tag{10-5-3}$$

式中 V 称为费德尔常量,它与磁致旋光物质的组分、入射光波长有关。磁致旋光物质也具有左旋和右旋之分,不过它的旋光方向仅由磁场的方向来决定。

(3) 物质旋光角度的测量

用两个正交偏振片来测量旋光角度是不够准确的,因为人的眼睛不能精确判断视场全黑的位置,因此精确测量要用"半影偏振器"。半影偏振器不需要判断视场是否全黑,而是判断三分视场亮度是否相等,从而大大提高了眼睛判断的精确性。

半影偏振器原理是:单色光经起偏器后变为平面偏振光,然后通过轴心上的矩形半波波片,使视场出现三分视界。假设视场左右两部分里,光波在 P_1 平面内振动,在视场中间部分里,光波在 P_2 平面内振动。P_1、P_2 两平面间夹着一个小角度 θ,这两束光线再经过检偏器,如果检偏器的振动面 A 与 P_2 垂直,那么视场中间部分的光线将被挡住,而变为黑暗;但视场左右两部分的光线可以通过检偏器,因此会比较明亮。如果检偏器的偏振面 A 与振动面 P_1 垂直,那么亮区和暗区正好与上述相反。容易设想,仅在 A 垂直于 OC 或 A 平行于 OC 时,三分视界中左右两部分和中间部分的亮度才会相等,如图 10-5-1 所示;当 A 垂直于 OC 时,视场的亮度较弱。因为人的眼睛对于微弱亮度(在一定范围内)的变化比较敏感,故测量时应使 A 垂直于 OC。

(4) 旋光仪的工作原理

旋光仪的工作原理是建立在偏振光的基础上,并用旋转偏振光偏振面的方法来达到测量目的。

在零度位置时,AA'垂直于中轴 Ox,如图 10-5-2 所示。AA'表示检偏镜振动方向。OP 与 OP'表示视场两半偏振光的振动方向。当光束经过旋光物质后,偏振面被旋转了一个角度 α,如图中虚线所示。这时,两半偏振光在 AA'上的投影不等,而是右半边亮,左半边暗。如果把检偏镜偏振面 AA'在相同方向上转动 α 角,则可重新使视场亮度相等,这时测出检偏镜所转的角度,就可以得到物质的旋光度。如果知道了被测物质的旋光度、溶柱(试管)的长度和被测溶液的浓度,就可以根据下式求出物质的旋光率:

$$[\alpha]_\lambda^t = \frac{\varphi}{L \cdot C} \times 100\% \tag{10-5-4}$$

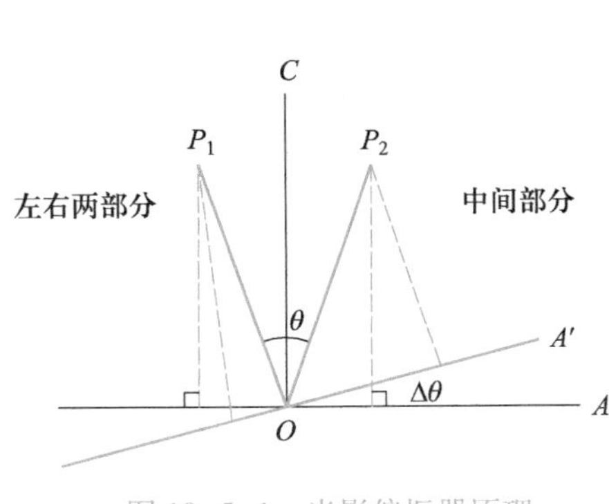

图 10-5-1　半影偏振器原理

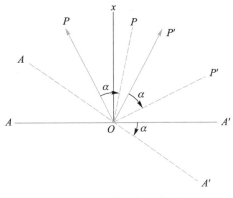

图 10-5-2　旋光仪工作原理

式中 φ 是温度为 t 时,用波长为 λ 的光测得的旋转角度(旋光度);L 是溶柱(试管)的长度,用分米(dm)作单位;c 是溶液的浓度,即 1 升溶液中溶质的质量。由上式可知,旋转角 φ 与溶柱长度 L 及浓度 c 成正比,即

$$\varphi=[\alpha]Lc \tag{10-5-5}$$

4. 实验仪器

WXG-4 型圆盘旋光仪、旋光物质(固体样品:石英晶片,液体样品:葡萄糖溶液)、磁致旋光实验仪等。

文档:旋光仪介绍

5. 实验内容

(1) 测定石英晶片对钠黄光($\lambda=589.3$ nm)的旋光率,并判断它属于左旋还是右旋物质。

视频:用半影偏振器测物质旋光率实验的操作

① 测定检偏器零点。使仪器处于空载状态(未放待测物质),调节目镜焦距,清楚看到三分视场,然后旋转转动手轮(带动刻度盘和检偏片一起转动)直至三分界视场亮度相等,此时,刻度盘上的读数就是零点。

② 放入被测物质后,再次旋转转动手轮,使三分视场再度变为亮度相等,记下此时刻度盘上的读数,同时判断转盘是顺时针转动,还是逆时针转动,从而确定待测物质的右(左)旋光属性。

(2) 测定葡萄糖溶液的旋光率,并判断它属于左旋还是右旋物质。

测量溶液旋光率时,试管内不能留有较大的气泡,并且试管有圆泡一端朝上,使管中气体存入圆泡中,以便观察和测量。

6. 数据处理

葡萄糖溶液旋光率测定数据记录于表 10-5-1 中。

表 10-5-1　天然旋光物质旋光率测定数据

(天然旋光物质)旋光率待测样品	旋光角小于 90 度										
	1		2		3		4		5		旋光方向
	左	右	左	右	左	右	左	右	左	右	
样品放入前											
样品放入后											

根据物质的形态特性，用式(10-5-1)或式(10-5-2)计算物质的旋光率。并进行误差计算、分析。

7. 注意事项

(1) 由于人的眼睛对于微弱亮度变化比较敏感，故调节时应使三分视场处于亮度相对较暗，且亮度相等的状态。

(2) 判断三分视场亮度是否相等，需要经过一定训练才更加准确，所以实验时应进行多次判断，多次读数。

(3) 为了减少或消除仪器的偏心误差，实验时应读左、右游标。重复多次判断，多次读数，然后取平均值。

8. 思考题

(1) 旋光物质有左旋和右旋之分，如何用实验方法去确定物质的左、右旋？

(2) 如果用视场一样亮为标准，你所测得的某物质的旋光角度的精度是多少？

实验 10.6 用磁天平测物质磁化率

1. 引言

固体的磁性在近代科学技术中获得了广泛的应用。不断深入地研究各种物质的磁性，探索新的磁性材料和新用途，具有十分重大的意义。物质的磁性大体可分为抗磁性、顺磁性及铁磁性三种。前两者属于弱磁性，后者为强磁性。本实验学习用磁天平测量弱磁性物质的磁化率，加深对物质的抗磁性和顺磁性的理解。

2. 实验目的

(1) 掌握采用磁天平测量物质弱磁性的原理和方法。

(2) 加深对物质顺磁性和抗磁性的认识。

3. 实验原理

(1) 磁化率的定义

自然界中的任何物质都有磁性，所以当其处于磁场 $\boldsymbol{H}$ 中时，均或多或少地被磁化。假如用 $\boldsymbol{M}$ 表示体积磁化强度(单位体积内的磁矩)，则 $\boldsymbol{M}=\chi\boldsymbol{H}$，$\chi$ 称为体积磁化率，即物质的体积磁化率 χ 定义为该物质的体积磁化强度 $\boldsymbol{M}$ 与相应磁场 $\boldsymbol{H}$ 之比值。

物质的体积磁化率 χ 是物质的一种宏观磁性质。化学上常用单位质量磁化率 χ_m 或摩尔磁化率 χ_M 来表示物质的磁性质，它们的定义为

$$\chi_m=\frac{\chi}{\rho},\quad \chi_M=M'\chi_m=\frac{M'\chi}{\rho} \tag{10-6-1}$$

式中，ρ 是物质的密度；M' 为物质的摩尔质量。

物质的原子、分子或离子在外磁场作用下的磁化现象有三种情况。第一种是物质本身并不呈现磁性，但由于它内部的电子轨道运动，在外磁场作用下会产生拉摩进动，感应出一个诱导磁矩来，表现为一个附加磁场。磁矩的方向与外磁场相反，其磁化强度与外磁场强度成正比，并随着外磁场的消失而消失，这类物质为逆

磁性物质，其$\chi_M<0$。第二种情况是物质的原子、分子或离子本身具有永久磁矩μ_m。由于热运动，永久磁矩的指向在各个方向的机会相同，所以该磁矩的统计均值等于零。但它在外磁场作用下，一方面永久磁矩会顺着外磁场方向排列，其磁化方向与外磁场相同，其磁化强度与外磁场强度成正比，另一方面物质内部的电子轨道运动也会产生拉摩进动，其磁化方向与外磁场相反，因此这类物质在外磁场下表现的附加磁场是上述两者作用的综合结果，具有永久磁矩的物质称为顺磁性物质。显然，此类物质的摩尔磁化率χ_M是摩尔顺磁化率χ_μ和摩尔逆磁化率χ_0两部分之和

$$\chi_M=\chi_\mu+\chi_0 \tag{10-6-2}$$

但由于$\chi_\mu \gg |\chi_0|$，故顺磁性物质的$\chi_M>0$，可以近似地把χ_μ当作χ_M，即

$$\chi_M\approx\chi_\mu \tag{10-6-3}$$

第三种情况是物质被磁化的强度与外磁场强度之间不存在正比关系，而是随着外磁场强度的增加，而剧烈地增强；当外磁场消失后，这种物质的磁性并不消失，而是呈现出滞后的现象，这种物质叫铁磁性物质。这三种情况中，前两种对应弱磁性物质，后一种对应强磁性物质。本实验研究的是弱磁性物质磁化率的测量。

（2）用磁天平测量磁化率的原理

较通用而易于进行的弱磁性磁化率的测量方法是：利用高灵敏度的天平测出处于一定磁场环境里的样品在加磁场前后样品视载质量的变化量，从而计算出样品在相应磁场下受到的作用力，再根据一些近似条件计算出样品材料的磁化率。

已知磁感应强度为

$$\boldsymbol{B}=\mu_0(\boldsymbol{H}+\boldsymbol{M})=\mu_0(1+\chi)\boldsymbol{H} \tag{10-6-4}$$

磁能密度为

$$W=\frac{1}{2}\boldsymbol{BH}=\frac{1}{2}(1+\chi)\boldsymbol{H}^2 \tag{10-6-5}$$

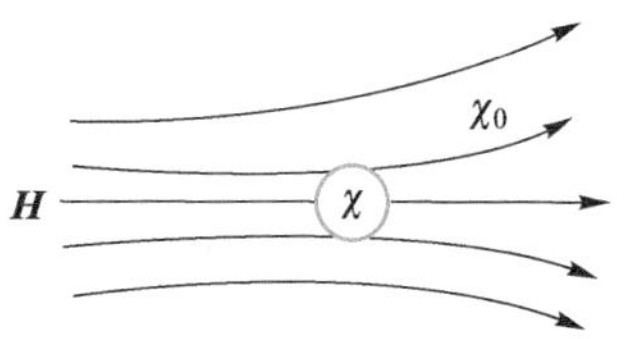

图 10-6-1　在处于磁场中的磁化率为χ_0的环境介质中，放入磁化率为χ的物质

其中μ_0为真空中的磁导率。如图 10-6-1 所示，在磁化率为χ_0的环境介质里放入磁化率为χ的物质，则 dV 体积内的磁能改变量应为

$$\Delta W=\frac{1}{2}\mu_0(\chi-\chi_0)\boldsymbol{H}^2\mathrm{d}V \tag{10-6-6}$$

由于此能量的改变，dV 体积物质所受磁场的作用力为

$$\mathrm{d}F=-\nabla(\Delta W)=\frac{1}{2}\mu_0(\chi_0-\chi)\nabla\boldsymbol{H}^2\mathrm{d}V \tag{10-6-7}$$

由于弱磁性物质受磁场作用力较小，为便于测量起见，通常将样品做成规则几何形状，如棒状或条状，其横截面积为 A，并将其一半置于电磁铁均匀磁场区而另一半处于磁场外，如图 10-6-2 所示。直角坐标系原点 O 取在电磁铁磁极间几何

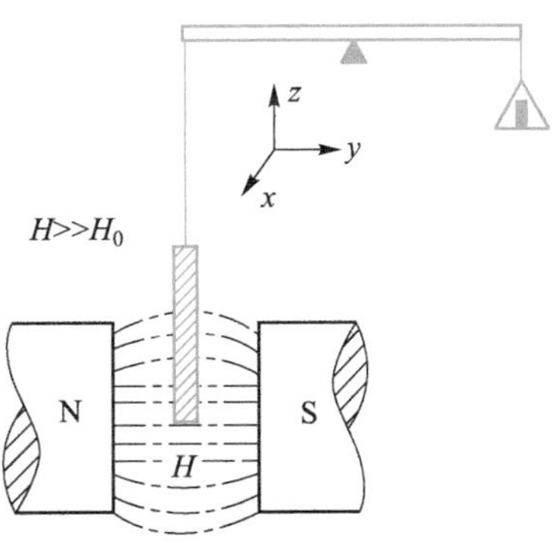

图 10-6-2　用磁天平测量弱磁性物质χ的原理图

对称中心处,由于 $H_x \ll H_y, H_z \ll H_y, \frac{\partial H_x^2}{\partial z} \ll \frac{\partial H_y^2}{\partial z}, \frac{\partial H_z^2}{\partial z} \ll \frac{\partial H_y^2}{\partial z}$(均匀磁场),$\mathrm{d}V = A\mathrm{d}z$,$\chi_0$ 为空气的值,近似认为$\chi_0 \ll \chi$,因此有

$$\mathrm{d}F_z = -\frac{1}{2}\mu_0 \chi A \frac{\partial H_y^2}{\partial z}\mathrm{d}z \tag{10-6-8}$$

$$F_z = \int \mathrm{d}F_z = \frac{\mu_0 A\chi}{2}(H^2 - H_0^2) \tag{10-6-9}$$

上式中 H 和 H_0 分别表示样品两端处的磁场值。

再作近似,认为电磁铁磁极相距甚近,以至杂散磁场很小,即 $H_0 \ll H$,而加磁场前后样品视载质量分别 m_0 和 m,则式(10-6-9)可以表示成

$$F_z = (m - m_0)g = \frac{\mu_0 AH^2}{2}\chi \tag{10-6-10}$$

由此得到

$$\chi = \frac{2(m - m_0)g}{\mu_0 AH^2} \tag{10-6-11}$$

式中 g 为重力加速度。所以只要测出磁场 H 和在该磁化场下样品视载质量的变化 $\Delta m = m - m_0$,即可由式(10-6-11)求出样品材料的体积磁化率。对于顺磁性物质而言,$\chi > 0$,故当 H 增加时,其视载质量应当增加;逆磁性物质则相反。

纯粹的弱磁性物质的磁化率和磁场无关。但纯粹的弱磁性物质是很难得到的,通常或多或少地都含有一些铁磁性杂质,导致用上述方法测出的磁化率和磁场有一定的依赖关系。所以为得到真实的弱磁性物质磁化率,必须扣除微量铁磁性杂质的影响。虽然杂质可有多种,比如顺磁性物质中的逆磁性杂质。但因铁磁性杂质其磁化率较高,故此处仅考虑对这种杂质进行修正。

修正办法如下:

将待测样品放入环境介质磁化率为χ_0 的磁场中,按式(10-6-4),将能量改变分为两部分:

$$\Delta W = \frac{1}{2}\mu_0(\chi - \chi_0)H^2\mathrm{d}V + \Delta W_F \tag{10-6-12}$$

上式等号右边第一项即前面处理过的。第二项为铁磁性杂质导致的能量改变,可借助图 10-6-3 所示的磁化曲线来估计。设铁磁性杂质体积为 $\mathrm{d}V_F$,在 $\mathrm{d}V$ 体积里均匀分布,δ为所占体积百分比,$\mathrm{d}V_F = \delta\mathrm{d}V = A\delta\mathrm{d}z$,$\chi_F$ 为铁磁性杂质磁化率,故有 $\Delta W_F = \frac{1}{2}\mu_0 A\delta(\chi_F - \chi_0)H^2\mathrm{d}z$,因此,单位体积内铁磁性杂质导致的物质受磁场的作用力为

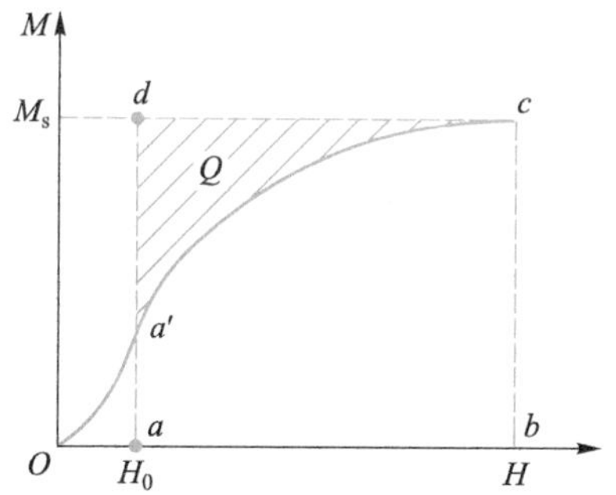

图 10-6-3 铁磁性物质磁化曲线

$$\mathrm{d}F_z' = -\frac{1}{2}\mu_0 A\delta(\chi_F - \chi_0)\frac{\partial H^2}{\partial z}\mathrm{d}z \tag{10-6-13}$$

忽略χ_0 的影响,注意 $M=\chi_F H$,则所有铁磁性杂质引起的物质受磁场的作用力为

$$F_z' = -\mu_0 A\delta\int_H^{H_0} M\mathrm{d}H \tag{10-6-14}$$

一般来说,由于铁磁性材料的磁化强度 M 与磁场 H 无解析表达式,故上式积分是求不出的。但如果将铁磁性杂质饱和磁化,$M=M_s$,显然上式积分值对应图 10-6-3 中的面积 $aa'cb$,其值应为 $M_s(H-H_0)-Q$,Q 为图中阴影部分面积。因此可以将式(10-6-14)改写成以下形式

$$F_z' = \mu_0 A\delta[M_s(H-H_0)-Q] \tag{10-6-15}$$

将上式与式(10-6-9)相加,并注意到 $F_z=(m-m_0)g$,即可得到下式:

$$\frac{2(m-m_0)g}{\mu_0 A(H^2-H_0^2)} = \chi + \delta\left(\frac{2M_s}{H+H_0} - \frac{Q}{H^2-H_0^2}\right) \tag{10-6-16}$$

当 $H \gg H_0$ 时,上式等号左边可写成式(10-6-11)的形式,即$\chi(H)$形式。上式等号右边第一项为弱磁性物质的真实磁化率,第二项为修正项,令 $b=2\delta M_s$,略去 Q 项,则有

$$\chi(H) = \chi + \frac{b}{H} \tag{10-6-17}$$

所以,$\chi(H)-H^{-1}$为线性关系。当 $H\to\infty$ 时,在$\chi(H)$轴上的截距即为所测物质的真实磁化率。

4. 实验仪器

FM-A 型磁天平,包括电磁铁、稳流电源、分析天平、特斯拉计以及其他仪表和照明装置等。

文档:磁天平

5. 实验内容

(1) 实验内容:在不同磁场下测量所提供的铝棒和有机玻璃棒的$\chi(H)$与磁场 H,按照式(10-6-17)用作图法求出所测样品在 $H\to\infty$ 时的体积磁化率χ 值。

(2) 实验方法与步骤

① 阅读实验仪器介绍,按仪器使用说明调节好磁天平。

② 测量磁场 $H=0$ 时样品的视载质量 m_0。确定 m_0 时必须确保样品处于 $H=0$ 的环境里,因此,可将样品放在天平托盘内,而不是悬挂在磁极间测量。

③ 按照仪器使用要求安装好待测样品。

④ 逐渐增大磁化电流,并用特斯拉计测量相应的磁场 H 和在磁场下样品的视载质量 m。特斯拉计测量的应是磁感应强度 B 的值,因此要根据 $H=B/\mu_0$ 的关系将 B 转换为磁场 H,数据记录于表 10-6-1 中。

6. **数据处理**

表 10-6-1 磁化率测量(视载质量)

B/mT	0	250	300	350	400
铝棒/g					
有机玻璃/g					

根据式(10-6-11)求出相应磁场 H 下的样品体积磁化率 $\chi(H)$,再根据式(10-6-17)用作图法求出所测样品在 $H\to\infty$ 时的体积磁化率 χ 值。

7. **注意事项:**

(1) 磁天平的总机架必须水平放置。

(2) 开启电源的开关后,让电流电压逐渐上升至需要的值。关闭电源开关时,先将电位器逐渐调节至零,然后关闭,防止反电动势将电源击穿。严禁在有负载时突然切断电源。

(3) 励磁电流的升降应平稳、缓慢。

(4) 霍耳探头两边的有机玻璃螺丝可将探头调节至最佳位置,打开特斯拉计,然后稍微转动探头使特斯拉计指针指在最大值,此即为最佳位置。将有机玻璃螺丝拧紧。如发现特斯拉计指针反向,只需将探头转动 180°即可。

8. **思考题**

(1) 实验中在测量体积磁化率时作了哪些近似处理?

(2) 不同励磁电流条件下,测得的样品的摩尔磁化率是否相同? 如果不同,本实验中又用什么方法得到真实的磁化率?

实验 10.7 数字全息照相

1. **引言**

全息照相利用光的干涉原理,将物体的光波波前以干涉条纹的形式记录下来,利用光的衍射原理重现所记录的物体的光波波前,从而能够得到物体的光波的振幅(强度)和相位(包括位置、形状和色彩)信息。全息电视、全息电影是未来全息照相的应用方向,数字全息技术是未来的发展趋势。数字全息技术是由 Goodman 和 Lawrence 在 1967 年提出的,其基本原理是用光敏电子成像器件代替传统全息记录材料,用计算机模拟取代光学衍射来实现所记录波前的数字重现,实现了全息记录、存储和重现全过程的数字化。数字全息技术给全息技术的发展和应用增加了新的内容和方法。

2. **实验目的**

(1) 了解数字全息照相的实验原理和拍摄条件。

(2) 掌握数字全息记录和数字全息重现的实验方法。

3. 实验原理

传统全息技术采用全息记录材料来记录全息图,记录过程繁琐,需要化学湿处理,需要激光重现,不方便保存、使用、传播、推广。

数字全息技术包括数字全息记录和数字全息重现。数字全息记录是将参考光和物光的干涉图样直接投射到光电探测器上,经图像采集后获得物体的数字全息图,并将其存储在计算机内。数字全息重现应用傅里叶算法,对数字全息图进行数值计算从而得到重现像。

(1) 数字全息记录

由于数字全息技术使用数字照相机代替全息干板来记录全息图,因此想要获得高质量的数字全息图,并完好地重现出物光波,必须保证全息图表面上光波的空间频率与记录介质的空间频率之间的关系满足奈奎斯特采样定理,即记录介质的空间频率必须是全息图表面上光波的空间频率的两倍以上。但是,由于数字照相机的分辨率(约 100 线/mm)比全息干板等传统记录介质的分辨率(约 5 000 线/mm)低得多,而且数字照相机的靶面面积很小,因此数字全息技术的记录条件不容易满足,其光路的考虑也有别于传统全息技术。目前数字全息技术仅限于记录和重现较小物体的低频信息,对记录条件有其自身的要求。

设物光和参考光在全息图表面上的最大夹角为 θ_{max},则数字照相机平面上形成的最小条纹间距 Δd_{min} 为

$$\Delta d_{min}=\frac{\lambda}{2\sin(\theta_{max}/2)} \tag{10-7-1}$$

所以全息图表面上物光波的最大空间频率为

$$f_{max}=\frac{2\sin(\theta_{max}/2)}{\lambda} \tag{10-7-2}$$

假设一个给定的数字照相机像素大小为 Δx,根据奈奎斯特采样定理,一个条纹周期 Δd 要至少等于两个像素周期,即 $\Delta d\geqslant 2\Delta x$,记录的信息才不会失真,即要求

$$\sin(\theta_{max}/2)\leqslant\frac{\lambda}{4\Delta x} \tag{10-7-3}$$

在数字全息图的记录光路中,参考光与物光的夹角范围受到数字照相机分辨率的限制。由于现有的数字照相机分辨率比较低,因此只能限制参考光和物光之间的夹角,才能保证携带物体信息的物光中的振幅和相位信息被全息图完整地记录下来。

只要满足奈奎斯特采样定理,参考光可以是任何形式的,可以使用准直光或是发散光,可以水平入射到数字相机或是以一定的角度入射。

与传统全息记录材料相比,一方面,数字照相机靶面尺寸小,仅适应于小物体的记录;另一方面,数字照相机像素尺寸大,分辨率低,限制了所记录的参物光的夹角,只能记录物体空间频谱中的低频信息,从而使重现像的分辨率低、像质较差。因此,在数字全息技术中要想获得较好的重现效果,需要综合考虑实验参量,合理地设计实验光路。

(2) 数字全息重现

图 10-7-1 为数字全息记录和重现的结构及坐标系示意图。物体位于 xOy 平面上，与全息平面 $x_HO_Hy_H$ 相距 d，d 即为全息图的记录距离，物体的复振幅分布为 $u(x,y)$。数字照相机位于 $x_HO_Hy_H$ 平面上，$i_H(x_H,y_H)$ 是物光和参考光在全息平面上干涉形成的光强分布。$x'O'y'$ 面是数字重现的成像平面，与全息平面相距 d'，d' 也称为重现距离。$u(x',y')$ 是重现像的复振幅分布，因为它是一个二维复数矩阵，所以可以同时得到重现像的强度和相位分布。

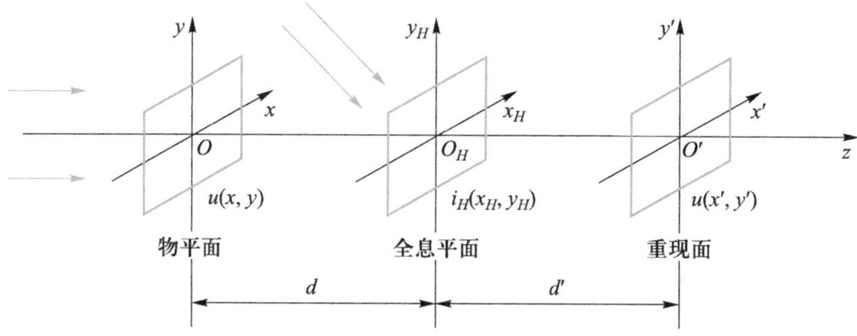

图 10-7-1 数字全息记录和重现的结构及坐标系示意图

对于图 10-7-1 的坐标关系，根据菲涅耳衍射公式可以得到物光波在全息平面上的衍射光场分布 $O_H(x_H,y_H)$ 为

$$O(x_H,y_H)=\frac{\mathrm{e}^{\mathrm{j}kd}}{\mathrm{j}\lambda d}\iint u(x,y)\exp\left\{\frac{\mathrm{j}k}{2d}\left[(x-x_H)^2+(y-y_H)^2\right]\right\}\mathrm{d}x\mathrm{d}y \qquad (10-7-4)$$

其中 λ 为波长，$k=2\pi/\lambda$ 为波数。全息平面上，设参考光波的光场分布为 $R_H(x_H,y_H)$，则全息平面的光强分布 $i_H(x_H,y_H)$ 为

$$i_H(x_H,y_H)=\left[O(x_H,y_H)+R(x_H,y_H)\right]\left[O(x_H,y_H)+R(x_H,y_H)\right]^* \qquad (10-7-5)$$

其中上角标 * 代表复共轭。用与参考光波相同的重现光波 $R_H(x_H,y_H)$ 照射全息图时，全息图后的光场分布为 $i_H(x_H,y_H)R_H(x_H,y_H)$。在满足菲涅耳衍射的条件下，重现距离为 d' 时，重现像的复振幅分布 $u(x',y')$ 为

$$u(x',y')=\frac{\mathrm{e}^{\mathrm{j}kd'}}{\mathrm{j}\lambda d'}\iint i_H(x_H,y_H)R(x_H,y_H)\exp\left\{\frac{\mathrm{j}\pi}{\lambda d'}\left[(x'-x_H)^2+(y'-y_H)^2\right]\right\}\mathrm{d}x_H\mathrm{d}y_H \qquad (10-7-6)$$

将式(10-7-6)中二次相位因子 $(x'-x_H)^2+(y'-y_H)^2$ 展开，则式(10-7-6)可写为

$$u(x',y')=\frac{\mathrm{e}^{\mathrm{j}kd'}}{\mathrm{j}\lambda d'}\exp\left[\frac{\mathrm{j}\pi}{\lambda d'}(x'^2+y'^2)\right]\iint i_H(x_H,y_H)R(x_H,y_H)$$
$$\times\exp\left[\frac{\mathrm{j}\pi}{\lambda d'}(x_H^2+y_H^2)\right]\exp\left[-\frac{\mathrm{j}2\pi}{\lambda d'}(x_Hx'+y_Hy')\right]\mathrm{d}x_H\mathrm{d}y_H \qquad (10-7-7)$$

在数字全息中，为了获得清晰的重现像，d' 必须等于 d(或者 $-d$)，当 $d'=-d<0$ 时，重现像的复振幅分布为

$$u(x',y')=\frac{e^{-jkd}}{-j\lambda d}\exp\left[-\frac{j\pi}{\lambda d}(x'^2+y'^2)\right]F^{-1}\left\{i_H(x_H,y_H)R(x_H,y_H)\exp\left[-\frac{j\pi}{\lambda d}(x_H^2+y_H^2)\right]\right\} \tag{10-7-8}$$

同理,当 $d'=d>0$ 时,重现像的复振幅分布为

$$u(x',y')=\frac{e^{jkd}}{j\lambda d}\exp\left[\frac{j\pi}{\lambda d}(x'^2+y'^2)\right]F^{-1}\left\{i_H(x_H,y_H)R(x_H,y_H)\exp\left[\frac{j\pi}{\lambda d}(x_H^2+y_H^2)\right]\right\} \tag{10-7-9}$$

这样,利用傅里叶变换就可以求出重现像,数字全息重现的算法属于傅里叶变换算法。

(3) 数字全息技术的优势

数字全息技术即全息照相的数字化,是未来全息照相进一步发展的趋势。它具有方便记录、保存、传播等多方面的优势:

① 由于用 CCD 等光电传感器件记录数字全息图的时间,比用传统全息记录材料所需的曝光时间短得多,因此它能够用来记录运动物体的各个瞬间状态,且没有烦琐的化学湿处理过程,记录和重现过程都比传统光学全息方便快捷。

② 由于数字全息技术可以直接得到记录物体重现像的复振幅分布,而不是光强分布,被记录物体的表面亮度和轮廓分布都可通过复振幅得到,因而可方便地用于实现多种测量。

③ 由于数字全息技术采用计算机进行数字重现,可以方便地对所记录的数字全息图进行图像处理,减少或消除在全息图记录过程中的像差、噪声、畸变及记录过程中 CCD 器件非线性等因素的影响。

4. 实验仪器

光学平台、He-Ne 激光器、CMOS 照相机、透镜、空间滤波器、可调衰减器、反射镜、分光棱镜、计算机、全息目标物等。

5. 实验内容

(1) 调节数字全息照相的光路

① 按照图 10-7-2,从激光器开始逐个摆放各个实验器件,确保光路水平,光学器件同轴,全息目标物和 CMOS 照相机先不加入光路中。

文档:数字全息照相实验仪器介绍

② 采用激光管夹持器固定激光器,调整可变光阑与激光器等高,然后打开激光器电源,把可变光阑依次放在激光器的远处、近处,调整激光管夹持器使激光器光束通过可变光阑中心,重复多次,使激光器水平。

③ 加入空间滤波器,使用可变光阑作为高度标尺,调整空间滤波器的高度(不加针孔),使得激光通过显微物镜后的扩束光斑中心与可变光阑中心重合,此时锁定空间滤波器高度;加入针孔,推动物镜靠近针孔,在此过程中不断调整针孔位置旋钮,保证透过光的光强足够大,当透过光无衍射环且光强足够大时,空间滤波器调整完毕(注意:物镜靠近针孔时,切忌用力旋转,以免物镜撞到针孔,使针孔堵塞)。

④ 调整双凸(准直)透镜与空间滤波器的距离,使出射光的光斑在近处和远处直径大致相等(注意:因为准直透镜的焦距是 150 mm,所以该透镜应放在针孔后 150 mm 的位置)。

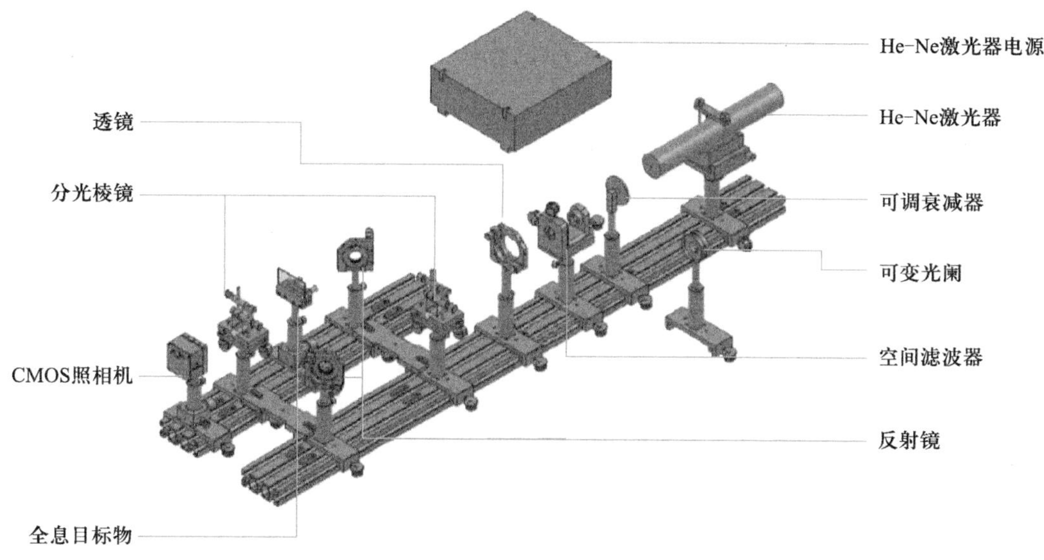

图 10-7-2 数字全息照相光路图

⑤ 在光路搭建完后，调节两路光，使其合成一束同轴光，能够出现同心圆环干涉条纹。此时可认为光路初步调节基本完成。

⑥ 旋转激光器出口的可调衰减片，将整个系统中的光强变弱，然后将 CMOS 照相机加入到系统中，实时记录干涉条纹图案。然后调整可调衰减片使照相机采集到干涉条纹光强合适，不能曝光过度。

⑦ 调节分光棱镜处的调整架，让两束光有轻微的夹角，产生离轴全息，方便后期重现。图像上显示为较为密集的竖条纹。

⑧ 将全息目标物加入到光路中。

(2) 数字全息记录与重现

① 采集全息图案，用计算机软件中的“频域分析”来观测频域中的±1 级是否和 0 级分开；如果未分开，需继续调整参考光和物光的夹角，直到±1 级和 0 级充分分开。

② 在计算机软件“频谱分析”界面中，点击频谱图+1 级的峰值位置，获取坐标，将 x 轴坐标填入右边“峰值点”输入框。输入合适的滤波窗口大小值。测量目标物和照相机之间的距离，输入到“重现距离”处，点击数字重现，便可得到数字重现的全息图。

6. 数据处理

表 10-7-1 数字全息照相测量记录

实验内容	项目	记录
光学记录	物光与参考光夹角	
	拍摄物位置	
数字重现	数字重现的夹角	
	重现像描述	

根据实验时的光路以及表 10-7-1 记录的情况，绘制光路图，总结分析数字全息照相成败的原因。

7. 注意事项

(1) 用可调衰减片调节物光与参考光的光强比，增强干涉条纹的对比度。

(2) 物光和参考光的角度要控制在最大夹角内（通过采集图像的干涉条纹间距来调整物参光的夹角）以保证物光和参考光的干涉场在被数字照相机记录时，满足奈奎斯特采样定理，否则在进行重现时，重现像将会失真甚至导致实验失败。

(3) 在通过计算机软件重现的过程中，分别进行不作任何处理的重现和对采集的全息图做频率滤波之后的重现，发现频率滤波的方法能够同时消除零级亮斑和共轭像，使重现像的质量得到明显的改善。在进行频率滤波时要根据采集到的全息图选择合适的滤波窗口，以便准确地选取出物光信息。

8. 思考题

(1) 数字全息照相与普通全息照相有什么不同？

(2) 数字全息记录要满足什么要求？为什么？

实验 10.8　阿贝成像原理与空间滤波

1. 引言

光学信息处理是指对光学图像或光波的振幅分布作进一步的处理。自 1874 年阿贝成像理论提出以来，近代光学信息处理通常在频率域中进行，包括：用空间频谱的语言分析光信息，在图样的频谱面上设置各种空间滤波器，对图像的频谱进行改造，滤去不需要的光信息和噪声，提取感兴趣的光信息，再经过一个透镜将滤波后的频谱还原成空间域中经过修改的图像或信号。光学信息处理在信息存储、图像识别、遥感医疗、产品质检等方面有重要的作用。

2. 实验目的

(1) 理解阿贝成像原理。

(2) 掌握低通、高通等滤波技术。

(3) 了解 θ 调制原理，并利用 θ 调制获取彩色输出像。

3. 实验原理

(1) 空间频率

通常“频率”是描述时间信号周期性的物理量，即单位时间内某物理量变化的周期数。为描述空间信号的周期性，引入了“空间频率”的概念，即单位长度内空间信号变化的周期数，单位周/米或线/米。例如，光栅常量 $d=2\times10^{-5}$ m，则此光栅的空间频率 $f=1/d=5\times10^{4}$ 线/米。几何空间一般是三维的，空间频率在三个独立的方向上一般是不同的。以二维干涉等距直条纹为例：令 x 方向条纹间的周期长度为 T_x，y 方向条纹间的周期长度为 T_y，如图 10-8-1 所示，则在 x、y 方向的空间频率分别为

$$f_x=\frac{1}{T_x},\quad f_y=\frac{1}{T_y} \tag{10-8-1}$$

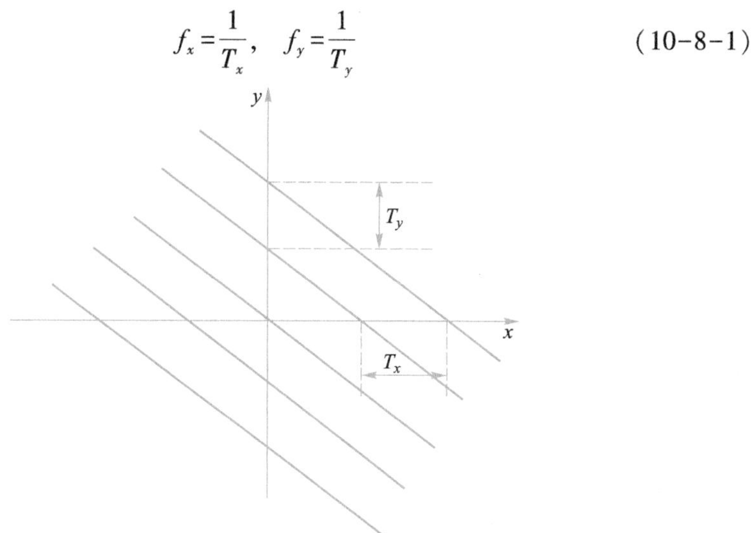

图 10-8-1 空间频率示意图

输入光学成像系统(如望远镜、显微镜等)的信息就是被观察的物体,从系统输出的信息就是所成的像。一张复杂的图像可以看作由许多不同空间频率的单频信息所组成,所以光学成像系统所处理、传递的信息是空间性的,因此空间频率是傅里叶光学的重要概念。

(2) 透镜的二维傅里叶变换性质

在信息光学中,对光的传播现象和成像过程常用傅里叶变换来表达和处理。理论上可以证明,如果在焦距为 F 的会聚透镜的前焦面($x-y$ 面)上放一振幅透射率为 $g(x,y)$ 的图像作为物,并以波长为λ的相干平行光垂直照射此物,则在透镜后焦面($\xi-\eta$ 面)得到物的精确的傅里叶变换关系为

$$G(\xi,\eta)=\int_{-\infty}^{\infty}\int g(x,y)\exp\left[-\mathrm{i}2\pi\left(x\frac{\xi}{\lambda F}+y\frac{\eta}{\lambda F}\right)\right]\mathrm{d}x\mathrm{d}y \tag{10-8-2}$$

其中 $g(x,y)$ 是物的光场复振幅的分布,F 是透镜焦距,$G(\xi,\eta)$ 是透镜后焦面上的光场复振幅分布,令空间频率 f_x、f_y 为

$$f_x=\frac{\xi}{\lambda F},\quad f_y=\frac{\eta}{\lambda F} \tag{10-8-3}$$

则 $G(\xi,\eta)$ 可以写成 $G(f_x,f_y)$,也就是空间频率为 f_x、f_y 的频谱项的振幅,因此透镜的后焦面($\xi-\eta$ 面)称为频谱面(或称傅氏面),$G(f_x,f_y)$ 称为 $g(x,y)$ 的空间频谱。由此可见,可以用一个透镜来实现二维傅里叶变换。当 $g(x,y)$ 是空间周期函数时,其空间频谱 $G(f_x,f_y)$ 是不连续的分立函数。

由式(10-8-3)可以看出,f_x 正比于 ξ,f_y 正比于 η。因此,在频谱面上,ξ、η 值较大处(即远离光轴处)集中了物频谱的高频成分,它反映物面上的精细结构和突变部分。在 ξ、η 值较小处(即靠近光轴处)集中了物频谱的低频成分,它反映物面上一些粗大缓慢变化的结构。在 $\xi=\eta=0$ 的点出现物函数中的零频成分,反映物面上的均匀照明。

(3) 阿贝成像原理

阿贝成像原理认为，物是一系列不同空间频谱的光信息组合而成，而相干成像分两步完成：

① 平行入射光经过物发生夫琅禾费衍射，在透镜的后焦面上形成一系列衍射斑，即衍射图（亦称频谱图）。

② 衍射图向前发出次波，在像平面上干涉叠加成原物的像。

阿贝成像的实质就是两次傅里叶变换，如图 10-8-2 所示。第一步是通过透镜的傅里叶变换把物面的空间分布函数 $g(x,y)$ 变为频谱面上的空间频率分布 $G(f_x,f_y)$，即 $g(x,y)\rightarrow G(f_x,f_y)$，这是衍射引起的“分频”作用。第二步是再通过透镜作一次傅里叶变换（傅里叶逆变换），将 $G(f_x,f_y)$ 还原成空间分布函数 $g(x',y')$，即 $G(f_x,f_y)\rightarrow g(x',y')$，这是干涉所引起的“合成”作用。

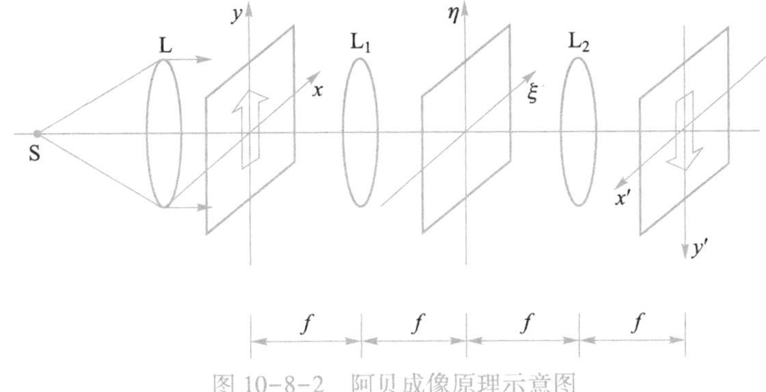

图 10-8-2　阿贝成像原理示意图

为了方便起见，可以用一维光栅作为物来说明成像的这两个过程。如图 10-8-3 所示，单色平行光照在光栅上，经衍射分解为不同方向的很多束平行光（每束平行光相应于一定的空间频率）。经物镜分别聚焦在后焦面上形成亮斑点阵，光轴上的点对应 0 级衍射，其他依次为±1，±2，…级衍射。从傅里叶光学来看，这些光点正好相应于光栅的各傅里叶分量，0 级为零频分量；±1 级为基频分量，它产生一个相应于空间频率 f_1（即原来光栅空间频率）的余弦光栅的像；±2 级为倍频分量，它在像面上产生一个空间频率为 $2f_1$ 的余弦光栅像；其他依此类推。因此物镜后焦面的振幅分布就反映了光栅（物）的空间频谱，这个后焦面称为频谱面或傅里叶变换面。而在频谱面上的这些代表不同频率的亮点最后发出球面波重新在像面上复合而成像。

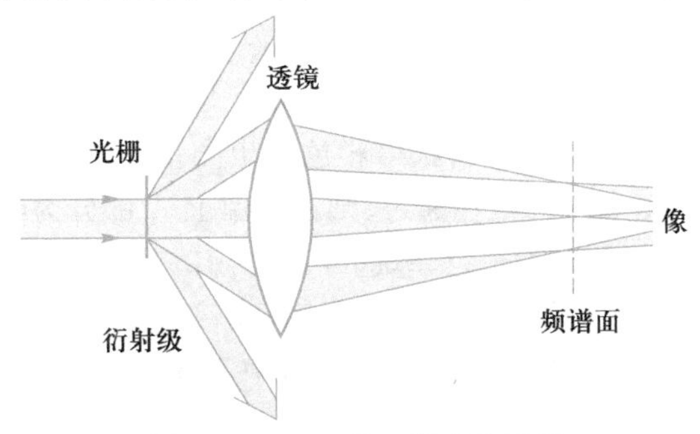

图 10-8-3　一维光栅成像过程

如果两次傅里叶变换是完全理想的,即没有丢失任何信息,那么物像是完全相似的。然而,一般来说,由于透镜的孔径总是有限的,总有一部分衍射角较大的成分(高频信息)不能进入物镜而被丢弃,所以像的信息总比物的信息少,像与物不可能完全一样。高频信息丢失越多,像与物的差异越大。

(4) 空间滤波

阿贝成像原理启示:任何一个物都有与之对应的确定的空间频谱。若在频谱面放一模板(光阑吸收或相移板)来减少某些空间频率(即进行选频)或改变某些频率的相位,则像面上的图像就会发生相应的变化。这个过程称为空间滤波,放在频谱面上的模板称为空间滤波器。利用空间滤波技术可以改变成像系统中像场的分布,滤掉不需要的信息或噪声,达到改造图像的目的。这也称为光学信息处理。常用的滤波方法有:

① 低通滤波

目的是滤去高频成分,保留低频成分。由于低频成分集中在谱面的光轴附近,高频成分落在远离光轴的地方,所以低通滤波器可以是一个圆孔。图像的精细结构及突变部分主要由高频成分起作用,所以经过低通滤波后图像的精细结构将消失,边缘也较模糊。

② 高通滤波

目的是滤去低频成分,滤波器的形状通常是一个圆屏。经高通滤波后,图像的轮廓显得特别明亮,精细结构变得清晰。

③ 方向滤波

只让某一方向(例如横向)的频率成分通过,则像面上将突出了物的纵向线条。通常用可调狭缝作为方向滤波器。

(5) θ 调制

当一张透明图片和一片光栅叠合在一起时,再用白光照射,图像的信息就会被调制(或编码)在光栅的每一个衍射的分量上。此现象被称为图像与光栅的卷积。

利用光栅的色散和编码功能,可以对一幅图片“上色”。所谓 θ 调制是以不同取向(方位角 θ)的光栅调制图像上的不同部位。如图 10-8-4(a)所示,该图像由 A、B、C 三个圆组成,且由三个不同方向的光栅加以调制构成 θ 物片。将该 θ 物片放入傅里叶变换光路中,用准直白光照射 θ 物片,白光由各种波长的光组成,不同波长光的非零级谱点与系统光轴夹角不同,所以在频谱面上将产生三组不同取向的彩色衍射光谱(频谱),如图 10-8-4(b)所示,每一条彩色频谱分别对应于 θ 物片上的一个部分。如果用一张硬的纸卡放在频谱面上,在纸卡上扎孔,在不同的方位角上,小孔选取不同颜色的谱,就可以获得彩色输出图像。例如,图形 A 对应的彩色频谱图中只让每一级谱点中的红色通过,则输出像上 A 部分为红色。同理,可按需要使输出面上的 B、C 部分成为黄色、绿色等,如图 10-8-4(c)所示。如果改变频谱面上滤波器的通光位置,所选图像的颜色也会相应变化(例如也可以使图形 A 的输出像为黄色或绿色等)。由于这种方法将图像中不同方位的空间物体编上不同的颜色,所以也称为等空间色彩编码。

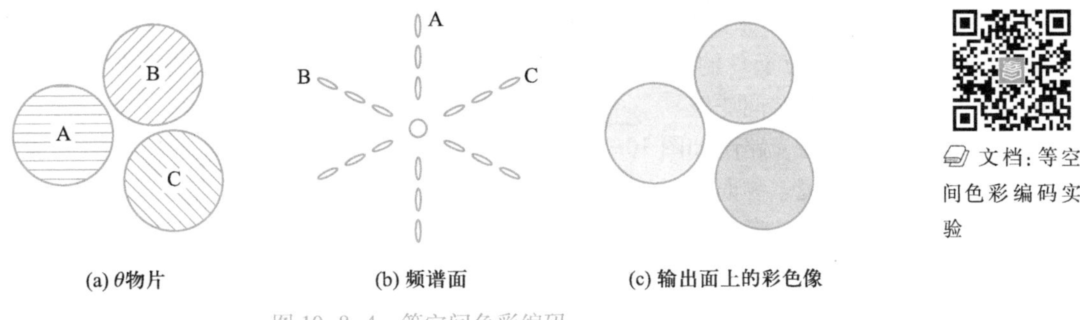

(a) θ物片　(b) 频谱面　(c) 输出面上的彩色像

图 10-8-4　等空间色彩编码

文档：等空间色彩编码实验

4. 实验仪器

光具座、各类滑座、He-Ne 激光器及电源、强白光光源及电源、激光扩束镜、单色准直镜、单色傅里叶变换透镜、白光准直透镜、消色差白光傅里叶变换透镜、聚光透镜、三爪透镜架、屏架、小孔屏、毛玻璃、白屏、各种常见的滤波器、θ 调制片。

5. 实验内容

(1) 利用 θ 调制获得彩色输出图像。

按图 10-8-5 摆放光路。本光路采用 $4f$ 系统，L_1、L_2 是一对消色差白光傅里叶变换透镜($\phi=62$ mm，$f=300$ mm)，二者的距离等于 $2f$，物面 P_1 在 L_1 前焦面上，像面 P_2 在 L_2 的后焦面上，P_1 与 P_2 之间的距离为 $4f$，故称 $4f$ 系统。L_0 是聚光透镜，D 为小孔屏，L 为白光准直透镜，用以获得准直平行光，投射到 $4f$ 系统。

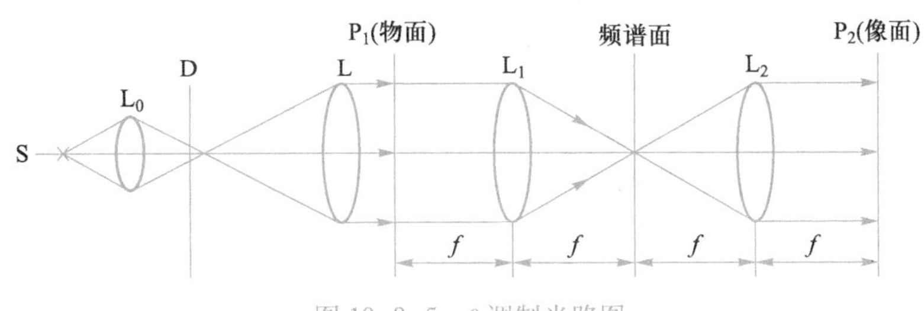

图 10-8-5　θ 调制光路图

主要步骤：

① 以钨卤素灯为白光光源，对各元件进行等高共轴调节，使光学系统为共轴系统。

② 移动小孔屏，使小孔屏上光束点会聚最佳。

③ 准直透镜 L($\phi=62$ mm，$F=350$ mm)与小孔屏相距 F 距离，检查 L 输出的光是否为平行光。

④ 在频谱面上插入一张硬白纸，可以看到白纸上三行不同取向的彩色衍射光斑。

⑤ 用光阑屏($\phi10$)，分别让 θ 调制片上的 A、B、C 圆形光通过，观测白纸上相应的彩色衍射光斑的方位。

⑥ 用针在白纸上扎孔，使相应于 A 的红色衍射光通过，相应于 B 的黄色光通过，相应 C 的绿色光通过，则在像屏上出现红、黄、绿三色圆形输出像。

⑦ 换一张白纸，用针扎孔，使相应于 A 的绿色衍射光通过，相应于 B 的红色光通过，相应于 C 的黄色光通过，则像屏上三个圆形像的颜色相应发生改变。

(2) 空间滤波

实验光路图如图 10-8-6 所示，其中为 L_1 为扩束镜，L_2 为单色准直透镜，L 为成像透镜。物面处可放置透射的一维光栅或正交光栅（网络），频谱面处可放置各种滤波器。激光束经 L_1、L_2 扩束准直成为具有较大截面的平行光束照在物面上，移动成像透镜 L，可使像面上得到一个放大的实像，并使频谱面的衍射图适于各种滤波器的大小，以便于滤波处理。

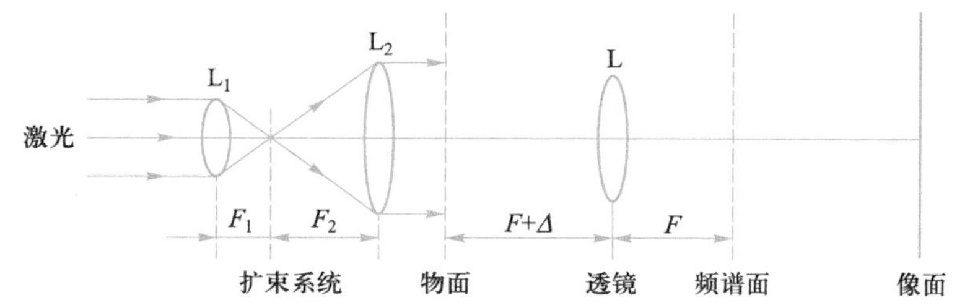

图 10-8-6 空间滤波光路图

① 光路调节

a. 调节激光管的仰角及转角，使光束平行于导轨。

b. 紧靠激光器出光端放置小孔屏，让光束无遮挡地通过。

c. 放上透镜 L_1、L_2，移动 L_2，并调共轴，使通过 L_1、L_2 的光为扩束平行光，记下 L_1、L_2 的位置。

d. 放上透镜 L（焦距 f=250 mm），将 L 移至离 L_2 约 $2F$ 的地方，取下 L_1、L_2（滑座不移动），调共轴，然后先后将 L_2、L_1 复位，调共轴。

e. 放置物屏（箭屏），使扩束平行光均匀垂直地照射在物屏上，移动物屏的位置，使在像面上得到一清晰放大的图像并固定物面的位置。

f. 用一维光栅取代箭屏，用毛玻璃在 L 的后焦面附近移动，直到观察到一排清晰的衍射光点，固定频谱面的位置。

② 测量光栅的空间频率

a. 物面上放置一维透射光栅，在频谱面上可看到等间距衍射光点，中间最亮点为 0 级衍射，两侧分别为±1，±2，…级衍射点。

b. 用一厚白纸置于频谱面上，描出衍射点的位置。

c. 用游标卡尺测出 1、2、3 级衍射点与光轴的距离 ξ_1、ξ_2、ξ_3，由式（10-8-3）求出相应的空间频率，并确定该光栅的基频。

d. 在频谱面上放置可调狭缝和光阑，依次使 0 级光点通过；使 0 级和±2 级光点通过，分别观察记录像面上成像情况。

③ 方向滤波

a. 在物面上放置 200 目的网络物，则频谱面上出现二维分立的衍射光点阵，像面上出现放大的网格像。

b. 在频谱面上放置一狭缝光阑，使狭缝分别沿竖直方向、水平方向、与水平方向成 45°角放置,观察并记录像面上图像的变化。

6. **数据处理**

表 10-8-1　光栅空间频率测量

λ = ____,　F = ____

级次	2ξ/mm	f/mm^{-1}
±1		
±2		
±3		

利用表 10-8-1 的数据,根据式(10-8-3)计算光栅的空间频率,并进行误差计算与分析。

7. **注意事项:**

(1) 透镜组套有水平和俯仰微调功能,实验完成后这两个微调应处于松弛状态,即俯仰及水平调节螺钉露出最少,这时铜顶尖内的弹簧和俯仰弹簧片处于相对松弛状态。

(2) 透镜是组合透镜,组装时已调到最佳状态,不要轻易拆卸,以免影响透镜的光学性能。

8. **思考题**

(1) 空间频率是不是频率? 空间频率的大小与物体细节有什么关系。

(2) 显微镜物镜的孔径与显微镜分辨率之间有没有关系? 根据本实验的原理提出提高显微镜分辨率的方法。

实验 10.9　黑体辐射光谱分布的测定

1. **引言**

任何物体都有辐射和吸收电磁波的能力。其中,热辐射是物质的粒子热运动产生的电磁辐射,任何温度高于绝对零度的物质都会发出热辐射,其辐射的光谱是连续谱。热辐射的研究始于 19 世纪初,兴盛于 19 世纪末。黑体是理想的温度辐射体,对于黑体辐射的研究成了量子理论发现的基础。黑体是一种理想模型,并不是真实存在的,但在现实中可以制造出近似的人工黑体。本实验通过测定黑体辐射的光谱分布来探究黑体辐射定律。

文档:黑体辐射史话

2. **实验目的**

(1) 理解黑体辐射的概念。

(2) 研究物体的辐射面、辐射体温度对物体辐射能力大小的影响。

(3) 测绘物体辐射能量与波长关系图和发热物体红外成像。

3. **实验原理**

(1) 黑体与普朗克辐射定律

黑体是一种理想的温度辐射体,它能够吸收所有入射的电磁辐射(不论其入射频率或者入射角大小)。黑体在吸收辐射的同时也可以发射辐射。根据基尔霍夫定律,一个物体的热辐射本领 $r(\nu,T)$ 与吸收本领 $\alpha(\nu,T)$ 成正比,比值仅与频率 ν 和温度 T 有关,其数学表达式为

$$\frac{r(\nu,T)}{\alpha(\nu,T)}=F(\nu,T), \tag{10-9-1}$$

式中 $F(\nu,T)$ 是一个与物质无关的普适函数。在 1861 年基尔霍夫进一步指出,在一定温度下用不透光的壁包围起来的空腔中的热辐射等同于黑体的热辐射。由于黑体能完全吸收任意波长的辐射,它也能在各个方向最大限度地发出任意波长的辐射。当处于热平衡状态时,黑体发出的辐射被称为黑体辐射,此时黑体辐射的能量等于其吸收的能量。实验测量得出的黑体辐射的光谱分布仅仅与黑体的热力学温度有关,而与黑体的形状和组成物质无关。实验测得的黑体辐射能量分布曲线如图 10-9-1 所示。

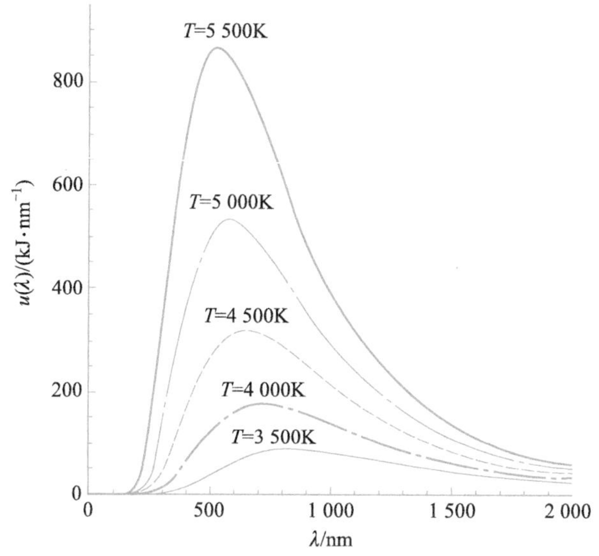

图 10-9-1 黑体辐射能量分布曲线

很多人尝试用经典物理学的理论来阐释这种分布的规律,推导符合实验结果的能量分布公式,但是都没有取得满意的结果。1896 年维恩尝试从热力学理论出发,在总结实验数据的基础上得到一个光谱辐射度分布公式,即维恩公式:

$$E_{(\lambda,T)}=\frac{\alpha c^2}{\lambda^5}\mathrm{e}^{-\beta c/\lambda T} \tag{10-9-2}$$

式中 α、β 是常量,c 为光速;$E_{(\lambda,T)}$ 表示是在一定温度下单位面积的黑体在单位时间、单位立体角和单位波长间隔内辐射出的能量,单位是 $\mathrm{W\cdot m^{-3}}$。这个公式在图 10-9-2 的短波部分与实验结果符合得很好,但是在长波部分偏差较大。

1900 年瑞利根据经典电动力学和统计物理学得出的另一个分布公式,即瑞利-金斯公式(其常量数值由另一位科学家金斯于 1905 年计算得出):

$$E_{(\lambda,T)}=\frac{2ckT}{\lambda^4} \tag{10-9-3}$$

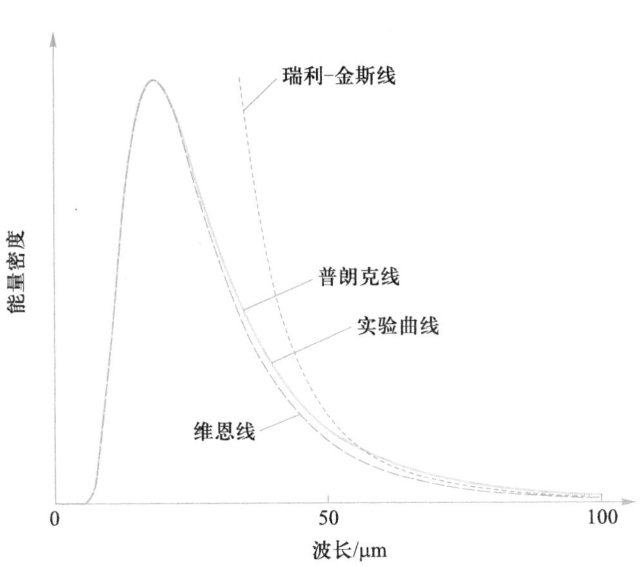

图 10-9-2　黑体辐射能量密度随波长的变化示意图

式中 k 为玻耳兹曼常量。这个公式在长波部分与实验结果较符合，但是在短波部分则趋向无穷大，与实验完全不符，被称为“紫外灾难”。

1900 年，普朗克在总结前人工作的基础上，采用内插法将适用于短波的维恩公式和适用于长波的瑞利·金斯公式衔接起来，提出了一个两参量黑体辐射公式：

$$E_{(\lambda,T)}=\frac{c_1}{\lambda^5}\cdot\frac{1}{e^{c_2/\lambda T}-1} \tag{10-9-4}$$

式中 $c_1=2\pi hc^2=3.74\times10^{-16}\ \mathrm{W\cdot m^2}$，$c_2=hc/k=1.4398\times10^{-2}\ \mathrm{m\cdot K}$，$c_1$ 与 c_2 被称为第一辐射常量和第二辐射常量，其中 h 是普朗克常量。从数学角度来看，这个公式在全波段都与观测结果符合得很好，如图 10-9-2 所示，但是当时关于这个公式背后的蕴含科学原理却尚不清楚。

这一研究结果促使普朗克进一步去探索该公式所蕴含的深刻的物理本质。普朗克发现，如果做出如下的假设就可以从理论上导出黑体辐射公式：物体只能以 $h\nu$ 为能量单位不连续地发射和吸收频率为 ν 的辐射。能量单位 $h\nu$ 称为能量子。这个假设不同于经典理论中能量连续变化的概念，但是却可以导出与实验观测极其符合的辐射公式。普朗克用新的理论突破了经典理论的束缚，打开了认识微观领域的大门。

(2) 斯忒藩-玻耳兹曼定律

将式(10-9-4)对波长 λ 求积分，即可得到黑体的总辐射通量 E_T：

$$E_T=\int_0^{\infty}E_{(\lambda,T)}\,\mathrm{d}\lambda=\sigma T^4 \tag{10-9-5}$$

式中，T 为黑体的热力学温度，σ 是斯忒藩-玻耳兹曼常量。σ 由下式决定：

$$\sigma=\frac{2\pi^5k^4}{15h^3c^2}=5.670\times10^{-8}\ \mathrm{W\cdot m^{-2}\cdot K^{-4}}$$

由式(10-9-5)可以看出,黑体的总辐射通量 E_T 与 T 的四次方成正比,这和1879年斯特藩从实验中总结出的结论完全一致。

由于黑体为朗伯辐射源,其辐射亮度 L 和总辐射通量 E_T 的关系为 $L=E_T/\pi$,故上述公式也可用辐射亮度表示为

$$L=\frac{\sigma T^4}{\pi} \tag{10-9-6}$$

(3) 维恩位移定律

1893年,维恩发现黑体辐射中光谱亮度最大值对应的峰值波长与热力学温度成反比。当温度升高时,峰值波长将向短波方向移动,其峰值波长 λ_m(单位为 μm)与热力学温度 T(单位为 K)的关系为

$$\lambda_m=2896/T \tag{10-9-7}$$

这一定律也可由式(10-9-4)对 λ 求导并令其为零的运算导出。将式(10-9-7)代入式(10-9-4),可得到黑体的峰值光谱辐射度(单位 $\mathrm{W\cdot cm^{-2}\cdot \mu m^{-1}\cdot K^{-5}}$)为

$$E_{(\lambda,T)\max}=1.309\times10^{-15}T^5$$

普朗克辐射定律、斯忒藩-玻耳兹曼定律和维恩位移定律统称为黑体辐射定律。

4. 实验器材

文档:黑体辐射实验装置

DHRH-1 测试仪、光学导轨、黑体辐射测试架、红外成像测试架、红外热辐射传感器、半自动扫描平台、计算机软件以及连接线等。

5. 实验内容

(1) 实验准备

① 将黑体辐射测试架、红外热辐射传感器安装在光学导轨上。调整传感器高度,使其正对模拟黑体(辐射体)中心。之后再调整黑体辐射测试架和红外热辐射传感器的位置,使其保持一个较合适距离,并通过光具座上的紧固螺丝将两者锁紧。

② 将黑体辐射测试架上的加热电流输入端口与控温传感器端口分别通过专用连接线和 DHRH-1 测试仪面板上的相应端口相连。然后用专用连接线将红外热辐射传感器和 DHRH-1 测试仪面板上的专用接口相连。最后把黑体辐射测试架上的测温传感器 PT100II 连至 DHRH-1 测试仪面板上的"PT100 传感器 II"处,用 USB 连接线连接计算机与测试仪。如图 10-9-3 所示,在检查确认连线无误后,打开电源,对模拟黑体进行加热。

(2) 黑体温度与表面对辐射能力的影响

① 黑体温度与辐射强度的关系

采用动态测量的方法,用计算机软件动态改变黑体温度并且记录辐射强度。这里辐射强度变化表现为测量电压大小的变化。

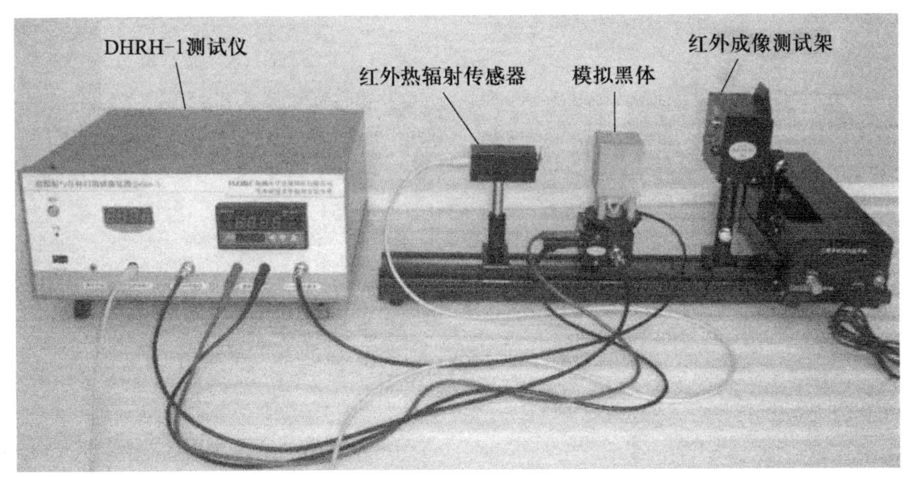

图 10-9-3　黑体温度与辐射强度测量

② 黑体不同表面对辐射强度的影响

将红外热辐射传感器移开，并且将温度控制器的温度设置在 60 ℃。温度控制需要一定时间，设置温度的方法详见说明书。

文档：温度控制器说明书

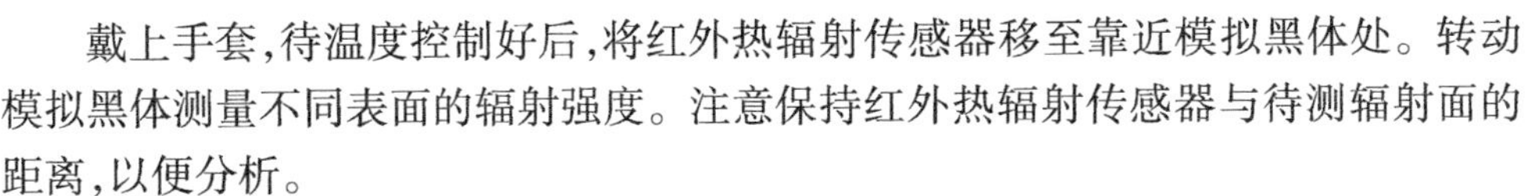

戴上手套，待温度控制好后，将红外热辐射传感器移至靠近模拟黑体处。转动模拟黑体测量不同表面的辐射强度。注意保持红外热辐射传感器与待测辐射面的距离，以便分析。

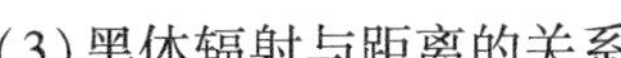

(3) 黑体辐射与距离的关系

① 实验准备

按照图 10-9-3 连线。

将黑体辐射测试架固定在光学导轨左端某处，红外热辐射传感器探头对准模拟黑体中心。将红外热辐射传感器移动对准到光学导轨标尺上的某一整刻度。以此作为红外热辐射传感器和模拟黑体之间的距离零点。

② 黑体辐射与距离的关系

将红外热辐射传感器移至导轨另一端，并将模拟黑体的黑面正对红外热辐射传感器；

将温度控制器设置到 80 ℃，待温度控制稳定后，移动红外热辐射传感器，记录传感器与模拟黑体的距离和相应的辐射强度。

(4) 红外成像实验（利用计算机）

① 实验准备

将红外成像测试架放置在导轨左边，半自动扫描平台放置在导轨右边。将红外成像测试架上的加热输入端口和传感器端口分别通过专用连线同 DHRH-1 测试仪面板上的相应端口相连。将红外热辐射传感器安装在半自动扫描平台上，并用连接线将红外热辐射传感器和面板上的输入接口相连。最后用 USB 连接线将 DHRH-1 测试仪与计算机连接起来，如图 10-9-4 所示。

将红外成像体放置在红外成像测试架上，设定温度控制器的控温温度为 60°或

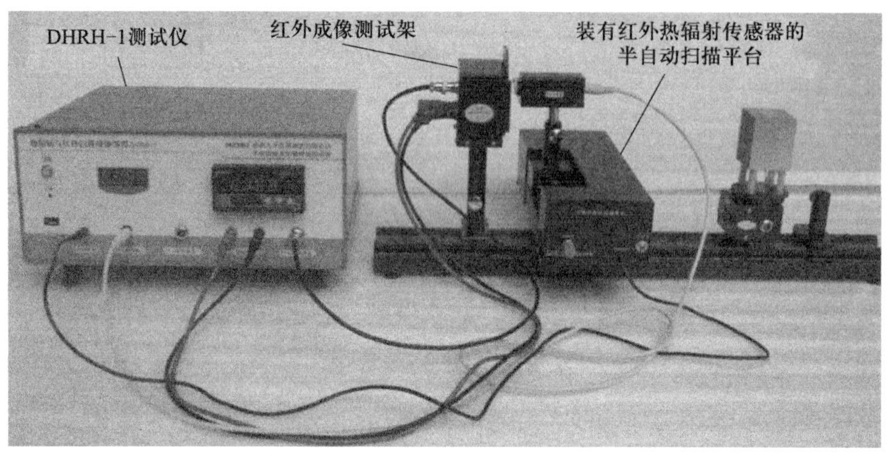

图 10-9-4 红外成像实验

70°。检查确认连线无误后，开通电源，对红外成像体进行加热。

② 红外辐射测量

温度控制稳定后，将红外成像测试架向半自动扫描平台移近，使成像物体尽可能接近红外热辐射传感器（注意成像物体不能紧贴传感器，以免高温烫坏传感器测试面板），并将红外热辐射传感器前端面的白色遮挡物旋转到与传感器的中心孔位置一致。

启动扫描电机，开启采集器，采集红外成像体横向辐射强度数据。关闭电机，手动调节红外成像测试架的纵向位置（调节杆上有刻度，每次向上移动相同坐标距离）。再次开启电机，采集成像物体横向辐射强度数据。最后电脑上相关软件会显示全部的采集数据点以及成像图。

（5）测量不同物体防辐射能力（选做）

① 分别测量在辐射体和红外热辐射传感器之间放入物质板之前和之后辐射强度的变化。

② 放入不同物质板，分别记录辐射强度的变化。

6. 数据处理

表 10-9-1 黑体温度与辐射强度记录表

温度 t/℃	20	25	30	…	80
辐射强度 P/V					

表 10-9-2 黑体表面与辐射强度记录表

黑体面	黑面	粗糙面	光面 1	光面 2（带孔）
辐射强度 P/V				

表 10-9-3 黑体辐射与距离关系记录表

距离 s/mm	400	350	…	0
辐射强度 P/mV				

（1）根据表 10-9-1 的数据绘制温度-辐射强度曲线图。

（2）根据表 10-9-1 的数据，利用维恩位移定律的式(10-9-5)，求出不同温度时的 λ_{max}。绘制不同温度下辐射强度与对应 λ_{max} 的曲线图。

（3）（选做）根据表 10-9-3 的数据绘制辐射强度-距离曲线图以及辐射强度-距离平方图，即 $P-s$ 和 $P-s^2$ 图。

7. 注意事项

（1）实验中，当辐射体温度很高时，不能触摸辐射体。

（2）在测量物体表面对物体辐射强度影响时，温度不要设置太高（不高于 60 ℃）。需要戴手套进行转动辐射体的操作，以免烫伤。

（3）实验中，在计算机采集数据时注意不要触摸测试架，以免对传感器造成干扰。

（4）辐射体的光面 1 光洁度较高，需要避免受损。

8. 思考题

（1）根据表 10-9-2 的数据，有无光照对于辐射强度有什么影响？

（2）根据表 10-9-3 的数据，辐射强度与测量距离以及距离的平方存在什么规律？

（3）辐射强度与对应峰值波长之间的关系是什么？

实验 10.10　塞曼效应

1. 引言

1896 年物理学家塞曼发现，当把产生光谱的光源放在强磁场中，原来的光谱线会分裂成几条偏振的光谱线。这个现象称为塞曼效应。后来洛伦兹根据其电磁理论解释了正常塞曼效应和分裂谱线的偏振特性。他们两人的工作有力地支持了光的电磁理论，为此塞曼和洛伦兹共同分享了 1902 年诺贝尔物理学奖。塞曼效应是继法拉第效应和克尔效应后发现的又一个磁光效应。直到现在，塞曼效应仍是研究原子能级的一个重要方法。

2. 实验目的

（1）理解塞曼效应的相关原理。

（2）了解和掌握 F-P 标准具的工作原理与使用。

（3）观察和测量汞原子 546.1 nm 谱线在磁场中的分裂情况。

（4）计算电子荷质比。

文档：塞曼效应史话与应用

3. 实验原理

当光源受到强的外磁场作用时，每条光谱线都会发生分裂，分裂谱线之间的距离与磁场的强度有关。这种现象被称为塞曼效应。光谱线在磁场作用下分裂成间隔相等的三条谱线的情况被称为正常塞曼效应。正常塞曼效应可以很好地用电磁波理论来解释：电子轨道磁矩的能级在外磁场的作用下产生分裂，从而导致光谱线的分裂。但多数情况光谱分裂出多于三条的谱线,其间隔也不一定相同,这种情况称为反常塞曼效应。反常塞曼效应的解释需要用到量子力学。

(1) 谱线在磁场中的分裂

① 原子磁矩与角动量的关系

塞曼效应是原子的总磁矩受到外磁场作用的结果。原子总磁矩可以分为核磁矩与电子磁矩。因为核磁矩较小,这里不做考虑。电子磁矩又分为轨道磁矩 $\boldsymbol{\mu}_L$ 和自旋磁矩 $\boldsymbol{\mu}_S$。同时,电子有轨道角动量 $\boldsymbol{P}_L$ 和自旋角动量 $\boldsymbol{P}_S$,这两个角动量矢量和为总角动量 $\boldsymbol{P}_J$(图 10-10-1)。磁矩与角动量之间的关系如下,这里 $\boldsymbol{P}_L$ 和 $\boldsymbol{P}_S$ 的公式由量子力学给出:

$$\boldsymbol{\mu}_L=\frac{e}{2m}\boldsymbol{P}_L,P_L=\hbar\sqrt{L(L+1)} \quad (10-10-1)$$

$$\boldsymbol{\mu}_S=\frac{e}{m}\boldsymbol{P}_S,P_S=\hbar\sqrt{S(S+1)} \quad (10-10-2)$$

其中 e 和 m 是电子的电荷量和质量,L 和 S 分别是轨道量子数和自旋量子数,$\hbar=\dfrac{h}{2\pi}$,为约化普朗克常量。由于电子电荷量是负数量,所以图 10-10-1 中磁矩与角动量的方向是相反的。同时由式(10-10-1)和式(10-10-2)可见,轨道磁矩和自旋磁矩的矢量和 μ 和总角动量 $\boldsymbol{P}_J$ 是不共线的。在 μ 绕总角动量 $\boldsymbol{P}_J$ 进动的时候,垂直 $\boldsymbol{P}_J$ 方向的磁矩分量对外平均效果为零,只有 $\boldsymbol{P}_J$ 方向上的磁矩分量 μ_J 对外平均效果不为零。μ_J 这个分量被称为原子磁矩。通过计算可以得出 μ_J 的值为

$$\boldsymbol{\mu}_J=g\frac{e}{2m}\boldsymbol{P}_J,P_J=\hbar\sqrt{J(J+1)} \quad (10-10-3)$$

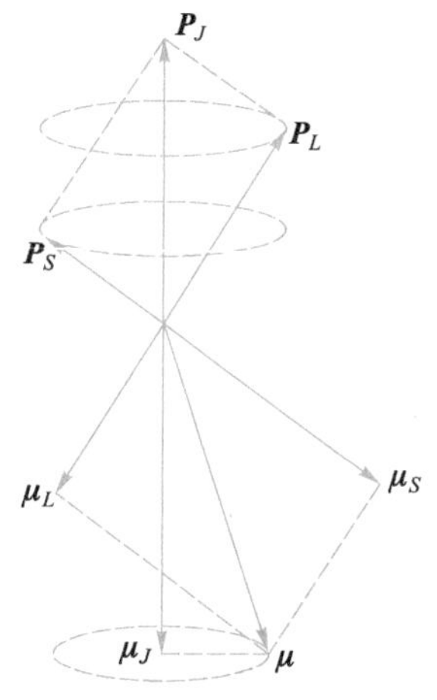

图 10-10-1 电子磁矩和角动量矢量图

式中,J 为总角动量量子数;g 称为朗德因子,对于 $L-S$ 耦合(轨道磁矩和自旋磁矩的磁相互作用),朗德因子为

$$g=1+\frac{J(J+1)-L(L+1)+S(S+1)}{2J(J+1)} \quad (10-10-4)$$

对于 2 个或以上电子的原子,可证明其原子磁矩与原子总角动量的关系仍与式(10-10-3)相同,但 g 因子会因耦合类型不同而使用不同的计算方法。对于 $L-S$ 耦合,仍取式(10-10-4)的形式,只是 L、S、J 是各电子耦合后的数值。

② 外磁场作用下原子能级的分裂

当原子处于外磁场 $\boldsymbol{B}$ 中,原子总磁矩 $\boldsymbol{\mu}_J$ 受到力矩 $\boldsymbol{L}=\boldsymbol{\mu}_J\times\boldsymbol{B}$ 的作用,从而使得总角动量 $\boldsymbol{P}_J$ 会绕磁场方向进动。如图 10-10-2 所示,原子在磁场中获得附加能量:

$$\Delta E=\mu_J\cdot B\cos(\boldsymbol{P}_J\cdot\boldsymbol{B})=-\mu_J\cdot B\cos\alpha=g\frac{e}{2m}P_JB\cos\beta \quad (10-10-5)$$

由于 $\boldsymbol{\mu}_J$ 和 $\boldsymbol{P}_J$ 在外磁场中取向为量子化的,所以 $\boldsymbol{P}_J$ 的分量也是量子化的,即

$$P_J\cos\beta=M\hbar \qquad (10\text{-}10\text{-}6)$$

其中,M 为磁量子数,只能取有限个值,即 $M=J,(J-1),\cdots,-J$。因此附加能量可以写成

$$\Delta E=Mg\frac{he}{4\pi m}B=Mg\mu_B B \qquad (10\text{-}10\text{-}7)$$

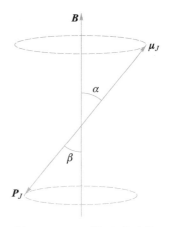

其中$\mu_B=he/(4\pi m)$称为玻尔磁子。可见在外磁场作用下,原来的能级分裂成$(2J+1)$个能级,且子能级的间隔相等,正比于 B 和 g,各个能级的附加能量都可以由式(10-10-7)计算得到。

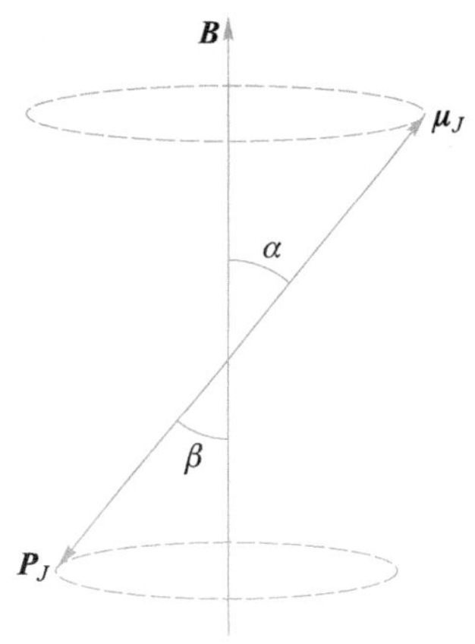

图 10-10-2　磁矩和角动量在磁场中的进动

③ 外磁场作用下光谱线的分裂

实验证明,磁量子数 M 的变化满足如下的选择定则:

$\Delta M=0,\pm1$(同时当 $\Delta J=0$,$M_2=0\rightarrow M_1=0$ 是禁止的)

同时,实验发现塞曼能级间跃迁形成的谱线是偏振的。当 $\Delta M=\pm1$ 时产生 σ 型偏振(平行于磁场 $\boldsymbol{B}$ 方向观察为圆偏振光),当 $\Delta M=0$ 时会产生 π 型偏振(线偏振)。从垂直磁场方向观察时,σ 和 π 成分均为线偏振光,但是 σ 成分沿平行于 $\boldsymbol{B}$ 方向偏振,π 成分沿垂直于 $\boldsymbol{B}$ 方向偏振,彼此相互垂直。

未加磁场时,能级 E_2 和 E_1 之间跃迁产生的光谱线的频率 ν 与能级的关系如下:

$$h\nu=E_2-E_1 \qquad (10\text{-}10\text{-}8)$$

在外磁场作用时,能级 E_2 和 E_1 各获得 ΔE_2 和 ΔE_1,会分裂为$(2J_2+1)$和$(2J_1+1)$个子能级,因此,从上下能级之间的跃迁产生的光谱线频率 ν'为

$$\begin{aligned}h\nu'&=(E_2+\Delta E_2)-(E_1+\Delta E_1)\\&=(E_2-E_1)+(\Delta E_2-\Delta E_1)\\&=h\nu+(M_2g_2-M_1g_1)\frac{he}{4\pi m}B\end{aligned} \qquad (10\text{-}10\text{-}9)$$

分裂后和原来谱线的频率差为

$$\Delta\nu=\nu'-\nu=(M_2g_2-M_1g_1)\frac{e}{4\pi m}B \qquad (10\text{-}10\text{-}10)$$

为了方便起见,频率差常换用波数差来表示($\tilde{\nu}=\nu/c$)。因此,式(10-10-10)也可以写成:

$$\Delta\tilde{\nu}=\tilde{\nu}'-\tilde{\nu}=(M_2g_2-M_1g_1)\frac{e}{4\pi mc}B=(M_2g_2-M_1g_1)L \qquad (10\text{-}10\text{-}11)$$

其中 $L=\frac{e}{4\pi mc}B\approx0.467B$ 称为洛伦兹单位,若 B 以特斯拉(T)为单位,则 L 的单位是 cm^{-1}。由此可以计算电子的荷质比为

$$\frac{e}{m}=\frac{4\pi c}{(M_2g_2-M_1g_1)B}\Delta\tilde{\nu} \qquad (10\text{-}10\text{-}12)$$

(2) F-P 标准具工作原理简介

F-P(法布里-珀罗)标准具由两块平行放置的玻璃板构成,在平板的表面涂有高反射率的薄膜。为了消除两平板背面反射光的干涉与正面产生的干涉重叠,平板会制作成楔形。在两块板中间有一个间隔环,用于保持两块平板之间间距不变。图 10-10-3 是 F-P 标准具的光路图。由图可见,当一束单色光以一定角度射入到 M_1 平面上时,经过 M_1 和 M_2 表面的多次反射与透射,产生了一系列相互平行的反射光束。相邻光束之间的光程差 $\delta=2nd\cos\theta$。其中 n 为平板之间介质的折射率(空气中 $n=1$),d 为平板之间间距,θ 为入射角。这一系列平行且有固定光程差的平行光束可以在无穷远处或透镜的焦平面上形成干涉。当光程差为波长整数倍时会有干涉极大值,即

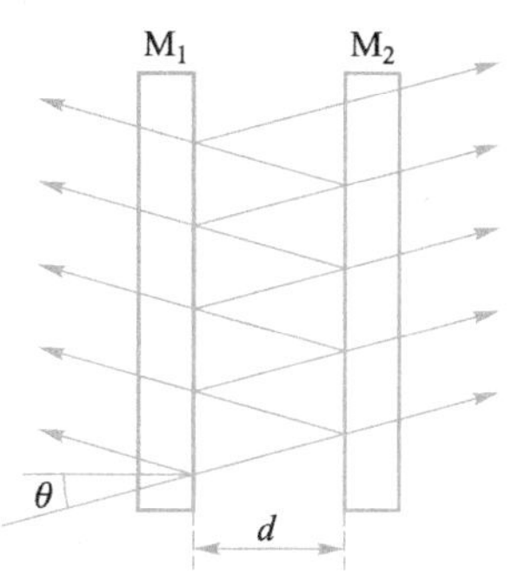

图 10-10-3 F-P 标准具的光路图

$$2d\cos\theta=N\lambda \tag{10-10-13}$$

其中 N 取整数,称为干涉级。因为 d 是固定的,所以当波长 λ 不变时,不同干涉级 N 对应于不同入射角 θ。因此,当光源是扩展光源时,F-P 标准具会产生等倾干涉,干涉条纹为一组同心圆环。

测量干涉条纹同心圆环的直径可以实现对各分裂谱线的波长或波长差的测量。设出射角为 θ,圆环直径为 D,透镜焦距为 f。则它们之间的关系为

$$\tan\theta=\frac{D}{2}\cdot\frac{1}{f} \tag{10-10-14}$$

对于近中心的圆环,由于 θ 很小,所以可以认为 $\theta\approx\sin\theta\approx\tan\theta$。则 $\cos\theta$ 可写为

$$\cos\theta=1-2\sin^2\frac{\theta}{2}\approx1-\frac{\theta^2}{2}\approx1-\frac{D^2}{8f^2} \tag{10-10-15}$$

代入式(10-10-13),可以得到

$$2d\cos\theta=2d\left(1-\frac{D^2}{8f^2}\right)=N\lambda \tag{10-10-16}$$

所以相邻圆环直径的平方差为

$$\Delta D^2=D_{N-1}^2-D_N^2=\frac{4\lambda f^2}{d} \tag{10-10-17}$$

假设波长 λ_1 和 λ_2 的第 N 级的干涉圆环半径分别为 D_1 和 D_2,则由式(10-10-16)和式(10-10-17)可得

$$\lambda_1-\lambda_2=\frac{d}{4Nf^2}(D_2^2-D_1^2)=\left(\frac{D_2^2-D_1^2}{D_{N-1}^2-D_N^2}\right)\frac{\lambda}{N} \tag{10-10-18}$$

由于实验观察的多数为中心圆环,$\cos\theta\approx1$,所以 $N=2d/\lambda$。由此,式(10-10-18)可以写成:

$$\Delta\lambda=\frac{\lambda^2}{2d}\left(\frac{D_2^2-D_1^2}{D_{N-1}^2-D_N^2}\right) \tag{10-10-19}$$

由上式可知波长差与相应干涉圆环的直径平方差成正比。

对于正常塞曼效应，谱线分裂的裂距为 $\Delta\tilde{\nu}=L=\dfrac{e}{4\pi mc}B$。将波数差换为波长差时：

$$\Delta\lambda=\lambda^2\Delta\tilde{\nu}=\lambda^2\frac{e}{4\pi mc}B, \qquad (10-10-20)$$

将式(10-10-20)代入式(10-10-19)就可以计算电子的荷质比：

$$\frac{e}{m}=\frac{2\pi c}{dB}\left(\frac{D_2^2-D_1^2}{D_{N-1}^2-D_N^2}\right) \qquad (10-10-21)$$

4. 实验仪器

汞灯、电磁铁、会聚透镜、滤光片、F-P标准具、偏振片、测微目镜、CCD照相机以及计算机等。

实验装置如图10-10-4所示，光源是汞灯。这里观察的是汞原子546.1 nm谱线在磁场中的分裂情况。滤光片可以滤掉汞原子发出的其他光谱线，得到单色光。在F-P标准具后面的偏振片可以用于分辨π成分和σ成分。

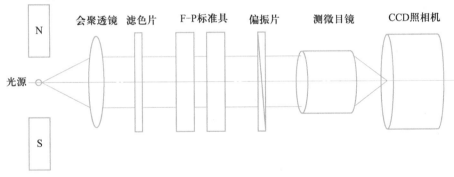

图10-10-4　实验装置简图

5. 实验内容

(1) 实验光路搭建

① 按照图10-10-4搭好实验光学系统(先不加偏振片)。接通灯源，调整各部件高度使它们与灯源在同一轴线上。

视频：塞曼效应的实验操作

② 调整会聚透镜位置，使光源位于会聚透镜焦点平面位置。

③ 调整F-P标准具上的三个螺钉使其精确平行。具体的方法是在汞灯照明下直接用眼睛观察F-P标准具的同心圆环干涉图像。让眼睛从镜片中心向三个微调螺钉方向移动。若看到干涉图像向外冒出，则应将该螺钉旋进。若看到干涉图像向内陷入，则将该螺钉旋出。反复调整直至干涉图像不动，则F-P标准具已平行。

④ 调整测微目镜使得计算机中看到的干涉图像位于视场中心，并且图像清晰。这个时候观察未加磁场时的干涉图像。测量两相邻干涉圆环的直径 D_{k-1} 和 D_k，数据记录于表10-10-1中。

(2) 观察塞曼分裂

① 接通电磁铁,逐渐增大电流。这个时候可以看到细锐的干涉圆环逐渐变粗,然后出现分裂。随着电流的不断增大,可以看到谱线的分裂宽度不断增大。调整电流的大小直到分裂谱线变得清晰且细锐。记录下此时谱线分裂图像。

② 然后在 F-P 标准具后面加上偏振片。旋转偏振片为 0°、45°和 90°时,可以分别看到 π 成分和 σ 成分的偏振光。观察并记录下这两种成分的谱线分裂图。汞 546.1 nm 谱线的塞曼分裂共有 9 条谱线,其中 3 条是 π 成分,6 条是 σ 成分。由此可以区分这两种成分的分裂图像。选择两组分裂谱线,测量 π 成分分裂情况时的干涉圆环的直径 D_a、D_b 以及 $D_{a'}$、$D_{b'}$。

6. 数据处理

表 10-10-1 相邻干涉圆环之间直径的测量

干涉圆环	D_k	D_{k-1}
直径/mm		

表 10-10-2 谱线分裂干涉圆环直径的测量

分裂谱线圆环	D_a	D_b	$D_{a'}$	$D_{b'}$
直径/mm				

(1) 打印未加磁场时的干涉图像;加磁场后包含 π 成分和 σ 成分的谱线分裂图像;分别只有 π 成分和 σ 成分的谱线分裂图像。

(2) 由表 10-10-2 数据和式(10-10-19)分别计算波长差 $\Delta\lambda_{ab}$ 和 $\Delta\lambda_{a'b'}$。

(3) 利用式(10-10-21)计算荷质比,并且与推荐值 $e/m = 1.758\ 820\ 010\ 76\times 10^{11}$ C/kg 作比较。

7. 注意事项

(1) F-P 标准具属于精密仪器,实验时注意不要用手触碰标准具表面。

(2) 开启电磁铁电源前,先将电磁铁电流调为零。在关闭电磁铁电源前也将电流调为零,以免损坏仪器。

8. 思考题

(1) 如何判断 F-P 标准具已经精确平行?

(2) 实验中哪几条偏振线属于 π 成分,哪几条属于 σ 成分?其相对强度是怎样的?

实验 10.11 用中子反射法测薄膜磁矩(虚拟仿真)

1. 引言

物质磁性起源于原子磁矩,在原子周期表中,过渡族金属元素特别是铁族元素

(3d 壳层)磁性最强,应用最广泛,研究这类磁体磁性的意义重大。由铁族元素离子磁矩的探测结果可知:物质磁性起源于原子磁矩,原子磁矩由电子轨道磁矩、电子自旋磁矩、核磁矩构成。其中电子自旋磁矩影响最大;而由于存在角动量冻结,电子轨道磁矩作用非常小。

极化中子探测技术,是通过测量界面材料对中子的反射或散射,从而获知界面处 0.5~500 nm 尺度范围内结构成分等信息的先进材料表征技术,是当今分析原子磁矩的唯一工具。与 X 射线探测技术比较,中子探测技术具有高穿透性、对轻元素敏感、能分辨同位素、能探测磁矩和物质中核与磁的基本相互作用等方面的独特优势。

2. 实验目的

网站链接:虚拟仿真实验网站

(1) 了解物质磁性的来源与磁性材料的应用领域。

(2) 了解与掌握极化中子反射测量技术在原子磁矩探测方面的原理与优势。

(3) 掌握合格镜面薄膜测试样品的筛选方法。

(4) 掌握不同磁性薄膜磁矩的中子反射曲线的测量与分析方法。

3. 实验原理

(1) 中子反射探测原理

图 10-11-1 为中子反射探测原理示意图,上半部为真空,对中子的作用势为零,下半部为表面平整无缺陷的磁性介质,中子与核的作用势 V_n 以及与磁的作用势 V_m 之和为总作用势 V。描述中子在真空中和介质中的波函数的薛定谔方程为

$$\frac{\hbar^2}{2m}\frac{d^2\Psi_1}{dz^2}+E\Psi_1=0 \quad (z\leqslant 0,\text{真空中}) \tag{10-11-1}$$

$$\frac{\hbar^2}{2m}\frac{d^2\Psi_2}{dz^2}+(E-V)\Psi_2=0 \quad (z\geqslant 0,\text{介质中}) \tag{10-11-2}$$

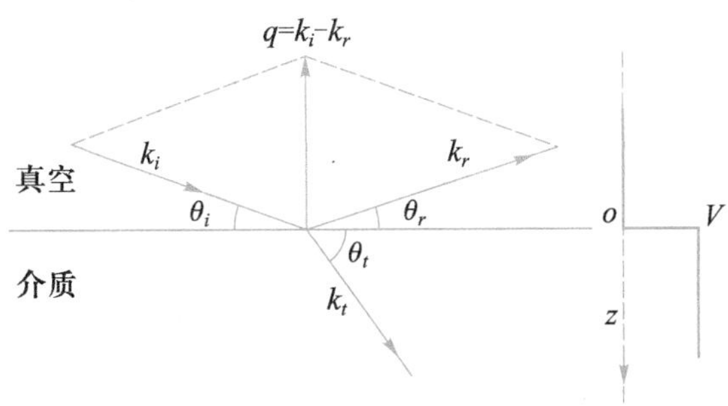

图 10-11-1　中子束在介质表面的传输示意图

式中,m 为中子质量,E 为中子能量,该方程可以写成亥姆霍兹方程形式:

$$\frac{d^2\Psi_1}{dz^2}+k_0^2\Psi_1=0 \quad (z\leqslant 0,\text{真空中}) \tag{10-11-3}$$

$$\frac{d^2\Psi_2}{dz^2}+k^2\Psi_2=0 \quad (z\geqslant 0,\text{介质中}) \tag{10-11-4}$$

式中

$$k_0^2=2mE/\hbar^2 \tag{10-11-5}$$

$$k^2=2m(E-V)/\hbar^2 \tag{10-11-6}$$

在 $z\leqslant 0$ 和 $z\geqslant 0$ 区域,中子波函数的一般解为

$$\Psi_1(z)=\mathrm{e}^{\mathrm{i}k_0z}+r\mathrm{e}^{-\mathrm{i}k_0z}\quad(\text{真空中}) \tag{10-11-7}$$

$$\Psi_2(z)=t\mathrm{e}^{\mathrm{i}kz}\quad(\text{介质中}) \tag{10-11-8}$$

其中 r 和 t 为待定常量,分别称为反射系数和透射系数。考虑在 $z=0$ 处的波函数连续性条件:

$$\Psi_1(0)=\Psi_2(0),\quad \Psi'_1(0)=\Psi'_2(0) \tag{10-11-9}$$

可得到菲涅耳反射系数 r 和透射系数 t:

$$r=\frac{k_0-k}{k_0+k} \tag{10-11-10}$$

$$t=\frac{2k_0}{k_0+k} \tag{10-11-11}$$

相应的,反射率 R 和透射率 T 分别为下式,且满足 $R+T=1$。

$$R=|r|^2=\frac{(k_0-k)^2}{(k_0+k)^2} \tag{10-11-12}$$

$$T=\frac{k}{k_0}|t|^2=\frac{4k_0k}{(k_0+k)^2} \tag{10-11-13}$$

当一束波长为 λ、能量为 E 的中子以小入射角 $\theta_i(\leqslant 3^\circ)$ 入射到折射率分别为 n_1 和 n_2 的两种介质的界面时,一部分入射波沿 θ_r 方向被界面反射,另一部分将透过界面沿 θ_t 方向继续传播,即在界面处发生反射和折射现象。设入射中子波矢为 $\boldsymbol{k}_i$,反射中子波矢 $\boldsymbol{k}_r$,散射矢量 $\boldsymbol{q}$(或称动量转移)定义为 $\boldsymbol{q}=\boldsymbol{k}_i-\boldsymbol{k}_r$。只考虑弹性散射及 $|\boldsymbol{k}_i|-|\boldsymbol{k}_r|=k=2\pi/\lambda$。在入射角等于反射角的镜面反射条件($\theta_r=\theta_i=\theta$)下,散射矢量 $\boldsymbol{q}$ 沿垂直于界面的 z 轴方向的投影 q_z 满足:

$$q_z=|\boldsymbol{q}|=2k\sin\theta=\frac{4\pi}{\lambda}\sin\theta \tag{10-11-14}$$

镜面反射只能给出 z 方向上薄膜性质的变化。以中子波长的飞行时间法(TOF)为例,将中子波长 λ(0.2~0.7 nm)代入式(10-11-14)可计算出不同入射角度时的 q 值范围。然而要得到完整的反射率曲线,还需要其他多段散射矢量 $\boldsymbol{q}$ 对应的数据。因此,合理设置不同入射角度值 θ_i 将得到多段首尾交叠的反射曲线,进行拟合后,便可得到完整的 $R(q)$ 曲线。

(2) 单层薄膜的中子反射率曲线测量

对于基底上厚度为 d、散射长度密度(SLD)为 ρ 的单层非磁性薄膜,其中子反射率曲线 $R(q)$ 与单纯基底中子反射率曲线如图 10-11-2 所示。图 10-11-2(a)中可见单层薄膜 $R(q)$ 曲线为具有衰减特征的振荡曲线,且振荡峰的振幅与薄膜和基底间材料差别有关,振荡峰的间距与薄膜厚度 d 相关,而反射率强度的下降快慢能够反映界面粗糙度的信息。归纳得到其具有三个基本特征:

① $R(q)$ 曲线存在一个临界散射矢量 q_c,当 $q<q_c$ 时,中子将被全反射,q_c 的大小跟中子与物质的相互作用势有关,如图 10-11-2(b)所示。

② $R(q)$ 曲线随着 q 增加迅速下降，当 $q>q_c$ 时，反射率将正比于 q^{-4}；

③ 对于薄膜的反射率曲线，还会有震荡峰出现，震荡峰的周期与薄膜的厚度 d 有关，如图 10-11-2(c) 所示，单层薄膜振荡的反射率曲线的振荡周期与薄膜厚度 d 有关，膜厚 d 越大，振荡周期越小，可以由相邻两个振荡峰之间的距离 δq 确定薄膜层厚度 d，它们之间的关系为

$$\delta q \approx 2\pi/d \tag{10-11-15}$$

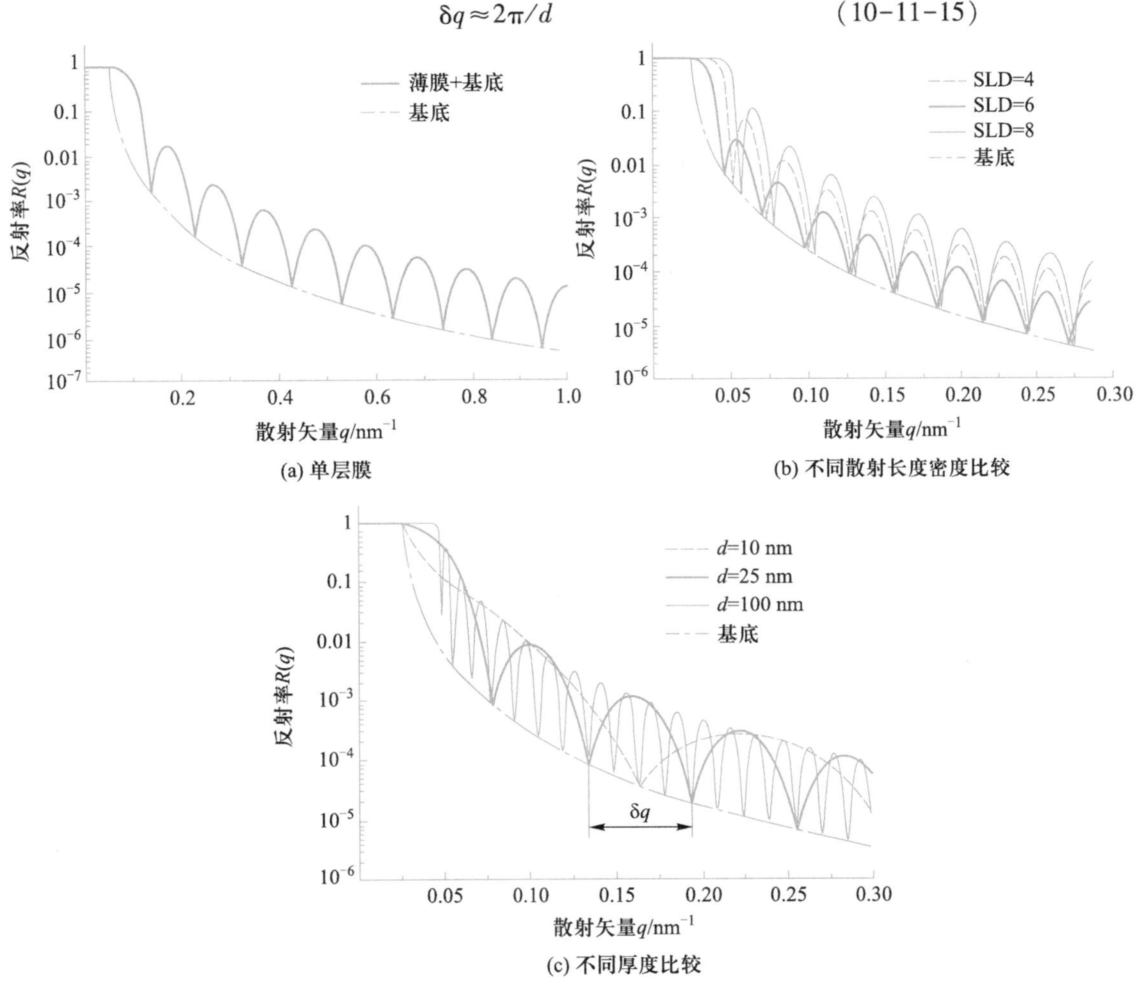

图 10-11-2　单层膜中子反射率曲线

因此，通过反射率曲线的进一步分析可以获得薄膜的厚度、粗糙度和组成等信息。

(3) 极化中子反射技术(PNR)

极化中子反射技术(PNR)是利用极化的中子束研究材料磁性质的技术，能对厚度 d 在 0.2~500 nm 间的单层/多层薄膜磁性进行测量，是现今对磁性薄膜和多层膜研究的唯一技术手段。极化中子反射谱仪的结构如图 10-11-3 所示，主要包括中子源、狭缝系统、入射束的极化器、样品及样品台、出射束的极化分析器以及中子探测器。其中中子极化器、极化分析器构成中子极化系统，用来实现并分析测量中子的极化，进而实现不同极化状态中子反射率曲线的测量。

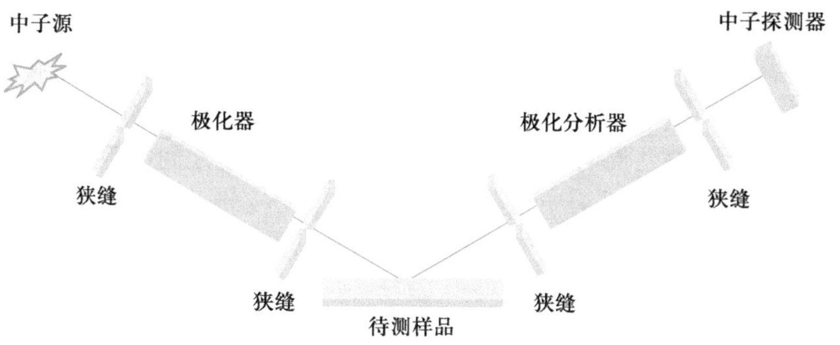

图 10-11-3 极化中子反射谱仪结构示意图

由于中子具有磁矩,它可以被具有磁矩的原子所散射。中子与磁性物质相互作用时,由极化中子反射实验所测得的反射率曲线 $R(q)$ 既与磁性样品材料的结构有关,还与中子的自旋状态有关,如图 10-11-4 所示。通过分析入射和反射极化中子自旋状态以及极化中子反射率,可以研究与材料磁性质(如磁化强度、磁矩取向分布、磁相变等)有关的表面和界面现象。因而中子反射技术适宜于研究磁性薄膜材料的表面与界面微观磁结构。此外,由于中子镜面反射不依赖于界面处的周期有序结构,因此适合于如聚合物材料等无序界面的微观结构研究。

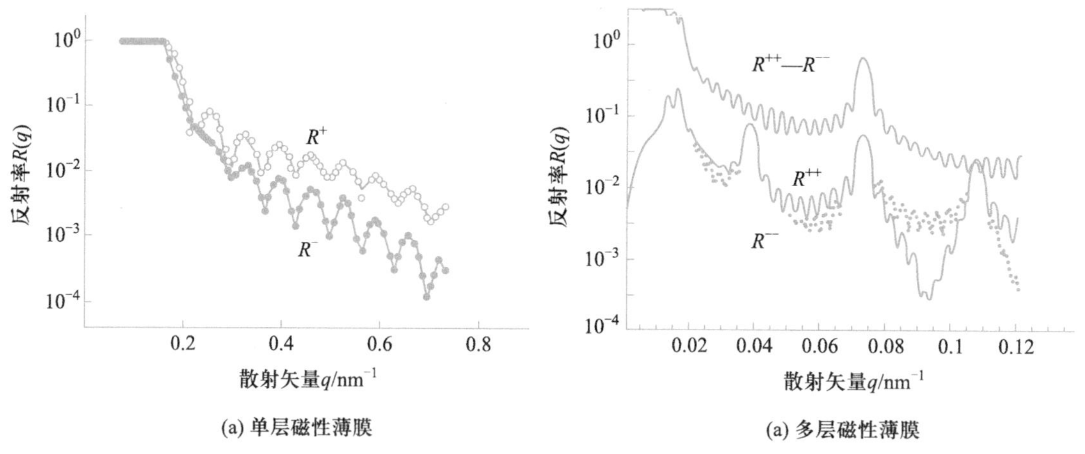

图 10-11-4 极化中子反射率曲线

用于中子反射实验的中子束可以是极化(即单一的相同中子自旋取向状态)的,也可以是非极化的。是否将入射中子束极化取决于是否想通过实验获得所研究的磁性样品材料的磁结构信息。无论从实验设备还是实验方法角度而言,磁性样品材料的磁结构参量的测量都要复杂得多。

当中子与磁感应强度为 B 的磁性介质相互作用时,总的作用势为核相互作用势与磁相互作用势的总和:

$$V=V_n+V_m=\frac{2\pi\hbar^2}{m_n}\rho_n-\boldsymbol{\mu}_n\cdot\boldsymbol{B} \tag{10-11-16}$$

其中 $\boldsymbol{\mu}_n$ 为中子磁矩,其方向与自旋方向相反。由于中子是自旋量子数为 1/2 的粒子,在外场中的曲线量子化为两种,一种是自旋方向平行(+)于磁场,一种是反平行(-)于磁场。假设中子在外场 H_1 中极化，然后与样品引起的不同方向磁场 B 相互作用，中子的自旋状态将发生变化，经典理论中，中子将围绕磁场 B 进动。最后的状态将可以通过在另一个外场 H_2 中的极化情况分析得到。实验时通常取 $H_1 /\!/ H_2$，这样可以测量四组反射率曲线：即与自旋向上入射中子相应的自旋向上反射中子强度(R^{++})和自旋向下反射中子强度(R^{+-})，以及与自旋向下入射中子相应的自旋向上反射中子强度(R^{-+})和自旋向下反射中子强度(R^{--})，如图 10-11-5 所示。当整个中子路径上的磁场都平行于同一条直线(平行或反平行)，中子的极化方向保持不变(即 $R^{++}=R^{+}$，$R^{--}=R^{-}$，$R^{+-}=R^{-+}=0$)。中子与物质的相互作用势简化为

$$V=\frac{2\pi\hbar^2}{m_{\mathrm{n}}}\rho_{\mathrm{n}}-\boldsymbol{\mu}_{\mathrm{n}}\cdot\boldsymbol{B}=\frac{2\pi\hbar^2}{m_{\mathrm{n}}}(\rho_{\mathrm{n}}\pm\rho_{\mathrm{m}}) \tag{10-11-17}$$

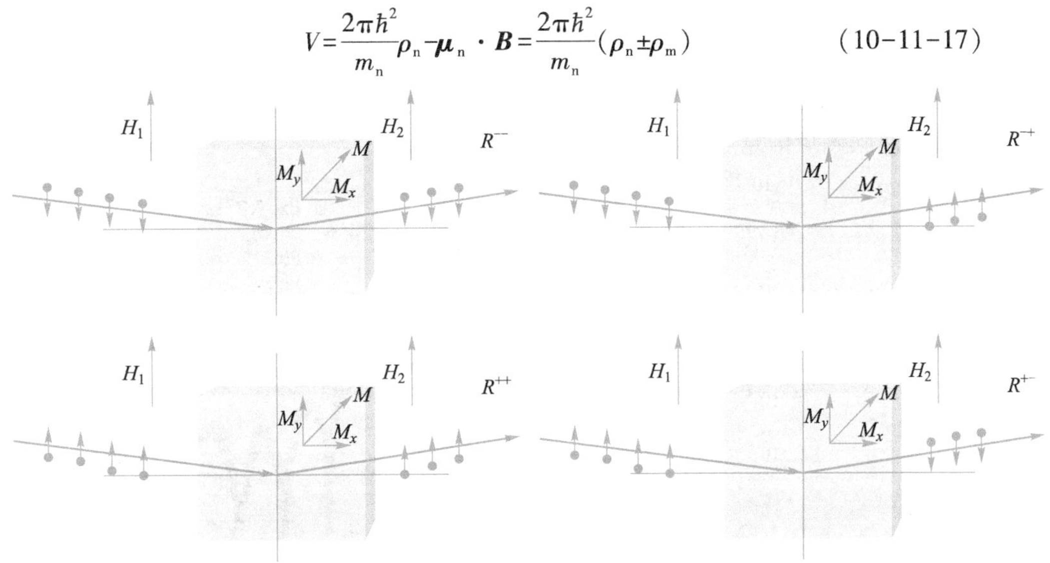

图 10-11-5　四组反射率曲线测量示意图

现以 R^{++} 的测量为例，通过图 10-11-6 所示的流程图说明两个自旋倒相器的组合情况。图中 P 是极化器、F_1 是第一个自旋倒相器、S 是薄膜样品、F_2 是第二个自旋倒相器、A 是极化分析器、D 是探测器，"↑"和"↓"分别表示中子自旋向上和自旋向下状态，流程图中的极化器和极化分析器始终处于工作状态。由图 10-11-6 可以看到，非极化的入射中子束(包含有两种自旋取向状态"↑"和"↓")经过极化器后成为单一自旋取向状态"↑"的中子束，然后经过处于关闭状态的自旋倒相器 F_1 后，中子自旋取向状态未发生变化，仍是自旋向上"↑"。再经过磁性(薄膜)样品材料反射，由于极化中子与样品的磁相互作用，反射中子束中将含有两种自旋取向"↑"和"↓"的中子，这样的反射中子经过自旋倒相器 F_2(处于关闭状态)后"↑"和"↓"两种状态的自旋取向不会反转，它们通过极化分析器后仅有单一自旋取向状态"↑"的中子被反射出来，最后到达探测器被记录下来，即为 R^{++}。

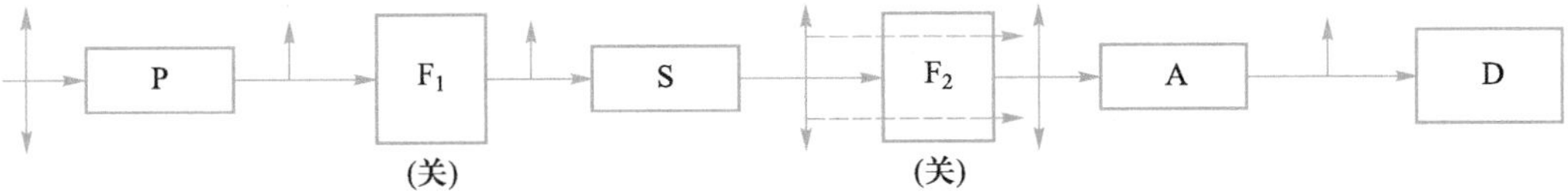

图 10-11-6　R^{++} 测量流程示意图

要改变+、-方向，只需要将相应自旋倒相器开关打开即可得到余下 R^{--}、R^{+-}、R^{-+}。

实验测量直接得到的是反射中子束强度 I_R 与入射角 θ 或入射中子波长 λ 的关系数据。而反射率是反射中子束强度 I_R 与入射中子束强度 I_0 的比值，因此实验过程中还需要通过 I_R 与 I_0 的比值得到 $R(q)$，q 由式(10-11-14)给出并做归一化处理。

由于铁磁材料中磁散射的能力可与核散射相比拟，所以通过测 R^{++}、R^{--} 可以定量的测量磁感应强度为 $\boldsymbol{B}$ 的磁性介质，从而得到介质材料面内原子的平均磁矩，对于自旋非对称函数：

$$A=\frac{R^{++}-R^{--}}{R^{++}+R^{--}} \tag{10-11-18}$$

A 能直接反映自旋向上和自旋向下的极化中子反射率的不同，这是极化中子与磁性物质相互作用的结果，如图 10-11-7 所示。对数据拟合后，可以得到如图 10-11-8 所示的薄膜磁矩信息。

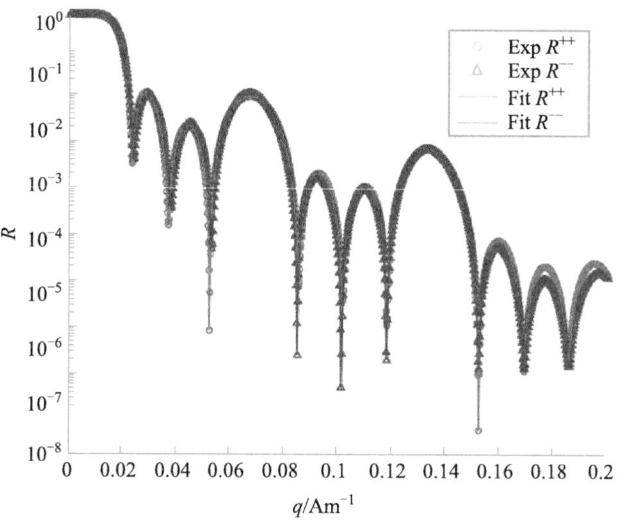

图 10-11-7 多层磁性薄膜的中子反射仿真测试数据

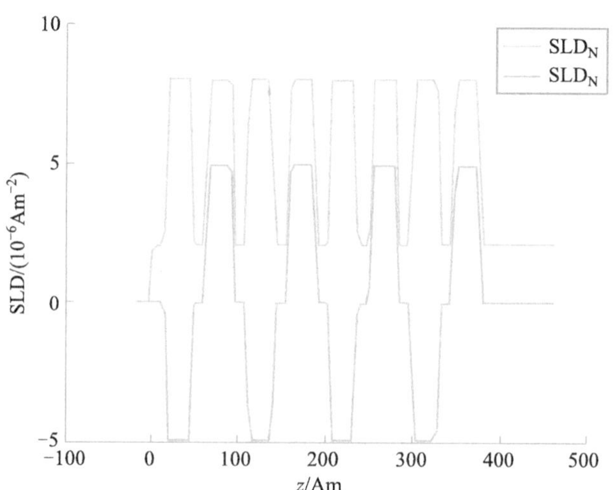

图 10-11-8 仿真实验数据处理与拟合后得到的各层中子散射与磁矩信息

需要强调的是 $\boldsymbol{B}$ 垂直于表面方向上的分量在镜反射中无法测量。

4. 实验仪器

虚拟仿真实验网站。

5. 实验内容

视频：中子反射法测薄膜磁矩虚拟仿真实验简介

(1) 进入大厅，探索虚拟仿真实验环境。

(2) 任务领取。按教学设计或学习任务要求，挑选合适的实验任务。

(3) 检查虚拟实验环境各部分工作状态。

(4) 样品选择。进入光学检测室——打开样品仓。

① 选择与任务一致样品进行实验（如不一致将导致扣分）。

② 设置样品参量。

(5) 样品筛选。

① 打开光学平台上的激光器。

② 摆设好散斑检测光路。

③ 使用散斑法检查样品是否合格。

④ 如果样品不合格需要重新选择样品。

(6) 进入散射室。到达散射室门口——操作控制台。

① 关闭中子束。

② 带上钥匙。

③ 带上辐射剂量计。

④ 刷卡开门进入散射室。

⑤ 以上按操作规程，否则扣分。

(7) 安装薄膜样品。按非磁性/磁性样品测量要求，选择是否摆放极化器、聚焦导管、极化分析器。

(8) 关闭散射室。

① 刷卡关闭散射室大门。

② 放回辐射剂量计。

③ 插回钥匙。

④ 打开中子束。

⑤ 以上按操作规程，否则扣分。

(9) 反射谱仪设置。进入控制室，打开计算机。

① 设置好极化翻转器 H_1 和分析翻转器 H_2 方向（H_1、H_2 方向应相同，否则会抵消散射效果）。

② 设置其他测试环境与条件。

③ 将样品台 ScabRz 角度 θ_1 设置为 0.2°，将探测器角度 θ_2 设置为 0.4°，如图 10-11-9 所示。

④ 按非磁性/磁性样品测量要求，调节磁场大小。

⑤ 调节样品 X 位置，并扫描找出样品的最佳 ScabX 位置，如图 10-11-10 所示。

⑥ 将样品台 ScabX 坐标设置到最佳位置对应数值。

⑦ 再次调节样品台 ScabRz 角度 θ_1，使探测中子束射到探测器最佳位置。

⑧ 狭缝调节，调节狭缝，使中子束光斑大小合适。

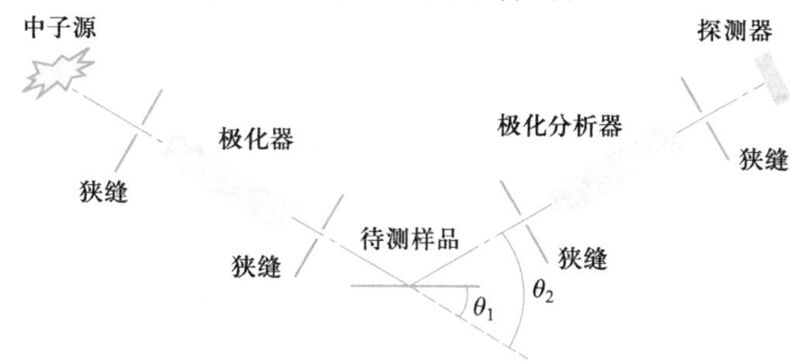

图 10-11-9 调节样品台 ScabRz 角度设置 θ_1 与探测器角度 θ_2 示意图

图 10-11-10 X 位置调节不当影响中子束探测质量

（10）极化向上反射率曲线扫描实验。

① 提前计算不同波长范围下相应厚度薄膜下扫描的各段角度。

② 设置扫描中子总数，开始扫描得到反射率全线第一段，并保存。

③ 将反射角设置为第二段扫描角度 $\theta_1=0.4°$，再次扫描得到反射率全线第二段，并保存。

④ 将反射角设置为第三段扫描角度 $\theta_1=0.8°$，再次扫描得到反射率全线第三段，并保存。

⑤ 直到完成所有分段的扫描后，截图保存曲线备用。

（11）极化向下反射率曲线扫描实验。

① 改变极化翻转器 H_1 和分析翻转器 H_2 的极化方向。

② 重复步骤（10）。

（12）数据处理。

① 拟合磁性薄膜反射率曲线。

② 进行数据处理，得到磁性薄膜材料磁矩参量。可存图保存曲线备用。

③ 提交实验报告：将扫描结果数据导出保存，将所有反射率曲线保存到实验报告中，提交实验报告。

（13）完成实验。将样品取出，放回样品仓；或者更换样品继续下一个实验。

6. 数据处理

可以导出数据并由 GenX 拟合后得到薄膜相关的信息。

7. 注意事项

推荐使用 Firefox 浏览器。

8. 思考题

(1) 若测量磁性薄膜时不添加极化器与极化分析器,对结果有何影响?

(2) 若测量磁性薄膜时极化器磁场设定未达到饱和,对结果有何影响?

第 11 章
趣味物理实验

“物理研究是与实验密切相关的，而对于考校实验设计和操作能力来说，普通的考试基本上是无能为力的，即使是奥赛也不行。

1979 年，苏联物理学教授尤诺索夫（Evgeny Yunosov）提出了一种开放式的物理竞赛模式，选择一些与实际生活密切相关的、没有标准答案的物理问题，让参赛者（通常是几个人组成一个参赛队伍）用几个月乃至一年的时间进行研究，然后再把参赛队伍聚在一起，以挑战的方式进行结果汇报、质疑和讨论。这种竞赛模式既强调动脑和动手的做事能力，又注重表述和论辩的交流能力，有助于训练学生解决具体物理问题、汇报研究结果以及开展质疑和辩论的能力。这个比赛就是国际青年物理学家竞赛（IYPT）。解决赛题可培养运用物理基本原理综合解决问题的能力，可以用于对课内知识的延伸与补充。”

——摘自姬扬《第七届全国大学生物理学术竞赛观摩手记》

上文姬扬老师提到的国际青年物理学家竞赛（IYPT）是由苏联在 1988 年发起的物理类竞赛。每年题目通过全球征集而来，广泛涉及声、光、热、力、电、磁、流体等物理学分支，内容充满趣味性与启发性。参赛者根据题目要求，在赛前完成文献阅读、实验、数据分析等研究；比赛中采用对题目先述后辩的方式，与对手共同发现先前研究的不足并达成认知共识。通过这样的方式开展的物理教学，是对课内学习的有益补充。对于工科学生，尤其能在理论联系实际，规范研究训练与提高思辨能力方面得益。本章大部分内容来自历年 IYPT 赛题，如需了解最新题目可以登录其网站获取。此外，由于 IYPT 是国际性的比赛，因此以英语为工作语言，题目与参考文献也多为英文。我国清末启蒙思想家严复先生就在《天演论》中的“译例言”讲到：“译事三难：信、达、雅。求其信，已大难矣！顾信矣，不达，虽译，犹不译也，则达尚焉。”可见翻译用词的准确度决定了对问题理解的方向和角度。因此读者可以参考本章的中文翻译，也可以自行翻译。

实验 11.1 厚透镜

原题（2015 年 IYPT）：

Thick Lens：A bottle filled with a liquid can work as a lens. Arguably, such a bottle is dangerous if left on a table on a sunny day. Can one use such a "lens" to scorch a surface?

参考翻译：

装满液体的瓶子可以当作透镜。按理说，把这个瓶子放在阳光直射的桌子上时，有可能会发生危险。试问这个“透镜”足以把桌面烤焦吗？

提示：

光线以倾斜的角度从一种介质进入另一介质时，入射角与折射角的关系由斯涅耳定律（Snell's Law）表示。若两介质表面为弯曲时，会有类似透镜的现象发生。要确定透镜的焦点，可以用特征光线进行分析，也可以用矩阵光学工具进行分析。此外，光在介质中传播时还会因为吸收、散射等原因而使光强按指数规律减弱。而损失的光能量也会通过热的方式转移。图 11-1-1 为一具有汇聚光线能力的满载水瓶。

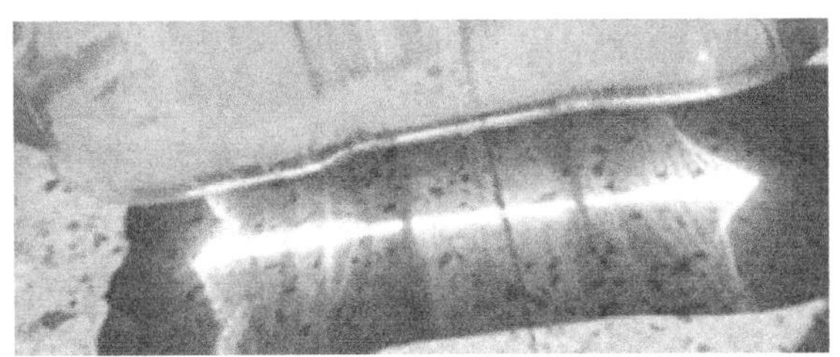

图 11-1-1　装满水的瓶子相当于一个厚透镜

实验 11.2　莫尔条纹织物镜

原题（2019 年 IYPT）：

Moiré Thread Counter：When a pattern of closely spaced non-intersecting lines (with transparent gaps in between) is overlaid on a piece of woven fabric, characteristic moiré fringes may be observed. Design an overlay that allows you to measure the thread count of the fabric. Determine the accuracy for simple fabrics (e.g. linen) and investigate if the method is reliable for more complex fabrics (e.g. denim or Oxford cloth).

参考翻译：

当紧密排列的平行线条（其间有透明间隙）组成的图案覆盖在一块纺织物上时，可以观察到典型的莫尔条纹。设计一种能够测量纺织物线数的覆盖物。可以用亚麻布进行检验，并探究此方法能否适用于更复杂的纺织物（例如牛仔布或牛津布）。

提示：

织物经线和纬线形成的图样可以分别看作空间在 x 和 y 方向上周期性分布的信号。透明织物镜也能产生周期性间隔的空间透光信号。当两种空间周期相近的图像信号叠加在一起以后，会形成空间拍频，实际肉眼可见的粗条纹为两信号的拍，形成摩尔条纹，如图 11-2-1 所示。

图 11-2-1　两片具有不同空间周期性分布特征的织物重叠

实验 11.3 磁力小火车

原题(2016 年 IYPT):

Magnetic Train: Button magnets are attached to both ends of a small cylindrical battery. When placed in a copper coil such that the magnets contact the coil, this "train" starts to move. Explain the phenomenon and investigate how relevant parameters affect the train's speed and power.

参考翻译:

把纽扣型磁铁装在圆柱形电池的两端。把它放在由一根裸露铜线绕制的螺线管中,电池就像小火车一样开始运动。解释这个现象。相关参量如何影响"小火车"的速度和动力?

提示:

如果用废电池或其他圆柱形物时,"小火车"是动不了的。因此"小火车"的动力来源于电池的电量。磁铁外壳与裸露的铜线圈内侧接触后,该段螺线管将与电池形成闭合回路,从而在电池周围产生磁场。只有电池两端受到的磁场力合力不为零,才能使磁力"小火车"运动起来。图 11-3-1 为实验图。

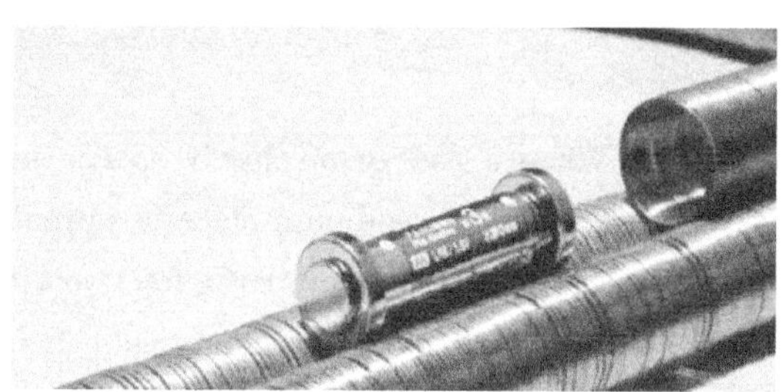

图 11-3-1 磁力"小火车"与长螺线管

实验 11.4 猫须二极管

原题(2015 年 IYPT):

Cat's Whisker: The first semiconductor diodes, widely used in crystal radios, consisted of a thin wire that lightly touched a crystal of a semiconducting material(e.g. galena). Build your own "cat's-whisker" diode and investigate its electrical properties.

参考翻译:

最早的半导体二极管,曾广泛地用于晶体管收音机中,它通过一根细丝与半导体晶体(例如方铅矿)轻接触而得到。制作一个"猫须"二极管,并研究它的电学特性。

提示：

金属与半导体接触为肖特基接触，由于载流子从金属丝通往半导体容易，而从半导体通往金属丝较难，形成正反两个方向导通能力不一样的结构，其结构如图 11-4-1 所示。肖特基二极管与 pn 结二极管在应用上各有所长，常将肖特基二极管用作包络检波。

图 11-4-1　金属-半导体结二极管

实验 11.5　克拉德尼振动

18 世纪，德国物理学家克拉德尼（Ernst Chladni）在一个小提琴上安放一块较宽的金属薄片，在上面均匀地撒上沙子。然后开始用琴弓拉小提琴，结果这些细沙自动排列成特定的图案。随着琴弦拉出的音越来越高，图案也不断变化和趋于复杂——这就是著名的克拉德尼图形，如图 11-5-1 所示。

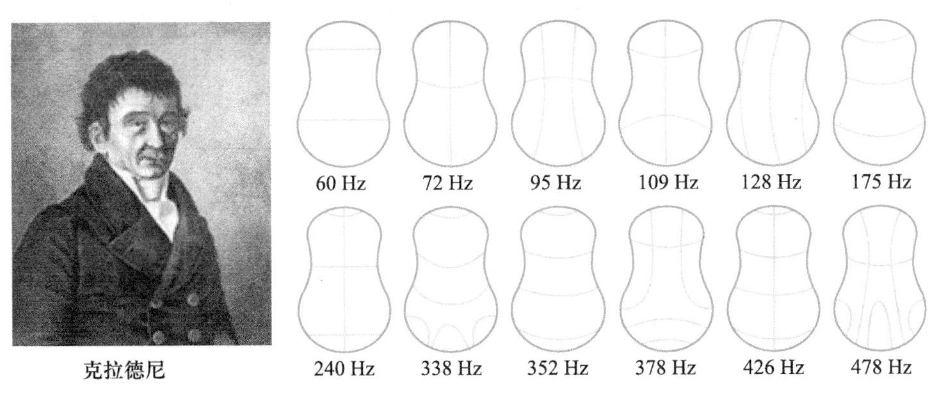

图 11-5-1　克拉德尼与小提琴面板上图案

提示：

试得到自己的振动图形。需要准备一片稍微硬的平面板、细沙、一个固定支架、一个频率可调的振动源或者声源。振动源可以使用信号发生器与功率匹配的扬声器或者压电陶瓷片代替。实验时可以将手指轻轻搭在平面板上感受图形的出现。改变平面板的形状或者固定支点，图形也可能发生变化。

实验 11.6 声波悬浮

原题(2018 年 IYPT):

Acoustic Levitation: Small objects can levitate in acoustic standing waves. Investigate the phenomenon. To what extent can you manipulate the objects?

参考翻译:

小物体可以在声波的驻波中悬浮起来。研究此现象,并探讨可以在多大程度上操纵这个物体?

提示:

声悬浮是高声强条件下的一种非线性效应,其基本原理是利用声驻波与物体的相互作用产生竖直方向的悬浮力以克服物体的重量,同时产生水平方向的定位力将物体固定于声压波节处,如图 11-6-1 所示。

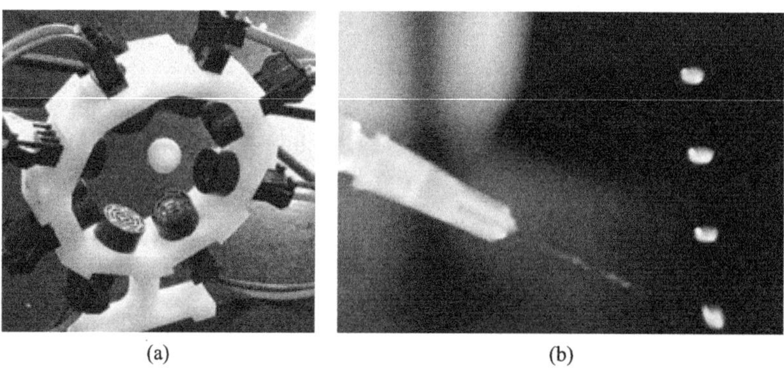

(a) (b)

图 11-6-1 (a)声波微粒悬浮与(b)液滴悬浮

实验 11.7 液体光波导

原题(2011 年 IYPT):

Liquid light guide: A transparent vessel is filled with a liquid(e.g. water). A jet flows out of the vessel. A light source is placed so that a horizontal beam enters the liquid jet(see picture). Under what conditions does the jet operate like a light guide?

参考翻译:

透明的容器装有液体(例如水),然后让水从容器中流出形成射流。令一水平光束耦合进入水流中(如图 11-7-1 所示)。试问在什么条件下,光能在水流中传导?

图 11-7-1 液体光波导*

提示：

光波导是一种较高折射率透明介质(芯)被较低折射率透明介质(包层)包裹的结构。透明介质可以是玻璃也可以是其他透明物甚至液体,因介质界面上的光全内反射,光波只在芯中传播。只有满足一定边界条件的光线才能长距离无损耗地传输,成为导模,导模即是满足该边界条件下的解。导模数量可以通过芯层尺寸、芯与包层折射率差等参量计算得到。不能满足导模传播条件的光线称为辐射模。光纤就是具有轴对称结构的光波导。利用波导的边界条件发生变化,导致导模-辐射模之间发生能量转化并使传输光束的光强随之发生变化的特性,可以实现对光波导的调制,也可以实现传感器功能。在硅基上的氧化层制作波导结构,并完成特定光信息处理与调控,即为集成光波导器件。

实验 11.8 人造肌肉

原题(2015 年 IYPT)：

***Artificial Muscle*:** Attach a polymer fishing line to an electric drill and apply tension to the line. As it twists, the fiber will form tight coils in a spring-like arrangement. Apply heat to the coils to permanently fix that spring-like shape. When you apply heat again, the coil will contract. Investigate this "artificial muscle".

参考翻译：

把聚合物钓鱼线固定到电钻上,给线另一端施加张力并打开电钻。当钓鱼线扭曲后,会形成类似于弹簧形式的紧密线圈(如图 11-8-1 所示)。给该线圈加热定型。若再次加热线圈,它就会收缩。研究这种“人造肌肉”的性能。

---

* Daniel Colladon. La fontaine Colladon. Réflection d'un rayon de lumière à l'intérieur d'une veine liquide parabolique. La Nature, voy. n°584 du 9 août 1884, 159-160.

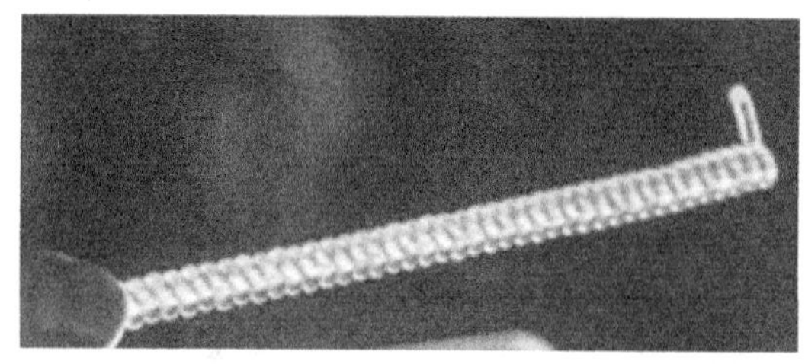

图 11-8-1 经过加工的钓鱼线

提示：

对于天然橡胶或线性非晶态聚合物的高弹态（温度高于玻璃化温度）而言，变形主要是由原处于卷曲状态的长分子链沿应力方向伸展而实现，伸展的分子链由于构象数较少，因而体系的熵较小。当外力去除后，体系熵增大的自发过程将使分子链重新回复到卷曲状态，产生弹性回复。这种由熵变化为主导致的弹性变形称为熵弹性。

实验 11.9 马格纳斯滑翔机

原题（2015 年 IYPT）：

Magnus Glider: Glue the bottoms of two light cups together to make a glider. Wind an elastic band around the centre and hold the free end that remains. While holding the glider, stretch the free end of the elastic band and then release the glider. Investigate its motion.

参考翻译：

把两个轻杯子的底部粘在一起，做成一个滑翔器。在中央位置缠上弹性带，并压着弹性带其中一端。拿住滑翔器，拉扯弹性带的另一端，然后释放滑翔器。研究滑翔器的运动。装置如图 11-9-1 所示。

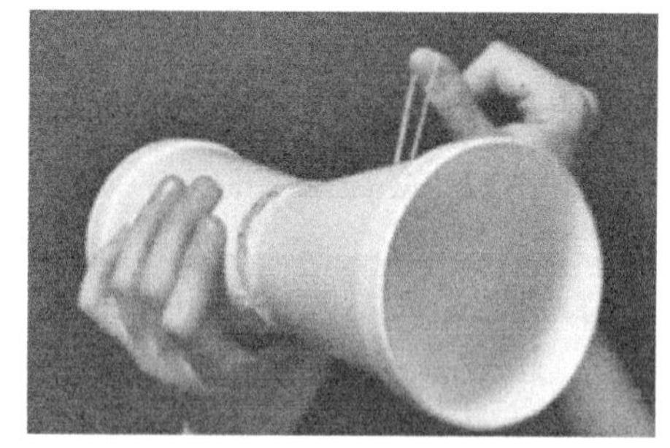

图 11-9-1 马格纳斯滑翔机

提示：

马格纳斯效应（Magnus effect）以发现者马格纳斯命名。一个在静止黏性流体中等速转动的物体（如圆柱体）会带动周围的流体作圆周运动，周围流体的运动速度会随着离柱面距离的增大而减小。与该旋转物体的旋转角速度矢量和平动速度矢量组成的平面垂直的方向上将产生一个横向力。在这个横向力的作用下物体飞行轨迹发生偏转，该现象称为马格纳斯效应。足球、排球、网球以及乒乓球等运动中的侧旋球和弧圈球的运动轨迹也是马格纳斯效应的典型例子。

实验 11.10 居里点发动机

原题(2018 年 IYPT):

Curie Point Engine: Make a nickel disc that can rotate freely around its axis. Place a magnet near the edge of the disc and heat this side of it. The disc starts to rotate. Investigate the parameters affecting the rotation and optimize the design for a steady motion.

参考翻译:

制作一带轴并可绕轴旋转的镍盘。在靠近其边缘处放置一个磁铁,并加热该侧。此时镍盘将能转动。请探究影响镍盘旋转的各项参量并进行优化,以使其保持稳定旋转。

提示:

居里点(Curie point)又称为居里温度(Curie temperature)或磁性转变点,它是铁磁性或亚铁磁性物质转变成顺磁性物质的临界点。一般可将被磁化的磁性物质加热到居里点后自然降温实现退磁。在一个轴心固定的铁磁性圆盘边缘上对介质进行反复磁化与退磁,可以使其受力状态发生变化,如图 11-10-1 所示。

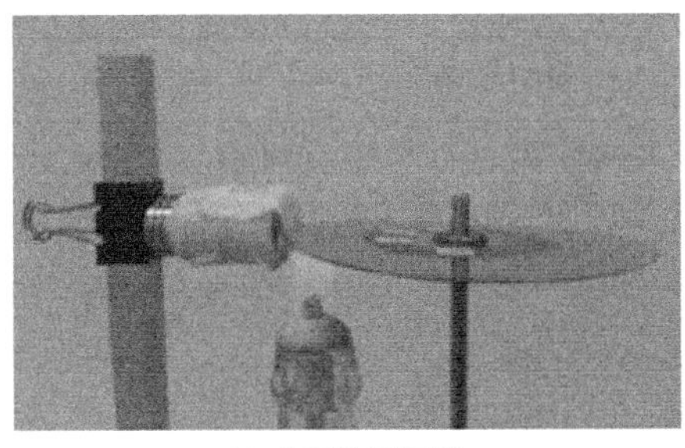

(a) 水平放置圆盘

(b) 垂直放置圆盘

图 11-10-1 居里点发动机

附录 1
中华人民共和国法定计量单位

附表 1-1 国际单位制的基本单位

量的名称	单位名称	单位符号
长度	米	m
质量	千克(公斤)	kg
时间	秒	s
热力学温度	开[尔文]	K
电流	安[培]	A
物质的量	摩[尔]	mol
发光强度	坎[德拉]	cd

附表 1-2 包括 SI 辅助单位在内的具有专门名称的 SI 导出单位

量的名称	SI 导出单位		
	名称	符号	其他表示形式
[平面]角	弧度	rad	1 m/m=1
立体角	球面度	sr	$1\ m^2/m^2=1$
频率	赫[兹]	Hz	s^{-1}
力	牛[顿]	N	$kg \cdot m/s^2$
压力,压强;应力	帕[斯卡]	Pa	N/m^2
能[量],功,热量	焦[耳]	J	N · m
功率,辐[射能]通量	瓦[特]	W	J/s
电荷[量]	库[仑]	C	A · s
电压,电动势,电位,(电势)	伏[特]	V	W/A
电容	法[拉]	F	C/V
电阻	欧[姆]	Ω	V/A
电导	西[门子]	S	A/V
磁通[量]	韦[伯]	Wb	V · s
磁通[量]密度、磁感应强度	特[斯拉]	T	Wb/m^2

续表

量的名称	SI 导出单位		
	名称	符号	其他表示形式
电感	亨[利]	H	Wb/A
摄氏温度	摄氏度	℃	
光通量	流[明]	lm	cd · sr
[光]照度	勒[克斯]	lx	lm/m^2
[放射性]活度	贝可[勒尔]	Bq	s^{-1}
吸收剂量 比授[予]能 比释动能	戈[瑞]	Gy	J/kg
剂量当量	希[沃特]	Sv	J/kg

附录 2
基本物理学常量

附表 2-1　常用物理常量表

物理量	符号	数值	单位	相对标准不确定度
真空中的光速	c	299 792 458	$m \cdot s^{-1}$	精确
普朗克常量	h	$6.626\ 070\ 15 \times 10^{-34}$	$J \cdot s$	精确
约化普朗克常量	$h/2\pi$	$1.054\ 571\ 817\cdots \times 10^{-34}$	$J \cdot s$	精确
元电荷	e	$1.602\ 176\ 634 \times 10^{-19}$	C	精确
阿伏伽德罗常量	N_A	$6.022\ 140\ 76 \times 10^{23}$	mol^{-1}	精确
摩尔气体常量	R	$8.314\ 462\ 618\cdots$	$J \cdot mol^{-1} \cdot K^{-1}$	精确
玻耳兹曼常量	k	$1.380\ 649 \times 10^{-23}$	$J \cdot K^{-1}$	精确
理想气体的摩尔体积（标准状态下）	V_m	$22.413\ 969\ 54\cdots \times 10^{-3}$	$m^3 \cdot mol^{-1}$	精确
斯特藩-玻耳兹曼常量	σ	$5.670\ 374\ 419\cdots \times 10^{-8}$	$W \cdot m^{-2} \cdot K^{-4}$	精确
维恩位移定律常量	b	$2.897\ 771\ 955 \times 10^{-3}$	$m \cdot K$	精确
引力常量	G	$6.674\ 30(15) \times 10^{-11}$	$m^3 \cdot kg^{-1} \cdot s^{-2}$	2.2×10^{-5}
真空磁导率	μ_0	$1.256\ 637\ 062\ 12(19) \times 10^{-6}$	$N \cdot A^{-2}$	1.5×10^{-10}
真空电容率	ε_0	$8.854\ 187\ 812\ 8(13) \times 10^{-12}$	$F \cdot m^{-1}$	1.5×10^{-10}
电子质量	m_e	$9.109\ 383\ 701\ 5(28) \times 10^{-31}$	kg	3.0×10^{-10}
电子荷质比	$-e/m_e$	$-1.758\ 820\ 010\ 76(53) \times 10^{11}$	$C \cdot kg^{-1}$	3.0×10^{-10}
质子质量	m_p	$1.672\ 621\ 923\ 69(51) \times 10^{-27}$	kg	3.1×10^{-10}
中子质量	m_n	$1.674\ 927\ 498\ 04(95) \times 10^{-27}$	kg	5.7×10^{-10}
里德伯常量	R_∞	$1.097\ 373\ 156\ 816\ 0(21) \times 10^{7}$	m^{-1}	1.9×10^{-12}
精细结构常数	α	$7.297\ 352\ 569\ 3(11) \times 10^{-3}$		1.5×10^{-10}
精细结构常数的倒数	α^{-1}	$137.035\ 999\ 084(21)$		1.5×10^{-10}
玻尔磁子	μ_B	$9.274\ 010\ 078\ 3(28) \times 10^{-24}$	$J \cdot T^{-1}$	3.0×10^{-10}
核磁子	μ_N	$5.050\ 783\ 7461(15) \times 10^{-27}$	$J \cdot T^{-1}$	3.1×10^{-10}
玻尔半径	a_0	$5.291\ 772\ 109\ 03(80) \times 10^{-11}$	m	1.5×10^{-10}
康普顿波长	λ_C	$2.426\ 310\ 238\ 67(73) \times 10^{-12}$	m	3.0×10^{-10}
原子质量常量	m_u	$1.660\ 539\ 066\ 60(50) \times 10^{-27}$	kg	3.0×10^{-10}

注：表中数据为国际科学联合会理事会科学技术数据委员会（CODATA）2018 年的国际推荐值.

附录 2-2　在标准大气压下不同温度的水的密度

温度 T/℃	密度 ρ/(kg · m^{-3})	温度 T/℃	密度 ρ/(kg · m^{-3})	温度 T/℃	密度 ρ/(kg · m^{-3})
0	999.841	17	998.774	34	994.371
1	999.900	18	998.595	35	994.031
2	999.941	19	998.405	36	993.58
3	999.965	20	998.203	37	993.33
4	999.973	21	997.992	38	992.96
5	999.965	22	997.770	39	992.59
6	999.941	23	997.638	40	992.21
7	999.902	24	997.296	41	991.83
8	999.849	25	997.044	42	991.44
9	999.781	26	996.783	50	988.04
10	999.700	27	996.512	60	983.21
11	999.605	28	996.232	70	977.78
12	999.498	29	995.944	80	971.80
13	999.277	30	995.646	90	965.31
14	999.244	31	995.340	100	958.35
15	999.099	32	995.025		
16	998.943	33	994.702		

附表 2-3　在 20 ℃时常用固体和液体的密度

物质	密度/(kg · m^{-3})	物质	密度/(kg · m^{-3})
铝	2 698.9	水晶玻璃	2 900～3 000
铜	8 960	窗玻璃	2 400～2 700
铁	7 874	冰(℃)	800～920
银	10 500	甲醇	792
金	19 320	乙醇	789.4
钨	19 300	乙醚	714
铂	21 450	汽车用汽油	710～720
铅	11 350	弗里昂-12	1 329
锡	7 298	(氟氯烷-12)	
水银	13 546.2	变压器油	840～890
钢	7 600～7 900	甘油	1 060
石英	2 500～2 800	蜂蜜	1 435

附表 2-4 液体的比热容

液体	温度/℃	比热容 kJ/(kg·K)
乙醇	0 20	2.30 2.47
甲醇	0 20	2.43 2.47
乙醚	20	2.34
水	0 20	4.220 4.182
变压器油	0~100	1.88
汽油	10 50	1.42 2.09
水银	0 20	0.146 5 0.239 0

附表 2-5 固体的比热容

物质	温度/℃	比热容 kJ/(kg·K)
铝	20	0.88
黄铜	20	0.38
铜	20	0.39
铂	20	0.032
生铁	0~100	0.55
铁	20	0.46
铅	20	0.13
镍	20	0.48
银	20	0.23
钢	20	0.45
锌	20	0.39
玻璃	20	0.59~0.92
冰	-40~0	1.8

附表 2-6 一些材料的杨氏模量

材料名称	杨氏模量/$(N\cdot m^{-2})$
低碳钢、16Mn 钢	$(2.0\sim2.2)\times10^{11}$
普通低合金钢	$(2.0\sim2.2)\times10^{11}$
合金钢	$(1.9\sim2.2)\times10^{11}$
灰铸铁	$(0.6\sim1.7)\times10^{11}$
球墨铸铁	$(1.5\sim1.8)\times10^{11}$
可锻铸铁	$(1.5\sim1.8)\times10^{11}$
铸钢	1.72×10^{11}
硬铝合金	0.71×10^{11}

附表 2-7 部分电介质的相对介电常数

电介质	相对介电常数 ε_r	电介质	相对介电常数 ε_r
真空	1	乙醇(无水)	25.7
空气(1 个大气压)	1.000 5	石蜡	2.0~2.3
氢(1 个大气压)	1.000 27	硫磺	4.2
氧(1 个大气压)	1.000 53	云母	6~8
氮(1 个大气压)	1.000 58	硬橡胶	4.3
二氧化碳(1 个大气压)	1.000 98	绝缘陶瓷	5.0~6.5
氦(1 个大气压)	1.000 70	玻璃	4~11
纯水	81.5	聚氯乙烯	3.1~3.5

附表 2-8 常温下某些物质相对于空气的光折射率

物质	H_α 线 (656.3 nm)	D 线 (589.3 nm)	H_β 线 (468.1 nm)
水(18 ℃)	1.331 4	1.333 2	1.337 3
乙醇(18 ℃)	1.360 9	1.362 5	1.366 5
二硫化碳(18 ℃)	1.619 9	1.629 1	1.654 1
冕玻璃(轻)	1.512 7	1.515 3	1.521 4
燧石玻璃(轻)	1.603 8	1.608 5	1.620 0
燧石玻璃(重)	1.743 4	1.751 5	1.772 3
方解石(非常光)	1.484 6	1.486 4	1.490 8
方解石(寻常光)	1.654 5	1.658 5	1.667 9
水晶(非常光)	1.550 9	1.553 3	1.558 9
水晶(寻常光)	1.541 8	1.544 2	1.549 6

附表 2–9 常用光源的谱线波长

单位:nm

1. H(氢)	3. Ne(氖)	5. Hg(汞)
656.28 红	650.65 红	623.44 橙
486.13 绿蓝	640.23 橙	579.07 黄
434.05 蓝	638.30 橙	576.96 黄
410.17 蓝紫	626.65 橙	546.07 绿
397.01 蓝紫	621.73 橙	491.60 绿蓝
	614.31 橙	435.83 蓝紫
2. He(氦)	588.19 黄	407.78 蓝紫
706.52 红	585.25 黄	404.66 蓝紫
667.82 红		
587.56(D_3) 黄	4. Na(钠)	6. He-Ne 激光
501.57 绿	589.529(D_1) 黄	632.8 橙
492.19 绿蓝	588.995(D_2) 黄	
471.31 蓝		
447.15 蓝		
402.62 蓝紫		
388.87 蓝紫		

附录 3
十大最美物理实验

物理学是一门实验科学，物理实验是物理学大厦的支柱。2002 年，美国纽约大学石溪分校的罗伯特·克瑞丝发起了十大最美物理实验提名活动。上榜实验都体现了物理学家眼中“最美丽”的科学灵魂：采用最简单的仪器和设备，发现最根本、最单纯的科学概念。

上榜的物理实验分别是：

1. 电子双缝干涉实验
2. 伽利略自由落体实验
3. 密立根油滴实验
4. 牛顿棱镜分解太阳光实验
5. 托马斯·杨光干涉实验
6. 埃拉托色尼测量地球周长实验
7. 卡文迪许扭秤实验
8. 伽利略的加速度实验
9. 卢瑟福发现核子实验
10. 傅科摆实验

可以看到，上述实验涉及天文学测量、力学基本原理确立、光本质探究、电学基本量测量以及量子力学假设证实等多个领域。有些实验虽年代久远，但是其精妙构思和思维突破使其屹立至今。有兴趣的同学，可以自行深入了解各个实验的细节。

参考文献

郑重声明

高等教育出版社依法对本书享有专有出版权。任何未经许可的复制、销售行为均违反《中华人民共和国著作权法》，其行为人将承担相应的民事责任和行政责任；构成犯罪的，将被依法追究刑事责任。为了维护市场秩序，保护读者的合法权益，避免读者误用盗版书造成不良后果，我社将配合行政执法部门和司法机关对违法犯罪的单位和个人进行严厉打击。社会各界人士如发现上述侵权行为，希望及时举报，我社将奖励举报有功人员。

反盗版举报电话　(010) 58581999　58582371

反盗版举报邮箱　dd@hep.com.cn

通信地址　北京市西城区德外大街4号　高等教育出版社法律事务部

邮政编码　100120

读者意见反馈

为收集对教材的意见建议，进一步完善教材编写并做好服务工作，读者可将对本教材的意见建议通过如下渠道反馈至我社。

咨询电话　400-810-0598

反馈邮箱　hepsci@pub.hep.cn

通信地址　北京市朝阳区惠新东街4号富盛大厦1座
　　　　　高等教育出版社理科事业部

邮政编码　100029

防伪查询说明

用户购书后刮开封底防伪涂层，使用手机微信等软件扫描二维码，会跳转至防伪查询网页，获得所购图书详细信息。

防伪客服电话　(010) 58582300